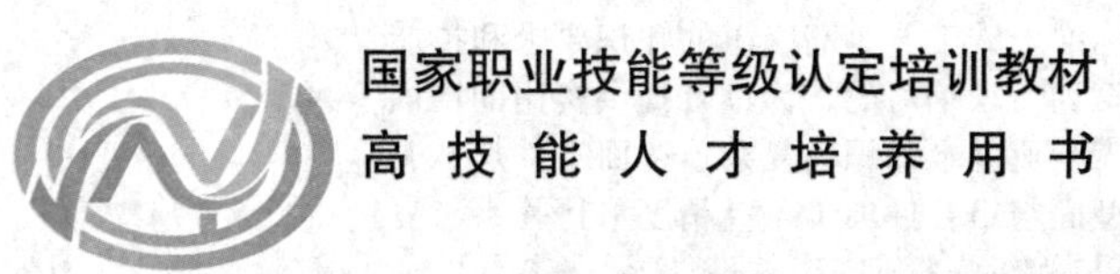

铣 工

（高级）

国家职业技能等级认定培训教材编审委员会 组编

主 编 胡家富

参 编 尤根华 王 珂

吴卫奇 方金华

机 械 工 业 出 版 社

本书是根据《国家职业技能标准　铣工》（高级）的知识要求和技能要求，以项目的形式，按照岗位培训需求编写的，为读者提供实用的培训内容。本书主要内容包括高级铣工专业基本知识，复杂连接面工件加工，复杂沟槽工件加工，模具型腔、型面与组合件加工，高精度平行孔系与复杂单孔加工，难加工齿轮、齿条与蜗轮蜗杆加工，高精度牙嵌离合器加工，螺旋面、槽和曲面加工，球面加工，刀具螺旋齿槽、端面与锥面齿槽加工。

本书既可作为各级技能鉴定培训机构、企业培训部门的考前培训教材，又可作为读者考前的复习用书，还可作为职业技术院校、技工学校和综合类技术院校机械专业的专业课教材。

图书在版编目（CIP）数据

铣工：高级 / 胡家富主编 .—北京：机械工业出版社，2021.7
高技能人才培养用书　国家职业技能等级认定培训教材
ISBN 978-7-111-68851-8

Ⅰ .①铣…　Ⅱ .①胡…　Ⅲ .①铣削 – 职业技能 – 鉴定 – 教材
Ⅳ . ① TG54

中国版本图书馆 CIP 数据核字（2021）第 155323 号

机械工业出版社（北京市百万庄大街 22 号　邮政编码 100037）
策划编辑：赵磊磊　　　　责任编辑：赵磊磊　侯宪国
责任校对：张晓蓉　张　薇　责任印制：李　昂
北京中兴印刷有限公司印刷
2022 年 4 月第 1 版第 1 次印刷
184mm × 260mm · 20.5 印张 · 418 千字
0 001—3 000 册
标准书号：ISBN 978-7-111-68851-8
定价：59.80 元

电话服务　　　　　　　　网络服务
客服电话：010-88361066　机　工　官　网：www.cmpbook.com
010-88379833　机　工　官　博：weibo.com/cmp1952
010-68326294　金　　书　　网：www.golden-book.com
封底无防伪标均为盗版　机工教育服务网：www.cmpedu.com

国家职业技能等级认定培训教材

序

Preface

新中国成立以来，技术工人队伍建设一直得到了党和政府的高度重视。20 世纪五六十年代，我们借鉴苏联经验建立了技能人才的“八级工”制，培养了一大批身怀绝技的“大师”与“大工匠”。“八级工”不仅待遇高，而且深受社会尊重，成为那个时代的骄傲，吸引与带动了一批批青年技能人才锲而不舍地钻研技术、攀登高峰。

进入新时期，高技能人才发展上升为兴企强国的国家战略。从 2003 年全国第一次人才工作会议，明确提出高技能人才是国家人才队伍的重要组成部分，到 2010 年颁布实施《国家中长期人才发展规划纲要（2010—2020 年）》，加快高技能人才队伍建设与发展成为举国的意志与战略之一。

习近平总书记强调，劳动者素质对一个国家、一个民族发展至关重要。技术工人队伍是支撑中国制造、中国创造的重要基础，对推动经济高质量发展具有重要作用。党的十八大以来，党中央、国务院健全技能人才培养、使用、评价、激励制度，大力发展技工教育，大规模开展职业技能培训，加快培养大批高素质劳动者和技术技能人才，使更多社会需要的技能人才、大国工匠不断涌现，推动形成了广大劳动者学习技能、报效国家的浓厚氛围。

2019 年国务院办公厅印发了《职业技能提升行动方案（2019—2021 年）》，目标任务是 2019 年至 2021 年，持续开展职业技能提升行动，提高培训针对性、实效性，全面提升劳动者职业技能水平和就业创业能力。三年共开展各类补贴性职业技能培训 5000 万人次以上，其中 2019 年培训 1500 万人次以上；经过努力，到 2021 年年底技能劳动者占就业人员总量的比例将达到 25% 以上，高技能人才占技能劳动者的比例将达到 30% 以上。

目前，我国技术工人（技能劳动者）已超过 2 亿人，其中高技能人才超过 5000 万人，在全面建成小康社会、新兴战略产业不断发展的今天，建设高技能人才队伍的任务十分重要。

序

Preface

机械工业出版社一直致力于技能人才培训用书的出版，先后出版了一系列具有行业影响力，深受企业、读者欢迎的教材。欣闻配合新的《国家职业技能标准》又编写了“国家职业技能等级认定培训教材”。这套教材由全国各地技能培训和考评专家编写，具有权威性和代表性；将理论与技能有机结合，并紧紧围绕《国家职业技能标准》的知识要求和技能要求编写，实用性、针对性强，既有必备的理论知识和技能知识，又有考核鉴定的理论和技能题库及答案；而且这套教材根据需要为部分教材配备了二维码，扫描书中的二维码便可观看相应资源；这套教材还配合机工教育、天工讲堂开设了在线课程、在线题库，配套齐全，编排科学，便于培训和检测。

这套教材的出版非常及时，为培养技能型人才做了一件大好事，我相信这套教材一定会为我国培养更多更好的高素质技术技能型人才做出贡献！

中华全国总工会副主席

高凤林

前 言

Foreword

随着社会主义市场经济的快速发展，各行各业处于激烈的市场竞争中，人才是一个企业在竞争中取得领先地位的重要因素，而技能型人才始终是企业不可缺少的核心竞争力量。为此，我们根据《国家职业技能标准　铣工》2018年版，并结合岗位培训和考核的需要，编写了本书，为铣工岗位的工作人员提供实用、够用的技术内容，以适应激烈的市场竞争。

本书主要内容包括：高级铣工专业基本知识，复杂连接面工件加工，复杂沟槽工件加工，模具型腔、型面与组合件加工，高精度平行孔系与复杂单孔加工，难加工齿轮、齿条与蜗轮蜗杆加工，高精度牙嵌离合器加工，螺旋面、槽和曲面加工，球面加工，刀具螺旋齿槽、端面与锥面齿槽加工。本书在普通铣床加工的基础上，融入了数控铣床加工的理论知识和操作技能，为培养高技能的铣工人才提供了有效的途径。本书既可作为各级技能鉴定培训机构、企业培训部门的考前培训教材，又可作为读者考前的复习用书，还可作为职业技术院校、技工学校和综合类技术院校机械专业的专业课教材。

本书由胡家富任主编，尤根华、王珂、吴卫奇、方金华参加编写，由纪长坤任主审。

由于编者水平有限，书中难免存在不足之处，恳请广大读者批评指正，在此表示衷心的感谢。

编　者

目录

Contents

目 录

Contents

目 录

Contents

目 录

Contents

目 录

Contents

目 录

Contents

项目 7　高精度牙嵌离合器加工

项目 8　螺旋面、槽和曲面加工

目 录

Contents

目 录

Contents

Chapter 1

项目 1
高级铣工专业基本知识

- 高级铣工专业基本知识
  - 铣床精度的检验与分析
    - 铣床的验收和精度检验
    - 铣床几何精度的检验
    - 铣床工作精度的检验
    - 数控铣床几何精度的检验内容及调整方法
    - 数控铣床切削精度的检验内容及调整方法
  - 升降台铣床常见故障及其排除方法
    - 铣床常见故障的种类
    - 铣床常见故障的诊断方法
    - 典型铣床常见故障的分析与排除
  - 数控铣床的维护保养与故障诊断
    - 数控铣床液压、气动元器件的结构与工作原理
    - 数控铣床电气元件的结构与作用
    - 数控铣床的维护保养方法
    - 数控铣床常见机械故障的诊断方法
    - 数控铣床控制与电气系统常见故障的诊断方法
  - 铣床夹具的结构、定位和夹紧
    - 铣床夹具的基本要求和结构特点
    - 铣床夹具定位原理、方式和定位误差
    - 铣床夹具常用夹紧机构和夹紧力估算
    - 组合夹具的种类、结构和特点
    - 组合夹具的组装和调整方法
  - 柄式成形铣刀的结构与使用
    - 柄式成形铣刀的特点
    - 可转位柄式铣刀的结构与刀片规格
    - 柄式成形铣刀的使用方法
  - 常用精密量具、量仪的种类、结构和使用方法
    - 常用精密量具、量仪的种类
    - 常用精密量具、量仪的结构
    - 常用精密量具、量仪的使用方法

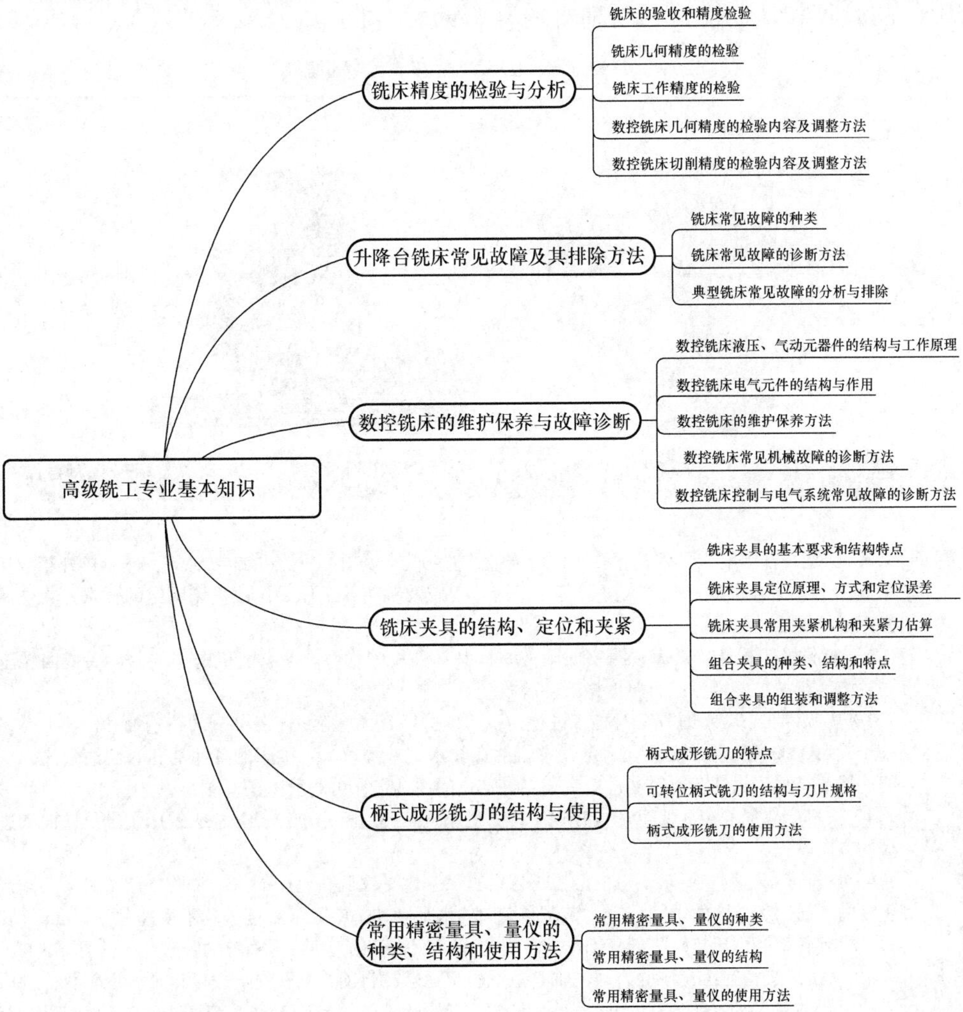

1.1 铣床精度的检验与分析

铣床是铣削加工的主要工艺设备，铣床的精度直接影响铣削加工的质量和效率。在铣床的使用过程中，操作者除了要了解铣床的基本结构外，还必须了解铣床主要精度对铣削加工质量的影响、铣床主要精度的检验方法以及允许的误差范围。同时还应掌握典型铣床常见故障的排除和维护保养方法。

1.1.1 铣床的验收和精度检验

铣床验收是新铣床启用或铣床经大修后使用前的必要工作，铣床验收包括铣床及其附件的验收和精度检验两项基本内容（见表 1-1）。

表 1-1 铣床验收的基本要求和步骤

项目	基本要求和步骤
新铣床的开箱和验收安装	1）新铣床开箱前应了解铣床在箱内的安放位置、定位方式及包装拆卸方法等，然后再开箱。按照机床说明书，配合机床安装工人进行机床吊运、安装及调整等工作。按照机床固定的要求，就位后安装机床紧固螺栓。 2）按照机床型号、机床说明书的附件单核对各种机床附件。若有随机购买的分度头或回转工作台等，应另行按技术规范进行精度检验和验收。 3）按照说明书介绍的方法对机床进行初步的维护保养，清除机床各部分的防锈油和污物。待螺栓地基干燥后，按机床润滑图或润滑油注油说明等技术文件要求，对机床的各注油孔、注油眼注入所要求的润滑油，机床主轴变速箱和进给变速箱等部位的注油工作由润滑工操作。 4）按机床电气的接线要求和检查顺序，由机床电工接通机床电源，并检查铣床主轴的转向和进给运动的方向。 5）按机床水平调整要求，由机修钳工用钢直尺，水平仪调整机床的水平位置。调整时，工作台应处于纵向、横向和垂向的中间位置。纵向和横向的水平度在 1000mm 长度内均不得超过 0.04mm。安装并检查机床各手柄，调节好机床各部位和各方向导轨镶条间隙，使各手柄转动轻松、灵活可靠。 6）对机床进行空运行试验，即主轴在最低转速运转，自动进给在最低速度运行，运转数分钟后，适当地进行主轴变速操纵和进给速度变换操纵，以检验铣床的进给传动系统和主轴传动系统是否正常，随后可对三个方向的进给和快慢速变换进行试验性操作。 7）新铣床的几何精度检验，应严格按照验收精度标准和验收方法进行。铣床验收精度标准，包括验收项目名称、检验方法、允差及检验方法简图。

（续）

项目	具体要求和步骤
大修后的铣床验收	1）了解铣床的结构和机床大修时调换的主要零件和修复部位，以便在操作前对这些零件和各部位的工作状况和几何精度等进行重点验收。 2）由于大修的拆装工艺和新机床的拆装工艺有所不同，因此对能进行操作检验的内容尽可能进行操作验收。如主轴变速操纵机构操纵、进给变速机构操纵、手动和机动进给等，以便在正常使用前及时发现问题。 3）机床大修后，精度等级有所下降，最初仍可按新机床标准进行验收，如果是几经大修的机床，则应根据大修规范精度标准进行验收。 4）大修后的机床，由于调换的零件与原零件的磨损程度不一致，即使进行了调整也需要有一段磨合期才能运转灵活自如。因此不宜在验收时为操纵轻松，把间隙调整得过大，使零件处于不良的运动状态，造成早期过快磨损。

1.1.2　铣床几何精度的检验

1. 铣床几何精度检验的主要项目

（1）铣床主轴精度检验的项目　铣床主轴精度的检验包括运动精度检验和位置精度检验。主要检验项目：主轴锥孔轴线的径向圆跳动、主轴的轴向窜动、主轴轴肩支承面的轴向圆跳动、主轴定心轴颈的径向圆跳动、主轴旋转轴线对工作台横向移动的平行度（卧式铣床）、主轴旋转轴线对工作台中央T形槽的垂直度（卧式铣床）、悬梁导轨对主轴旋转轴线的平行度（卧式铣床）、主轴旋转轴线对工作台面的平行度（卧式铣床）、刀杆支架孔轴线对主轴旋转轴线的同轴度（卧式铣床）、主轴旋转轴线对工作台面的垂直度（立式铣床）和主轴套筒移动对工作台面的垂直度（立式铣床）。

（2）铣床工作台及位置精度检验的项目　主要检验项目：工作台的平面度、工作台纵向移动对工作台面的平行度，工作台横向移动对工作台面的平行度，工作台中央T形槽侧面对工作台纵向移动的平行度，工作台垂向移动的直线度，工作台纵向和横向移动的垂直度，工作台回转中心对主轴旋转轴中心及工作台中央T形槽的偏差。

2. 铣床几何精度检验示例

检验铣床几何精度可参照以下铣床几何精度检验示例。

【示例1】　主轴锥孔轴线的径向圆跳动

（1）检验方法　向主轴锥孔中插入检验棒，如图1-1所示。固定指示表，使其测头触及检验棒表面，a点靠近主轴端面，b点距a点300mm，旋转主轴进行检验。为提高测量精度，可使检验棒按不同方位插入主轴重复进行检验。

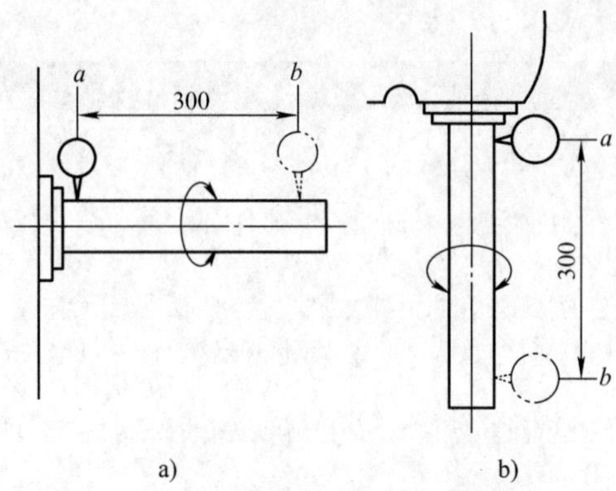

图 1-1　检验主轴锥孔轴线的径向圆跳动

a）卧式铣床检验　b）立式铣床检验

a、*b* 两处的误差分别计算。将多次测量的结果取其算术平均值作为主轴径向圆跳动误差。

（2）公差　*a* 处公差为 0.01mm，*b* 处公差为 0.02mm。

（3）精度超差对铣削加工的影响　刀杆和铣刀径向圆跳动及摆差增大；铣槽时槽宽超差和产生锥度；加工表面粗糙度值增大；直径和宽度较小的铣刀易折断。

（4）精度超差的原因分析　主轴轴承磨损、调整间隙过大；主轴磨损；紧固件松动；主轴锥孔精度差和拉毛；检测时，主轴锥孔与检验棒配合面间有污物。

【示例 2】 升降台垂直移动的直线度

（1）检验方法　工作台位于纵向、横向行程的中间位置，锁紧工作台和床鞍。将直角尺放在工作台面上，使直角尺检验面分别处于横向和纵向垂直面内，固定指示表，使其测头触及直角尺检验面，分别移动升降台检验，如图 1-2 所示。横向和纵向垂直面误差分别计算。将指示表读数的最大差值作为直线度误差。

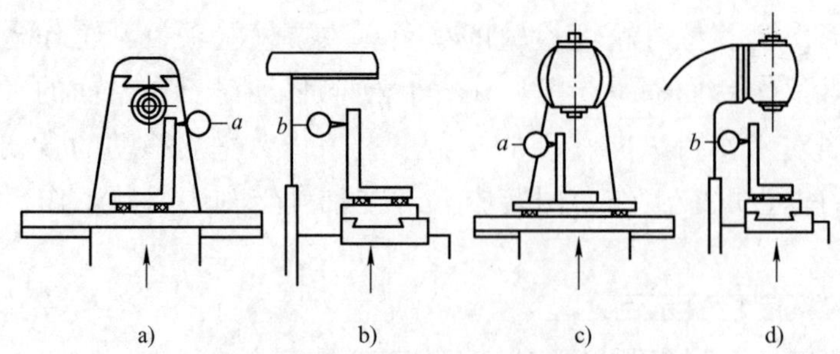

图 1-2　检验升降台垂直移动的直线度

a）、b）卧式铣床检验　c）、d）立式铣床检验

（2）公差　在 300mm 测量长度上公差为 0.025mm。

（3）精度超差对铣削加工的影响　影响工件平行度和垂直度；影响立式铣床孔加工的精度。

（4）精度超差原因分析　工作台各导轨面累积误差大；垂直镶条太松；机床水平失准；机床工作台或床鞍锁紧机构失灵，产生检测误差。

1.1.3　铣床工作精度的检验

1. 铣床的调试

以 X6132 型万能卧式铣床为例，铣床调试按下列步骤进行：

（1）准备工作　包括清洁机床、找正机床的水平位置、检查各固定接合面的贴合程度、检查各滑动导轨的间隙、阅读机床说明书和加注润滑油等。

（2）接通电源　打开总电源开关，检查主轴旋转方向和进给方向。

（3）低速空运转　主轴空运转转速为 30r/min；空载运转时间为 30min；检查运转时主轴油窗有无润滑油滴出，若无油出现应停机检查主轴箱润滑系统。

（4）主轴变速运转　以 18 级转速由低到高逐级试运转；检查变速机构是否达到操作要求；检查各级空运转时是否有异常声音，停止制动时间是否在 0.5s 之内；主轴转速在 1500r/min 并运转 1h 后，检查轴承温度应不超过 70℃。

（5）进给变速及进给　检查和松开三个方向的锁紧手柄和螺钉，用手动泵润滑纵向工作台内部，先用手动进给检查工作台间隙，变换进给速度，检查进给变速机构是否达到操作要求，各方向进给手柄应达到开启、停止动作准确无误；检查进给限位挡铁及极限螺钉，使用挡铁自动停止进给；试行快速进给，检查启、停动作是否准确，工作台是否有拖行等故障。

2. 铣床的试铣

铣床试铣削工件，如图 1-3 所示。现以 X6132 型卧式万能铣床试铣为例介绍其具体步骤：

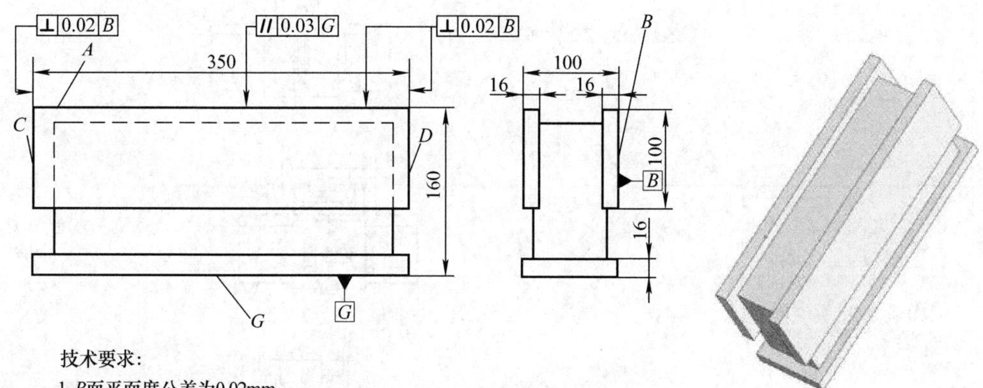

技术要求：

1. B面平面度公差为0.02mm。
2. A面相对于G面的平行度公差为0.03mm。
3. C面、D面垂直于A面，C、D、A面垂直于B面，垂直度公差为0.02mm。

图 1-3　铣床试铣削工件

（1）选择安装铣刀　根据图样，选用 d_0 = 100mm 套式面铣刀；用短刀杆安装铣刀，并找正铣刀与主轴的同轴度。

（2）装夹找正工件　用 *G* 面定位，*B* 面朝向面铣刀；用指示表找正 *B* 面与纵向进给方向平行，然后用压板压紧工件。

（3）铣削加工　用铣刀端面齿刃铣削 *B* 面，吃刀量为 0.1mm；用铣刀圆周齿刃分别铣削 *A* 面、*C* 面与 *D* 面，吃刀量均为 0.1mm。

（4）精度检验　*B* 面的平面度用刀口形直尺和量块检验，公差为 0.02mm；*A* 面与 *G* 面的平行度用指示表检验，公差为 0.03mm；*A*、*B*、*C*、*D* 面之间的垂直度用直角尺或指示表检验，公差为 0.02mm/100mm。

1.1.4　数控铣床几何精度的检验内容及调整方法

1. 几何精度的检验内容

数控机床的几何精度检测项目与普通机床基本相同，不同的是一些自动化装置以及与机床连接的精度项目等。某些项目因机床结构不同略有差异，卧式机床几何精度检验标准见表 1-2。

表 1-2　卧式机床几何精度检验标准

序号	检测内容		检测方法	允许误差 /mm
1	主轴箱沿 *Z* 轴方向移动的直线度	*a*：*X* 轴方向		0.04/1000
		b：*Z* 轴方向		
		c：*Z-X* 面内 *Z* 轴方向		0.01/500
2	工作台沿 *X* 轴方向移动的直线度	*a*：*X* 轴方向		0.04/1000
		b：*Z* 轴方向		
		c：*Z-X* 面内 *Z* 轴方向		0.01/500

（续）

序号	检测内容		检测方法	允许误差 /mm
3	主轴箱沿 *Y* 轴方向移动的直线度	*a*：*X*-*Y* 平面 *b*：*Y*-*Z* 平面	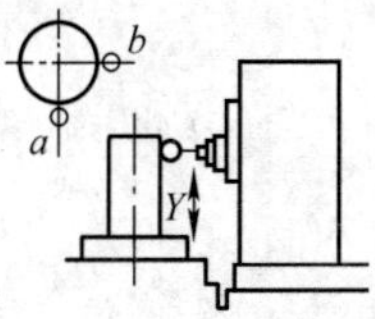	0.01/500
4	工作面表面的直线度	*X* 方向	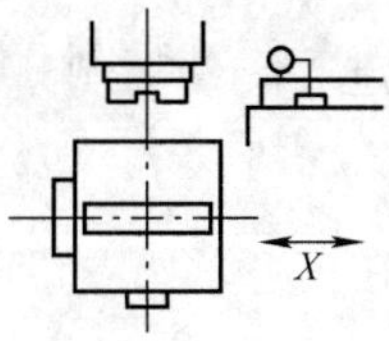	0.015/500
		Z 方向	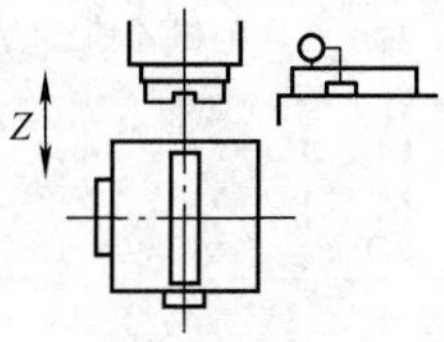	0.015/500
5	*X* 轴移动工作台面的平行度		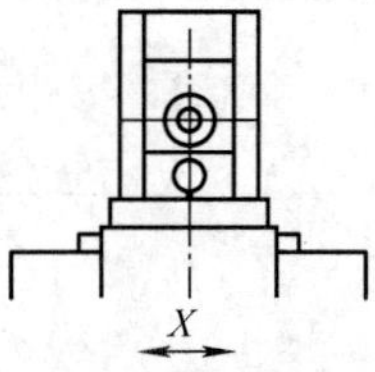	0.02/500
6	*Z* 轴移动工作台面的平行度		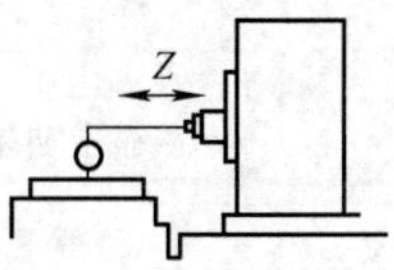	0.02/500
7	*X* 轴移动时工作台边界与定位器基准面的平行度		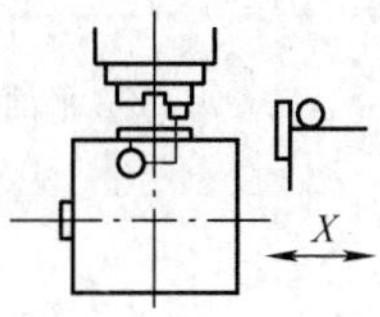	0.015/300

（续）

序号	检测内容		检测方法	允许误差 /mm
8	各坐标轴之间的垂直度	*X* 和 *Y* 轴	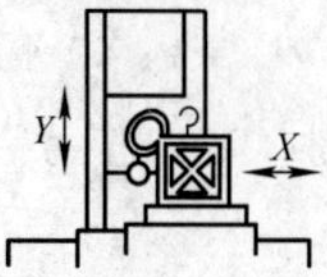	0.015/300
		Y 和 *Z* 轴	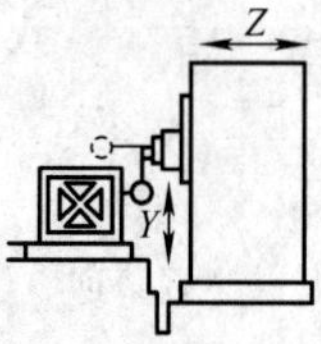	0.015/300
		X 和 *Z* 轴	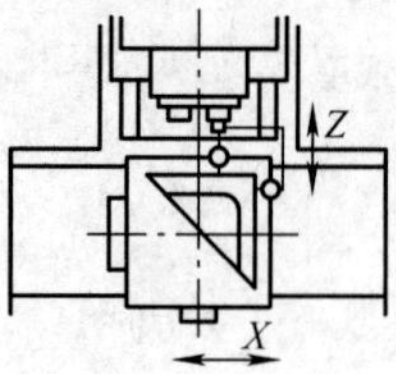	0.015/300
9	回转工作台表面的振动		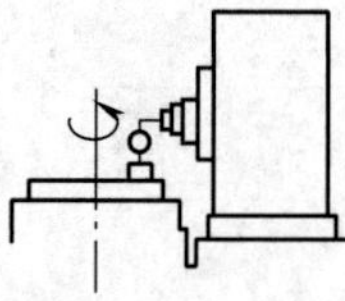	0.02/500
10	主轴轴向圆跳动		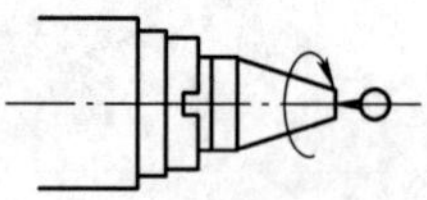	0.005
11	主轴孔径向圆跳动	*a*：靠主轴端	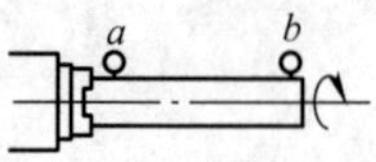	0.01
		b：离主轴端 300mm 处		0.02
12	主轴中心线对工作台面的平行度	*a*：*Y-Z* 平面内	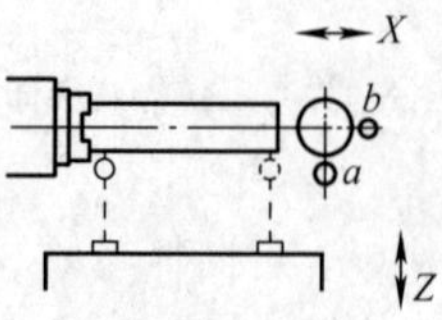	0.015/300
		b：*X-Z* 平面内		

（续）

序号	检测内容		检测方法	允许误差 /mm
13	回转工作台回转 90° 的垂直度		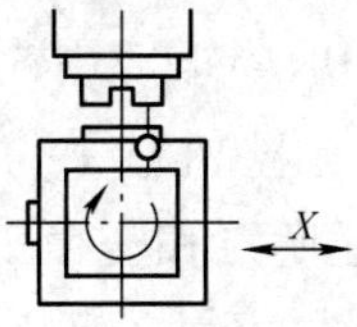	0.01
14	回转工作台中心线到边界定位器基准面之间的距离精度	工作台 A	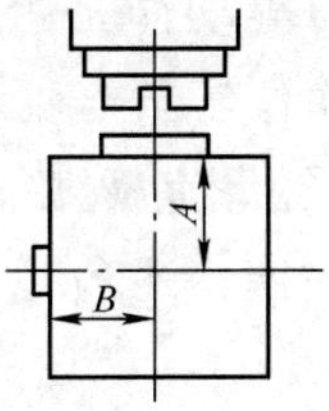	± 0.02
		工作台 B		
15	交换工作台的重复交换定位精度	X 轴方向	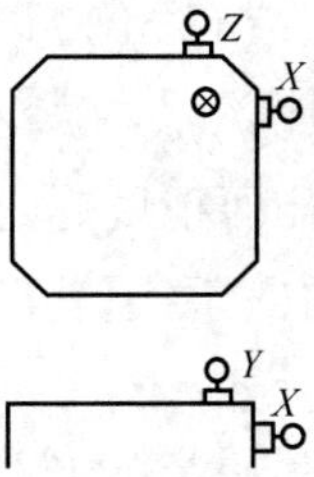	0.01
		Y 轴方向		
		Z 轴方向		
16	各交换工作台的等高度		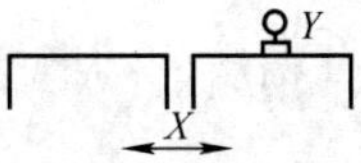	0.02
17	分度回转工作台的分度精度		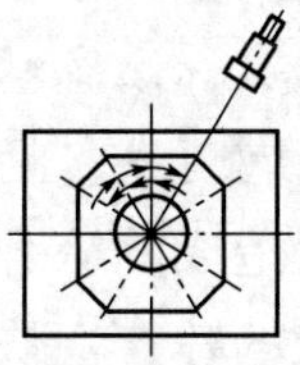	10″

2. 几何精度的调整方法

1）小型数控机床整体刚度好，对地基要求不高，机床到位安装后，可以接通电源，调整机床床身至水平，随后便可以通电运行，进行精度检测和设备验收。

2）大、中型机床需要通过调整机床地基上所用的各地脚螺栓或垫铁，反复精调机床床身至水平，使机床各轴在全行程上的平行度均在允许误差之内。为确保机床强力切削的稳定可靠性，还必须注意使所有的垫块都处于压紧状态。为了保证数控机床长期的精度稳定性，一般要求使用数月到半年进行一次机床水平位置的精调。

3）加工中心应调整机械手与主轴、刀库的相对位置，包括托板与交换工作台面的相对位置。以保证换刀和交换工作台运行准确、平稳、可靠。

① 调整机械手与主轴、刀库的相对位置时，先用“G28 X0 Y0 Z0”或“G30 X0 Y0 Z0”程序使机床自动运行到换刀位置，再用手动方式分步进行刀具交换，检查抓刀、装刀、拔刀等动作是否准确恰当。若有误差，可以调整机械手的行程或移动机械手支座或刀库位置等，必要时还可以改变换刀基准点坐标值的设定（参数设定）。调整完毕后要锁紧各调整螺钉，然后进行多次换刀动作。调整时可用几把接近允许最大重量的刀柄，进行反复换刀试验，以达到动作准确无误，不撞击，不掉刀等要求。

② 调整托板与交换工作台的相对位置时，对于双工作台或多工作台，必须认真调整工作台的托板与交换工作台的相对位置，以保证工作台自动交换时平稳、可靠。调整时，工作台上应装有 50% 以上的额定负载，进行工作台自动交换试运行。调整完毕后锁紧各有关的螺钉。

4）当发现机床几何精度超过允许误差时，应该进行调整，调整步骤如下：

① 分析造成该项精度超差的相关因素，还应进行反复检测，以验证检测方法是否合理，是否存在检测错误。

② 全面检查所有相关的几何精度，并根据机床结构，分析各项关联精度之间相互影响的因素。

③ 根据各项精度的相互影响的关系，确定精度调整的项目以及调整的顺序。

④ 全面检查所有精度，确认调整后没有对其他几何精度造成影响。

1.1.5 数控铣床切削精度的检验内容及调整方法

1. 切削精度检验内容

机床的切削精度又称动态精度，是一项综合精度，该项目不仅反映了机床的几何精度和定位精度，同时还包括了试件的材料、环境温度、数控机床刀具性能以及切削条件等各种因素造成的综合误差和计量误差。切削精度检验可分单项加工精度检验和加工一个标准的综合性试件精度两种检验方法。被切削加工试件的材料除特殊要求外，一般都采用一级铸铁，使用硬质合金刀具，按标准选用切削用量进行切削。数控铣床的主要单项加工精度与机床精度对应关系见表 1-3，切削精度检验标准见表 1-4。

表 1-3　主要单项加工精度与机床精度对应关系

序　号	单项加工精度	机床精度
1	镗孔精度	主要反映机床主轴的运动精度及低速进给时的平稳性
2	端面铣刀铣削平面的精度	主要反映 *X* 轴和 *Y* 轴运动的平面度及主轴轴线对 *X-Y* 运动平面的垂直度
3	孔距精度	主要反映定位精度和失动量的影响
4	直线铣削精度	主要反映机床 *X* 向、*Y* 向导轨的运动几何精度
5	斜线、圆弧铣削精度	主要反映 *X* 轴、*Y* 轴的直线、圆弧插补精度

表 1-4　切削精度检验标准

序号	检测内容		检测方法	允许误差 /mm
1	镗孔精度	圆度	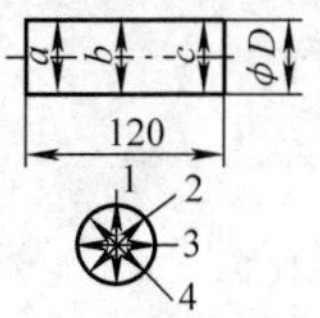	0.01
		圆柱度		0.01/100
2	面铣刀铣平面精度	平面度	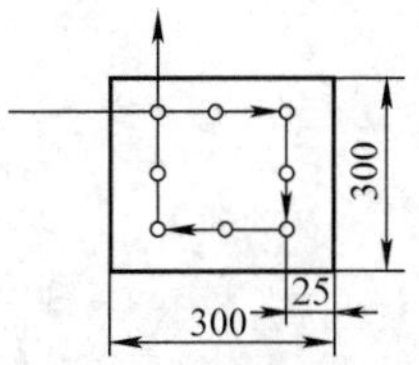	0.01
		阶梯差		0.01
3	面铣刀铣侧面精度	垂直度	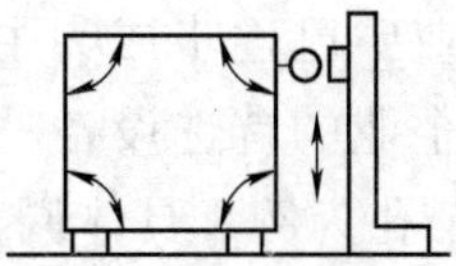	0.02/300
		平行度		0.02/300
4	镗孔孔距精度	*X* 轴方向	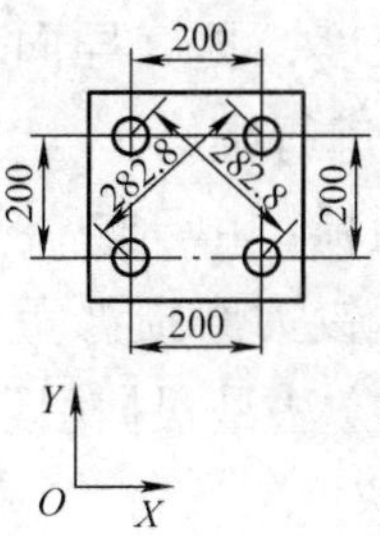	0.02
		Y 轴方向		
		对角线方向		0.03
		孔径偏差		0.01

（续）

序号	检测内容		检测方法	允许误差 /mm
5	立铣刀铣削四周面精度	直线度		0.01/300
		平行度		0.02/300
		厚度差		0.03
		垂直度		0.02/300
6	两轴联动铣削直线精度	直线度		0.015/300
		平行度		0.03/300
		垂直度		0.03/300
7	立铣刀铣削圆弧精度			0.02

2. 切削精度调整方法

数控铣床在制造企业中已逐步成为主要的加工设备，因其具有加工效率高、精度高等优势已成为不少企业的首选设备，但是数控铣床在实际操作使用中会出现加工精度差等现象，以加工孔为例，具体调整方法如下：

（1）孔位置精度差　主要影响因素是数控铣床的导向套磨损、长度短，精度差，或是导向套底端与工件的距离较远，主轴轴承松动等。改善方法是定期保养、更换导向套，注意导向套的长度，提高导向套和铰刀间隙的配合精度，合理调整主轴轴承的间隙，发现问题及时进行维修。

（2）工件内孔表面粗糙　由于数控铣床切削速度快，铰孔余量不均匀，铰刀主偏角过大或刃口不锋利，铰刀磨损严重，选择的刀具和零配件不匹配等原因都可能造成内孔表面粗糙。改善方法是根据引发的原因，采取相应的措施：

1）调整、降低切削速度。

2）根据不同的加工材料，选择合适的切削液。

3）减少铰孔的余量。

4）提高铰孔前预制孔的位置精度和质量。

5）选用带刃倾角的铰刀，使排屑更顺畅。

6）定期更换铰刀并选择适用的刀具等。

（3）加工后孔径增大　刀具方面原因有铰刀外径尺寸偏大，切削速度过快，铰刀的刃口部位有毛刺或黏附碎屑，进给量不合理或加工余量过大，铰刀主偏角大、弯曲等。数控铣床方面的问题有主轴弯曲变形，主轴轴承松动或损坏等，这些都有可能造成加工孔径的增大。改善方法是根据实际情况进行处理，必须清理的部位一定要定时清理；需要更换维修的部件，应注意观察，及时更换损坏的零部件；减小铰刀的外径，降低切削速度等。

（4）加工内孔圆度超差　根据圆度超差的情况分析，铰刀过长、刚度不够，内孔表面是否有缺口、交叉口，观察孔表面是否有砂眼或是气孔，还有铰刀主偏角过小，铰孔余量小等原因均会造成加工后的内孔圆度超差。改善方法是在铰刀安装的时候采用刚性连接，选择合适的、不等齿距的铰刀，及时调整数控铣床主轴的间隙。

（5）加工后孔的轴线直线度超差　由于铰刀刚度差，不能纠正弯曲度，尤其是孔径较小的时候，铰刀在铰削过程中容易偏离方向均可能造成孔轴线直线度超差。改善方法是选用合适的铰刀，增加扩孔工序校正孔，选择较长切削刃的铰刀，还应注意按规定正常操作使用数控铣床。

提高加工精度的方法需要在实际工作中逐步积累，以达到对症解决的目标。

1.2　升降台铣床常见故障及其排除方法

1.2.1　铣床常见故障的种类

铣床常见故障的种类有电气故障和机械故障。电气故障包括电动机故障、电气元器件故障和电气线路故障；机械故障包括主传动系统故障、进给传动系统故障、冷却系统故障、润滑系统故障等，具有液压传动系统的还包括液压传动系统故障。

1. 电气故障

铣床的主要电气故障有主轴不能起动、主轴不能停止、主轴变速困难、主轴在运转过程中停机；不能快速移动、无自动进给、快速移动不能及时停止、行程控制失灵等。

（1）电动机故障　电动机是铣床的主要动力设备，铣床的主轴电动机故障会导致主轴不能起动等故障；铣床的进给电动机故障会导致无进给运动等故障。

（2）电气元器件故障　铣床的电气元器件是电动机控制电路和其他控制电路的主要组成部分。电动机控制电路主要是低压电器，铣床常用的低压电器有控制电器

和保护电器，其中控制电器发生故障会丧失应有的功能，引发故障的类型是功能性故障；保护电器动作故障使得控制电路不能动作，称为保护性故障。

（3）电气线路故障　电气线路故障主要有断路和短路故障。断路故障是指应接通的线路断开了而产生的一系列故障；短路故障是指不应该接通的部位接通了而产生的一系列故障。例如，电动机主电路某一相断路，会造成控制电路断相引发电动机损毁等故障。

2. 机械故障

铣床的机械故障主要包括主传动系统故障和进给传动系统故障，故障的主要类型分为以下几种：

（1）功能和精度丧失故障　主要指工件加工精度方面的故障，表现在加工精度不稳定、加工误差大、运动方向误差大和工件加工表面质量差。

（2）动作型故障　主要指机床各执行部件动作故障，如主轴不转动、变速机构不灵活和工作台移动爬行等。

（3）结构型故障　主要指主轴发热、主轴箱噪声大和切削时产生振动等。

（4）使用型故障　主要指因使用和操作不当引起的故障，如由于过载引起的机件损坏、撞车等。

（5）维修和维护型故障　主要是指预防性维护不到位，不重视日常维护，机床维修精度和装配精度差，调试失误，经维修未彻底排除故障而引发或仍潜在的故障。

1.2.2　铣床常见故障的诊断方法

铣床常见故障的诊断主要应用经验实用诊断法。经验实用诊断法又称直观法、实用诊断技术，这种诊断方法是故障诊断最基本的方法。采用这种方法的操作人员与维修人员通过感官对故障发生时的各种光、声、味等异常现象的查看、测听、触摸、试闻，以及对相关人员的询问，较快地分析出故障的原因和部位。使用这种方法时，要求作业人员具有丰富的实践经验，有多学科的深厚知识和综合分析、判断能力，并能将实践经验和机床的工作原理结合起来，由表及里，由浅入深地对机床进行故障诊断。经验实用诊断方法的使用应掌握以下要点：

（1）诊断方法“问”的使用要点　询问的对象包括操作人员和维修人员。询问操作人员的内容如故障发生时的操作内容，故障是突发性的还是逐渐发展形成的等。询问维修人员的内容如点检部位与点检情况；维修情况记录，是否发生类似的故障。

（2）诊断方法“看”的使用要点　看的内容包括看速度、看颜色、看痕迹、看工件、看变形、看指示等。看速度的内容有观察主传动转速、转速变换、转向变换以及切削时转速的稳定性；看颜色的内容有观察润滑油的颜色，判断润滑油的清洁度以及是否变质；看痕迹的内容有观察导轨表面是否有拉伤刮毛痕迹等；看工件的内容有观察工件加工尺寸的稳定性，批量生产的合格百分比等；看变形的内容有观察行程开关、接近开关是否变形、移位等；看指示的内容有观察气压、液压、电压等指示值。

（3）诊断方法“听”的使用要点　听的内容有听异常摩擦声、异常泄漏声等。

（4）诊断方法“触”的使用要点　触的主要内容包括触摸温度、触摸振动与爬行、触摸伤痕和波纹、触摸检查间隙。例如，触摸主轴的温度；触摸工作台移动是否平稳，是否爬行；触摸工件加工表面和机床零件的损伤表面，注意防止刮伤手指；用手转动、推拉丝杠、齿轮等传动部件，感觉支承部位和传动机构的配合间隙等。

（5）诊断方法“闻”的使用要点　闻的主要内容有电器元件烧毁、绝缘层破损短路产生的异味，切削液、润滑油变质的异味，动密封件与转动零件剧烈摩擦产生的异味等。

1.2.3　典型铣床常见故障的分析与排除

本节以 X5040 型铣床为例介绍铣床常见故障的分析与排除方法。

（1）铣床常见机械故障原因分析、排除维修方法示例一（见表 1-5）

表 1-5　铣床常见机械故障原因分析、排除维修方法示例一

项目	内容
故障现象	主传动电动机旋转而立铣头主轴不转动
故障原因分析	1. 主传动电动机与变速箱传动齿轮上的弹性联轴器损坏 2. 主轴变速手柄未到位 3. 主轴变速箱内有一组啮合齿轮轮齿剥光，造成后面齿轮无动作 4. 由于润滑不良或无润滑，造成齿轮箱与铣床主轴的啮合齿轮轮齿剥光
故障排除维修方法	1. 更换弹性联轴器 2. 将主轴变速手柄扳到位 3. 拆下齿轮箱，更换被剥光的传动齿轮 4. 卸下立铣头与主轴，更换因润滑不良而损坏的齿轮，并重新调整其润滑油路

（2）铣床常见机械故障原因分析、排除维修方法示例二（见表 1-6）

表 1-6　铣床常见机械故障原因分析、排除维修方法示例二

项目	内容
故障现象	立铣头主轴手摇升降机构手轮感觉有轻重，甚至产生刻度不准
故障原因分析	1. 立铣头主轴套筒有锈斑或毛刺，使套筒上下不灵活 2. 立铣头主轴手摇机构中升降丝杠弯曲，使得手摇时有轻重 3. 立铣头主轴手摇机构中丝杠螺母长期使用后间隙增大，或螺母的固定螺钉松动甚至脱落，引起升降刻度不准
故障排除维修方法	1. 清除套筒上的锈蚀和毛刺，并增加其润滑 2. 校正或更换已弯曲的丝杠 3. 更换丝杠螺母副，仔细旋紧各固定螺钉，消除间隙

（3）铣床常见机械故障原因分析、排除维修方法示例三（见表 1-7）

表 1-7　铣床常见机械故障原因分析、排除维修方法示例三

项目	内容
故障现象	工作台升降手摇沉重，并有间隙顿落出现
故障原因分析	1. 升降台与床身立柱导轨间隙调整不当 2. 升降台与床身立柱导轨有起线、拉丝和咬毛现象 3. 升降丝杠因润滑不良，引起丝杠螺母副干摩擦，甚至咬死 4. 辅助圆柱导轨刹紧机构未松开 5. 手摇机构内轴承因无润滑而损坏 6. 升降丝杠顶端锁紧螺母松动，造成丝杠轴向间隙而引起顿落
故障排除维修方法	1. 调整升降台与床身立柱导轨的间隙，包括压板配合间隙；V 形导轨的镶条调整是否正确，因为镶条的过松与过紧，均会产生手摇过重的故障 2. 修刮起线、拉丝和严重咬毛的导轨，并保持其润滑良好 3. 加强升降丝杠的润滑并保持清洁，对已咬死的丝杠螺母副则应更新 4. 手摇前，松开辅助圆柱导轨的刹紧装置，并检查立柱上活络压板是否松开 5. 更换手摇机构内损坏的轴承，注意保持其润滑良好 6. 调整并锁紧升降丝杠顶端的锁紧螺母，检查工作台升降时有否间隙顿落现象出现

（4）铣床常见机械故障原因分析、排除维修方法示例四（见表 1-8）

表 1-8　铣床常见机械故障原因分析、排除维修方法示例四

项目	内容
故障现象	机床运转时润滑泵不出油
故障原因分析	1. 润滑泵电动机损坏或电路有故障 2. 润滑油液不符合要求 3. 过滤器堵塞 4. 润滑管路有泄漏或管路堵塞、断裂 5. 润滑泵损坏
故障排除与检修	1. 请电工检修或更换电动机 2. 根据使用要求，添足油液或更换油液 3. 清洗过滤器、油池和齿轮箱 4. 检查并修复所有润滑管路，保证油路畅通 5. 更换损坏的润滑泵

1.3　数控铣床的维护保养与故障诊断

1.3.1　数控铣床液压、气动元器件的结构与工作原理

1. 液压元器件的结构和工作原理

（1）液压泵

1）液压泵的工作原理。液压泵是依靠密封容积变化的原理来进行工作的，如

图 1-4 所示。当密封腔由小变大时形成局部真空，使油箱中油液在大气压作用下，经吸油管进入密封腔实现吸油；当密封腔由大变小时，密封腔中吸满的油液便进入系统实现压油。

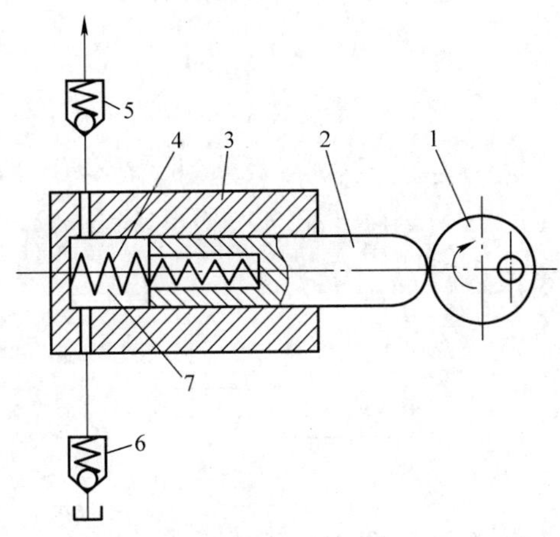

图 1-4 液压泵工作原理示意图

1—偏心轮 2—柱塞 3—缸体 4—弹簧 5、6—单向阀 7—密封腔

2）液压泵的特点。

① 具有若干个密封且又可以周期性变化的腔。密封腔容积变大，液压泵吸油；密封腔容积变小，液压泵压油。

② 为保证液压泵正常吸油，油箱必须与大气相通，使油箱内液体的绝对压力必须恒等于或大于大气压力。

③ 具有相应的配流机构，将吸油腔和压油腔隔开，保证液压泵有规律地、连续地吸油、压油。

3）液压泵的图形符号。液压泵的图形符号如图 1-5 所示。

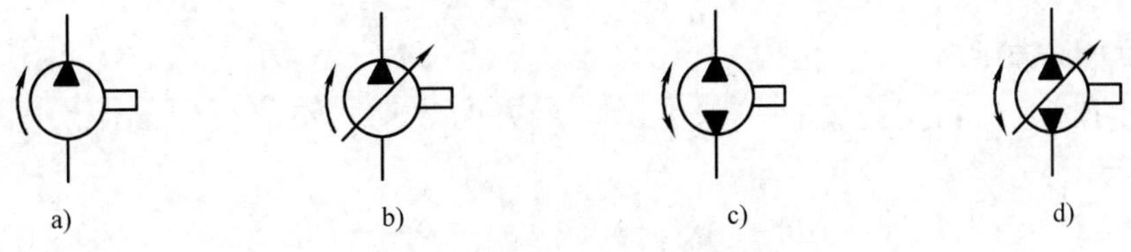

图 1-5 液压泵的图形符号

a）单向定量液压泵 b）单向变量液压泵 c）双向定量液压泵 d）双向变量液压泵

（2）液压缸 液压缸是液压传动系统的执行元件，是将油液的压力能转换成机械能，实现往复直线运动或摆动的能量转换装置。液压缸结构简单，制造容易，可实现直线往复运动等，因而得到广泛应用。

1）活塞式液压缸的图形符号如图 1-6 所示。

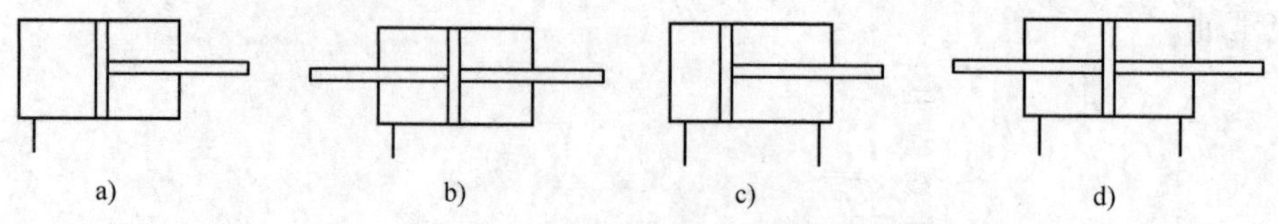

图 1-6　活塞式液压缸符号

a）单作用单活塞杆液压缸　b）单作用双活塞杆液压缸
c）双作用单活塞杆液压缸　d）双作用双活塞杆液压缸

2）柱塞式液压缸的图形符号如图 1-7 所示。

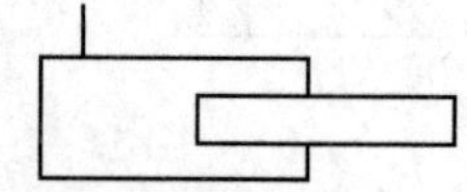

图 1-7　柱塞式液压缸

3）伸缩式液压缸的图形符号如图 1-8 所示。

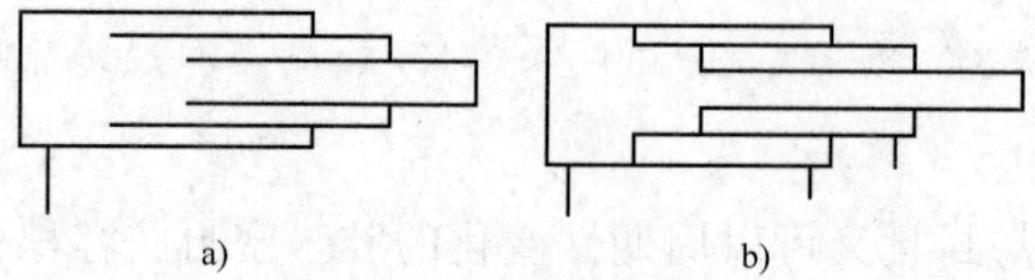

图 1-8　伸缩式液压缸符号

a）单作用伸缩式液压缸　b）双作用伸缩式液压缸

4）摆动式液压缸的图形符号如图 1-9 所示。

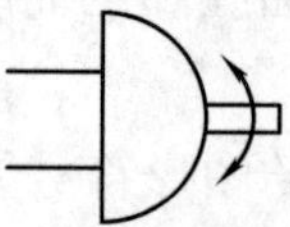

图 1-9　摆动式液压缸符号

（3）方向控制阀

1）单向阀。其功用是使油液只能沿一个方向流动，不能反向倒流。图形符号如图 1-10 所示。

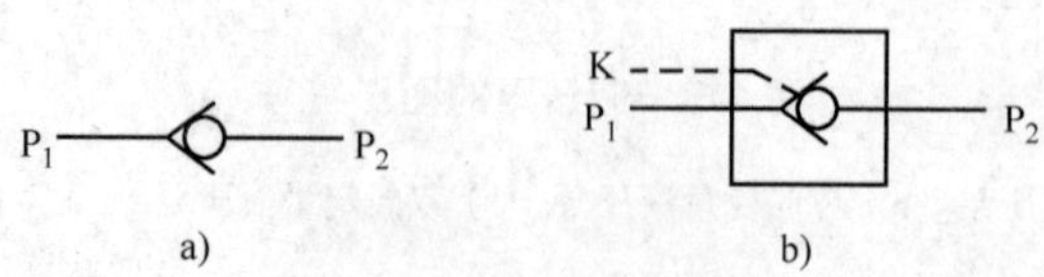

图 1-10　单向阀符号

a）普通单向阀　b）液控单向阀

2）换向阀。其功用是利用阀芯相对于阀体的相对运动，使油路接通、关断，或变换油液流动的方向，从而使液压执行元件起动、停止或变换运动方向。图形符号如图 1-11 所示。

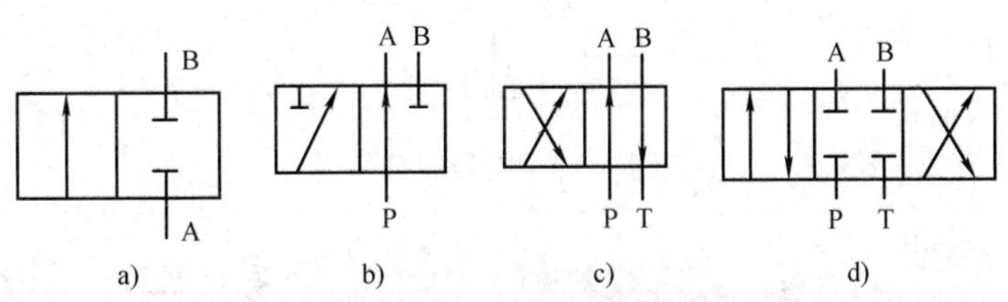

图 1-11　换向阀符号

a）二位二通换向阀　b）二位三通换向阀

c）二位四通换向阀　d）三位四通换向阀

“位”和“通”是换向阀的重要概念。不同的“位”和“通”构成了不同类型的换向阀。通常所说的“二位阀”“三位阀”是指换向阀的阀芯有两个或三个不同的工作位置。所谓“二通阀”“三通阀”“四通阀”是指换向阀的阀体上有两个、三个、四个油口，不同油口只能通过阀芯移位时阀口的开关来连通。

（4）压力控制阀　压力控制阀简称压力阀，是用来控制液压系统的压力或利用压力变化作为信号来控制其他元件动作的阀。

1）溢流阀。溢流阀在液压系统中的作用是通过阀口的溢流量来实现调压、稳压，图形符号如图 1-12 所示。

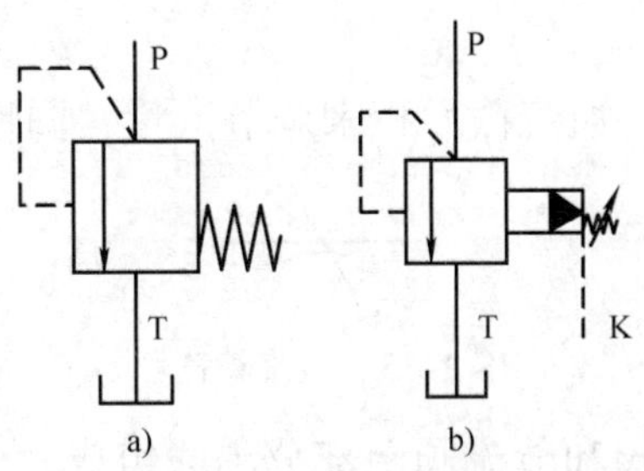

图 1-12　溢流阀符号

a）直动式溢流阀　b）先导式溢流阀

2）减压阀。减压阀在液压系统的作用是在经过阀口后使压力减小，图形符号如图 1-13 所示。

3）顺序阀。顺序阀的作用是控制液压系统中各执行元件动作的先后顺序，图形符号如图 1-14 所示。

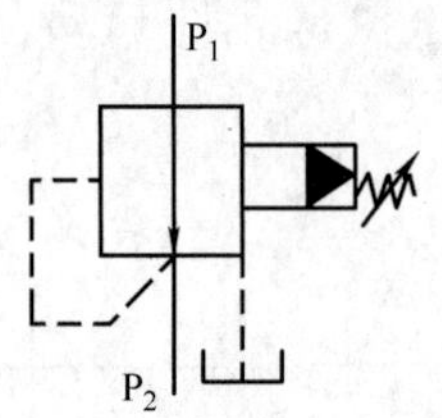

图 1-13　减压阀符号

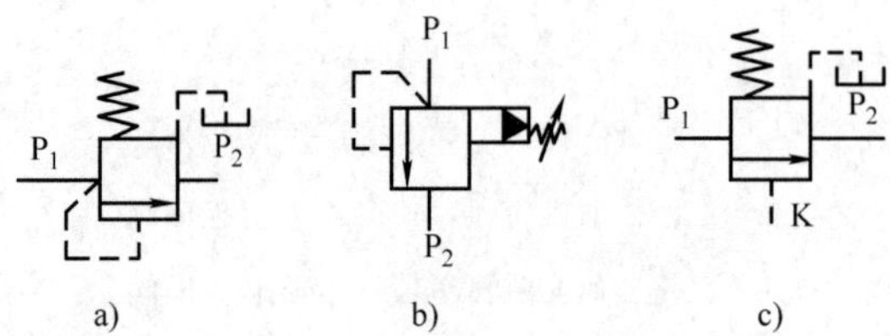

图 1-14　顺序阀符号

a）自动式顺序阀　b）先导式顺序阀　c）液控顺序阀

4）压力继电器。它是一种将油液的压力信号转换成电信号的电液控制元件，当油液压力达到压力继电器的调定压力时，即发出电信号，以控制电磁铁等元件动作。图形符号如图 1-15 所示。

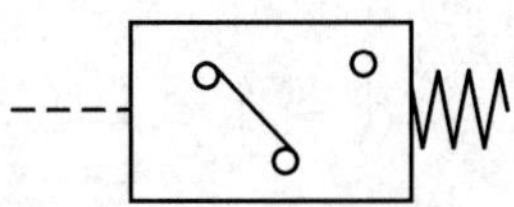

图 1-15　压力继电器符号

（5）流量控制阀

1）节流阀改变节流口的通流截面积来调节流量，图形符号如图 1-16 所示。

图 1-16　节流阀符号

2）调速阀由定差减压阀和节流阀两部分串联组成，使通过节流阀的调定流量不随负载变化而变化，图形符号如图 1-17 所示。

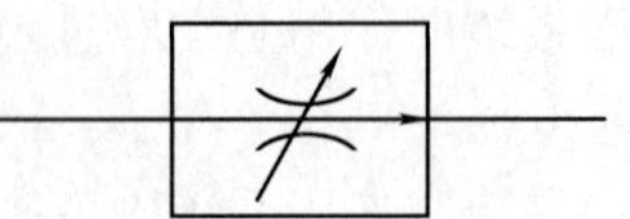

图 1-17　调速阀符号

（6）液压辅助元件名称、符号和功用（见表 1-9）

表 1-9　液压辅助元件名称、符号和功用

序号	名称	图形符号	功用
1	过滤器		过滤液压油液中的灰尘、脏物、油液析出物、金属颗粒等杂质，降低进入系统中油液的污染程度，保证系统正常的工作，延长系统的使用寿命
2	蓄能器		储存油液多余的压力能，并在需要时释放出来
3	油箱	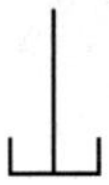	储存工作介质，散发系统工作中产生的热量，分离油液中混入的空气，沉淀污染物及杂质
4	冷却器	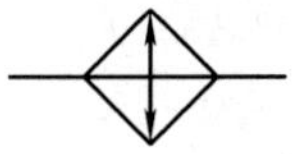	液压系统的工作温度一般高不超过 65℃，液压系统若依靠自然冷却仍不能使油温控制范围内时，就须安装冷却器
5	加热器	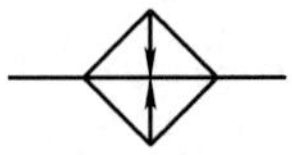	液压系统的工作温度一般不低于 15℃，若环境温度太低无法使液压泵起动或正常运转时，就须安装加热器
6	压力表		用于观测液压系统和各局部回路的压力大小

2. 气动元器件的结构和工作原理

（1）空气压缩机　气压传动系统是以空气压缩机作为气源装置，空气压缩机是气动系统的动力源，作用是把电动机输出的机械能转换成气体压力能的能量转换装置。

1）空气压缩机的工作原理。气压系统中最常用的空气压缩机是往复活塞式，其工作原理如图 1-18 所示。当活塞向右运动时，气缸内容积增大，形成部分真空而低于大气压力，外界空气在大气压力作用推开吸气阀而进入气缸中，这个过程称为吸气过程。当活塞向左移，缸内空气受到压缩而使压力升高，这个过程称为压缩过程。当气缸内压力增高到略高于输气管路内压力 p 时，排气阀打开，压缩空气排入输气管路内，这个过程称为排气过程。

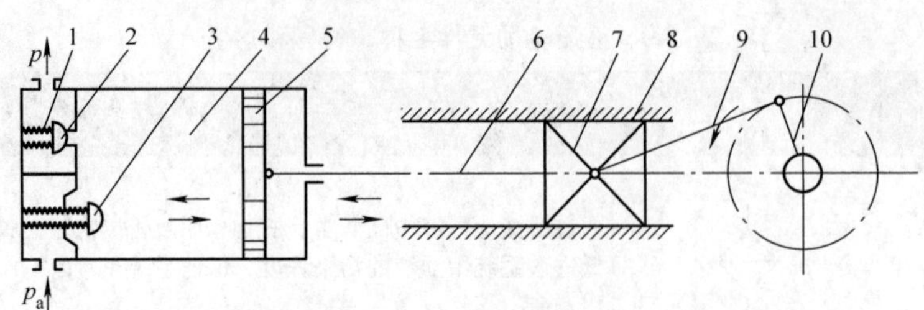

图 1-18 往复活塞式空气压缩机工作原理图

1—弹簧 2—排气阀 3—吸气阀 4—气缸 5—活塞 6—活塞杆 7—十字头滑块 8—滑道 9—连杆 10—曲柄

2）压缩空气站的设备组成。当排气量大于或等于 $6m^3/min$ 时，就应独立设置压缩空气站，作为整个工厂或车间的统一气源。压缩空气站的设备组成和布置如图 1-19 所示。

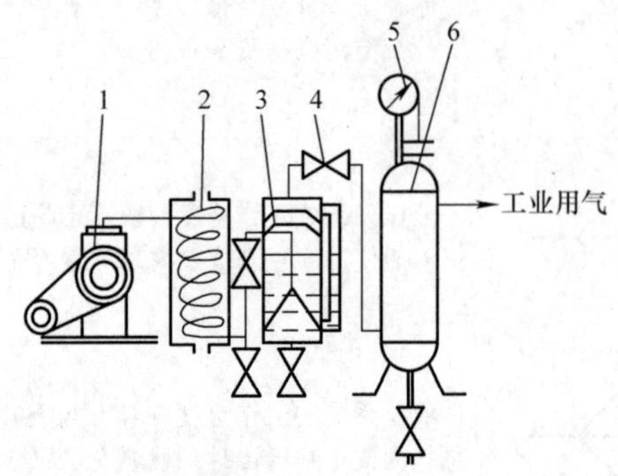

图 1-19 压缩空气站的设备组成和布置

1—空气压缩机 2—后冷却器 3—除油器 4—阀门 5—压力表 6—储气罐

（2）气缸 气缸是将压缩空气的压力能转化为机械能的能量转换装置，用于实现直线往复运动。气缸结构简单、成本低，工作可靠。用于自动化生产线可缩短辅助动作（如传输、压紧等）的时间，提高劳动生产率。图形符号如图 1-20 所示。

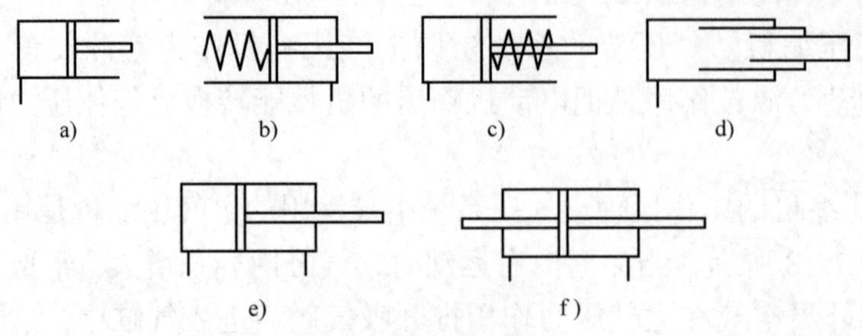

图 1-20 气缸符号

a）单作用单活塞缸 b）单作用单活塞缸带弹簧压出 c）单作用单活塞缸带弹簧压回 d）单作用伸缩缸 e）双作用单活塞气缸 f）双作用双活塞气缸

（3）单向阀　气动系统中，为防止储气罐中的压缩空气倒流回空气压缩机，在空气压缩机和储气罐之间就装有单向阀。单向阀还可与其他的阀组合成单向节流阀、单向顺序阀等。图形符号如图 1-21 所示。

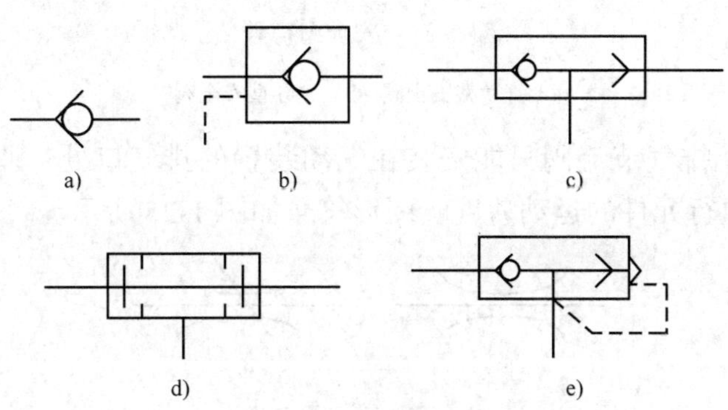

图 1-21　单向阀符号

a）单向阀　b）气控单向阀　c）梭阀　d）双压阀　e）快速排气阀

（4）换向型控制阀　换向型控制阀的作用是改变气体通道使气体流动方向发生变化，从而改变执行元件的运动方向。图形符号如图 1-22 所示。

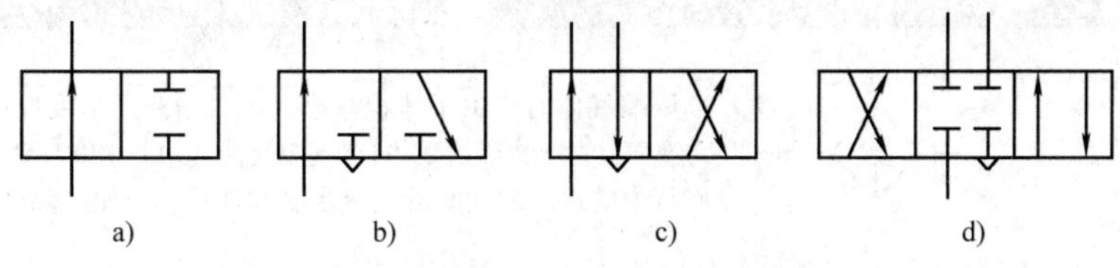

图 1-22　换向阀符号

a）二位二通换向阀　b）二位三通换向阀　c）二位四通换向阀　d）三位四通换向阀

（5）减压阀　为了供给各气动装置所需的稳定的工作压力，就要采用减压阀。因此，减压阀的作用是降压且稳压。图形符号如图 1-23 所示。

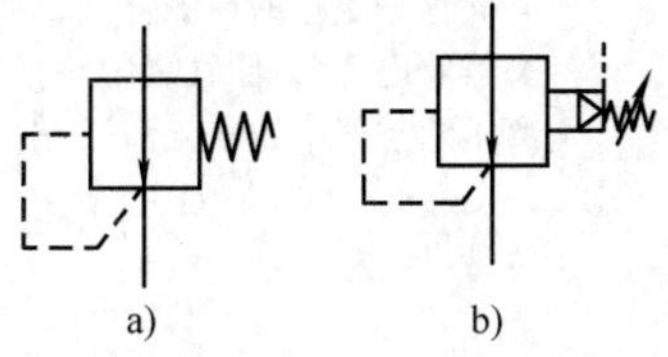

图 1-23　减压阀符号

a）直动型减压阀　b）先导型减压阀

（6）安全阀　当储气罐或回路中压力超过某调定值时，要用安全阀往外排气。安全阀在系统中能够限制系统中最高工作压力，起到安全保护的作用。图形符号如图 1-24 所示。

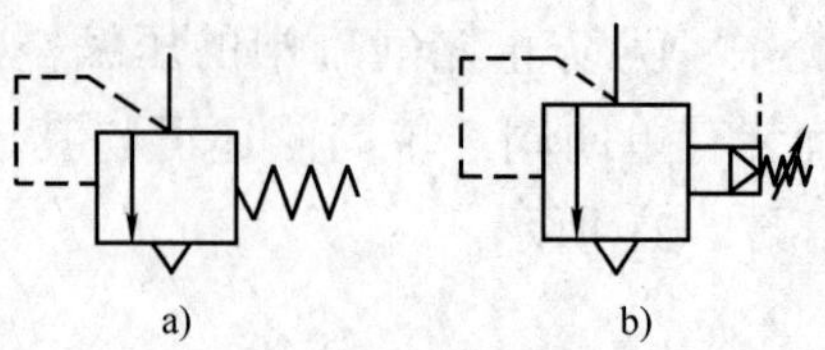

图 1-24　安全阀符号

a）直动型安全阀　b）先导型安全阀

（7）节流阀　排气节流阀只能安装在气动装置的排气口处，调节排入大气的流量，以此来调节执行元件的运动速度。图形符号如图 1-25 所示。

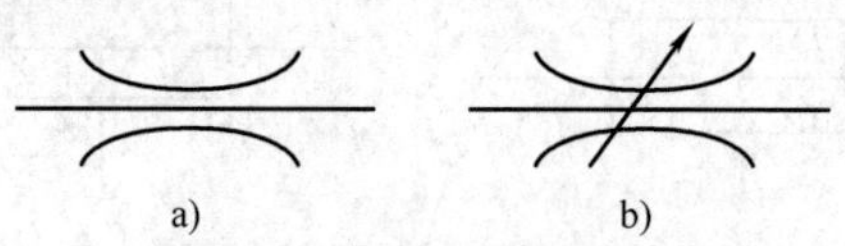

图 1-25　节流阀符号

a）不可调节流阀　b）可调节流阀

（8）气压辅助元件名称、符号和功用（见表 1-10）

表 1-10　气压辅助元件名称、符号和功用

序号	名称	图形符号	功用
1	后冷却器		压缩气体时，由于体积减小、压力增高，温度也增高。该元件能将空气压缩机排出的压缩空气温度由 140 ~ 170℃冷却到 40 ~ 50℃，使其中的水汽和油雾凝结成水滴和油滴，以便经除油器排出
2	除油器		分离压缩空气中所含的油分、水分和灰尘等杂质，使压缩空气得到初步净化
3	储气罐		储存一定量的压缩空气，当空气压缩机发生意外事故时（如停机、突然停电等），储气罐中储存的压缩空气可作为应急使用。进一步分离压缩空气中的水分和油分
4	过滤器		滤除压缩空气中的杂质，达到系统所要求的净化程度
5	油雾器		润滑气动元件
6	消声器		消除和减弱噪声

1.3.2　数控铣床电气元件的结构与作用

数控铣床的电气部分具有以下基本特点：首先具有较高的可靠性，数控铣床是长时间连续运转的设备，在电气系统的设计和选用上普遍应用了可靠性技术、容错技术，部件的选用一般比较成熟；其次，具有较好的先进性，广泛使用新型组合功能电器元件及电力电子功率器件；另外，具有较高的稳定性，能适应交流电压的波动，对电网系统内的噪声干扰有抑制作用，因而具有较高的安全性。

（1）控制按钮　控制按钮是一种手动操作的，短时接通或分断小电流的开关。实物图形、符号如图 1-26 所示。

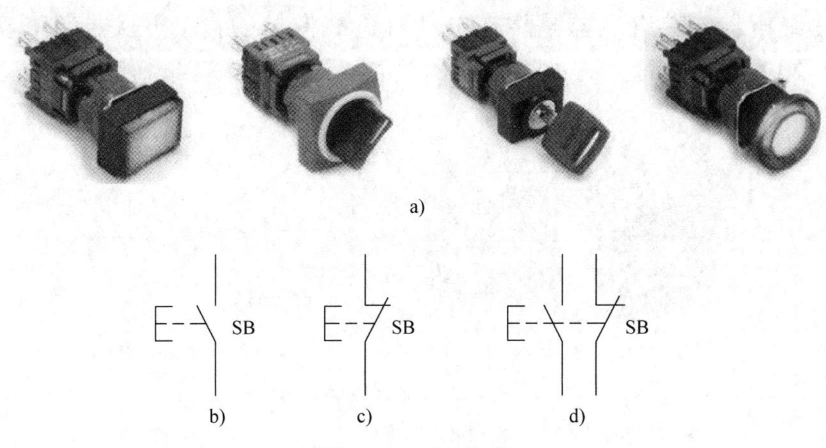

图 1-26　控制按钮

a）控制按钮实物　b）常开按钮符号　c）常闭按钮符号　d）复合按钮符号

（2）低压断路器　低压断路器是自动进行欠电压、过电流、过载和短路保护的电器。实物图形、符号如图 1-27 所示。

图 1-27　低压断路器

a）低压断路器实物　b）断路器符号

（3）熔断器　熔断器是一种最简单有效的保护电器，具有分断能力高、安装体积小、使用维护方便等优点，还可以使电路与电源隔离。实物图形、符号如图 1-28 所示。

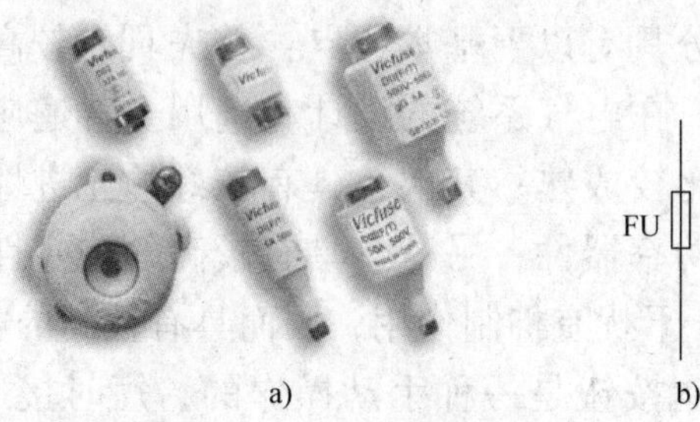

a)　　b)

图 1-28　熔断器

a）熔断器实物　b）熔断器符号

（4）热继电器　热继电器是用作电动机过载保护的自动开关器件。实物图形、符号如图 1-29 所示。

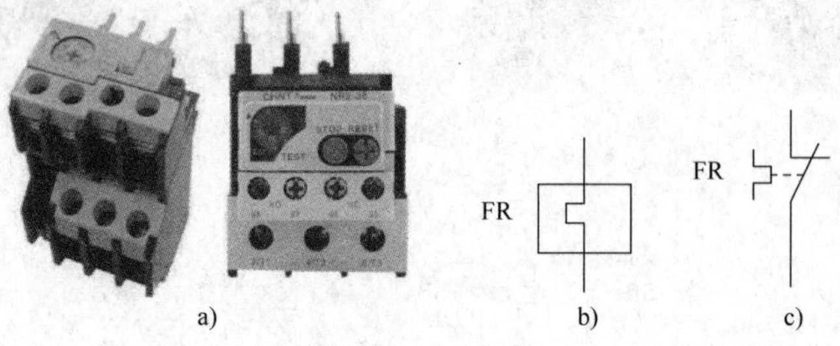

a)　　b)　　c)

图 1-29　热继电器

a）热继电器实物　b）热继电器符号　c）热继电器动断触点

（5）接触器　接触器是一种用来频繁地接通或断开交、直流主电路及大容量控制电路的自动切换电器，主要用于控制电动机、电热设备和焊机等。实物图形、符号如图 1-30 所示。

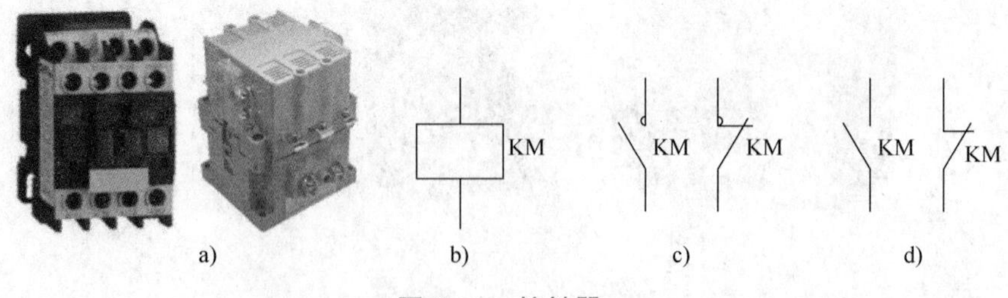

a)　　b)　　c)　　d)

图 1-30　接触器

a）接触器实物　b）吸引线圈　c）主触点　d）辅助触点

（6）继电器　继电器是根据某种输入信号的变化接通或断开控制电路，实现自动控制和保护电力装置的自动电器。实物图形、符号如图 1-31 所示。

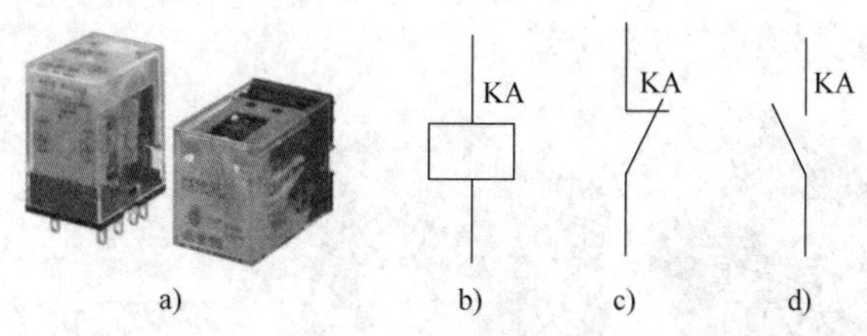

图 1-31 继电器

a）继电器实物 b）吸引线圈 c）常闭触点 d）常开触点

（7）行程开关 行程开关是根据运动部件的位置切换电路的自动控制电器，用来控制运动部件的运动方向、行程大小或实现位置保护。如果把行程开关安装在工作机械各种行程的终点处以限制其行程，则称为限位开关或终端开关。实物图形、符号如图 1-32 所示。

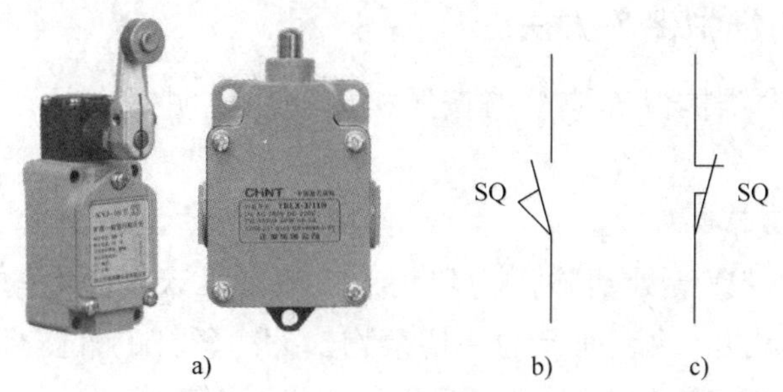

图 1-32 行程开关

a）行程开关实物 b）常开触点 c）常闭触点

（8）开关电源 开关电源被称作高效节能电源，因为其内部电路工作在高频开关状态，自身消耗的能量很低，电源效率可达 80% 左右，比普通线性稳压电源的效率高近一倍。实物图形、符号如图 1-33 所示。

图 1-33 开关电源

a）开关电源实物 b）直流稳压电源符号

（9）机床控制变压器 机床控制变压器适用于 AC50 ~ 60Hz、输入电压不超过 660V 的电路，可作为各类机床、机械设备等一般电器的控制电源以及步进电动机驱动器、局部照明及指示灯的电源。实物图形、符号如图 1-34 所示。

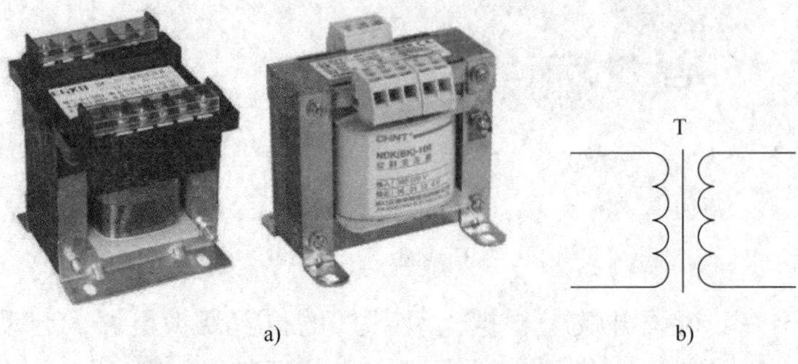

图 1-34　控制变压器

a）控制变压器实物　b）控制变压器符号

1.3.3　数控铣床的维护保养方法

数控机床的日常维护保养应严格按照机床使用说明书进行，具体操作可参考以下方法。

1. 每日检查、保养

1）从工作台、基座等处清除污物和灰尘，擦去机床表面上的润滑油、切削液和切屑。清除没有罩盖的滑动表面上的一切杂物，擦净丝杠的外露部位。

2）清理、检查所有限位开关、接近开关及其周围表面。

3）检查各润滑油箱及主轴润滑油箱的液面，使其保持在合理的油位上。

4）确认各刀具在其应有的位置上更换。

5）确保空气滤杯内的水完全排出。

6）检查液压泵的压力是否符合要求。

7）检查机床主液压系统是否漏油。

8）检查切削液软管及液面，清理管内及切削液槽内的切屑等污物。

9）确保操作面板上所有指示灯都可正常显示。

10）检查各坐标轴是否处在原点上。

11）检查主轴端面、刀柄及其他配件是否有毛刺、破裂或损坏现象。

2. 每月检查、保养

1）清理电气控制箱内部，使其保持干净。

2）校准工作台及床身基准的水平，必要时调整垫铁，拧紧螺母。

3）拆洗空气滤网，必要时予以更换。

4）检查液压装置、管路及接头，确保无松动、无磨损。

5）清理导轨滑动面上的刮垢板。

6）检查各电磁阀、行程开关、接近开关，确保其能正确工作。

7）检查液压箱内的滤油器，必要时予以清洗。

8）检查各电缆及接线端子是否接触良好。

9）确保各联锁装置、时间继电器、继电器都能正确工作，必要时予以修理或更换。

10）确保数控装置能正确工作。

3. 每半年检查、保养

1）更换液压装置内的液压油及润滑装置内的润滑油。

2）检查各电动机轴承是否有噪声，必要时予以更换。

3）检查机床的各有关精度。

4）外观检查所有各电气部件及继电器等是否可靠工作。

5）测量各进给轴的反向间隙，必要时予以调整或进行补偿。

6）检查各伺服电动机的电刷及换向器的表面，必要时予以修整或更换。

7）检查一个试验程序的完整运行情况。

4. 其他保养

（1）定期检查电动机系统　对直流电动机定期进行电刷和换向器的检查、清洗和更换。若换向器表面不干净，应用白布蘸酒精予以清洗；若表面粗糙，用细金相砂纸予以修整；若电刷长度在 10mm 以下，则应予以更换。

（2）定期检查电气部件　检查各插头、插座、电缆、各继电器的触点是否接触良好，检查各印刷线路板是否干净。检查主变压器、各电动机的绝缘电阻应在 1MΩ 以上。平时尽量少开电气柜门，以保持电器柜内清洁，定期对电器柜和有关电器的冷却风扇进行清洁，更换其空气过滤网。电路板上有污物或受湿，可能发生短路现象，因此，必要时对各个电路板、电气元件采用吸尘法进行清扫。

（3）定期进行机床水平和机械精度检查　机械精度的校正方法有软、硬两种。软方法主要是通过系统参数补偿，如丝杠反向间隙补偿、各坐标定位精度定点补偿、机床回参考点位置校正等；硬方法一般要在机床大修时进行，如进行导轨修刮、滚珠丝杠螺母预紧、调整反向间隙等。

（4）适时对各坐标轴进行超限位试验　要防止限位开关锈蚀后不起作用，防止工作台发生碰撞，严重时会损坏滚珠丝杠，影响其机械精度。试验时只要按一下限位开关确认一下是否出现超程警报，或检查相应的 I/O 接口信号是否变化。

（5）监视数控装置用的电网电压　数控装置通常允许电网电压在额定值的 −15% ~ 10% 的范围内波动，如果超出此范围就会造成系统不能正常工作，甚至会引起数控系统内的电子元件损坏。为此，需要经常监视数控装置用的电网电压。

（6）更换存储器电池　一般数控系统内对 CMOS RAM 存储器器件设有可充电电池维持电路，以保证系统不通电期间保持其存储器的内容。在一般的情况下，即使电池尚未失效，也应每年更换一次，以确保系统能正常工作。电池的更换应在数控装置通电状态下进行，以防更换时 RAM 内信息丢失。

（7）机床长期不用时的维护　数控机床不宜长期封存不用，购买数控机床以后要充分利用起来，尽量提高机床的利用率，尤其是投入的第一年，更要充分的利用，使其容易出现故障的薄弱环节尽早暴露出来，使故障的隐患尽可能在保修期内得到排除。数控机床不用，反而会由于受潮等原因加快电子元件的变质或损坏，若数控机床长期不用时要定期通电，并进行机床功能试验程序的完整运行。要求每 1 ~ 3 周通电试运行 1 次，尤其是在环境湿度较大的梅雨季节，应增加通电次数，每次空运行 1h 左右，以利用机床本身的发热来降低湿度，使电子元件不致受潮。同时，也能及时发现有无电池报警发生，以防系统软件、参数的丢失等。

（8）经常清洁环境　如果机床周围环境不清洁、粉尘太多，均会影响机床的正常运行。电路板太脏，可能产生短路现象；油水过滤网、安全过滤等太脏，会发生压力不够、散热不好，造成故障。因此必须定期进行清扫。

1.3.4　数控铣床常见机械故障的诊断方法

数控机床机械故障是指机床机械部分的各项技术指标偏离而出现的不正常状况。如某些零件或部件损坏，致使工作能力丧失；发动机功率降低；传动系统失去平衡和噪声增大；工作机构的工作性能下降；燃料和润滑油的消耗增加等，当机械部分超出了规定的指标时，均属于机械故障。机械故障在结构上的主要表现是零件损坏和零件之间相互关系的异常。如零件的断裂、变形，配合件的间隙增大或过盈丧失，固定和紧固装置的松动和失效等。

1. 诊断方法

1）仔细检查有无熔丝熔断、器件烧坏以及断路等问题，观察机械部分传动轴是否弯曲、晃动等。

2）数控机床因故障而产生的各种异常声响：机械的摩擦声、振动声和撞击声等。

3）人类手指的触觉是很灵敏的，能相当可靠地判断各种异常的温升；轻微振动也可用手感鉴别；肉眼看不清的伤痕和波纹，若用手指去触摸可以很容易感觉出来。

4）剧烈摩擦或电气元件绝缘破损短路而产生的烟味、焦煳味等，可较好地判断和寻找故障原因及部位。

2. 主轴系统常见故障

（1）电主轴结构　图 1-35 所示为电主轴的主要结构。电主轴是将数控机床主轴与主轴电动机融为一体的新技术，电主轴与直线电动机技术、高速刀具技术是高速切削加工发展的主要基础技术。电主轴包括电主轴本身及其附件，附件包括高频变频装置、油雾润滑器、冷却装置、内置编码器和换刀装置等。电动机的转子直接作为机床的主轴，主轴单元的壳体就是电动机机座，并且配合其他零部件，实现电动机与机床主轴的一体化。

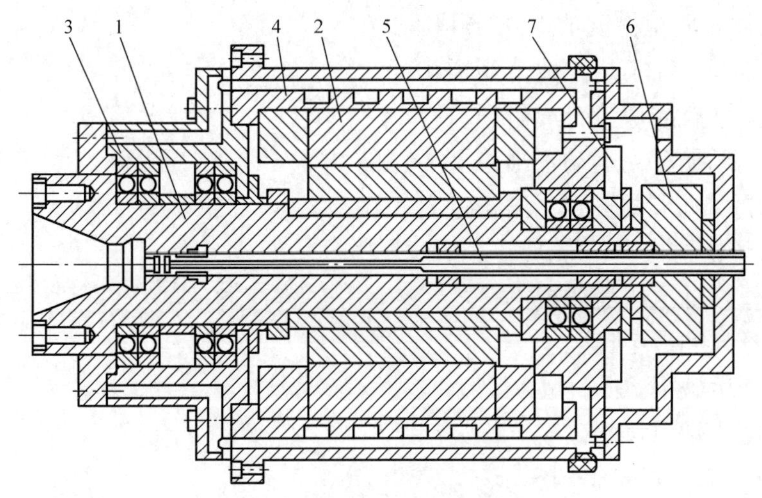

图 1-35　电主轴结构简图

1—主轴轴系　2—内装式电动机　3—支承及润滑系统　4—冷却系统　5—松拉刀机构
6—轴承自动卸载系统　7—编码器安装调整系统

（2）电主轴保养

1）电主轴芯棒（长 250mm）远端径向圆跳动量≤ 0.012mm，每年两次。

2）电主轴芯棒（长 250mm）近端径向圆跳动量≤ 0.002mm，每年两次。

3）锥孔径向圆跳动量≤ 0.002mm，每年两次。

4）刀柄拉力检测，以 HSK63 为例要求 16 ~ 27kN 之间，每年两次。

5）打刀量检测，以 HSK63 为例伸出量 10.5mm ± 0.1mm，每年四次。

6）检查确认电主轴的循环冷却水（油）的液位及工作状态良好，每班次。

7）检查确认电主轴所用气源处理元件的工作状态良好，每班次。

8）定期清理。工作人员在每天工作完之后要使用吸尘器来清洁电主轴的转子端和电动机接线端子上的废屑和尘埃，每班次。

（3）主轴转动时振动和噪声大的原因

1）主轴箱与床身的联接螺钉松动。

2）轴承拉毛或损坏，应更换轴承。

3）轴承预紧力不够，或预紧螺钉松动，游隙过大，使主轴产生轴向窜动。

4）主轴部件动平衡不好。

5）齿轮有严重损伤，或齿轮啮合间隙过大。

6）润滑不良。

7）主轴与主轴电动机的连接带过紧，或连接主轴与电动机的联轴器有故障。

8）主轴负荷过大。

（4）滚珠丝杠螺母副的常见故障

1）加工件表面粗糙度值大，原因是：

① 导轨的润滑油不足，致使溜板爬行。

② 滚珠丝杠有局部拉毛或研损。

③ 丝杠轴承损坏，运动不平稳。

④ 伺服电动机未调整好，增益过大。

2）滚珠丝杠副噪声，原因是：

① 滚珠丝杠轴承压盖压合不良。

② 滚珠丝杠润滑不良。

③ 滚珠产生破损。

④ 丝杠支承轴承可能破裂。

⑤ 电动机与丝杠联轴器松动。

3）滚珠丝杠不灵活，原因是：

① 轴向预加载荷太大。

② 丝杠与导轨不平行。

③ 螺母轴线与导轨不平行。

④ 丝杠弯曲变形。

（5）刀库的常见故障

1）刀库不能转动或转动不到位，原因是：

① 连接电动机轴与蜗杆轴的联轴器松动。

② 变频器有故障。

③ 机械连接过紧或黄油黏涩。

2）刀套不能夹紧刀具，原因是：

① 刀套上的调整螺母松动或弹簧太松，造成卡紧力不足。

② 刀具超重。

3）刀套上、下不到位，原因是：

① 装置调整不当或加工误差过大而造成拨叉位置不正确。

② 限位开关安装不准或调整不当而造成反馈信号错误。

1.3.5　数控铣床控制与电气系统常见故障的诊断方法

数控机床电气故障分为弱电故障和强电故障。弱电部分主要有 CNC 装置、PMC 控制器、CRT 显示器以及伺服单元和输入 / 输出装置等电子电路。强电部分是指继电器、接触器、开关、熔断器、电源变压器、电动机、电磁铁和行程开关等电气组件及其所组成的电路。

1. 故障产生的原因

1）电气组件的老化、损坏和失效。

2）电气组件接触不良。

3）使用环境变化，如电流或电压波动、温度变化等。

2. 主轴故障

（1）主轴不转

1）主传动电动机烧坏，失去动力源。

2）主轴电磁制动器的接线脱落或线圈损坏。

3）机床负载过大。

4）控制信号未满足主轴转动的条件，如转向信号、速度给定电压未输入。

（2）主轴转动时振动和噪声过大

1）振动或噪声如果是在减速过程中发生，通常是再生回路的故障。

2）在快速转动下发生时，应检查反馈电压是否正常。

3）速度控制回路的印制电路板不良或主轴驱动装置调整不当。

4）系统电源断相或相序错误。

5）主轴控制单元上的电源频率开关（50Hz/60Hz 切换）设定错误。

6）控制单元上的增益电路调整不合理。

（3）主轴在加 / 减速时工作不正常

1）电动机加 / 减速电流极限设定、调整不合理。

2）电流反馈回路设定、调整不合理。

3）加 / 减速回路时间常数设定不合理或电动机 / 负载间的惯量不匹配。

3. 刀库故障

（1）刀库不能转动

1）变频器有故障，应检查变频器的输入、输出电压是否正常。

2）PLC 无控制输出，可能是接口板中的继电器失效。

3）电网电压过低（低于 370V）。

（2）转动不到位

1）电动机转动故障。

2）传动机构误差。

4. 电动机转速异常或转速不稳定

1）D/A 转换器故障。

2）测速发电机断线或测速机不良。

3）速度指令电压不良。

4）电动机不良，如励磁丧失等。

5）电动机负荷过重。

6）驱动器不良。

5. 发生过电流报警

1）驱动器电流极限设定错误。

2）触发电路的同步触发脉冲不正确。

3）主轴电动机的电枢线圈内部局部短路。

4）驱动器的 +15V 控制电源故障。

6. 速度偏差过大

1）机床切削负荷过重。

2）速度调节器或测速反馈回路的设定调节不当。

3）主轴负载过大、机械传动系统不良或制动器未松开。

4）电流调节器或电流反馈回路的设定调节不当。

7. 熔断器熔丝熔断

1）驱动器控制印制电路板不良（此时，通常驱动器的报警指示灯亮）。

2）电动机不良，如电枢线短路、电枢绕组短路或局部短路、电枢线对地短路等。

3）测速发电机不良（此时，通常驱动器的报警指示灯亮）。

4）输入电源相序不正确（此时，通常驱动器的报警指示灯亮）。

5）输入电源存在断相。

8. 速度达不到最高转速

1）电动机励磁电流调整过大。

2）励磁控制回路不良。

3）晶闸管整流部分污损，造成直流母线电压过低或绝缘性能降低。

1.4　铣床夹具的结构、定位和夹紧

1.4.1　铣床夹具的基本要求和结构特点

1. 铣床夹具的基本要求

分析、改进或自制铣床夹具应符合以下基本要求：

1）保证被加工面对基准面及刀具的正确位置。

2）保证工件拆卸方便、迅速。

3）保证工件夹紧合理、可靠。

4）保证刀具和量具能方便地接近工件的被加工表面和检测部位。

5）保证夹具有足够的刚度，防止工件变形和加工过程中产生振动。

6）保证操作者使用安全。

2. 铣床夹具的结构和特点

（1）铣床夹具的基本结构　铣床夹具是在铣床上用于装夹工件（或引导刀具）的装置。铣床上所用的夹具是根据“六点定位原理”对工件起定位作用的，并根据铣削力的情况对工件起到夹紧作用。对要求比较完善的夹具，还应具有对刀装置等辅助装置。铣床夹具一般由以下几个部分组成：

1）定位件。在铣床夹具中起定位作用的零部件。

2）夹紧件。在铣床夹具中起夹紧作用的零部件。

3）夹具体。是铣床夹具的主体，用于将铣床夹具的各个元件和部件联合成一个整体，并通过夹具体使整个夹具固定在铣床工作台上。

4）对刀件。在铣床夹具上起对刀作用的零部件，用于迅速得到铣床工作台及夹具与工件相对于刀具的正确位置。

5）分度件。在加工有圆周角度和等分要求的工件所用的铣床夹具上起角度或等分作用的装置，常称为对定装置。

6）其他元件和装置。由于加工工件的要求不同，夹具中有时还需要增加一些元件，如可调节辅助支承起辅助定位作用，夹具与机床之间的定位键起夹具定位作用等。

（2）铣床夹具的特点

1）通用夹具的特点。通用夹具主要有机用虎钳、自定心卡盘、分度头和回转工作台。通用夹具具有以下特点：

① 有适用于各种规格零件的夹具尺寸规格，如分度头的中心高可用于加工不同直径的圆柱形零件。

② 有适用于各种加工需要的使用调整部位，如机用虎钳可在水平面内按加工需要回转一定的角度。

③ 有适用于各种装夹要求的变换、复合或组合的特点，如在回转工作台上，可以组装机用虎钳、直角铁或自定心卡盘，进行夹具的组合使用。

2）专用夹具的特点。

① 多件装夹。铣床的专用夹具常采用多件装夹，使用时应注意定位方式，如多件定位的心轴；注意夹紧机构的特点，如采用气动夹紧、液压夹紧、增力夹紧机构等。

② 联动夹紧。铣床夹具常采用联动夹紧机构，如在工件定位后，可使用浮动压块等夹紧机构在一处施力，夹紧机构联动实现对工件的多点夹紧。常用的有杠杆机构、偏心机构等。

③ 对刀装置。铣床专用夹具为了便于调整工件和刀具的相对位置，通常设置对刀装置，如用于平面加工的高度对刀装置、用于直角面和沟槽加工的直角对刀装置、用

于加工成形面的成形刀具对刀装置，以及供组合铣刀使用的组合铣刀对定装置。

④ 对定装置。铣床夹具常用的分度头和转位对定装置由分度盘和定位销（定位楔、定位钢球）、弹簧等组成，使用时，必须注意定位的准确性和可靠性，以保证零件的加工精度。采用弹簧控制定位元件的对定装置，应注意调整弹簧的弹力，以保证分度和转位的位置精度。采用液压或气动作为插销动力的对定装置，应注意控制定位插销的定位压力。

1.4.2　铣床夹具定位原理、方式和定位误差

1. 常用工件铣削加工所需限制的自由度

（1）工件的六个自由度　位于任意空间的工件，相对于三个相互垂直的坐标平面共有六个自由度，即工件沿 Ox、Oy、Oz 三个坐标轴移动的自由度（分别用 $\vec{x}$、$\vec{y}$、$\vec{z}$ 表示）和绕三个坐标轴转动的自由度（分别用 $\widehat{x}$、$\widehat{y}$、$\widehat{z}$ 表示），如图 1-36 所示。

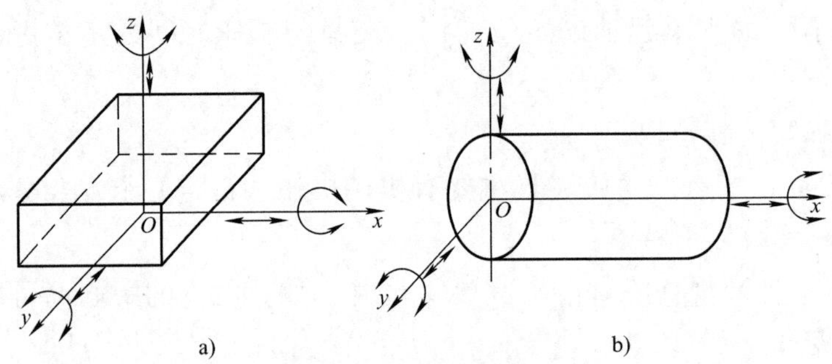

图 1-36　工件的六个自由度

a）矩形工件　b）圆柱形工件

（2）工件自由度的限制　要使工件在空间的位置完全确定下来，必须消除六个自由度。通常用一个固定的支承点限制一个自由度，用合理分布的六个支承点限制六个自由度，使工件在夹具中的位置完全确定，这就是六点定位原则。一般工件均可参考矩形工件和圆柱形工件的六点定位方式拟订六个支承点的合理分布方法，矩形工件和圆柱形工件的六点定位方法，如图 1-37 所示。

（3）定位与夹紧　当工件在夹具中准确定位后，若工件脱离定位取下后再放到原来的定位位置，使各定位面与支承点接触，工件前后两次的位置是完全一样的。因此，定位是使工件在夹紧前确定位置，而夹紧是使工件固定在已定的位置上，这是两个不同的概念。

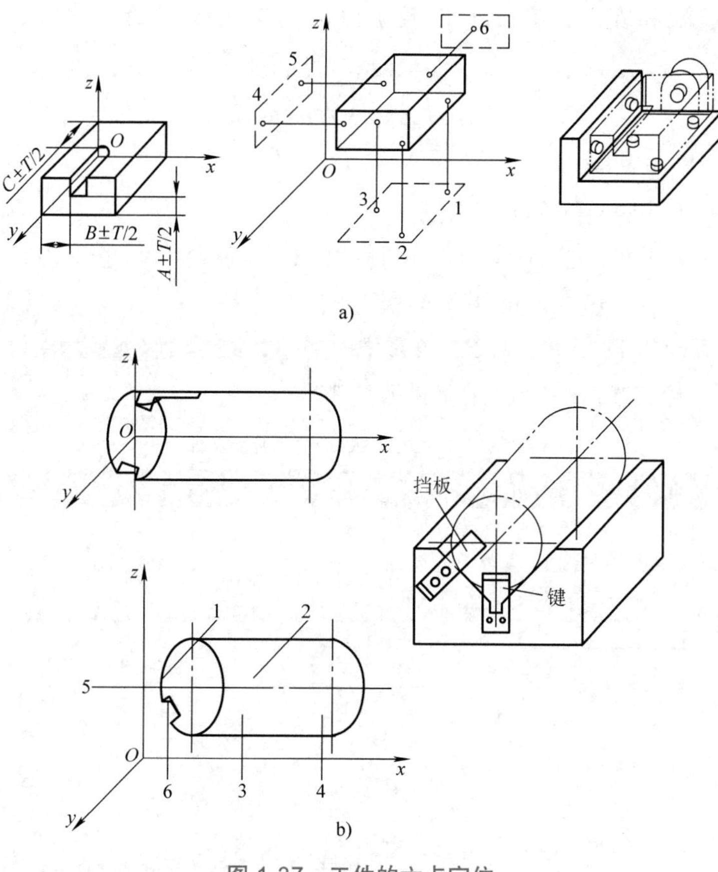

图 1-37 工件的六点定位

a）矩形工件 b）圆柱形工件

（4）工件铣削加工所需要限制的自由度 实际上，工件加工时不一定要求完全限制六个自由度才能满足铣削加工所需要的准确位置，而应该根据不同的具体要求，限制工件的几个或全部自由度。

2. 常用的定位元件

常用定位元件可按工件典型定位基准分为以下几种：

1）用于平面定位的定位元件，包括固定支承（钉支承和板支承）、自位支承、可调支承和辅助支承。

2）用于外圆柱面的定位元件，包括 V 形块、定位套和半圆定位座等。

3）用于孔定位的定位元件，包括定位销（圆柱定位销和圆锥定位销）、圆柱心轴和小锥度心轴。

3. 常用定位方式的定位误差

为了保证一批工件在加工后都能符合技术要求，即同一批工件的被加工尺寸偏

差均落在其公差 δL 范围内，必须使加工总误差不超过 δL，通常加工总误差为定位误差 ΔD、夹具装配和安装误差 ΔP 以及工序加工方法误差 Δm 之和，故应符合下面不等式

$$\Delta D+\Delta P+\Delta m \leqslant \delta L$$

式中　ΔD——定位误差；

ΔP——夹具的装配和安装误差；

Δm——工序加工方法误差，一般系由机床误差、调整误差、工艺系统受力变形和热变形的影响而引起的。

通常在计算时，使 ΔD、ΔP、Δm 各占 1/3，在经过分析后，可根据具体情况加以调整。常用定位方式的定位误差见表 1-11。

表 1-11　常用定位方式的定位误差

定位基准	定位简图	加工要求	定位误差
平面	$L_{-\delta L}^{\ 0}$, l, h, $H_{-\delta H}^{\ 0}$	1. 尺寸 h 2. 尺寸 l 与 L 的对称度	1. $\Delta D_h=\delta H$ 2. $\Delta D=\pm\dfrac{1}{2}\delta L$
外圆柱面	A, z, O, α, B, y	1. 分别以 A、O、B 为工序基准，工序尺寸在 Z 向 2. 工序基准在对称面内，工序尺寸在 Y 向	1. $\Delta D_A=\dfrac{\delta D}{2}\left(1+\dfrac{1}{\sin\frac{\alpha}{2}}\right)$ $\Delta D_O=\dfrac{\delta D}{2\sin\frac{\alpha}{2}}$ $\Delta D_B=\dfrac{\delta D}{2}\left(\dfrac{1}{\sin\frac{\alpha}{2}}-1\right)$ 2. $\Delta D=0$ 式中　δD——工件外圆直径公差
外圆柱面与平面	x, y, l	尺寸 l	$\Delta D_l=0$
	x, y	两加工孔中心线在工件的对称线上	$\Delta D_l=0$

（续）

定位基准	定位简图	加工要求	定位误差
内圆柱面与平面		1. 加工尺寸沿 x 向 2. 工件在 xOy 平面内的转角误差	1. $\Delta D=\delta d_1$ 2. $\Delta\phi=\arctan\left(\dfrac{\delta d_1+\delta d_2}{L}\right)$ 式中，δd_1、δd_2 分别为两定位孔的直径公差
圆锥面		锥体轴线倾斜角 θ	$\Delta\theta=\dfrac{\cos\left(\dfrac{\beta}{2}\right)\Delta\beta}{2\sqrt{\sin^2\dfrac{\alpha}{2}-\sin^2\dfrac{\beta}{2}}}$ 式中，$\Delta\theta$ 为 θ 角的误差

1.4.3 铣床夹具常用夹紧机构和夹紧力估算

1. 铣床夹具常用夹紧机构的基本要求

根据铣削加工的特点，铣床夹具的夹紧机构应满足下列基本要求：

1）夹紧力应不改变工件定位时所处的正确位置，主要夹紧力方向应垂直于主要定位基准，并作用在铣床夹具的固定支承上。

2）夹紧机构应能调节夹紧力的大小。夹紧力的大小要适当，夹紧力的大小应能保证铣削加工过程中工件位置不发生位移。

3）夹紧力使工件产生的变形和表面损伤应不超过所允许的范围。夹紧力的方向、大小和作用点都应使工件变形最小。

4）夹紧机构应具有足够的夹紧行程，还应具有动作快、操作方便、体积小和安全等优点，并且有足够的强度和刚度。

2. 铣床夹具常用夹紧机构

（1）斜楔夹紧机构　斜楔是夹紧机构中最基本的增力和锁紧元件。在铣床夹具中，绝大多数夹紧机构是利用楔块上的斜面楔紧的原理来夹紧工件的。斜楔夹紧机构是利用楔块上的斜面直接或间接（如用杠杆）将工件夹紧的机构。斜楔夹紧机构可分为无移动滑柱的斜楔机构和带滑柱的斜楔机构。

（2）螺旋夹紧机构　采用螺旋直接夹紧或与其他元件组合实现夹紧工件的机构，统称为螺旋夹紧机构。

1）简单螺旋夹紧机构有两种形式：一种是螺旋机构螺杆与工件直接接触，容易使工件受损或移动；另一种是常用的螺旋夹紧机构，其螺钉头部装有摆动压块，可防止螺杆夹紧时带动工件转动和损坏工件表面，螺杆上部装有手柄，夹紧时不需要扳手，操作方便、快捷。工件夹紧部位不宜使用扳手，且夹紧力要求不大的部位，

可选用这种机构。

2）螺旋压板夹紧机构在铣床夹具中应用最普遍，常用的螺旋压扳夹紧机构有压板可移位、转位，夹紧高度和夹紧力可调节等多种结构形式。根据夹紧力的要求、工件高度尺寸的变化范围，以及夹紧机构允许占有的部位的特点和面积，可选用不同形式的螺旋压板机构。

（3）偏心夹紧机构　偏心夹紧机构是由偏心元件直接夹紧或与其他元件组合而实现对工件夹紧的机构。偏心压板机构是最常用的快速夹紧机构。当工件夹紧表面尺寸比较准确，加工时切削力和切削振动较小时，常采用图 1-38 所示的偏心压板夹紧机构。

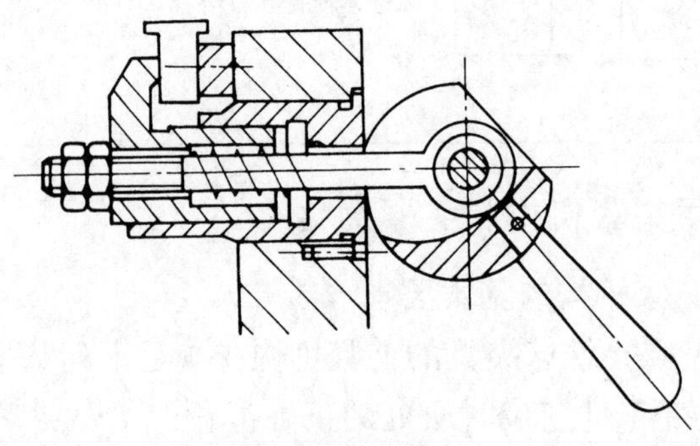

图 1-38　偏心压板夹紧机构

（4）气动、液压夹紧机构　为减轻劳动强度，提高劳动生产率，在大批量生产中，若条件允许（如有压缩空气气源、液压泵站等设施），可选用气动或液压夹紧机构。

1）气动夹紧机构的能量来源是压缩空气，气动夹紧装置的供气管路系统如图 1-39 所示。其中，调压阀 4 的作用是控制进入夹具的空气压力，并保持其稳定，夹紧力由调压阀 4 控制。单向阀 3 的作用是保证在管路突然停止供气时，夹具不会立即松开而造成事故。配气阀 2 的作用是控制进气方向，操纵气缸 1 的动作。操纵气缸 1 中活塞的作用是带动夹紧机构实现对工件的夹紧和放松。

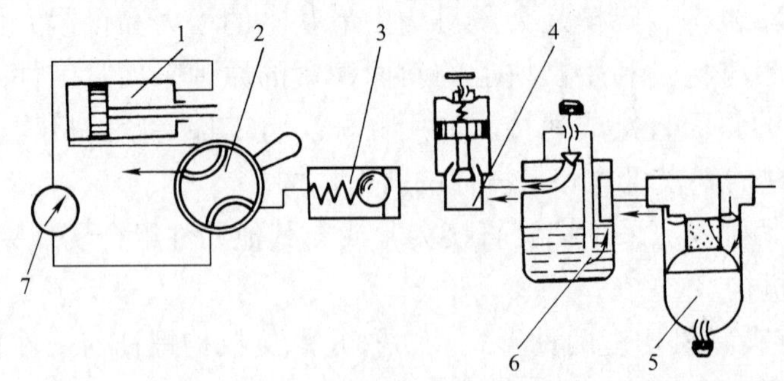

图 1-39　供气管路系统

1—操作气缸　2—配气阀　3—单向阀　4—调压阀　5—油雾器　6—分水滤气器　7—压力表

2）液压夹紧机构。与气动夹紧机构相比，液压夹紧机构具有夹紧力稳定、吸收振动能力强等优点。但其结构比较复杂、制造成本较高，因此，仅用于大量生产。液压夹紧机构的传动系统与普通液压系统类似。但系统中常设有蓄能器，用以储蓄压力油，以提高液压泵电动机的使用效率。在工件夹紧后，液压泵电动机可以停止工作，靠蓄能器补偿漏油，保持夹紧状态。

3. 夹紧力大小的估算

计算铣床夹具夹紧力的主要依据是铣削力，在实际应用中，常根据同类夹具按类比法进行经验估算，也可按计算法确定夹紧力的大小，对于一些关键性的夹具，可通过试验来确定所需的夹紧力。为估算夹紧力，通常将夹具和工件视为一个刚性系统，然后根据工件受切削力、夹紧力（大工件还应考虑重力、高速运动的工件还应考虑惯性等）后处于平衡的力学条件，计算出理论夹紧力，再乘以安全系数 K，粗加工时，K 取 2.5 ~ 3；精加工时，K 取 1.5 ~ 2。常用加工形式所需夹紧力的近似计算公式见表 1-12。

表 1-12　常用加工形式所需夹紧力的近似计算公式

夹紧形式	加工简图	计算公式
压板夹紧工件端面	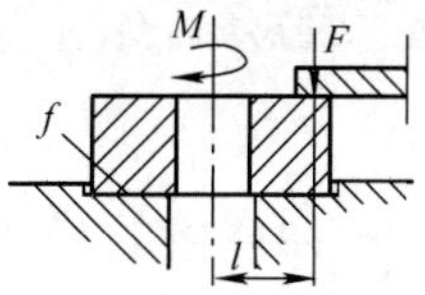	$F=\dfrac{MK}{l_{\mu}}$
钳口夹紧工件端面	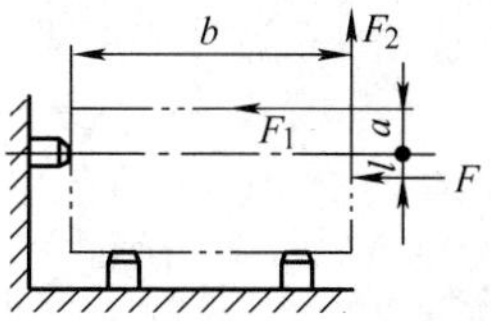	$F=\dfrac{K\left(F_1 a+F_2 b\right)}{l}$

注：μ 为摩擦因数。

1.4.4　组合夹具的种类、结构和特点

1. 组合夹具的种类和系列

组合夹具按其尺寸规格有小型、中型和大型三种，其区别主要在于元件的外形尺寸与壁厚、T 形槽的宽度和螺栓及螺孔的直径不同。

小型系列组合夹具主要适用于仪器、仪表、电信和电子工业，也可以用于较小工件的加工，这种系列元件的螺栓直径为 M8 × 1.25，定位键与键槽宽度的配合尺寸为 8H/h，T 形槽之间的距离为 30mm。

中型系列组合夹具主要适用于机械制造，这种系列元件的螺栓直径为 M12 × 1.5，定位键与键槽宽度的配合尺寸为 12H/h，T 形槽之间的距离为 60mm。这是目前应用

最广泛的一个系列。

大型系列组合夹具主要适用于重型机械制造，这种系列元件的螺栓直径为M16×2，定位键与键槽宽度的配合尺寸为16H/h，T形槽之间的距离为60mm。

2. 组合夹具的基本元件结构和功用

（1）基础件（见图1-40） 包括各种规格尺寸的矩形、圆形基础板和基础角铁等，是组合夹具中最大的元件，一般作为组合夹具中的基础件。

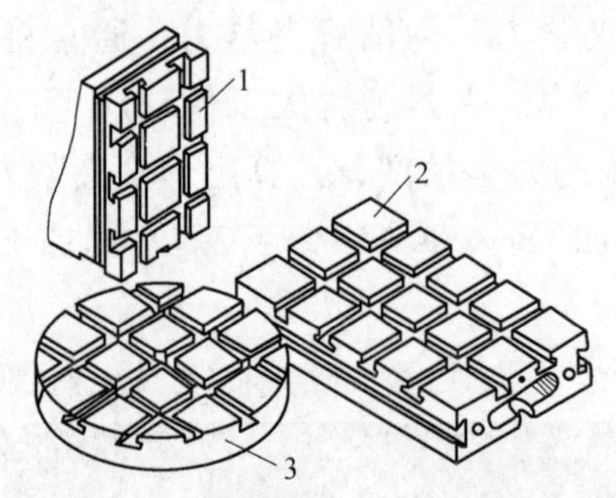

图1-40　组合夹具的基础件

1—基础角铁　2—矩形基础板　3—圆形基础板

（2）支承件（见图1-41） 包括各种规格的垫片、垫板等，是组合夹具中的骨架元件，支承件通常在组合夹具中起承上启下的作用，即把其他元件通过支承件与基础件连成一体。支承件也可作为定位元件和基础件使用。

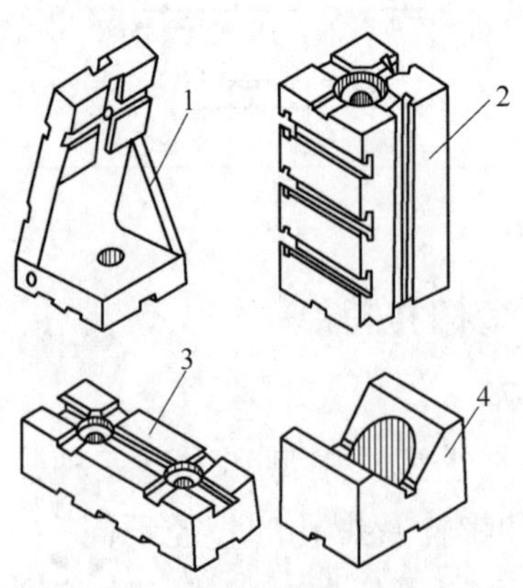

图1-41　组合夹具的支承件

1—左角度支承　2—方形支承　3—伸长板　4—V形块支承

（3）定位件（见图1-42） 包括各种定位销、定位盘、定位键等，主要用于工件定位和组合夹具元件之间的定位。

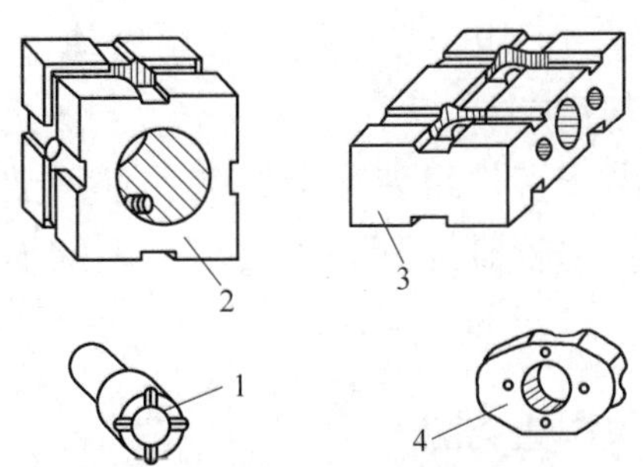

图 1-42　组合夹具的定位件

1—圆形定位销　2—镗孔支承　3—定位支承　4—菱形定位盘

（4）导向件　包括各种钻模板、钻套、铰套和导向支承等，主要用来确定刀具与工件的相对位置，加工时起引导刀具的作用，也可作定位元件使用。

（5）夹紧件　包括各种形状的压板及垫圈等，主要用来将工件夹紧在夹具上，保证工件定位后的正确位置，也可作垫板和挡块用。

（6）紧固件　包括各种螺栓、螺母和垫圈，主要用于连接组合夹具中各种元件及紧固工件。组合夹具的紧固件所选用的材料、精度、表面粗糙度及热处理均比一般标准紧固件要好，以保证组合夹具的连接强度、可靠程度和组合刚度。

（7）其他件　包括弹簧、接头和扇形板等，这些元件无固定用途，若使用合适，在组装中可起到有效的辅助作用。

（8）合件　合件是由若干零件装配而成的、在组装中不拆散使用的独立部件，按其用途分类，有定位合件、分度合件（见图 1-43）以及必需的专用工具等。

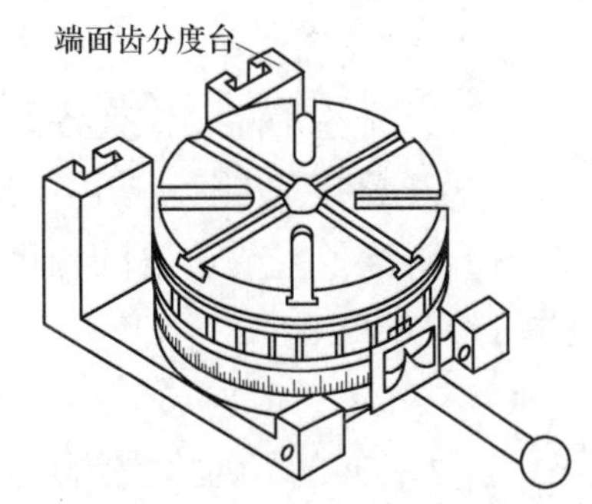

图 1-43　组合夹具的分度合件

3. 组合夹具的使用特点

（1）缩短夹具的制造时间　由于元件是预先制造好的，能迅速地为生产提供所需要的铣床夹具，使生产准备周期大大缩短。

（2）节省制造夹具的材料　因为组合夹具的元件可以重复使用，铣床夹具一般都比较复杂，故可节省制造夹具的材料。

（3）适应性强　备有较充足的元件，可组装各类夹具，以适应不同的铣削加工要求。

（4）元件储备量大　为了组装各种不同的夹具，元件的储备量较大，对一些比较复杂的铣床夹具需要预先制作合件。

（5）刚度较差　由于组合夹具是多件组装而成的，与专用夹具相比，刚度较差，质量也比较大，因此不宜制作工件较大或铣削力较大的铣床夹具。

（6）组合精度容易变动　由于多件组装，连接元件和定位元件多，接合面多，在使用或搬运中若发生碰撞，可能会发生接合部位松动，导致组合精度变动的情况。因此不宜制作精度较高的铣床夹具。

（7）结构不易紧凑　由于多件组装或受组装元件种类和形式的限制，以及组装技术限制，会使组合夹具结构较难达到紧凑要求，因此不宜制作要求工件装夹简便的铣床夹具。

1.4.5　组合夹具的组装和调整方法

1. 组合夹具的组装

组合夹具的组装是夹具设计和夹具装配的统一过程，基本要求是以有限的元件组装出较高精度，并能满足多种加工要求的各种夹具。组装的夹具要求结构紧凑、刚度好。组合夹具通常由专门人员进行组装，组装的一般步骤如下。

（1）拟定组装方案

1）熟悉加工零件的图样，了解工艺规程，以及所使用的机床、刀具和加工方法。

2）确定工件的定位和夹紧部位，合理选择有关元件，注意保证夹具的尺寸精度和刚度，便于工件的装卸、切屑的排除以及夹具在机床上的安装。

3）拟定初步的组装方案，包括元件的选择、组装的位置和简图等。

（2）试装　通过试装（元件之间暂不紧固），审查组装方案的合理性，可重新挑选、更换元件，对组装方案进行修改和补充。

（3）组装和调整

1）清洗各元件，检查各元件的精度。

2）根据组装方案，按由下向上，由内向外的顺序连接，同时对有关尺寸进行测量。

3）调整各主要位置的精度，夹具上有关尺寸公差一般取零件图样上相应尺寸的公差的 1/5 ~ 1/3。

（4）组装精度检验　夹具元件全部紧固后，要进行全面的检验，检验的主要部位是定位基准的尺寸位置精度、对定装置的尺寸位置精度、夹紧机构的可靠性等。在试用过程中进行组装的检验和调整也是十分重要的方法。现以图 1-44 所示的组合铣夹具为例，介绍组合夹具的使用方法和注意事项。

1）根据加工工件的工序内容，了解各组装元件在夹具上的作用。本例的工序内容是铣削半圆键槽，工件上一半圆键槽已加工好，现加工与其夹角为 60° 的另一端外圆上的半圆键槽。该夹具由矩形基础件、定位元件 V 形块、矩形和六角形支承件、弹簧插销合件及压板，螺栓、定位键块等元件构成。其中，矩形基础件和矩形支承件构成夹具体。六角支承件、弹簧插销合件及 V 形块定位元件起 60° 槽间夹角定位和圆柱面定位作用，在六角支承件内侧，还装有定位支承钉起轴向定位作用，压板螺栓等起夹紧作用。

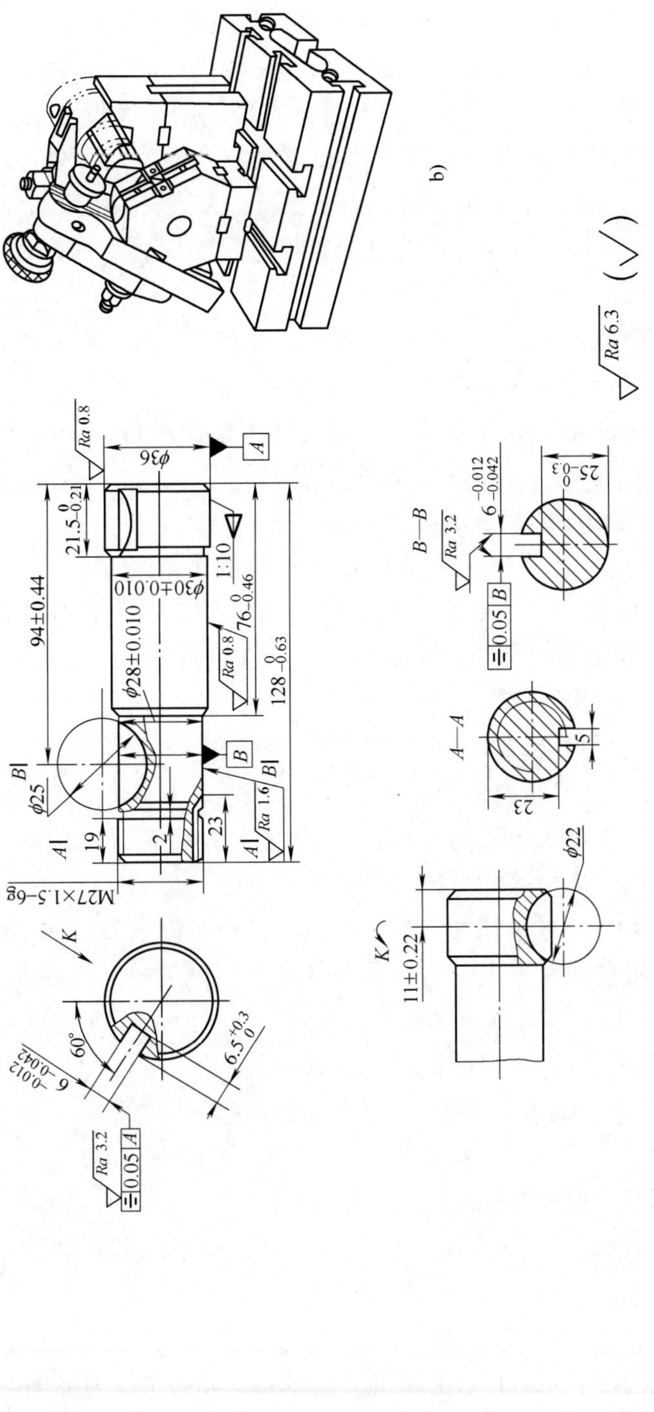

a)

b)

图 1-44 组合铣夹具实例

a）工件图 b）组合铣夹具外形

2）检查各联接部位的螺栓、螺钉是否紧固，并目测各元件相对位置是否有移动错位。

3）检查各基本元件的接合面之间是否有间隙，检查时可用塞尺配合检测。

4）夹具安装在工作台上后，应使用指示表检查各定位部位的定位精度。本例应用标准棒放置在V形架的V形槽内，用指示表检测其上素线与工作台面的平行度、侧素线与工作台进给方向的平行度。由于定位元件有较高的制造精度，因此，也可通过V形架的上平面和侧平面进行检验，对合件弹簧插销的高度位置也应进行检验。插销的轴线应与工件的轴线相交，可用对称度和槽宽精度较高的工件上的半圆键槽进行定位检测。

5）压板的垫块高度应调整适当，螺栓宜配置松夹后的压板支撑弹簧，以免松夹后压板落下损坏元件表面。

6）试铣削应缓缓进行，观察夹具的振动情况，以防止梗刀。若发现梗刀等冲击力，应注意检查夹具的组合位置是否改变，以免产生废品。

7）对自行组装简单的铣床组合夹具，可通过试用过程进行进一步调整和检验，在使用过程中也要及时发现问题，并进行紧固和调整。

2. 提高组合夹具组装精度的措施和方法

（1）合理选配元件　组装前，应仔细检查各元件的表面质量，定位槽、螺孔、定位孔的精度和完好程度，以免组装后产生误差，或使用时产生位移，影响铣削加工质量。键与键槽，孔与轴等配合件，应根据具体要求进行选配。成对使用的元件，高度和宽度要进行选配，以保证组装的精度要求。

（2）缩短尺寸链　应尽可能减少组装元件的数量，缩小累积误差。

（3）合理结构形式　由于各接合面都比较平整、光滑，因此，各元件间尽可能应用定位元件，螺栓紧固要有足够的夹紧力，以使各元件紧密、连接牢固，以提高组合夹具的刚度和可靠性。通常应注意以下要点：

1）夹紧或紧固元件时，尽量采用“自身压紧结构”，即从某元件伸出的螺栓，夹紧力和支承力都应作用在该元件上，尽量避免从外面用力顶、夹元件的结构形式。

2）用大分度盘加工小工件提高分度精度。

3）合理设置对刀装置，减少工件加工的对刀时间。

4）合理设置对定装置，减少工件分度转位和夹具安装的时间。

（4）提高检测精度

1）采用合理的检测和调整方法。

2）选择合适的量具。

3）测量时要尽量在加工位置上进行直接测量。

4）分度夹具应以旋转轴为测量基准。

5）组装带角度的夹具时，除了用角度量具检测找正角度外，还应在工作位置检查偏转情况。

（5）妥善保管元件　组合夹具用完拆卸后，应清理各元件表面、凹槽和内孔等部位，必要时可用煤油进行清洗，然后涂上防锈油，妥善保存，以保证再次组装的元件精度和夹具精度。

1.5　柄式成形铣刀的结构与使用

1.5.1　柄式成形铣刀的特点

（1）柄式成形铣刀的基本结构　柄式铣刀是立式铣削加工的主要刀具，立铣刀、键槽铣刀等是典型的柄式铣刀。柄式铣刀由夹持部分（圆锥柄或圆柱柄）、空刀和切削部分组成。

（2）柄式成形铣刀的种类和特点

1）按刀具的夹持部分结构分类，柄式铣刀有圆柱柄（直柄）铣刀和圆锥柄（锥柄）铣刀，圆柱柄铣刀中有削平型直柄铣刀和普通的直柄铣刀。

2）按刀具切削部分的结构分类，柄式铣刀有整体式立铣刀、焊接式立铣刀和可转位立铣刀。

3）按刀具切削部分的材料分类，柄式铣刀有硬质合金铣刀和高速钢铣刀。

4）按刀具切削部分的形状分类，常用的有圆柱平底、圆锥平底、圆柱球头和圆锥球头等多种形状的铣刀。

5）按铣削加工的用途分类，有标准通用立铣刀和模具加工立铣刀等。

6）按铣刀切削刃数量分类，有单刃、双刃和多刃立铣刀。模具加工单刃立铣刀的结构示例如图 1-45 所示，A 为主切削刃，后角 $\alpha_o = 25°$；B 为副切削刃，副后角 $\alpha'_o = 15°$。刀具材料为高速钢时副前角 $\gamma_o = 5°$，刀具材料为硬质合金时副前角 $\gamma_o = 10° \sim 12°$，铣刀的直径一般小于 12mm。

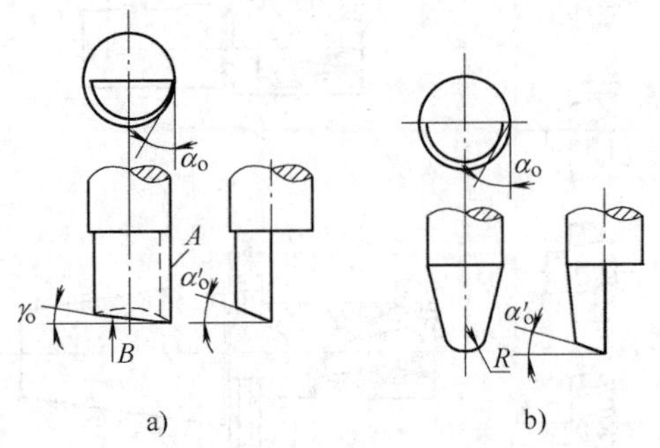

图 1-45　模具加工单刃立铣刀

a）用于平底、侧面垂直铣削的铣刀

b）用于斜侧面、底面有圆弧沟槽铣削的铣刀

1.5.2 可转位柄式铣刀的结构与刀片规格

（1）可转位硬质合金立铣刀　可转位硬质合金立铣刀由刀片、紧固螺钉和刀体组成。夹紧方式一般常采用上压式，刀片定位方式为面定位。刀片的基本形式为三角形和平行四边形。

（2）硬质合金可转位球头立铣刀　如图 1-46 所示，硬质合金可转位球头立铣刀适用于模具内腔及有过渡圆弧的外形面的粗加工、半精加工和精加工。这种铣刀可以安装不同材质的刀片，以适应不同的加工材料。铣刀的刀片沿切向排列时，可以承受较大的切削力，适用于粗加工和半精加工；刀片沿径向排列时，被加工的圆弧或球面由精化刀片圆弧直接形成，故形状精度较高，适用于半精加工和精加工。该铣刀的刀体经过特殊的热处理，高精度的刀片槽有较高的使用寿命。

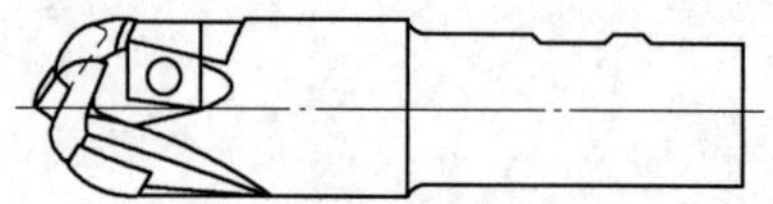

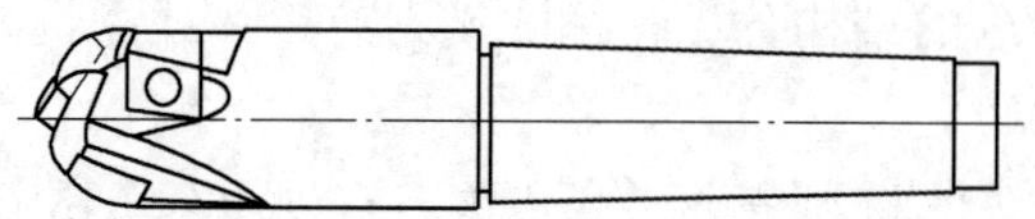

图 1-46　硬质合金可转位球头立铣刀

（3）硬质合金可转位螺旋齿可换头立铣刀　图 1-47 所示的硬质合金可转位螺旋齿可换头立铣刀采用模块式结构，可使一个立铣刀更换 4 个不同的可换头，成为 4 种不同的立铣刀：前端两个有效齿的立铣刀、前端 4 个有效齿的立铣刀、有端齿的孔槽立铣刀和球头立铣刀。可换头损坏后，更换方便，减少了停机时间，提高了生产效率，降低了刀具成本，增加了使用的灵活性，使铣刀具有广泛的应用范围。

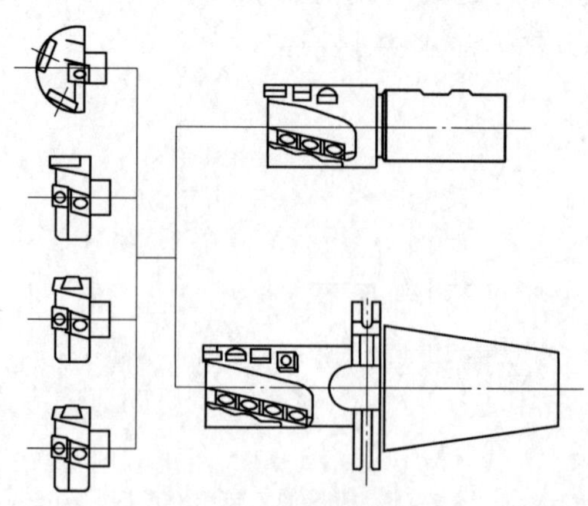

图 1-47　硬质合金可转位螺旋齿可换头立铣刀

1.5.3 柄式成形铣刀的使用方法

1. 选用柄式成形铣刀的基本方法

1）模具加工常用柄式铣刀的选用（见表 1-13）。

表 1-13 模具加工常用柄式铣刀的选用

名称	简图	用途
圆柱形立铣刀		1. 各种凹凸型面的去余量粗加工 2. 型腔底面清角的加工 3. 铣削凸轮类工件
圆柱球头铣刀		1. 各种凹凸型面的半精加工和精加工 2. 在型腔底面与侧壁间有圆弧过渡时，进行侧壁加工
锥形球头铣刀		形状较复杂的凹凸型面，具有一定深度和较小凹圆弧的工件
小型锥指铣刀		加工特别细小的花纹
双刃硬质合金铣刀		铸铁工件的粗、精加工

2）选用可转位柄式铣刀时可根据加工部位的几何形状进行选择。

2. 柄式成形铣刀的使用与注意事项

（1）选用合适的铣刀　柄式成形铣刀是专用于加工特殊型面和模具型腔的主要刀具，使用前应根据工件型面的几何特征，选用适用的柄式铣刀，包括铣刀的廓形、规格和主要几何参数。

（2）选用刚度较好的工艺系统　柄式成形铣刀是一种比较特殊的刀具，要求工艺系统有较好的刚度，包括机床、夹具和安装柄式铣刀的刀杆等。

（3）合理安装铣刀片　刀片的安装精度会影响柄式成形铣刀的使用精度，因此应注意使用拆装刀片的专用扳手；注意检查安装面的清洁度和定位精度；安装刀片后应注意校验刀片的安装精度。

（4）合理选择铣削用量　可根据机床、刀具特性和工件材料以及切削方式等，综合考虑进行选择，然后进行试切，以确定能达到最大效率的切削用量。

（5）合理设定铣刀的使用寿命　柄式成形铣刀的使用寿命，特别是尺寸精度寿命，需要合理设定和控制，以确保零件的铣削加工精度。在使用中要特别注意切削负荷较大、使用频率较高的部位的磨损程度。

1.6　常用精密量具、量仪的种类、结构和使用方法

1.6.1　常用精密量具、量仪的种类

铣工常用的精密量具、量仪包括正弦规、水平仪（框式水平仪、光学合像水平仪）、表面粗糙度检测仪、扭簧比较仪、气动量仪、圆度仪、光学平直仪等。标准测量器具可分为长度、角度、几何误差和表面粗糙度测量器具，也可分为机械式测量器具（游标量具、螺旋测微量具、指示表测量器具）、光学测量仪器（自准直光学测量仪器、光学计、卧式测长仪、经纬仪、光学分度头、工具显微镜、投影仪、光切显微镜和干涉显微镜）、电动测量仪器（电感式测微仪、电感式轮廓仪、圆度仪）、现代测量仪器（激光测量仪器、三坐标测量机）等。

1.6.2　常用精密量具、量仪的结构

1. 光学分度头的用途和规格

光学分度头是铣工常用的精密测量和分度的一种光学量仪。根据仪器所带的附件，可有各种不同的用途。例如，带有尾座和底座的光学分度头可以测量花键轴、拉刀、铣刀、凸轮、齿轮等工件，带有阿贝测量体则可测量凸轮轴等工件。近年来，采用光栅数字显示等新技术，提高了仪器的精度，使光学分度头读数更为方便。光学分度头按读数方式分为目视式、影屏式和数字式；按分度值分类，有1′、30″、20″、10″、5″、3″、2″、1″等规格。其中，以10″分度头使用较广泛。

2. 光学分度头的基本结构和参数

（1）光学分度头的基本结构　光学分度头有不同的种类，但其结构、光学系统和分度方法基本相同，只是光学系统的放大倍数有所区别。由于光学系统不同，因此分度头的读数和精度也相应有所差别。最常用的光学分度头的基本结构如图1-48所示，光路如图1-49a所示，圆刻度盘和主轴是一起转动的，圆刻度盘5上的刻线在游标刻度盘8上所成的像和其上的“秒”值游标刻度尺一起再经过中间透镜组9成像在可动分划板10上，然后经目镜13放大后观测。视场图如图1-49b所示，图中左侧长刻线是度盘刻线像，分度值为1°，中间是“分”值刻度尺，分度值为2′，分值刻度尺刻在可动分划板10上，在可动分划板10上还刻有两根短线组成的双刻线（见图1-49b中41°刻线两侧）。可动分划板10由微动手轮11通过蜗杆副传动。图1-49b中右面刻度是“秒”值游标刻度尺（此刻度尺是游标刻度盘8上刻线的成像，是固

定不动的），刻度共 12 格，分度值为 10″。读数时，按下列步骤进行：

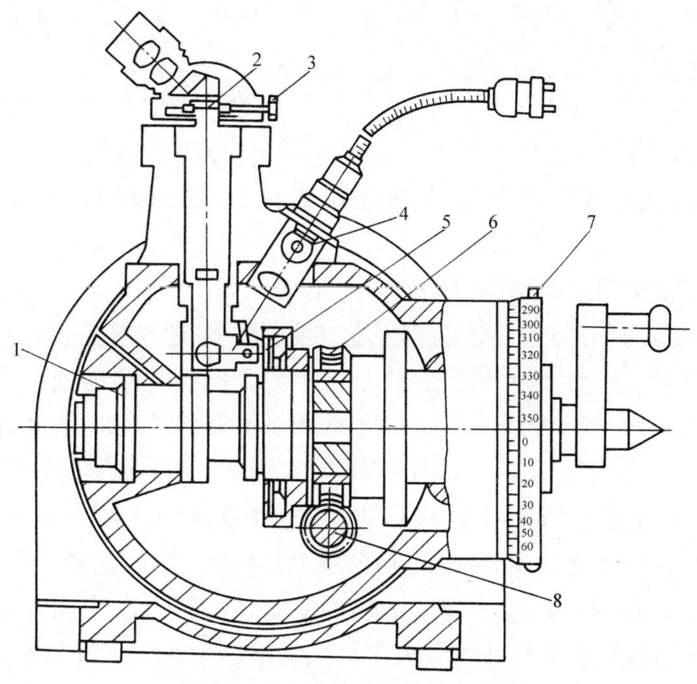

图 1-48　光学分度头的基本结构

1—主轴　2—可动分划板　3—微动手轮　4—光源　5—圆刻度盘　6—蜗轮　7—外刻度盘　8—蜗杆

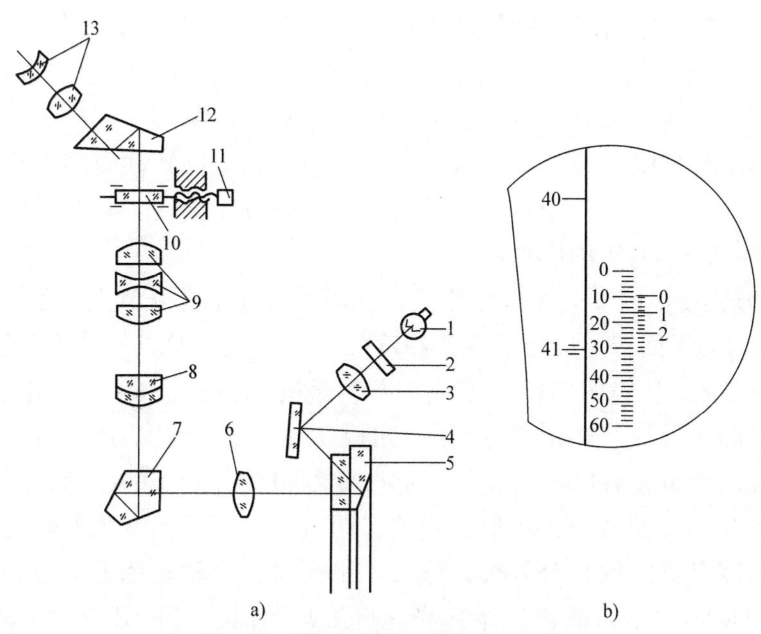

图 1-49　光学分度头的光路

1—光源　2—滤光片　3—聚光镜　4—反射镜　5—圆刻度盘　6—物镜　7、12—棱镜　8—游标刻度盘

9—中间透镜组　10—可动分划板　11—微动手轮　13—目镜

1）将可动分划板 10 上的双刻线套准在“度”刻线上，读出“度”数值。

2）根据右面“秒”值刻度尺的 0″ 线指向中间的分值刻度尺的对应位置，读出“分”数值。

3）根据右面“秒”值刻度尺上某一“秒”值刻线与中间“分”值刻度尺上某一刻线对准一直线的位置，读出“秒”数值。

按照以上读数步骤，视场图现在显示的位置读数应为 41°8′40″，如图 1-49b 所示。

（2）光学分度头的主要结构

1）光学分度头的主要零件是圆刻度盘和主轴，度盘一般安装在圆盘框内，与主轴连接后一起转动。主轴支承在前后两个轴承内，前端为圆锥轴承，能保证主轴的同轴度，后轴承一般与补偿环一起，起支承和推力轴承作用，以保证、调节主轴的轴向间隙和顶隙，尾端有用于主轴固定和调节的螺母。主轴是空心轴，前部是莫氏 4 号的内锥孔，用于安装锥形顶尖和心轴，并可使用拉紧螺杆，将心轴与主轴连接成一体。前端装有外刻度盘，外刻度盘起粗略读数的作用。主轴上设有回形锁紧盘，壳体上设有锥形锁紧手柄，转动锁紧手柄可使螺杆和钩形套作相对移动，顶动铜制小轴和钩形套的同时将锁紧盘外侧壁夹紧，使主轴固定在任意位置上。

2）传动机构主要由蜗杆副组成，用螺母将蜗轮固定在主轴上。蜗杆安装在偏心套内，并通过与之键联接的拨杆和弹性连接的拨杆套的转动，实现微量改变蜗杆副的中心距来调节蜗轮蜗杆的啮合间隙，也可使蜗轮蜗杆脱开，以使主轴自由转动。蜗杆与手轮通过离合器连接，微动手轮与手轮之间用锥齿轮传动。当锁紧主轴时，离合器自动脱开；主轴未锁紧时，转动手轮和微动手轮可带动蜗杆副使主轴转动和微动。在调整蜗杆副啮合间隙时，可由目镜观察手柄正反转动时的度盘刻线像的移动进行检查，注意避免蜗杆副啮合间隙过小，间隙过小会使主轴转动不灵活，蜗杆副加快磨损，同时还将产生附加误差。

3）读数显微镜一般安装在镜管座内，并用螺钉固定在壳体上，目镜座可绕显微镜中心轴线作 360° 回转，以便于观察和读数。在 1′ 光学分度头读数装置的结构中，物镜的倍数是 5×，目镜的倍数是 12×，显微镜的总倍数是 60×。度盘刻线像的放大倍数不正确时，可调节物镜到分刻线尺的距离，松开顶丝，用螺母来调整物镜的位置，通过螺母调整镜管的相对位置，即改变物镜和分划板的距离，或松开螺钉稍微转动和调整分划板的位置，以消除视差，同时应保证靠近度盘的物镜对准度盘刻线。当视场内度盘刻线像与分划板刻线尺不平行时，应转动镜管，使物镜的轴线与度盘垂直。当视场内半边明半边暗，光亮度不均匀时，可松开顶丝，转动偏心环，使反射镜位置作微小改变。

图 1-50 是 2″ 光学分度头的度盘及其读数装置的光学系统图。它的标准度盘分度值为 20′，采用的是双刻线式分度，有利于提高读数对准精度。其读数装置采用了双

臂点对称式符合成像系统，可以消除度盘偏心给测量带来的误差。由图 1-50 可知，光源 1 经滤光片 2、转向棱镜 3 后分为两路，然后各自通过聚光镜组 4 和棱镜 5，照亮度盘 6 对径上的两组刻线。这两束光线通过棱镜 7、物镜组 8、棱镜 9 及可摆动的平板玻璃 10，将对径两组刻线成像在复合棱镜 11 的复合面上。合像又经物镜组 12 再次成像在秒分划板 13 和读数窗上。秒分划板为圆周刻度，分度值为 2″，测量范围是 0′ ~ 20′。

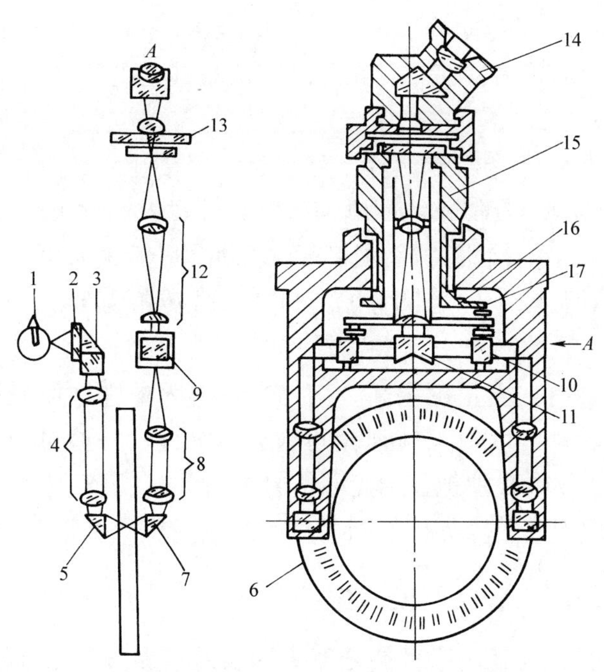

图 1-50　光学分度头的读数装置结构

1—光源　2—滤光片　3—转向棱镜　4—聚光镜组　5、7、9、11—棱镜　6—度盘　8、12—物镜组　10—平板玻璃　13—秒分划板　14—目镜　15—套环　16—凸轮　17—杠杆机构

（3）光学分度头的主要技术参数　上述 10″ 光学分度头的主要技术参数如下：

角度测量范围	0° ~ 360°
“度”分度值	1°
“分”分划板分度值	2′
“秒”度盘分度值	10″
金属度盘分度值	1°
壳体旋转度盘分度值	6′
分度头距基面的中心高	130mm
放大倍数	40 ×
主轴倾斜范围	0° ~ 90°

主轴锥孔 莫氏 4 号

示值精度 20″

可测零件最大质量 80kg

(4)数显光栅分度头 数显光栅分度头属于数字式光学分度头。比较典型的数显光栅分度头的分度值为 0.1″，最大示值误差为 1″。分度基准元件是光栅盘，盘上刻有 21600 条径向辐射的刻线（即相邻刻线间的夹角为 1′），在主光栅盘后面放置三块与光栅盘栅距相同的固定光栅及三块硅光电池 A、B、C，其中 A、B 用于分度和计数，C 用于辨别主轴转动方向。此外还设有两块硅光电池 D、E，用于消除 A、B、C 的直流分量。

当主光栅盘相对固定光栅转动时，莫尔条纹就按径向移动，通过定点的条纹光强变化由硅光电池转换为近似正弦的电信号，再经过差动放大器、整形器和门电路，并根据主轴转动方向不同输出“+”或“−”脉冲，最后送入可逆计数器并由数字显示出来。这种电子计数的脉冲当量为 1′，即当机械转角为 1′ 光栅盘也转过 1′，数字显示器依次逐“分”显示出来，到 60′ 进位至度。

角度的秒值由装有一套精度很高，结构简单可靠的弹性测微装置带动固定光栅绕主轴轴线作微量转动，以对光栅刻线间隔进行细分，并通过数码盘由“秒”的显示器显示出来，每次读数必须把显示光栅信号的对“0”表对“0”后方可读数。

这种仪器通常用于高精度零件的圆周角度测量及精密机床上加工中的分度装置。

1.6.3 常用精密量具、量仪的使用方法

(1)用光学分度头测量铣床机械分度头的误差 测量方法如图 1-51 所示。具体操作步骤如下：

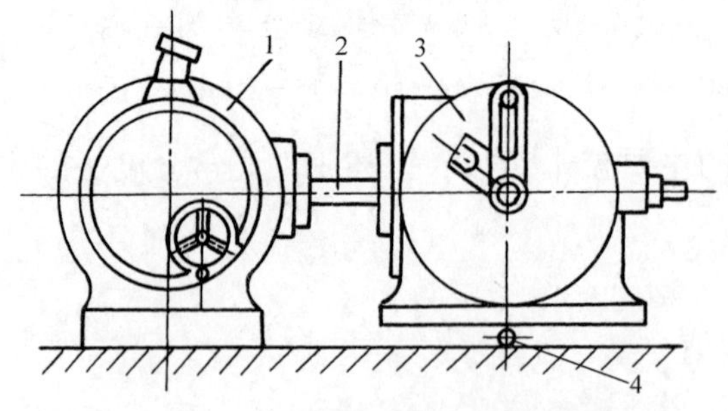

图 1-51 测量铣床分度头的分度误差

1—光学分度头 2—连接轴 3—铣床分度头 4—圆柱

1)用连接轴 2 把铣床分度头 3 和光学分度头 1 连接在一起，连接轴 2 两端的外锥体应与两分度头主轴锥孔紧密配合。若两分度头中心高不一致，可通过平行垫块进行调整，也可把铣床分度头 3 支承在圆柱 4 上，使之处于自由调位的状态。

2)脱开光学分度头 1 的蜗杆和蜗轮，使其主轴可以自由转动，并调整好显微目

镜中的视场。

3）摇动铣床分度头的分度手柄，分度手柄每转一转，通过光学分度头 1 可读出铣床分度头 3 的主轴实际回转角，并求出这些实际回转角与名义回转角的差值。

4）在铣床分度头 3 的主轴回转一周后，找出实际回转角和回转角 40 个差值中的最大值与最小值之差，即为铣床分度头蜗轮一转的分度误差。

5）改变分度手柄的转向，在主轴顺时针旋转和逆时针旋转时各测量一次。

6）调整分度插销位置，使手柄转过 α 角，蜗杆转动 $1/z$ 转，其中 z 在 8 ~ 12 范围内按分度盘和蜗杆特性选择。

7）摇动分度手柄，分度手柄每转过 α 角，测量一次主轴的实际回转角，并求出实际回转角与名义回转角的差值。

8）在蜗杆转过一整转后，找出实际回转角与名义回转角在 z 个差值中的最大值和最小值之差，即为分度头蜗杆一转内系统的分度误差。

9）改变蜗杆在蜗轮圆周上的位置，选择三个以上不同的检测啮合位置，并在同一位置上检测顺、逆时针两个方向旋转时的分度误差。

（2）用光学分度头测量工件的中心夹角和等分精度　现以外花键的测量为例，介绍具体操作方法如下：

1）把外花键装夹在分度头和尾座两顶尖之间，工件与主轴通过鸡心卡头与拨盘连接。

2）转动光学分度头手柄和微动手轮，使视场图中度、分、秒值均处于零位。

3）调整鸡心卡头、拨盘螺钉，并用指示表测出工件上某一键侧的相对位置。

4）用指示表逐一测量各键同一侧，保持原表针读数不变，记录相应的光学分度头实际回转角，计算出与图样要求的名义回转角的差值。

5）在 z 个差值中，最大差值即为等分误差，各差值为相邻键之间的中心角误差。

Chapter 2

项目 2 复杂连接面工件加工

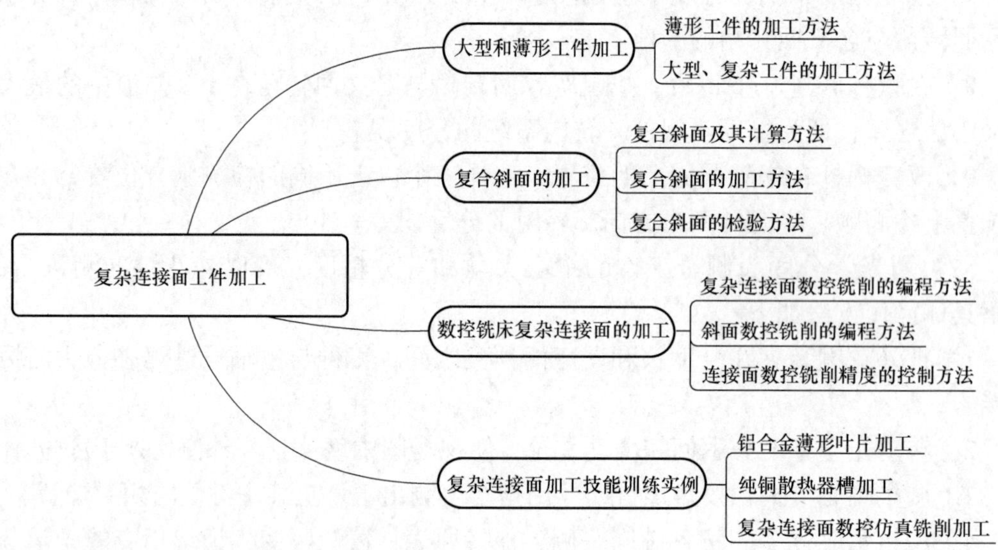

2.1 大型和薄形工件加工

2.1.1 薄形工件的加工方法

1. 薄形工件与影响其加工精度的因素

（1）薄形工件的种类与特征　对板状工件而言，薄形工件是指宽厚比 $B/H \geqslant 10$ 的工件。类似于薄形板状工件，薄形盘状工件是指其外形直径与工件厚度比值比较大的工件；薄形环状工件是指工件圆柱外径与其厚度比值比较大的工件；薄形套类工件是指工件外圆直径与套壁厚度比值比较大的工件；薄壁箱体类工件是指箱体的外形尺寸与其壁厚的比值比较大。薄形工件如图 2-1 所示。

（2）影响薄形工件加工精度的因素　除了与普通零件相类似的影响因素外，薄形工件影响加工精度的因素还有以下几点：

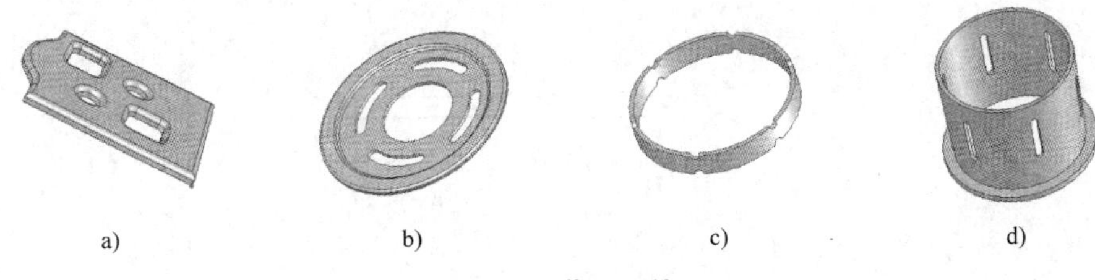

图 2-1 薄形工件

a）板状工件 b）盘形工件 c）环状工件 d）套类工件

1）薄形工件的厚度小，铣削加工中受切削力的作用后，容易产生振动，因此加工精度难以控制。

2）薄形工件的厚度小，定位装夹比较困难，容易产生装夹变形，从而影响加工精度。

3）薄形工件的厚度小，在铣削加工过程中因受切削力作用而发生塑性变形和弹性变形，不仅影响加工精度，严重时会产生废品。

4）由于壁厚尺寸较小，铣削加工中因铣刀的多切削刃断续铣削冲击力，使装夹后夹紧力不大的工件发生位移，从而影响加工精度。

5）一些薄形工件的材质切削加工性能较差，铣削加工时刀具容易崩刃、崩尖、磨损、损坏，影响铣刀寿命，影响铣削过程的正常进行，从而影响工件的加工精度。

6）由于薄形工件的特殊性，加之材料切削加工性能的因素，刀具几何角度和切削用量的选择会相应有所改变，使得加工时的选择和确定比较困难。若选用不当，常会引起加工精度误差，甚至造成刀具损坏、工件变形，甚至报废。

2. 薄形工件的基本加工方法和提高加工精度的措施

薄形工件的基本加工方法和提高加工精度的重点是控制变形对加工的影响。

（1）选择合理的装夹方式 装夹薄形工件时应注意以下几点：

1）按定位的原理，应尽量在加工部位附近设置定位和辅助定位，并在定位元件上预留出铣刀的让刀位置。例如，在薄形衬套上加工键槽，定位心轴上可预留键槽铣削时铣刀的让刀位置，使不加工的部位都得到定位支承，以防止薄形衬套在铣削中变形，如图 2-2 所示。如图 2-3 所示，在薄壳箱体工件的端面铣削平面，框形平面的工艺定位应设置三个固定支承 1、2、3，一个辅助支承 4，以提高工件框形平面加工的毛坯定位的稳定性。

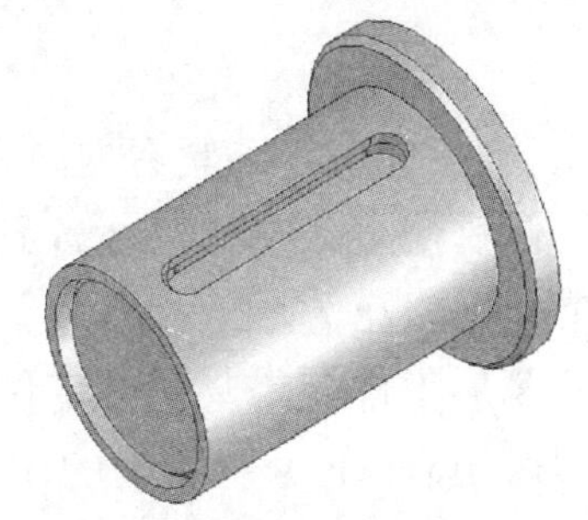

图 2-2 铣削加工薄形衬套上键槽用的心轴

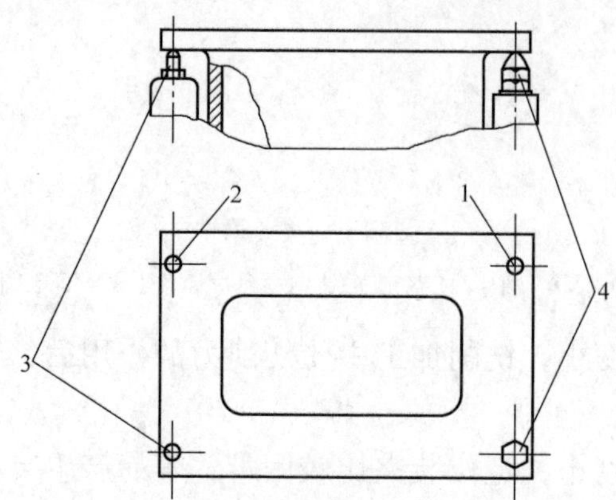

图 2-3　铣削加工薄壳箱体工件框形平面的定位与辅助定位

2）在选择夹紧力的作用点位置和作用方式时，须考虑材料的力学性能，采用较大的面积传递夹紧力，以避免夹紧力集中在某一点上，使工件产生变形。夹紧力的作用位置应尽可能沿加工轮廓设置，以免未夹紧的部位在铣削过程中受切削力作用产生变形。在铝合金薄板上镗孔时，选择带孔的平形垫块作为衬垫定位，而压紧工件的压板应将夹紧力作用在环形垫圈上，通过环形垫圈压紧工件，以防止在镗孔过程中工件上孔的边缘发生变形，如图 2-4 所示。

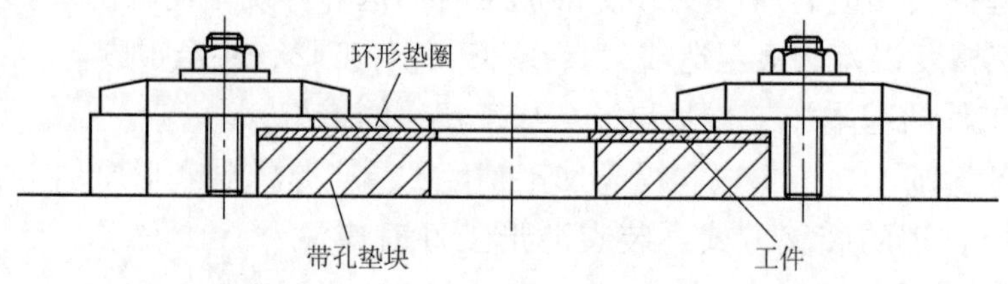

图 2-4　铝合金薄板镗孔加工时的工件装夹

3）在确定夹紧力方向和大小时，必须考虑定位的坚实可靠性。例如，在薄板的一侧铣削多条窄槽时，若只采用机用虎钳装夹，会使工件弯曲变形，若采用夹板装夹，可防止薄形工件槽加工部位的变形。采用这种夹板式的装夹方式，一方面可以使薄形工件获得坚固的定位，另一方面可以施加较大的夹紧力而不至于引起工件的塑性变形，而且夹紧力的作用点位置达到尽可能靠近加工部位的要求。

4）采用自定心卡盘等夹具装夹薄形套、环类工件时，除了采用心轴外，还须采用软卡爪或带弹性窄槽的夹紧套，以使工件周边均匀受力夹紧，同时可防止硬度较高的卡爪夹紧工件时留下夹紧痕迹，损坏工件表面精度。若选择机用虎钳采用两端面装夹套、环类工件，须注意定位心轴的长度略小于工件长度，通常为 0.20 ~

0.50mm，若相差较大，夹紧后，工件两端会产生翻边状的变形。

5）采用辅助夹紧方式是薄形工件常用的装夹方法。在加工薄形铝合金动叶片的圆弧叶身时，为了达到厚度仅 2mm 叶身的加工精度，防止加工时变形，须在叶片顶端增加辅助夹紧。考虑到工件顶端的表面质量，以及铣削过程中刀具同时铣削压板和工件时的切削力均衡性，制作辅助夹紧用的压板的材料应选用与工件类同的材料，如图 2-5 所示。

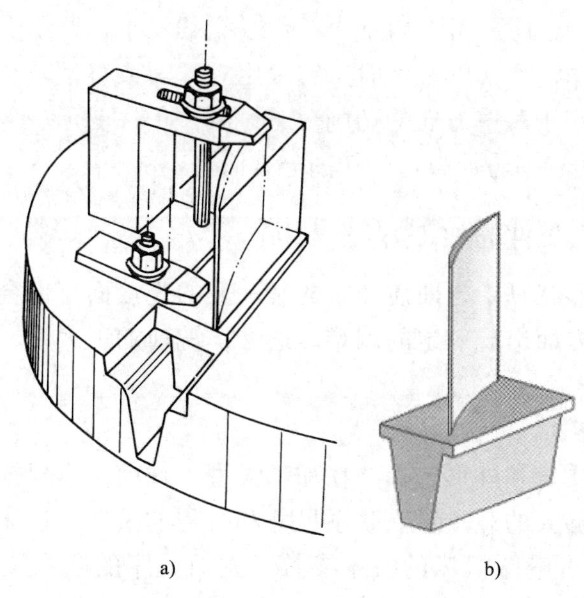

图 2-5 铣削加工薄形圆弧叶身时的工件装夹与辅助夹紧

（2）选择合理的铣削方式　铣削方式的选择应尽量减少工件在铣削力作用下变形的可能性。典型零件铣削加工方式应用于薄形工件时应掌握以下要点：

1）加工板类零件平面时，一般的零件可根据工件形状和加工精度选择端铣或周铣，通常都采用逆铣方式。而加工薄形板类工件时，大平面大多选用端铣方式，狭长的侧平面可采用周铣方式，但常采用顺铣，以防止工件在向上的切削分力作用下发生变形，甚至产生工件被拉起后脱离定位和夹紧，造成废品。采用端铣方式加工薄形板类工件大平面时，铣削分力作用于工件长度和宽度方向，指向侧面导向定位和端面止推定位，工件变形的可能性较小。采用周铣铣削狭长的侧平面时，铣削分力也是作用于薄板的宽度和长度方向，而且工件向下压，变形的可能性也较小。值得注意的是，铣刀的螺旋角不宜过大，以免产生较大的轴向切削力作用于工件厚度方向，引起工件变形。

加工板类薄形零件的槽时，通常采用端铣方式加工，若采用夹板式装夹方法，也可采用周铣方式加工。

2）加工套类零件时，若加工直角沟槽，应尽可能采用指形铣刀加工，使铣削

分力作用于工件周向和长度方向，指向端面止推定位，工件变形的可能性较小。而采用盘形铣刀铣削，铣削分力作用于长度和厚度方向，向上的拉力容易使薄壁工件变形。若采用心轴定位，带窄槽的弹性套夹紧方式装夹工件，可使用盘形铣刀加工，工件的变形可能性也较小。

3）加工箱体类零件时，若孔壁较薄，在加工孔端平面时，可在孔内填入软合金或配作较小过盈的“堵头”，使铣削分力指向主定位面，减少铣削振动，以保证工件的平面度。镗孔粗加工时，可在内壁之间作一定的支承，以承受镗孔时的轴向切削力。在粗铣加工箱体框形薄壁平面时，宜采用立铣刀或直径较小的面铣刀沿框边加工，尽可能减小作用于薄壁方向的切削分力，减少工件变形。若采用大直径的面铣刀加工，会因作用于壁厚方向较大的切削分力而使工件变形。

2.1.2 大型、复杂工件的加工方法

工件外形大，形状复杂，即使加工的是一般的连接面，也会在工件装夹、铣削方式、刀具选择等方面出现一定的困难。通常，铣削加工大型、复杂的工件应掌握以下要点。

1. 合理选用铣床

（1）按工件的质量和外形选择　在加工大型工件前，应根据工件的外形尺寸和质量，选择具有足够大的载重量、联系尺寸和行程的铣床。机床的联系尺寸、最大承重量和最大行程可查阅机床的技术参数。龙门铣床的联系尺寸见表 2-1。例如，工件的质量为 1200kg，外形尺寸为 2500mm × 1000mm × 800mm，加工面的尺寸为 2500mm × 200mm。根据表 2-1 中数据，虽然工件的外形和加工尺寸并不大，但因工件质量较大，因此应选用 X2016 型龙门铣床。

表 2-1　龙门铣床的联系尺寸　（单位：mm）

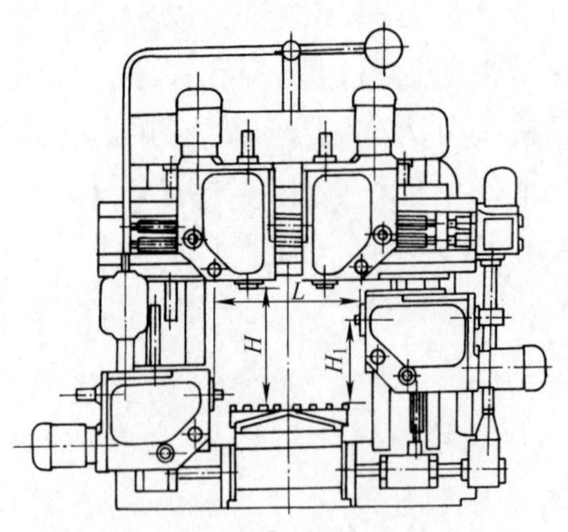

（续）

型号	垂直主轴端面至工作台面的距离 H	水平主轴轴线至工作台面的距离 H_1	水平主轴端面距离 L	工作台		
				台面尺寸（长 × 宽）	T 形槽尺寸（槽数 × 槽宽 × 槽距）	最大行程
XA2010	205 ~ 1105	−125 ~ 835	830 ~ 1230	3000 × 1000	5 × 28 × 200	3600
XA2012	205 ~ 1355	−125 ~ 1085	1080 ~ 1480	4000 × 1250	7 × 28 × 200	4600
X2016	200 ~ 1700	−150 ~ 1380	1340 ~ 1940	5000 × 1600	7 × 36 × 210	5750
X2020	200 ~ 2100	−150 ~ 1780	1740 ~ 2340	6000 × 2000	9 × 36 × 230	6750
XQ209/2M	200 ~ 750	50 ~ 540	820 ~ 1120	2000 × 900	5 × 28 × 170	2000

（2）按工件加工部位的尺寸选择　某些工件外形比较大，但质量和加工部位的尺寸却不大，此时，可根据工件质量和加工部位的尺寸选择机床。例如，图 2-6 所示的万匹增压器铸铝喷嘴环，其外形大，但质量小，铣削加工部位（流道和叶片）处于边缘，加工尺寸也比较小，此时，可选择一般的立式铣床（如 X5040 型铣床）进行加工。

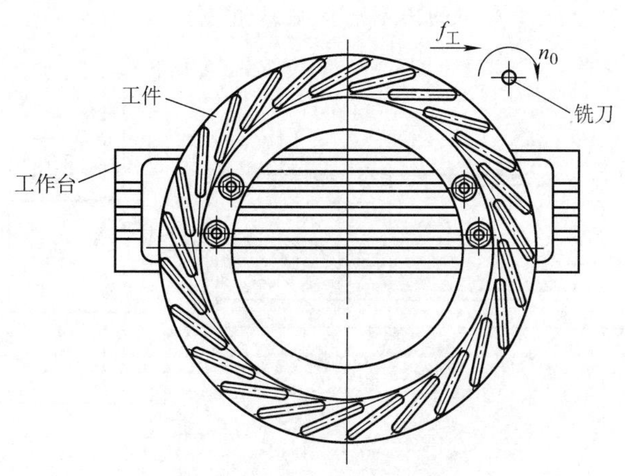

图 2-6　万匹增压器铸铝喷嘴环

（3）按工件的加工内容选择　大型工件的安装比较麻烦，通常一次安装后尽可能多加工一些内容，因此应根据工件的加工内容选择功能较多和带较多附件的铣床。例如，机床床身和工作台导轨的铣削加工，通常可选择带较多附件的普通龙门铣床。对于有平面和孔系的箱体零件（见图 2-7），可选择用铣镗床。一些大型模具的平面

和型腔面，应选择大型的立体仿形铣床。

对一些超大型、质量大的大型工件，因无法在机床上铣削加工，此时，可按照工件加工部位的内容和尺寸，选用具有足够行程的可移动动力头机床，安装适用的铣刀进行加工。这种方法一般需要将工件固定在机床附近，或将机床安装在工件的附近，通过调整机床导轨、动力头主轴轴线与工件的相对位置，然后由动力头带动铣刀旋转，铣刀随动力头沿导轨相对工件作进给运动进行铣削，从而达到铣削加工的精度要求。此种方法俗称“蚂蚁啃骨头”，选择铣削用的动力头和机床传动机构时，应满足加工内容所需的最大功率，并具有足够的刚度。图 2-8 为用动力头机床铣削加工大型齿轮轮齿示意图。

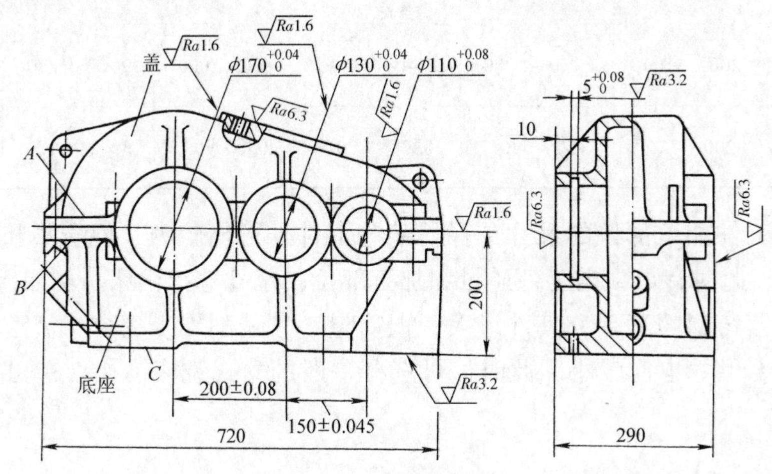

图 2-7 分离式减速箱体

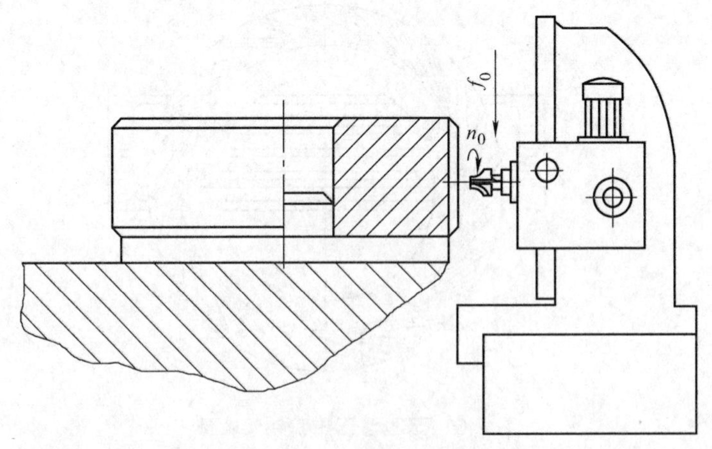

图 2-8 用动力头机床铣削加工大型齿轮轮齿示意图

2. 合理扩大铣床的使用范围

在铣削加工大型工件时，常会遇到一些较难加工的部位，因受到机床的功能限制，使工件难以装夹和铣削。此时，通常需要通过灵活使用机床附件等方法，合理扩大机床的使用范围，用于解决铣削加工中的难题。

（1）使用附件扩大铣床使用范围　例如，在普通龙门铣床上加工大型机床床身的“V-平”导轨，因龙门铣床的垂直铣头很重，扳转角度非常不方便，此时，可安装专用垂直铣头及附件，可以较方便地加工“V-平”导轨。铣削工作台 V 形导轨如图 2-9a 所示，铣削床身 V 形导轨如图 2-9b 所示。又如，在龙门铣床上加工大型工件的背凹部的平面十分困难，此时，若合理使用直角反铣头附件，可解决此难题，如图 2-10 所示。

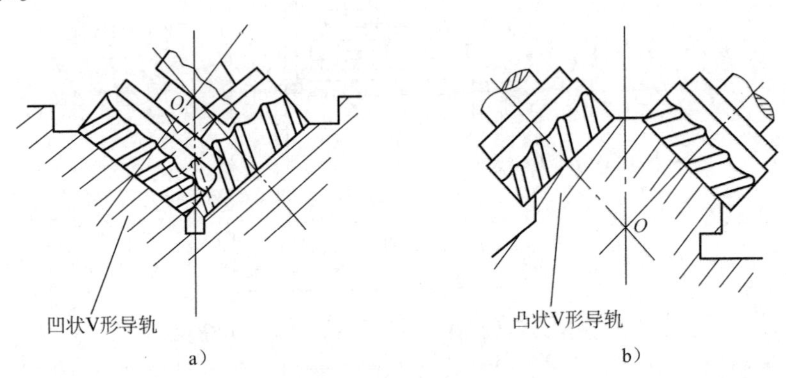

图 2-9　V 形导轨铣削方法

a) 铣削工作台 V 形导轨　b）铣削床身 V 形导轨

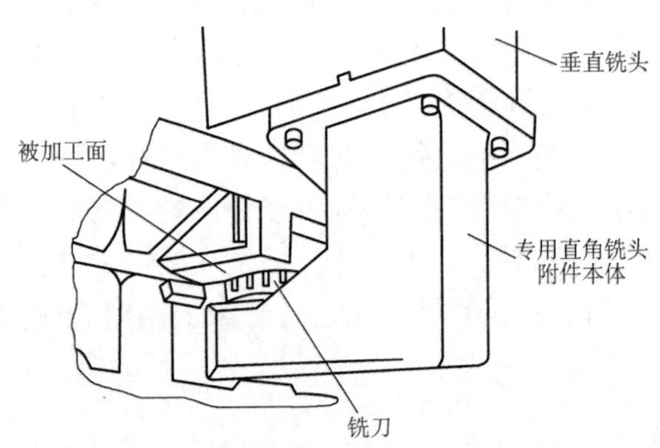

图 2-10　用直角反铣头铣削背凹部平面示意图

（2）合理改装扩大铣床使用范围　图 2-11 所示为万匹柴油机增压器转子动叶片叶根槽，此工件的外形大，加工部位在轴的中间凸缘，槽的等分、形状和尺寸精度要求都很高。工件重 600kg，工件若选用卧式装夹加工，分度和装夹非常困难。若立式装夹加工，工件装夹在回转工作台上可解决分度难题，但一般卧式万能铣床的主轴至工作台面的联系尺寸较小，仍无法加工。此时，若对万能铣床进行合理改装，拆下工作台和转盘，将回转工作台安装在床鞍上，可有效解决铣床联系尺寸的限制。只需找正工件与回转工作台同轴，回转台轴线与铣床主轴轴线相交，便可通过垂向进给，回转工作台依次分度铣削转子凸缘处的叶根槽。

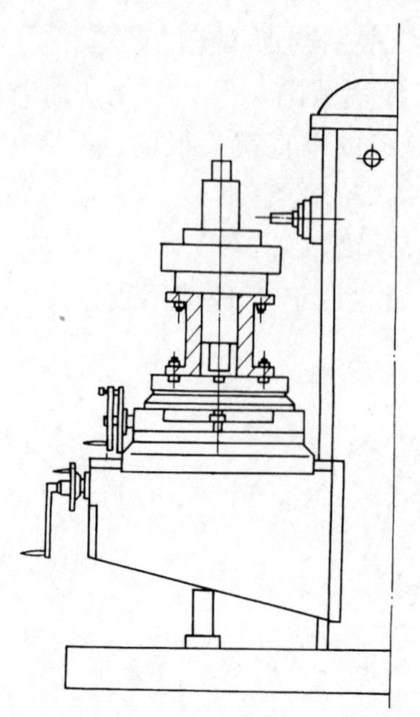

图 2-11　铣削万匹柴油机增压器转子动叶片叶根槽示意图

3. 合理选用组合铣刀

（1）组合铣刀的分类与使用　铣削加工大型工件，如机床床身、工作台、悬梁和升降台等，常遇到一些组合的连接面，在成批和大量生产中广泛使用组合铣刀。在龙门铣床上使用的组合铣刀种类繁多，可分为两大类：一类是卧式组合铣刀，另一类是立式组合铣刀。卧式组合铣刀主要用于龙门铣床的水平铣头，大部分需用支架支承刀杆，图 2-12 所示是用组合铣刀铣削床身沟槽和台阶。个别情况也可采用悬臂式刀杆，图 2-13 所示是用组合铣刀铣削万能铣床悬梁侧面和顶面。立式组合铣刀主要应用于龙门铣床的垂直铣头，图 2-14 所示是在同一主轴上安装组合铣刀加工大型工件连接面，图 2-15 所示是在同一台龙门铣床上用组合铣刀铣削机床床身燕尾导轨。

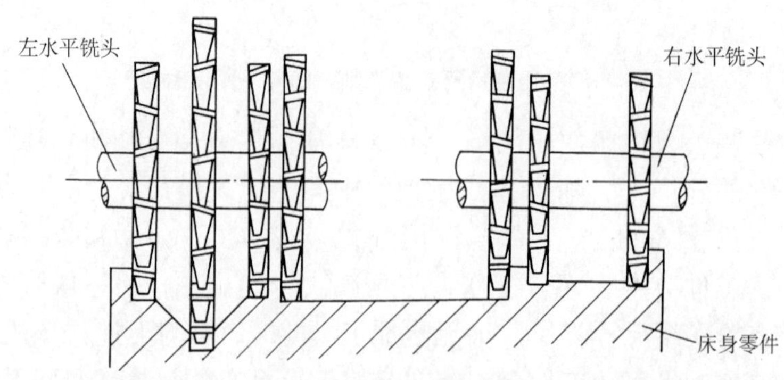

图 2-12　用组合铣刀铣削机床床身沟槽和台阶

（2）组合铣刀的连接方式　组合铣刀的连接方式有很多，常用的有如下几种：

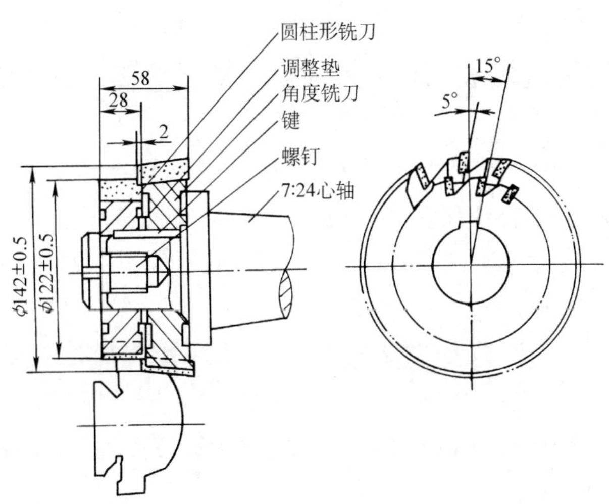

图 2-13　用组合铣刀铣削万能铣床悬梁侧面和顶面

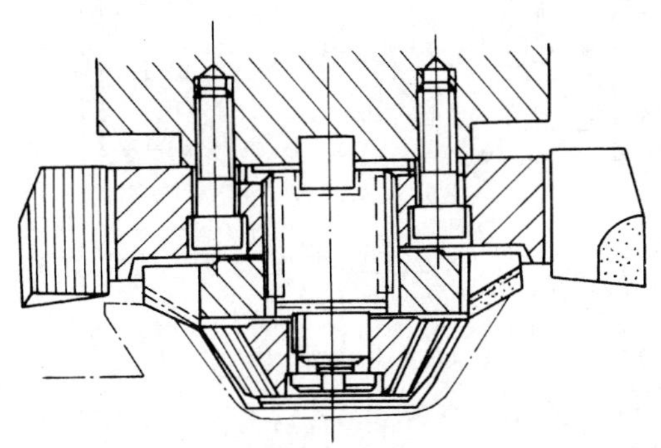

图 2-14　用组合铣刀铣削大型工件连接面

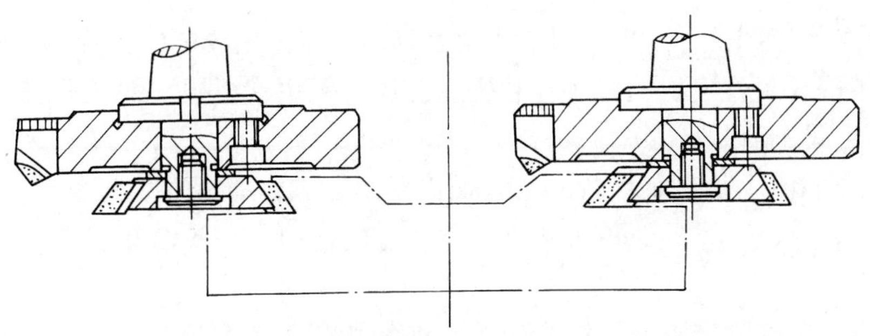

图 2-15　用组合铣刀铣削机床床身燕尾导轨

1）刀杆定位连接方式。此种连接方式是将组合铣刀安装在刀杆上，然后用螺钉紧固。使用时，将刀杆锥体插入铣头主轴孔，用拉杆螺栓紧固在铣头主轴上，组

合铣刀与刀杆之间采用键块传递转矩，铣刀与铣刀之间也通过键块传递转矩。当铣削较深的加工面时，若伸出主轴套筒又不方便，常采用此种连接方式，其主要特点是增加了连接套，连接套与铣头主轴通过螺钉联接紧固，连接套与铣刀用键传递转矩。

2）中间轴定位的连接方式如图 2-16 所示。中间轴定位不能像心轴定位连接方式那样，可预先组装好再安装在铣床主轴上，而是靠近铣床主轴的组合铣刀先装上，并用螺钉 1 紧固，然后依次安装第二把或第三把组合铣刀，并用中间轴 4 定位及键 2 传递转矩，用螺钉 3 紧固。

3）台阶定位的连接方式如图 2-17 所示。第一把与第二把组合铣刀用台阶孔与台阶圆柱定位连接，然后用四个螺钉 1 将组合铣刀安装在铣床主轴上。铣刀传递转矩靠主轴上键块和组合铣刀上的两个圆柱销 2，组合铣刀的内孔作为刃磨定位基准。

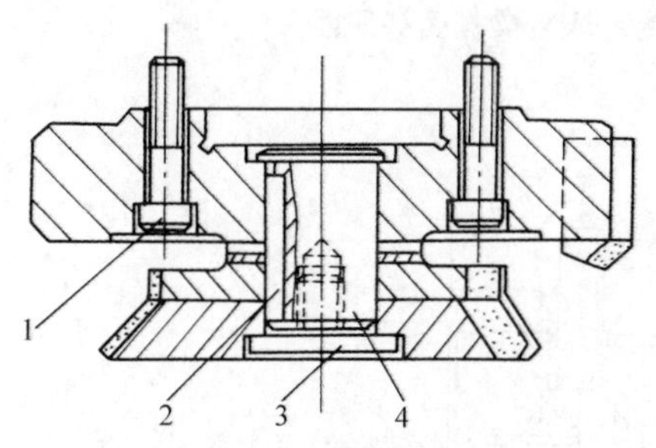

图 2-16　中间轴定位的组合铣刀

1、3—螺钉　2—键　4—中间轴

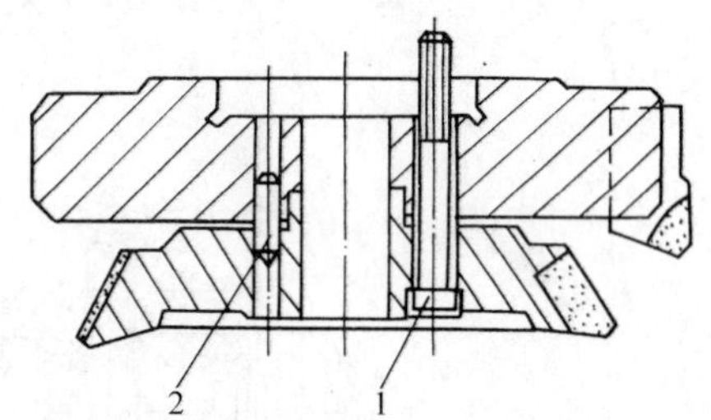

图 2-17　台阶定位的组合铣刀

1—螺钉　2—圆柱销

4. 合理选用工件装夹方法

大型工件大多采用在工作台面上直接用螺栓压板装夹的方法进行装夹，具体操作时应注意以下要点：

1）通常主定位面为机床工作台面，对于侧面导向定位和端面止推定位，通常由嵌入工作台 T 形槽定位直槽里的两个或两个以上的定位块或定位台阶圆柱构成。

2）为了提高工件定位的可靠性和刚度，还常采用带螺栓头的辅助支承，在较大跨度的定位之间作辅助定位。

3）为了防止工件在加工中脱离侧面和端面定位，通常在定位的另一侧对应点安装带螺钉的“桩头”，类似单头螺栓夹紧装置的作用，在侧面和端面起夹紧工件的作用。

4）用作主要夹紧作用的压板，夹紧力的作用位置应设置在主定位面的上方。

5）对悬空部位设置辅助定位的上方，可设置辅助夹紧点，但夹紧力不宜过大，以免工件变形。

6）粗加工和半精加工后应将工件松夹，然后重新装夹，并采用较小的夹紧力，以减少装夹变形对加工精度的影响。

5. 合理选用找正工件方法

大型工件通常是铸件和锻件，也有焊接而成的。为了保证各加工面的余量，铣削加工前一般都需要经过立体划线。因此，工件粗加工是按划线找正的，半精加工和精加工采用指示表找正。在按划线找正时，应掌握以下要点：

1）用垂直铣头加工单一平面时，应找正与加工面平行的两交叉直线，使划线与工作台面平行。用水平铣头铣削时应使划线与纵向和垂向进给方向平行。加工大型箱体基准面时，应按与被加工的基准面平行的两交叉划线 *A*、*B* 找正，使 *A*、*B* 均平行于工作台面，如图 2-18a 所示。加工一大型壳体的垂直面，此时应找正划线 *A* 与纵向平行，划线 *B* 与垂向平行，这样才能保证其余面的加工余量，如图 2-18b 所示。

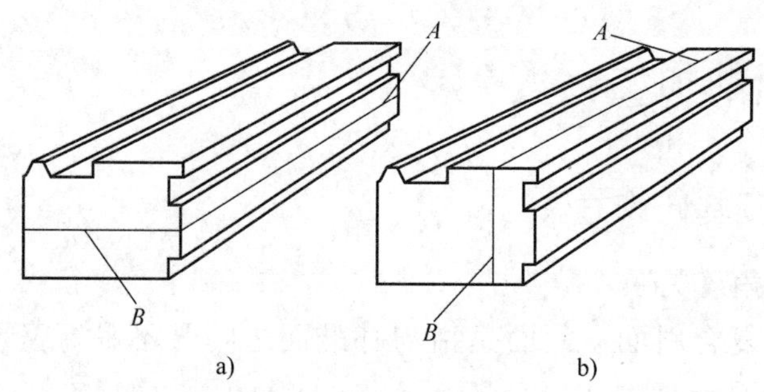

图 2-18　大型工件找正方法

a）水平面加工找正　b）垂直面加工找正

2）加工相互垂直或成一定夹角的连接面时，应按三维面上的划线找正，加工大型工件相互垂直的连接面前，对水平面加工应按划线 *A*、*B* 找正，对垂直面加工，应按划线 *B′*、*C* 找正。因此，若同时铣削相互垂直的连接面时，必须找正三维面上的划线 *A*、*B* 与工作台面平行，划线 *C* 与纵向平行，如图 2-19 所示。

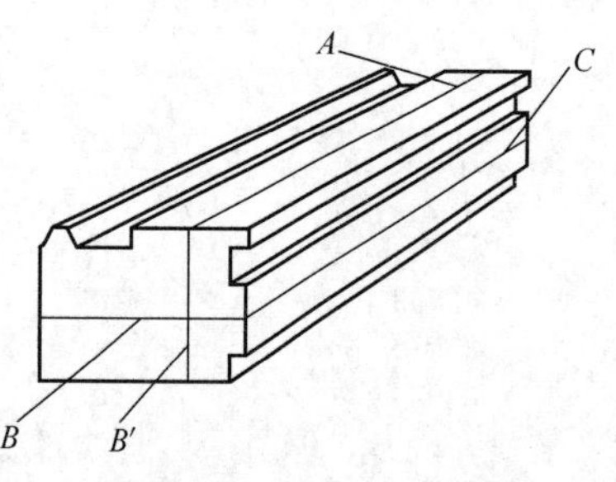

图 2-19　工件三维找正

3）找正过程中工件的位置调整是通过千斤顶和侧面的顶桩进行的。找正水平面时，先在工件与工作台面接触的部位垫入平垫片，以防止工件毛坯面上的氧化层损坏工作台面的精度，然后在工件四角适当位置设置调整用的千斤顶，千斤顶的螺杆头部通常带有六角头，以便调整时使用扳手。调整时，可逐步调整顶点连线与划线平行的两个千斤顶，分别找正工件端面和侧面的划线与工作台面平行。找正垂直面时，若已找正水平面划线，则只需要调节侧面顶桩的螺栓，找正工件顶面的划线与纵向平行即可。

4）找正后的工件，因千斤顶调整的作用，原垫入的垫片可能厚度不够，此时应向垫片与工件之间的空隙垫入适当厚度的垫片（此操作俗称“垫硬”），也可以用多个垫片组合后垫入。考虑到压板压紧后工件位置可能略有变动，因此可在垫入补充垫片后，略松动千斤顶，并用压板试压一下，根据复核后划线的位置，再对垫片的厚度作微量调整。

5）为了使工件侧面顶桩的螺栓头与工件之间有较大的接触面，避免螺栓头部损坏工件表面，通常在螺栓头与工件之间垫入平垫块，垫块可用黄铜等材料制成，以使垫块与工件表面良好接触，并具有一定的保护作用。

6）在找正中移动工件时，不可使用铁锤等敲击工件。较大的移动量可使用撬棒，使用时须注意保护工作台面及撬棒与工件接触部位的表面。微量调整可使用铜锤，或用铁锤通过铜棒（块）轻击工件，使工件作微量移动。

2.2 复合斜面的加工

2.2.1 复合斜面及其计算方法

1. 复合斜面的角度关系

（1）单斜面与复合斜面　斜面是指与基准面之间既不平行又不垂直的面，带斜面的零件如图 2-20 所示。当工件处于一个坐标系中时，只是沿一个坐标方向与基准面发生倾斜的斜面，称为单斜面（见图 2-20a）；沿两个坐标方向都与基准面发生倾斜的斜面，称为复合斜面（见图 2-20b）。

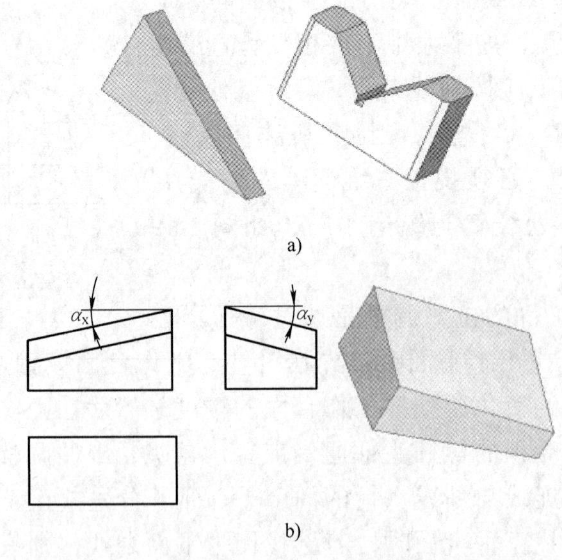

图 2-20　带斜面的零件

（2）复合斜面的角度换算　图 2-21 所示为复合斜面工件，斜面沿 x 轴方向与基

准面的夹角为 α；与 y 轴方向的夹角为 β。在图样上标注复合斜面夹角，可在侧平面内标注出 α，在端平面内标注出 β；也可在垂直于斜面轮廓线的平面内标注出 α_n 和 β 或 α 和 β_n 等，它们之间的换算关系如下：

$$\tan\alpha_n = \tan\alpha\cos\beta \tag{2-1}$$

$$\tan\beta_n = \tan\beta\cos\alpha \tag{2-2}$$

实际上，两个平面之间的相对位置只有平行和相交成某一角度两种情况，图 2-21 所示的复合斜面实质上是与基准面交于 MN 的单斜面。由于 MN 与工件侧面和端面有一定的角度关系，也即 MN 与坐标轴之间有一定的角度关系，因此，只要换算出斜面与基准面的夹角，以及斜面和基准面的交线与坐标轴的夹角，便可使加工方法简化。

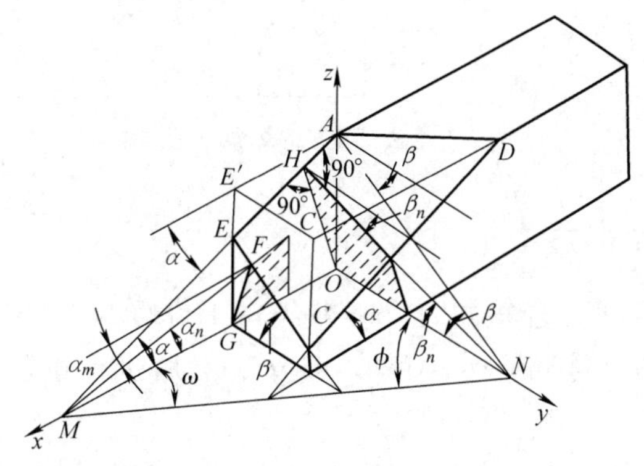

图 2-21 复合斜面的角度关系

2. 复合斜面分析示例

加工图 2-22 所示的切刀复合斜面，可按以下方法进行角度分析：

1）基准面分析。切刀刀体的基准面是底平面 M，如图 2-22 所示。

2）前面分析。前面 A 相对平面 M 沿 Y–Y 方向倾斜角为 γ_{ox}，沿 X–X 方向倾斜角为 γ_{oy}，而沿主切削刃法向的倾斜角为 γ_n。

3）后面分析。主后面 B 相对平面 M 沿 Y–Y 方向倾斜角为 $90°-\alpha_{1x}$，沿 X–X 方向倾斜角为 $90°-\alpha_{1y}$，而沿主切削刃法向的倾斜角为 $90°-\alpha_{1n}$；副后面 C 相对平面 M 沿 Y–Y 方向倾斜角为 $90°-\alpha_{2x}$，沿 X–X 方向倾斜角为 $90°-\alpha_{2y}$，沿副切削刃法向倾斜角为 $90°-\alpha_{2n}$。

4）其他几何角度分析。主偏角 $\kappa_r = 45°$，刀尖角 $\varepsilon_r = 90°$，刃倾角 $\lambda_s = 0°$。

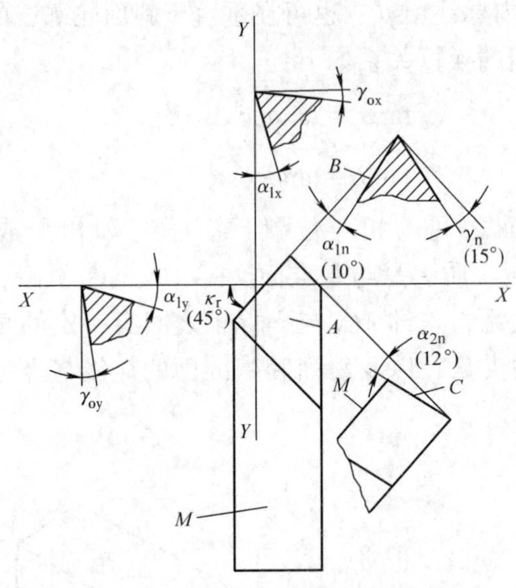

图 2-22　切刀刀体加工图

2.2.2　复合斜面的加工方法

（1）铣削要点　铣削复合斜面时，一般先将工件绕某一坐标轴旋转一个倾斜角 α（或 β），再把夹具或铣刀转动一个角度 β_n 或 α_n，然后进行铣削。现以图 2-21 所示工件为例说明铣削要点：

1）先绕 Oy 轴旋转后加工。当工件绕 Oy 轴顺时针转过 α 角时，工件上的 AE 和 DC 两条棱边均与底面或工作台面平行。此时，工件上的复合斜面只在 y 坐标方向倾斜 β_n，这样便可以转动立铣头或夹具像铣削单斜面一样进行加工了。

2）先绕 Ox 轴旋转后加工。当工件绕 Ox 轴逆时针转 β 角时，工件上的 EC 棱边与工作台面平行。复合斜面只在 x 坐标方向倾斜 α_n，此时，只要把立铣头或夹具倾斜 α_n 后即可进行加工。

（2）基本铣削方法　复合斜面的基本铣削方法是通过工件、铣刀按铣削要点扳转角度进行加工，现仍以图 2-21 所示工件为例，介绍基本铣削方法：

1）利用斜垫铁和可倾虎钳装夹工件铣削（见图 2-23）。先把工件装夹在可倾虎钳的钳口内，使工件底面贴紧一角度为 α 的垫块，垫块底面贴紧可倾虎钳的两导轨面。转动可倾虎钳的水平轴，把工件和钳口倾斜 β_n 角，这样便

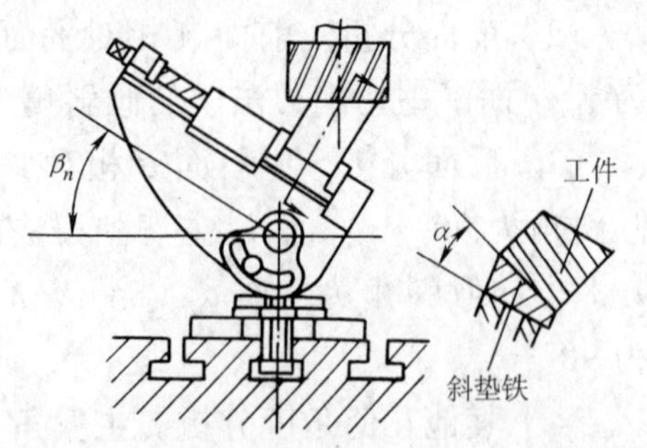

图 2-23　利用斜垫铁和可倾虎钳配合铣削复合斜面

可在立式铣床上利用面铣刀进行加工。

2）利用斜垫铁和带回转盘的机用虎钳装夹工件铣削（见图 2-24）。若复合斜面在工件端面，可先把工件装夹在钳口内斜垫铁上，使工件的底面（或顶面）与机用虎钳的两导轨面沿钳口方向倾斜一个角度，然后利用转盘转过另一个角度，这样便可在卧式铣床上用面铣刀进行加工。

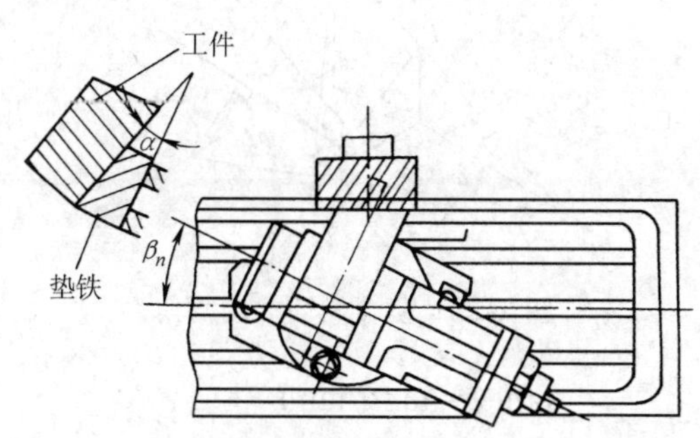

图 2-24　利用斜垫铁和机用虎钳配合铣削复合斜面

3）利用转动立铣头和机用虎钳装夹工件加工（见图 2-25）。

① 在立式铣床上用面铣刀加工时，可用斜垫铁把工件沿钳口方向倾斜 α 角，使钳口与横向进给方向平行，然后将立铣头倾斜 β_n 角，这样便可沿横向铣削复合斜面（见图 2-25a）。

② 在立式铣床上用立铣刀圆周齿加工时，若复合斜面在工件端面，可用回转盘使工件与横向倾斜一个角度，然后用立铣头扳转另一个角度，这样便可用立铣刀圆周齿沿横向加工工件端部的复合斜面（见图 2-25b）。

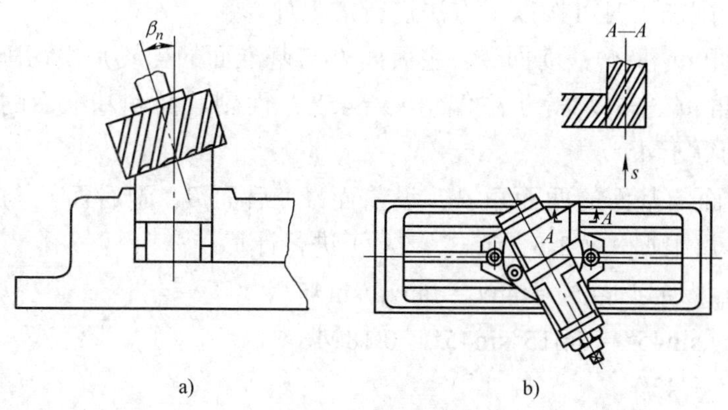

图 2-25　转动立铣头和机用虎钳装夹工件加工

4）把复合斜面转换成单斜面铣削加工。对于以上介绍的几种铣削方法，由于工件受到装夹位置和方向的限制，因此，一般需将工件或工件和立铣头转两个方向的角度，或各转一个角度。若工件的装夹方向不受限制，就只需按斜面与基准面之间

的夹角 θ 倾斜角度，即沿斜面与基准面交线的法向倾斜一个角度 θ 来铣削，这种方法相当于铣削加工单斜面。采用这种方法，夹角 θ 和交线的方位可由以下公式计算获得（见图 2-26）。

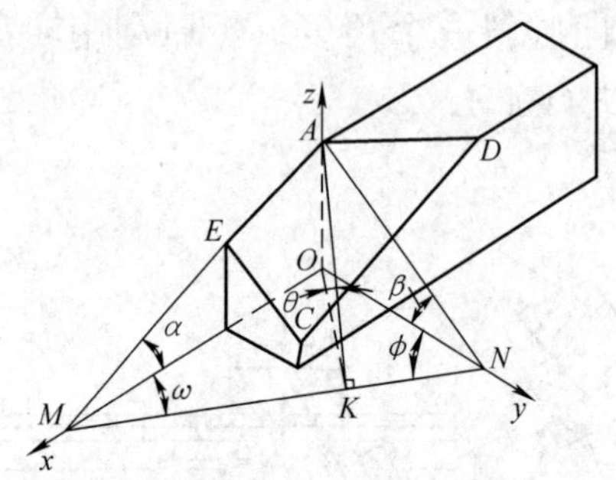

图 2-26　复合斜面的两面角

$$\tan\omega = \tan\alpha/\tan\beta \tag{2-3}$$

$$\tan\phi = \tan\beta/\tan\alpha \tag{2-4}$$

$$\tan\theta = \tan\beta/\sin\phi \tag{2-5}$$

或

$$\tan\theta = \tan\alpha/\sin\omega \tag{2-6}$$

在立式铣床上加工，只要找正 MN 线与横向进给方向平行，即把工件侧面调整到与横向进给方向成 ω 的夹角，并用压板把工件装夹牢固，将立铣头转过 θ 角，用面铣刀沿横向铣削，便能铣削加工出符合要求的斜面。

（3）加工计算示例　加工图 2-22 所示的切刀刀体，可按上述复合斜面转换为单斜面的方法进行加工。加工必备的数据是交线和坐标轴的夹角 ω 和 ϕ，斜面与基面的两面角 θ。铣削加工时可按以下方法进行加工计算：

① 计算夹角 ω 和 ϕ：前面 A、主后面 B 与基准面的交线是主切削刃，主切削刃与坐标轴的夹角 ω_1、ϕ_1 均等于主偏角 $\kappa_r = 45°$；而副后面和基准面的交线与坐标轴夹角 ω_2、ϕ_2 均等于 45°。

② 计算斜面与基面的两面角 θ：设前面 A、后面 B、副后面 C 与基准夹角分别为 θ_1、θ_2、θ_3，可根据式（2-5）或式（2-6）进行计算：

因为 $\theta_1 = \gamma_n$，所以 $\tan\theta_1 = \tan\gamma_n = \tan\gamma_{oy}/\sin45°$

$\tan\gamma_{oy} = \tan\gamma_n \sin45° = \tan15° \sin45° \approx 0.18946$

得 $\gamma_{oy} = 10°43'43''$

因为 $\theta_2 = 90° - \alpha_{1n}$

所以 $\tan\theta_2 = \tan(90° - \alpha_{1n}) = \tan(90° - \alpha_{1y})/\sin45°$

$\tan(90° - \alpha_{1y}) = \tan(90° - \alpha_{1n})\sin45° = \tan(90° - 10°)\sin45° = 4.0102$

得 $90° - \alpha_{1y} = 75.998°$，$\alpha_{1y} = 14°$

因为 $\theta_3 = 90° - \alpha_{2n}$

所以 $\tan\theta_3 = \tan(90° - \alpha_{2n}) = \tan(90° - \alpha_{2y})/\sin45°$

$\tan(90° - \alpha_{2y}) = \tan(90° - \alpha_{2n})\sin45° = \tan78°\sin45° \approx 3.3267$

得 $90° - \alpha_{2y} = 73°16'9''$，$\alpha_{2y} = 16°53'51''$

（4）铣削加工示例　以图 2-22 为例，加工复合斜面的步骤如下：

1）铣削 *A* 面。铣削 *A* 面采用工件转动两个角度的方法加工。先将工件装夹在可倾虎钳内，按夹角 ω 和 ϕ 在水平面内使钳口方向与工作台进给方向成 45° 夹角，然后在垂直平面内使工件倾斜 $\gamma_{oy} = 10°43'43''$，即可用立铣刀端面齿加工出 *A* 面。

2）铣削 *B* 面。铣削 *B* 面与铣削 *A* 面的方法类同，将工件装夹在可倾虎钳内，按夹角 ω 和 ϕ 在水平面内使钳口方向与进给方向成 45°，然后在垂直平面内转过角 $\alpha_{1y} = 14°$，即可用立铣刀圆周齿加工出 *B* 面。

3）铣削 *C* 面　铣削 *C* 面时，根据刀尖角关系，也可按夹角 ω 或 ϕ 利用可倾虎钳在水平面内使工件转过 45°，然后在垂直面内转过 $\alpha_{2y} = 16°53'51''$，即可用立铣刀圆周齿加工出 *C* 面。

2.2.3　复合斜面的检验方法

（1）常用检验工具　复合斜面的检验工具与单一斜面的检验有类似之处，通常采用正弦规、量块组和指示表进行检验，也可以采用游标角度量具进行检验。

（2）检验测量要点　复合斜面用正弦规进行检验时，较小的工件可以放在正弦规上通过指示表检验；较大的工件可以把正弦规放在工件复合斜面上进行检验。复合斜面与基准面有直接交线的，也可采用游标万能角度尺进行检验。检验图 2-22 所示切刀刀体时，刀体复合斜面较小，可采用以下方法检验测量。

1）用正弦规检验。刀体复合斜面 *A* 可在正弦规上检验，如图 2-27 所示。检验时，先用游标万能角度尺找正工件侧面基准使其与正弦规端面基准成 45° 夹角，使主切削刃与正弦规量柱平行，然后用小压板把工件固定在正弦规测量表面上。根据 $\sin\gamma_n$ 计算出量块尺寸为 $100\text{mm} \times \sin15° = 25.88\text{mm}$，将量块垫放在正弦规量柱下，此时用指示表检验工件上复合斜面 *A* 与测量平板的平行度，便能根据测出的数据计算出 γ_n 的实际值。

2）用游标万能角度尺检验。用游标万能角度尺检验后面角度时，应将尺座测量面与基准面 *M* 贴合，测量平面应与后面和基准面的交线垂直。本例测出的角度应分别为 $\alpha_{1n} + 90° = 10° + 90° = 100°$；$\alpha_{2n} + 90° = 102°$。

（3）质量分析要点

1）复合斜面夹角误差大的原因如下：

① 预制件的形状误差大。

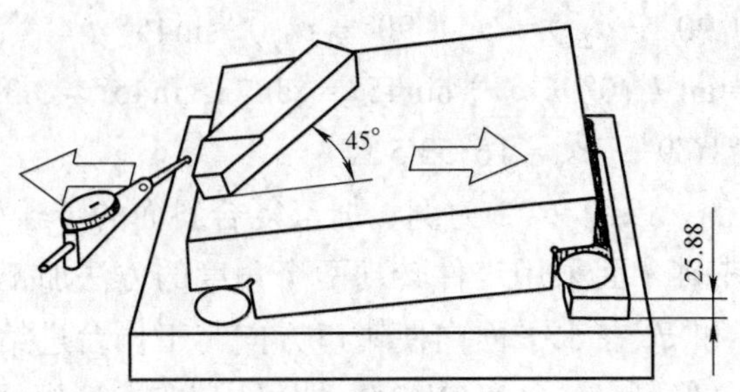

图 2-27　用正弦规检验刀体复合斜面

② 可倾虎钳的精度差、找正精度差等。

③ 工件装夹精度差、铣削过程中工件发生微量位移。

④ 在水平面和垂直面内转动角度计算错误、操作错误。

⑤ 识图错误，造成工件加工方法错误。

2）刃倾角误差大的原因是：前面、主后面的铣削位置不正确，铣削操作失误造成连接线位置误差，铣削数据计算错误等。

3）主偏角、刀尖角误差大的原因是：铣削工件时，在水平面内转过的角度错误或误差大。

2.3　数控铣床复杂连接面的加工

2.3.1　复杂连接面数控铣削的编程方法

数控铣床适应性与灵活性强，且具有多种插补功能等特点，因而能加工任意形状的复杂轮廓及复杂连接面。现以图 2-28 所示凸台轮廓圆角五边形连接面为例，介绍数控手动编程方法，介绍仅使用直线插补 G01 功能的情况下，如何运用极坐标编程方法实现复杂连接面（包含连接圆弧面）的加工。

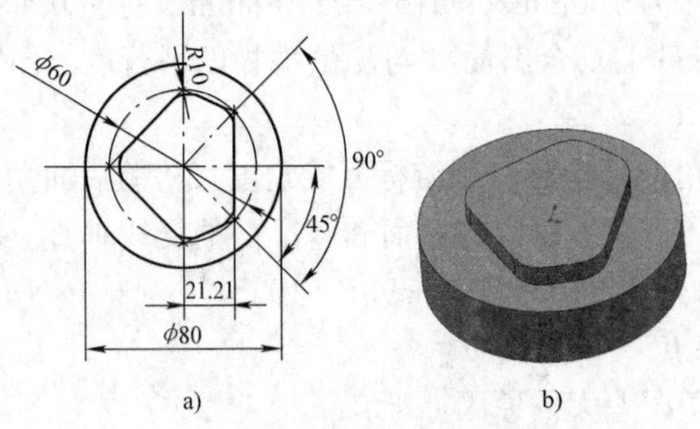

图 2-28　五边形连接面

a）零件图　b）3D 视图

（1）图样分析　工件凸台深度为 5mm，加工原点宜选用端面圆形中心点，加工刀具为直径 ϕ10mm 的平底铣刀，凸台形状为不规则五边形，圆角半径 R10mm。

（2）加工难点　轮廓需要计算的拐点较多，按照常规的编程方法，程序段较长、数值较复杂且手动编程容易错漏。因此，宜采用极坐标编写和直线插补的圆弧功能来简化编程过程。

1）极坐标的含义和使用。如图 2-29 所示，在插补平面内任取一点 O（通常为工件原点）作为极点，第一轴坐标定义为极半径，第二轴坐标定义为极角，极角单位为“°”，逆时针旋转极角为正值，顺时针旋转极角为负值。极半径和极角度两者都可以用绝对值编程方法或增量值编程方法。极坐标建立指令 G16，极坐标取消指令 G15。图 2-29 中 O 点至 A 点直线移动轨迹的程序示例见表 2-2。

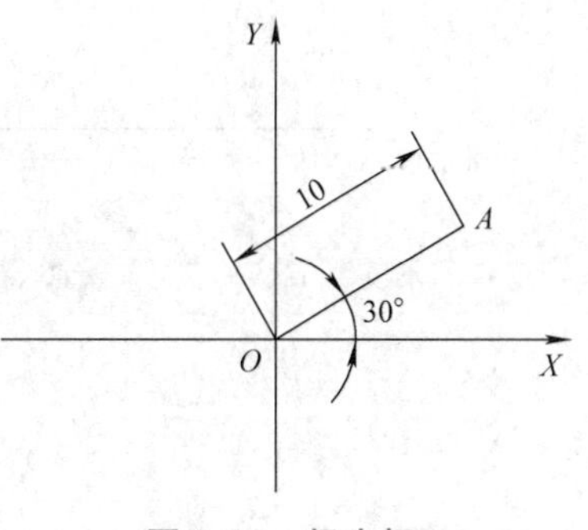

图 2-29　极坐标

表 2-2　直线移动轨迹极坐标示例程序

段号	程序	注释
N10	G54 G90 G00 X0 Y0 Z50.；	建立工件坐标系，绝对编程，X、Y、Z 轴快速定位
N20	M03 S1500；	主轴正转，转速 1500r/min
N30	G0 Z5.；	Z 轴快速定位
N40	G01 Z-5. F200.；	Z 向进给加工，进给速度为 200mm/min
N50	G16；	启动极坐标指令（模态指令）
N60	G01 X10. Y30.；	进给加工，极半径为 10mm，极角为 30°
N70	G15；	取消极坐标指令
N80	G0 Z50.；	Z 轴快速定位
N90	M30；	程序结束

2）直线插补功能的倒角运用。任意距离的倒角，在直线插补指令尾部加上 C，可自动插入倒角，C 为假设没有倒角的拐角交点距离倒角始点或终点之间的距离（倒角值），如图 2-30a 所示。任意圆角的倒角，在直线插补指令尾部加上 R，可自动插入圆角，R 为假设没有圆角的拐角交点距离倒角始点或终点连线相切的圆弧半径（倒圆角值），如图 2-30b 所示。倒角程序格式见表 2-3。

（3）切入、切出路径　图 2-28 中加工程序轨迹开始采用半径 R6mm 圆弧切入，结束采用半径 R6mm 圆弧切出，程序编写见表 2-4。

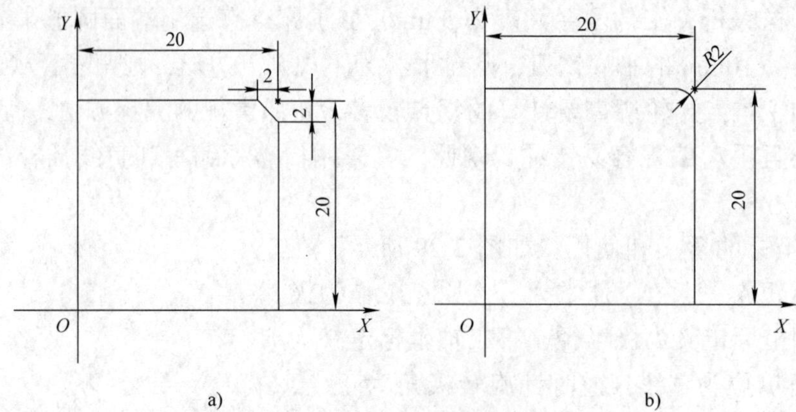

图 2-30　直线插补倒角功能

a）倒直角　b）倒圆角

表 2-3　直线插补倒角程序格式

段号	程序	注释
N10	G01 X20. Y0 F200. ;	X、Y 向进给加工，进给速度为 200mm/min
N20	G01 Y20.，C10. ;	直线插补倒 45° 角
N20	G01 Y20.，R10. ;	直线插补倒圆角
N30	G01 X0 Y20. ;	X、Y 向进给加工

表 2-4　五边形连接面工件数控加工程序编写

段号	程序	注释
N10	G54 G90 G00 X40. Y0 Z50. ;	建立工件坐标系，绝对编程，X、Y、Z 轴快速定位
N20	M03 S1500 ;	主轴正转，转速 1500r/min
N30	G0 Z5. ;	Z 轴快速定位
N40	G01 Z-5. F200. ;	Z 向进给加工，进给速度为 200mm/min
N50	G41 G01 X27.21 Y6. D01 ;	刀具左补偿，补偿号 D01，X、Y 向进给加工
N60	G03 X21.21 Y0 R6. ;	逆时针圆弧铣削切进工件
N70	G16 ;	启动极坐标指令（模态指令）
N80	G01 X30. Y-45. ;	进给加工，极半径为 30mm，极角为 -45°
N90	Y-90.，R10. ;	极角为 -90°，半径为 10mm
N100	Y-180.，R10. ;	极角为 -180°，半径为 10mm
N110	Y-270.，R10. ;	极角为 -270°，半径为 10mm
N120	Y45.，R10. ;	极角为 45°，半径为 10mm

（续）

段号	程序	注释
N130	G15 G01 X21.21 Y0；	取消极坐标指令，X、Y 向进给加工
N140	G03 X27.21 Y-6. R5.；	逆时针圆弧铣削
N150	G40 G01 X40. Y0；	取消补偿，X、Y 向进给加工
N160	G0 Z50.；	Z 轴快速定位
N170	M30；	程序结束

2.3.2 斜面数控铣削的编程方法

普通铣床加工斜面一般使用成形刀具加工或划线法进行加工，前者刀具比较特殊，后者加工过程相对烦琐。在数控铣床上进行加工，在没有成形刀具的前提下，应充分发挥机床性能，采用指令功能、调用子程序等方法，也能使用常规刀具对斜面进行铣削加工。下面以图 2-31 所示斜面工件为例，介绍如何使用调用子程序的功能，完成普通斜面的加工。

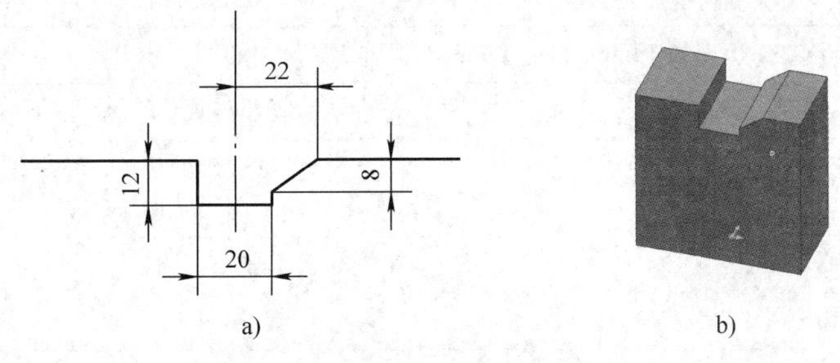

图 2-31 斜面工件

a）截面图 b）3D 视图

（1）子程序调用的方法

指令格式：调用子程序 M98 Pxxxx（前四位数为程序调用次数）xxxx（后四位数为程序号）。

示例 1 M98 P20001（调用 0001 号子程序 2 次，调用次数前面是 0 的话可省略，0002 这里可以省略写 2）。

示例 2 M98 P0001 或 M98 P1（调用 0001 号子程序 1 次，调用一次一般不写次数）。

指令格式：子程序结束返回主程序 M99（子程序结束标志）。

注意：M98 程序段不能有其他指令；子程序可以进行嵌套。

（2）斜面工件的程序编制（见表 2-5） 本例使用直径为 ϕ14mm 的刀具进行加工，工件原点设在顶部中间，工件厚度为 20mm。斜面部分的加工采用的子程序为截

面图斜线程序，主程序调用子程序一定次数，实现机床一次次的仿形加工，产生斜面。值得注意的是，为了控制不同精度尺寸，每一次仿形加工的间隔需要按要求进行调节，为了更高的精度尺寸，可以把增量 *Y* 轴尺寸改小，相应增加调用子程序次数，切削刀数增加了，斜面表面粗糙度值下降，从而提高加工精度。

表 2-5　斜面工件数控加工程序

段号	程序	注释
O0001（主程序）		
N10	G54 G90 G00 X3. Y-20. Z50.；	建立工件坐标系，绝对编程，*X*、*Y*、*Z* 轴快速定位
N20	M03 S1500；	主轴正转，转速 1500r/min
N30	G0 Z5.；	*Z* 轴快速定位
N40	G01 Z-12. F150.；	*Z* 向进给加工，进给速度为 150mm/min
N50	Y20.；	*Y* 向进给加工
N60	X-3.；	*X* 向进给加工
N70	Y-20.；	*Y* 向进给加工
N80	G0 Z5.；	*Z* 向进给加工
到此，用偏移的方法加工出中间 12mm 深度，20mm 宽度的槽		
N90	G01 X4. Y-16.；	离开斜面“矩形”左下角一个刀具半径的距离
N100	M98 P320002；	这里仿形加工从 Y-16. 到 Y16.，假设每次加工 1mm，需要加工 32 次
N110	G00 Z50.；	*Z* 轴快速定位
N120	M30；	程序结束
O0002（子程序）		
N10	G90；	绝对编程
N20	G01 Z-8.；	*Z* 向进给加工
从斜面的下部往上部加工，也就是按截面图的逆时针方向加工		
N30	G01 X16. Z0；	*X*、*Z* 向进给加工（*X* 方向离开一个刀具半径）
N40	G0 Z5.；	*Z* 轴快速定位
N50	X4.；	*X* 向进给加工
回到子程序初始点，注意这里我们使用 *Y* 轴方向递进加工，轮廓程序中没有 *Y* 坐标值		
N60	G91；	增量尺寸编程，为了产生递进的效果
N70	G01 Y1.；	*Y* 轴方向，每次递进加工 1mm
N80	G90；	恢复绝对编程
N90	M99；	子程序结束，返回主程序

注：在子程序中编写圆弧指令和刀补的建立，必须设置工作平面 G17、G18、G19，方向的判断依据为坐标轴的正方向。

2.3.3 连接面数控铣削精度的控制方法

1. 工艺参数的影响

在数控加工产品中连接面、平面加工普遍。在对其进行加工时，数控铣削工艺参数的合理选择关系到产品的加工质量，是现代制造技术中的一个难点。

1）可通过建立铣床切削参数优化模型，采用一定的优化算法进行参数寻优，得到切削参数的最优解，是合理选择切削参数的一种有效的方法。

2）大多数数控技术人员通常根据自己的经验来确定切削参数，导致选择的铣削参数过于保守，铣床加工效率低，难于充分发挥数控铣床特别是高速数控铣床所具有的优势。

3）如果选择的切削参数过高或搭配不合理，往往又容易导致切削过程中产生谐振，导致曲面、连接面尺寸超差，表面质量差，严重的还会造成刀具甚至主轴的损坏。

2. 刀具路径的影响

连接面、平面数控加工表面精度受到刀具路径、编程误差等影响。

1）在 CAD/CAM 系统中，编程人员在使用 CAM 软件时，连接面、平面数控加工刀具路径要合理选择。在确定进给步长和切削行距时必须考虑线性逼近误差和残留高度或过切量。

2）在手工编程时，编程人员在进行连接面、平面加工编程时需考虑对称加工进给方式，以减少变形。还须注意刀具切入、切出工件的方式，以免影响表面质量。

3. 刀具选择的影响

1）刀具材料选择。连接面、平面数控加工刀具的类型、规格和精度等级应能够满足加工要求，刀具材料应与工件材料相适应。

2）切削性能选择。在进行连接面、平面数控加工时为适应刀具在粗加工或对难加工材料的工件加工时能采用大的背吃刀量和高进给量，刀具应具有能够承受高速切削和强力切削的性能。

3）刀具寿命选择。在进行连接面、平面数控加工时数控加工的刀具，不论在粗加工或精加工中，都应具有比普通机床加工所用刀具更高的使用寿命，以尽量减少更换或修磨刀具及对刀的次数，从而提高数控机床的加工效率，保证加工质量。

4. 机床精度的影响

（1）反向偏差　这是在数控机床的工作中，由于坐标轴在传动过程中造成的反向死区或者反向间隙造成的误差现象。对于采用半闭环伺服系统的数控机床，反向偏差的存在会影响机床的定位精度和重复定位精度，从而影响连接面、平面的加工

精度。

（2）间隙误差　这是机床传动链运转产生间隙造成的误差。如果电动机运转过程中，机床没有产生运动，这种情况往往会造成数控机床的震荡或较大的误差，影响连接面、平面表面质量和精度尺寸。

（3）温度影响　温度会影响机床的静态精度，对于工作中的动态精度也会有影响。加工中，电动机的发热、工件的摩擦等都会引起温度变化，造成调整精度的丧失，影响连接面、平面精度尺寸。温度变化还会使轴承间隙及各零件的相对位置发生变化，这些都会影响连接面、平面表面质量和加工精度。

5. 工艺系统误差的影响

1）数控铣床工艺系统中各组成环节的实际几何参数和位置，相对于拟定几何参数和位置会发生偏离，使连接面、平面形状产生误差。

2）数控铣床工艺系统在切削力、夹紧力、重力、惯性力的作用下产生变形，引起连接面、平面位置和形状误差。

2.4　复杂连接面加工技能训练实例

技能训练 1　铝合金薄形叶片加工

重点与难点　重点掌握小型薄形、难加工成形面工件铣削加工的基本方法。难点为薄形工件的装夹方案设想、简易夹具的制作，铣削加工操作和精度控制。

1. 铝合金薄形叶片加工工艺准备

（1）图样分析（见图 2-32）　叶身部分主要尺寸为 $R20_{-0.24}^{-0.16}$ mm、$2_{-0.10}^{-0.06}$ mm 以及位置尺寸 $15_{-0.26}^{-0.15}$ mm、$12_{-0.26}^{-0.15}$ mm 和 $18_{-0.165}^{-0.095}$ mm；叶身周边尺寸为 $8_{-0.20}^{-0.15}$ mm、$16_{-0.22}^{-0.15}$ mm；叶根部分尺寸为 $16_{-0.22}^{-0.15}$ mm、$8_{-0.13}^{-0.08}$ mm。叶身圆弧表面粗糙度为 $Ra1.6\mu m$；工件材料为 2A90，切削加工性能较好。工件形状较复杂，工件定位装夹困难。

（2）工艺准备要点　本例加工工艺过程为：备料→热处理→粗铣外形六面体→粗铣叶根→精铣外形→精铣叶根→制作铣削圆弧面简易夹具→粗、精铣 R20mm 圆弧面→粗、精铣 R36mm 圆弧面→修锉 R0.5mm 圆弧→抛光圆弧面→叶片加工检验。铣削外形六面体采用机用虎钳装夹工件，铣削叶身圆弧面采用简易自制专用夹具，简易夹具的结构参见图 2-5 及相关内容。

2. 铝合金薄形叶片铣削加工要点

1）铣削加工的具体步骤如图 2-33 所示，铣削加工过程中应严格按照加工工艺定位、夹紧方案操作，夹紧定位操作注意防止工件变形。

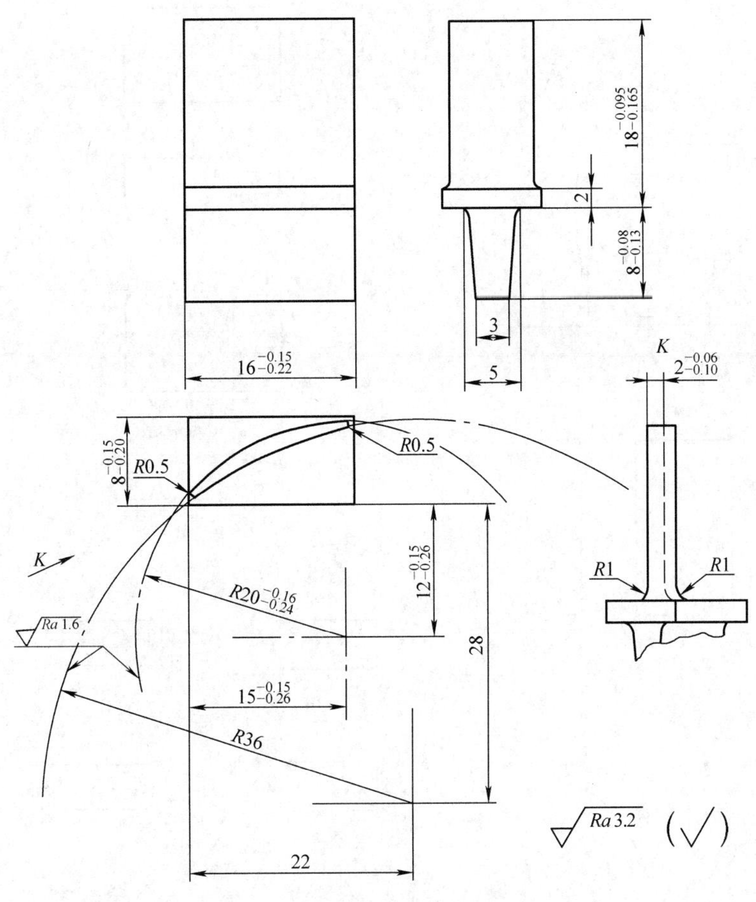

图 2-32　铝合金叶片加工工序图

2）叶身圆弧部分单独采用粗、精铣加工。在精铣时，一般应控制余量为 0.10 ~ 0.15mm，操作时可采用顺铣方式，以防止工件变形，提高加工精度。

3. 薄形叶片检验和质量分析要点

（1）主要检测项目和方法　用外径千分尺、游标万能角度尺和直角尺测量外形各项尺寸、垂直度和斜面角度。叶身圆弧面尺寸和形状精度检验，可利用夹具在分度头上借助夹具中间设置的测量圆柱，用千分尺对圆弧面进行测量。叶身凹圆弧可通过叶身厚度和外径为 72mm 的套圈与其贴合的方法进行检验。若使用百分表、量块和升降规检验，可以较准确地测量出圆弧的实际尺寸。测量方法如图 2-34 所示。采用类似的方法，也可准确检验计算出圆弧面位置的加工精度。

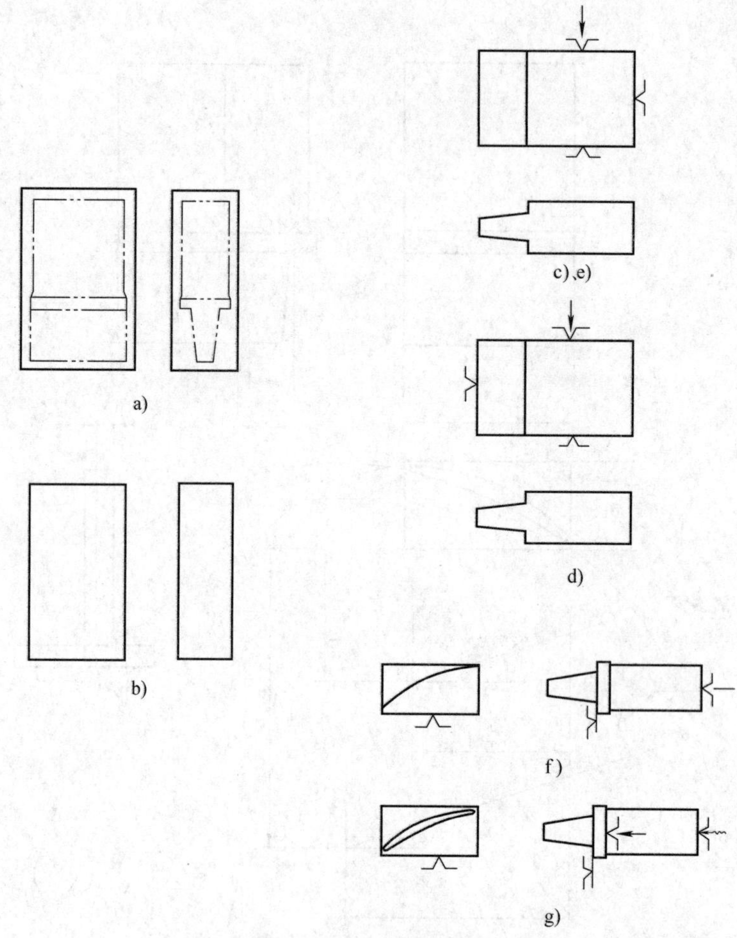

图 2-33 薄形叶片的加工步骤

a）锻件备料 b）铣外形 c）粗铣叶根 d）精铣外形 e）精铣叶根

f）粗、精铣 R20mm 圆弧面 g）粗、精铣 R36mm 圆弧面

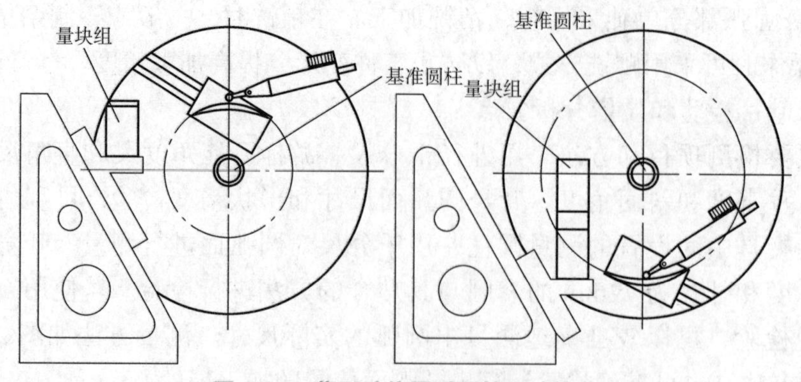

图 2-34 薄形叶片圆弧面的尺寸检验

（2）质量要点分析 叶身圆弧尺寸、形状误差大的原因可能是：测量力过大引

起测量误差、夹具找正精度差、辅助夹紧不当使工件铣削时变形、工件夹紧顺序不正确（如先进行辅助夹紧，后进行主夹紧）以及铣削位置不准确等。叶身圆弧位置误差大的原因可能是：简易夹具制作精度差、工件定位面的精度差、装夹定位操作失误以及辅助夹紧力（包括力的方向、作用位置和大小）不适当等。工件表面粗糙度值误差大的原因可能是：铣刀刃磨精度差、铣刀几何角度选择不当、铣刀安装精度差、铣削用量不适用使工件材料产生积屑瘤、铣削方式选择不正确产生拉刀和工件变形以及铣削过程中薄形工件谐振影响表面质量。

技能训练 2　纯铜散热器槽加工

重点与难点　重点掌握用高速钢锯片铣刀加工纯铜散热器槽的基本方法。难点为锯片铣刀的改制方法，散热槽的铣削加工精度控制。

1. 散热器槽加工工艺准备和操作要点

（1）图样分析（见图 2-35）　主要加工精度：散热器槽和片的宽度和厚度均为 5mm，深度为 50mm；工件具有外观要求，铣削后无散热片歪斜等；槽的表面粗糙度值为 Ra = 3.2μm，较难达到；工件材料为纯铜，属于较难铣削的材料；工件为六面体，但可夹紧部位较小，定位装夹较困难。

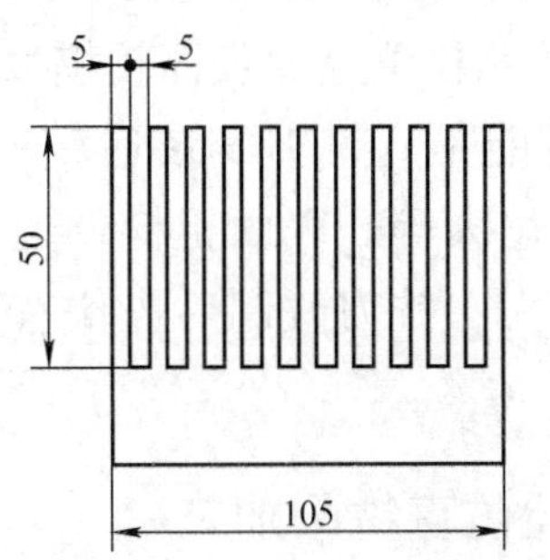

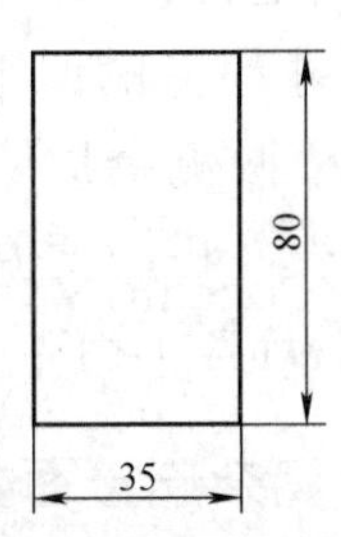

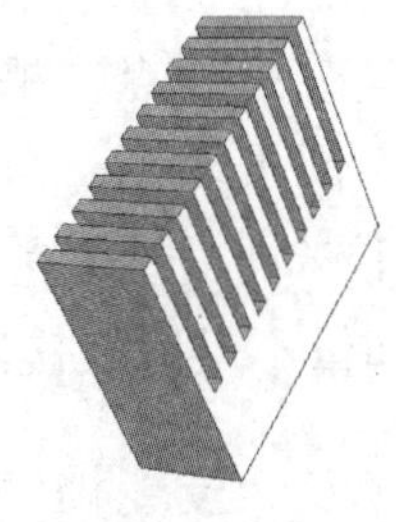

图 2-35　纯铜散热器槽加工

（2）加工工艺与工艺准备要点　散热器槽加工工艺过程：预制件检验→锯片铣刀的改制→安装、找正机用虎钳→工件划线→安装找正工件→安装锯片铣刀→铣削散热器槽→散热器槽铣削工序检验。选用 6132 型卧式万能铣床；选用机用虎钳装夹工件；按材料性质和加工尺寸，宜选用粗齿锯片铣刀（见图 2-36）改制后铣削散热器槽。

（3）纯铜材料铣削加工操作要点　铣削槽时，因铣刀直径比较大，槽深比较大，工件因材料塑性大而容易产生切屑堵塞，因此可采用较小厚度的铣刀深度分几次铣削，先加工宽度较小的槽进行粗铣。为了防止铣削过程中材料和铣刀的偏让，在铣削位置的两侧槽中应塞入宽度与槽相等的薄垫片，以防止散热片的变形；铣削过程中应注意清除铣刀上黏着的切屑，以防止切屑阻塞；用 5mm 交错齿锯片铣刀精铣

槽时，应冲注切削液，采用较小的进给速度，以保证槽侧的表面质量，铣槽完毕后，应停刀后退离工件。最好让铣刀全部通过工件后，先垂向退刀，然后调整纵向和垂向至原铣削起始位置。

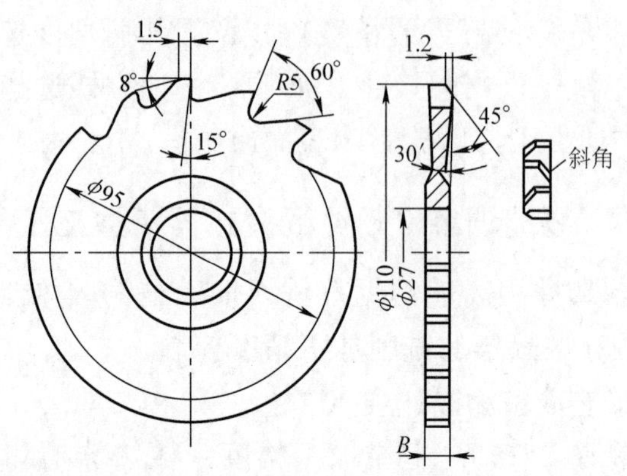

图 2-36 改制后的锯片铣刀

2. 散热器槽检验和质量分析要点

（1）检验项目和方法　用游标卡尺检验各项尺寸，槽的两侧外形应与预检时比较，是否因铣削产生形变。目测槽和散热片的形状，检测槽口是否有残留的缺口和切痕，散热片是否平直，槽侧表面是否有深啃。比照检测槽的表面粗糙度。

（2）质量分析要点　槽宽尺寸超差的原因可能是：铣刀安装后轴向圆跳动大、铣刀改制后切削不平稳、粗铣后槽两侧余量偏差过大等。表面粗糙度超差的原因可能是：铣刀不锋利、铣刀前后面表面粗糙度值较大、铣刀改制后齿槽有毛刺、切削液选用不当和量不足以及铣削用量选择不当等。

技能训练 3　复杂连接面数控仿真铣削加工

重点与难点　重点掌握数控指令直线插补功能、极坐标功能和调用子程序功能的基本方法。难点为掌握仿真软件的基本运用、熟悉数控指令功能及其注意事项和多边形斜面铣削加工精度的控制。

数控铣削加工图 2-37 所示六边形斜面工件，可按以下步骤进行。

1. 图样分析

1）工件六边形和斜面为主要加工表面，其主要尺寸为 $52^{0}_{-0.04}$ mm，$7^{0}_{-0.03}$ mm，六边形两对边平行度公差为 0.015mm。

2）工件主体为等边六边形，加工拐点较多，工件右半边为斜面，具有一定形状要求。

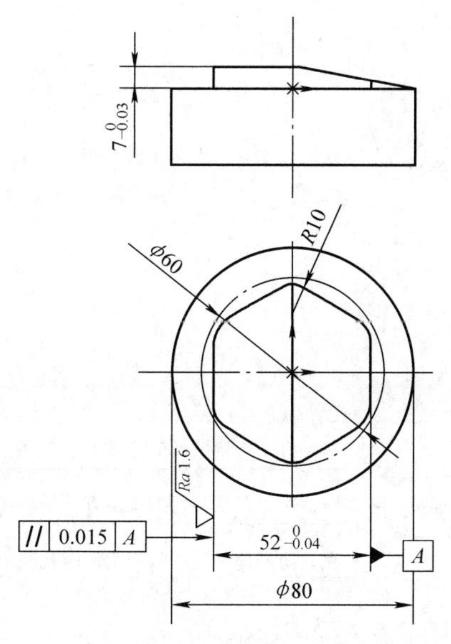

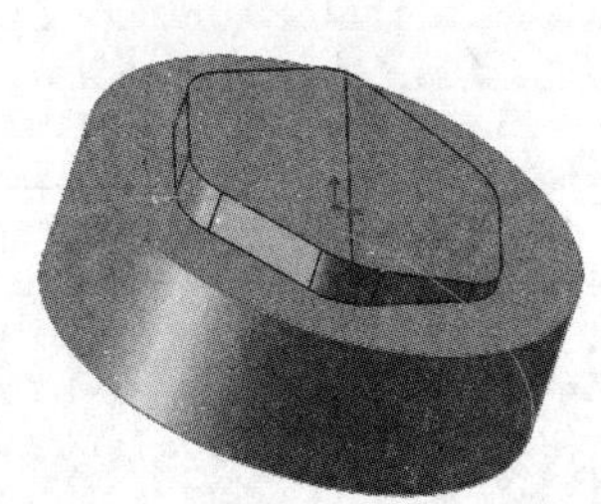

图 2-37　六边形斜面工件

3）六边形表面粗糙度值为 *Ra*1.6μm，较难达到。

4）工件材料为 45 钢，切削加工性能较好。

2. 仿真模拟加工

1）采用数控仿真软件，掌握软件基本使用方法。设置模拟软件数控系统：标准数控铣床，系统 FANUC-0i。设置刀具直径为 *ϕ*12mm 平底铣刀。设置工件毛坯尺寸为 *ϕ*80mm × 50mm。设置工件夹具为卡盘，工件露出夹具高度需大于加工深度。

2）软件复位，包括急停取消、电源启动以及数控机床返回原点等操作。

3）新建加工程序。熟练运用插补功能和极坐标功能，编写等边六边形加工程序，注意极坐标原点的设置。掌握调用子程序功能，编写工件斜面程序。

4）软件仿真模拟。掌握仿真软件模拟功能，检查并修改加工程序使其符合数控机床的使用要求。

5）测量检验。掌握刀补控制功能，控制尺寸精度，利用仿真软件测量功能，检测工件尺寸精度。

3. 机床加工

机床加工为仿真加工的实际操作，测量工具采用游标卡尺、千分尺和百分表等，斜面形状可采取比对法检测或采用更高精度的三坐标测量机测量检验。尺寸控制：熟练掌握刀补的控制方法来实现工件的粗、精加工，并控制零件尺寸精度；工件的平行度要求依靠机床保证或修改拐点坐标使其接近并达到设计要求；工件的斜面尺寸依靠程序控制，通过对步进量控制来达到工件要求的尺寸精度。

Chapter 3

项目3 复杂沟槽工件加工

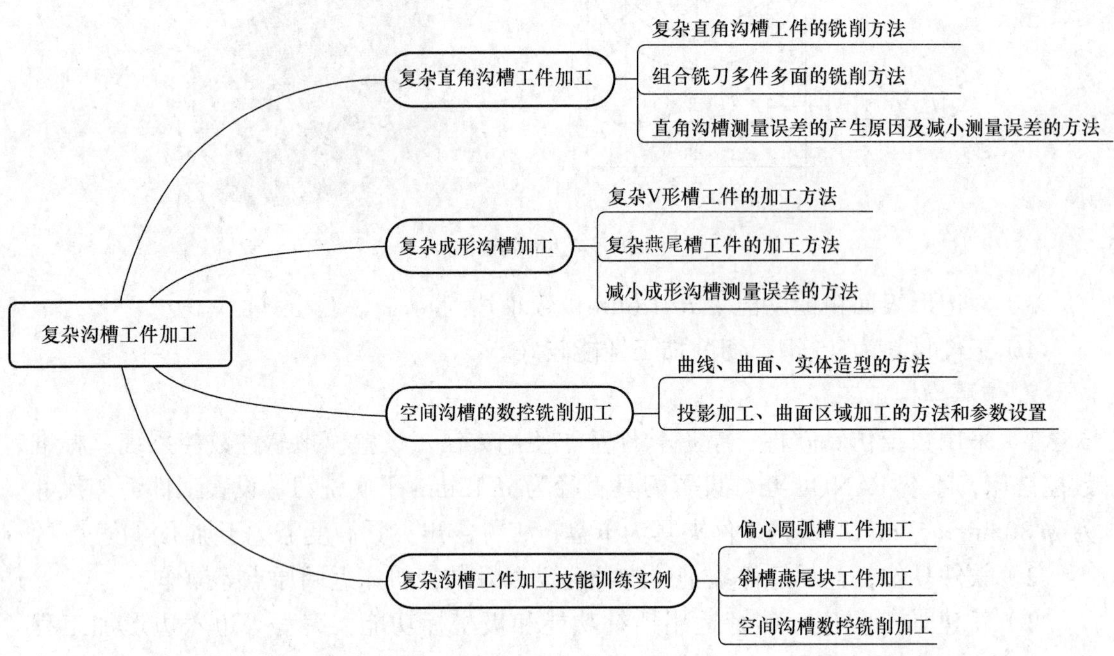

3.1 复杂直角沟槽工件加工

3.1.1 复杂直角沟槽工件的铣削方法

1. 复杂直角沟槽工件的基本特征

复杂直角沟槽工件通常具有以下特征：

1）沟槽工件的外形比较复杂或较难装夹。

2）沟槽的位置使得铣削加工比较困难。

3）沟槽截面形状比较复杂。

4）工件上沟槽与其配合件的配合精度比较高（如斜双凹凸配合件）。

5）沟槽及其配合件的形状比较特殊（如 X 形键与槽的配合件）。

2. 复杂直角沟槽工件的铣削工艺特点

1）工件装夹常需要使用通用夹具组合的方法，或组装组合夹具。例如，铣削加工图 3-1 所示的等分圆弧槽工件，由于圆弧槽的加工需要圆周进给进行铣削，而工件圆弧槽的等分又需要分度机构进行分度，因此，需要采用双回转台组合后装夹工件进行加工。

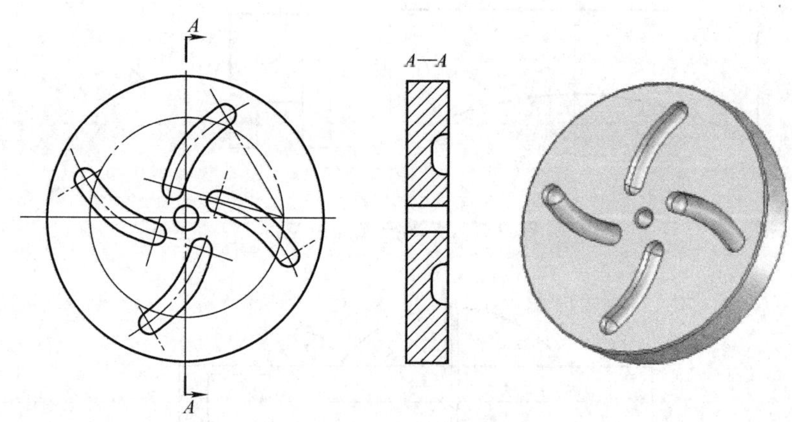

图 3-1 等分圆弧槽工件

2）工件装夹常需要比较熟练的操作技巧。例如，细长轴的装夹，虽然方法比较简单，但是可以利用工作台面上 T 形槽直槽的倒角部分作为定位，采用螺栓压板夹紧工件。由于轴上贯通的直角槽在一次装夹中是无法加工完成的，因此需要操作者两次装夹，并采用接刀的方法进行加工。这样，必然需要通过较高的装夹找正技巧解决两次装夹保证槽向精度的难题。又如，在薄形套上加工两条槽底平行且对称的窄槽（见图 3-2），工件装夹和保证对称都比较困难，也需要一定的装夹技巧。

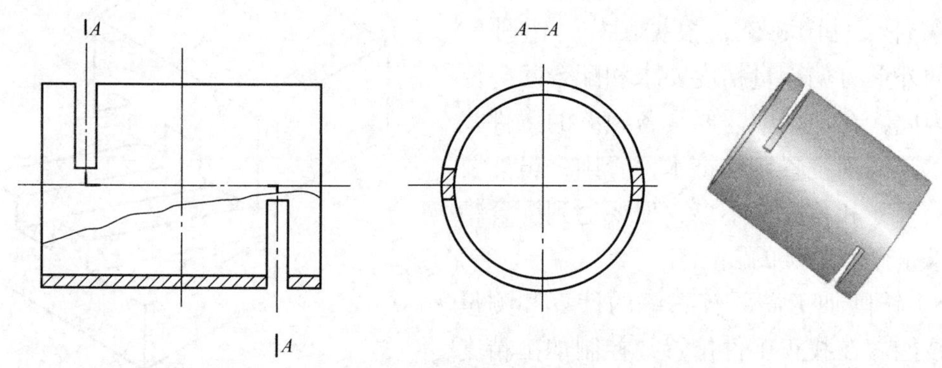

图 3-2 薄形套对称窄槽工件

3）铣削加工常采用预先自行制作辅具的加工工艺。例如，铣削加工大半径弧形槽工件（见图 3-3），由于圆弧的半径比较大，超出了一般回转工作台的加工范围，

而且工件有一定的数量，因此，可拟定采用手动仿形铣削方法加工工件，预先须自行制作与工件圆弧面半径相同的模板（靠模）。制作靠模板时，需要采用扩展回转台使用范围的方法进行加工，如图 3-4 所示。用接长板装夹靠模板工件，采用立铣刀和指形铣刀铣削，然后再用自制的靠模板。第一步选用立铣刀靠模铣削圆弧面，第二步选用三面刃铣刀靠模铣削圆弧槽。

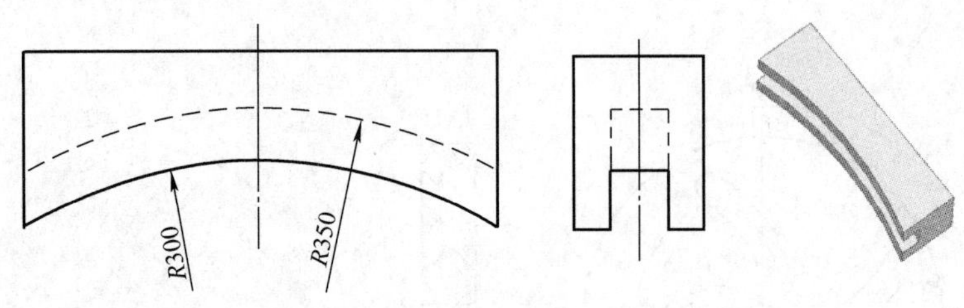

图 3-3　大半径弧形槽工件

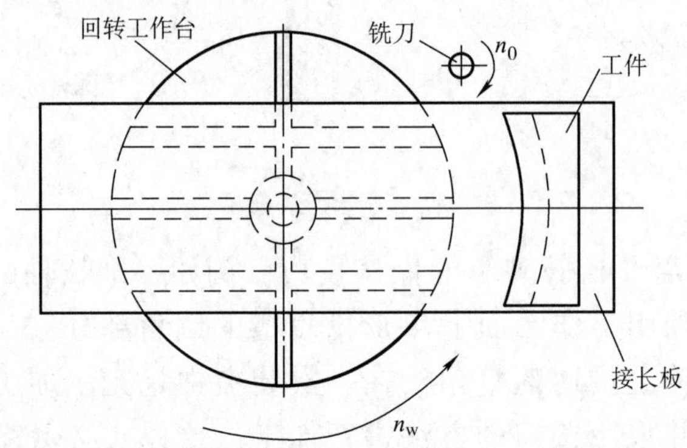

图 3-4　用回转台扩展铣削大半径圆弧面和圆弧槽

4）铣削加工常需要比较熟练的找正和调整的操作技能。例如，铣削加工斜双凹凸配合组件（见图 3-5），根据图样，组件配合后的外形有偏移量精度要求和配合间隙要求。因此，在加工中需要具备熟练的工件找正技术和铣削位置调整技术，否则，虽然要控制的尺寸和角度并不多，但要达到配合精度要求是比较困难的。

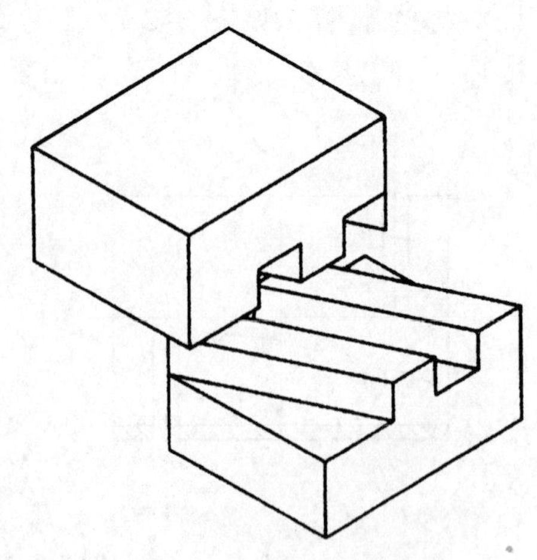

图 3-5　斜双凹凸配合组件

5）铣削加工需要较熟练的计算和测量操作技能。在找正工件位置，控制加工精度和过程检测时，由于沟槽的形状、位置和尺寸精度要求比较高，需要灵活地使用各种量具（如各种角度尺、正弦规、量块组、指示表和分度值为 0.001mm 的高精度杠杆指示表，以及各种常用的量具等）。例如，使用正弦规测量角度时，由于基准面的变换，对角度的公差控制常需要进行尺寸链换算、量块组的尺寸计算等。而在加工调整中，由于常涉及工件装夹位置、机床主轴位置等尺寸和角度换算，因此需要操作者具有熟练的计算能力，以保证计算的准确性和一定的计算速度。又如，在测量斜双凹凸配合件的凸键时，由于受到测量位置的限制，需要使用公法线千分尺测量凸键宽度。再如，在铣削 X 形键槽配合组件（见图 3-6）时，由于工件的角度比较多，需要灵活熟练地使用游标万能角度尺，才能保证加工精度。

6）由于工件的加工精度比较高，因此所选用的刀具、量具、辅具和夹具的精度要求都比较高，通常在使用前，需要进行精度预检，以保证加工过程中的使用精度。

7）铣削加工时常需要使用多种形状、多种规格的铣刀，铣削加工的过程比较长。

8）由于加工工艺比较复杂，因此，常需要使用多种型号的机床完成一个工件的加工。

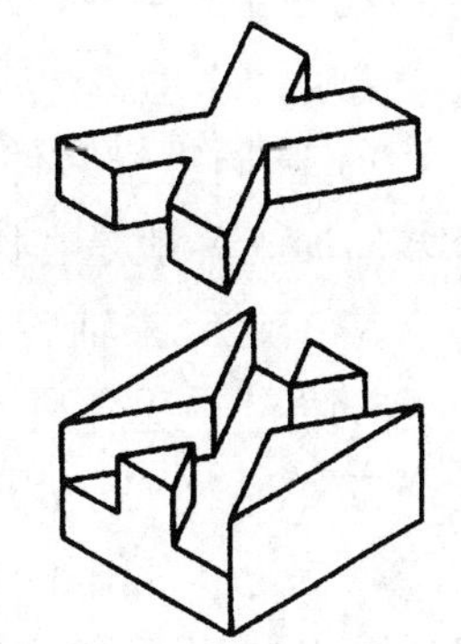

图 3-6　X 形键槽配合组件

3.1.2　组合铣刀多件多面的铣削方法

1. 组合铣刀多件多面加工的特点

（1）多面铣削加工的特点　在铣削加工中，常采用铣刀组合进行一个零件的多面加工，尤其是在批量生产中可通过铣刀的组合，提高生产率和加工精度。多面铣削加工有以下特点：

1）提高生产率。多面铣削加工可成倍提高生产率，倍率与同时加工面的数量和行程的一致性有关。当工件的多个面加工的行程相同时，生产率的提高倍率仅与面的数量有关；当行程长短不一时，长度相差越大，生产率提高的程度相差越大。

2）提高加工精度。铣刀组合后，加工的相对位置由铣刀的组合精度保证，准确装夹工件和对刀后，即能保证所加工的所有面都能处于较高的位置精度和尺寸精度。

3）简化工艺过程。采用组合铣刀多面加工，可简化工艺过程。例如，加工螺栓的六角，若采用单面铣削加工，需要转位 5 次，加工 6 次才能完成加工过程；若采用组合铣刀加工六角的对边，只需转位 2 次，铣削 3 次，即可完成六角的铣削加工过程。

4）合理使用设备。在铣床功率允许的前提下，若采用单刀单面切削，实际使用的功率远未达到机床的额定功率。采用组合刀具加工，提高了实际使用的功率，对合理使用机床设备提供了合理、有效的途径和方法。

（2）多件铣削加工的特点　多件铣削加工是批量生产的常用加工方法，主要目的是节省辅助时间，如工件的装夹时间、工件加工行程中的切入行程和切出行程等。

铣削加工有直线进给和圆周进给两种进给方式，多件加工中两种进给方式各有以下特点。

1）直线进给多件加工方式的特点：直线进给多件加工有串行加工和并行加工两种方式。串行加工的特点是多个工件依次进行加工，可在整个加工过程中节省 $n-1$ 个切入和切出时间，如串行加工的零件个数为 10 个，节省切入和切出时间的零件个数为 $10-1=9$ 个。并行加工的特点是工件的行程时间 t 没有增加，但加工的零件个数成倍增加，即每个零件的实际加工时间缩短为 t/n。

2）圆周进给多件加工方式的特点：圆周进给多件加工一般是在圆盘铣床上进行的。图 3-7 所示是一台双主轴转盘式多工位铣床，这种铣床无升降台，适合高速铣削加工。铣削加工时，数个工件通过夹具沿工作台圆周装夹在圆盘形工作台 5 上，工作台 5 作圆周进给运动；双主轴 4 可以同时安装两把铣刀，一般可分别进行粗、精加工；立铣头 3 可沿床身导轨上下移动，工作台 5 可沿底座 1 的导轨前后移动；工作台圆盘的尺寸比较大，在立铣头双主轴两把铣刀进行粗、精铣削的同时，可以在工作台外侧远离铣削的部位同时装卸工件。由此可见，此类机床具有粗铣、精铣和装卸三种类型的工位，由于其操作简便、生产率高，因此特别适用于大批量生产。

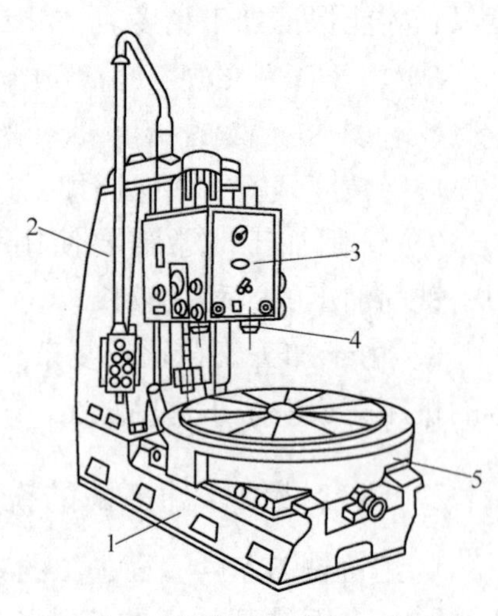

图 3-7　双主轴转盘式多工位铣床

1—底座　2—床身　3—立铣头

4—双主轴　5—工作台

2. 组合铣刀多件多面加工的方法

铣削加工中，最常用的是组合铣刀对台阶和沟槽进行多面多件加工。通常使用片状或盘形铣刀，如槽铣刀、两面刃铣刀或三面刃铣刀等进行组合。

（1）立式铣床多面多件加工方法　使用立式铣床进行组合刀具多件多面加工应掌握以下要点：

1）立式铣床进行多面多件加工一般使用短刀轴组合安装铣刀进行加工。

2）工件的装夹位置应保证被加工面与工作台面平行。

3）在立式铣床上的多件加工一般都是串行直线进给加工。

4）对于工件数量比较多的，进给方向与纵向平行；对于工件数量比较少的，进给方向也可与横向平行。具体安排时可根据便于操作，有利于加工质量等进行综合考虑。

5）在调整操作中，主要掌握以下调整方法：

① 通过工作台垂向调整加工面与工件基准面的位置，如圆柱体上铣削加工方榫

（四方棱柱），方榫对圆柱轴线的对称度由工作台进行垂向调整。

② 通过横向或纵向调整台阶或直角槽的深度尺寸。

③ 台阶对边的宽度由组合铣刀的组合精度保证，通常通过中间的垫圈厚度进行调整，调整中注意采用预检和试切的方法。

④ 为保证加工表面与工作台面平行，即加工后台阶或直角槽的侧面与工作台面平行，应注意找正铣床立铣头主轴与工作台面的垂直度。

（2）卧式铣床多面多件加工方法　使用卧式铣床进行组合刀具多件多面加工应掌握以下要点：

1）卧式铣床进行多面多件加工使用长刀杆组合安装铣刀进行加工。挂架采用大规格的铜轴承支承刀杆远端。

2）工件的装夹位置使被加工面与工作台面平行或垂直。

3）在卧式铣床上的多件加工可串行直线进给加工，也可并行直线进给加工，还可采用串并行直线进给加工。

4）加工的进给方向与纵向平行，工件数量比较少的，可直接采用并行加工方法。

5）在调整操作中，主要掌握以下调整方法：

① 通过工作台横向调整加工面与工件基准面的位置，如圆柱体上铣削加工方榫，方榫对圆柱轴线的对称度由工作台进行横向调整。

② 通过工作台垂向调整台阶或直角槽的深度。

③ 台阶对边的宽度由组合铣刀的组合精度保证，通常通过中间的垫圈厚度进行调整，调整中注意采用预检和试切的方法。

④ 并行加工工件之间的间距由刀具组合单元之间的垫圈进行调整。例如，加工扁榫，刀具组合单元为两把三面刃铣刀，并行加工时，两把三面刃铣刀为一个组合单元，工件之间的间距通过调整相邻单元之间的垫圈厚度来实现。

⑤ 为保证加工后台阶或直角槽的侧面与工作台面垂直，注意找正铣床主轴与工作台进给方向的垂直度。

3.1.3　直角沟槽测量误差的产生原因及减小测量误差的方法

要达到较高的沟槽铣削加工精度，减少测量误差是重要的环节。产生测量误差有多种原因，有针对性地采取必要的措施，可以尽量减小测量误差，提高铣削加工调整数据的准确性。

1. 沟槽测量误差产生的原因

（1）测量方法和操作引起的误差

1）选用量具不适当引起的测量误差。例如，测量直角沟槽时，采用塞规测量尺寸的方法，如果槽侧的平面度有误差，或槽侧面与槽底面的垂直度有误差，都可能使尺寸测量产生误差，如图 3-8 所示。因此，采用塞规测量尺寸的方法，测量结果只是表面与塞规圆柱测量表面接触部位的尺寸。

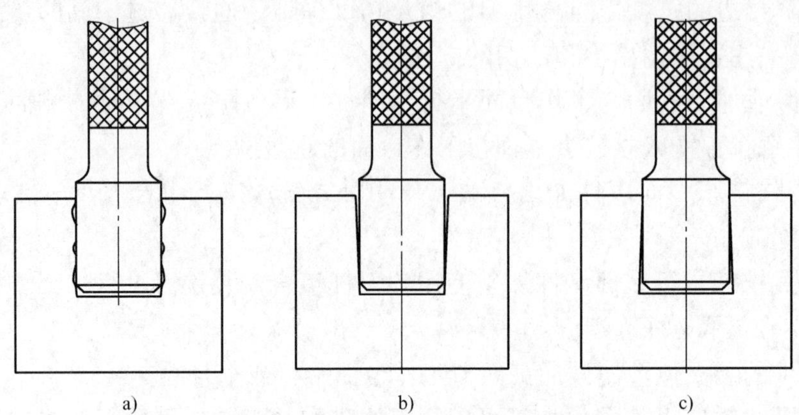

图 3-8　用塞规测量直角沟槽尺寸时的测量误差

a）槽侧不平的测量误差　b）槽侧外倾的测量误差　c）槽侧内倾的测量误差

2）工件测量位置不准确引起的测量误差。例如，测量一根轴上键槽的对称度，由于工件是在分度头上铣削完工后拆下检验的，若采用对称的 V 形架装夹工件，尽管 V 形架的对称精度很高，用指示表测量也具有足够的分度值精度，但由于键槽铣削的原始位置已经变动（见图 3-9a、b），键槽的形状误差会被转移到对称度误差测量中去（见图 3-9c），若测量值作为进一步调整铣削位置的依据，则将直接影响产品的质量。

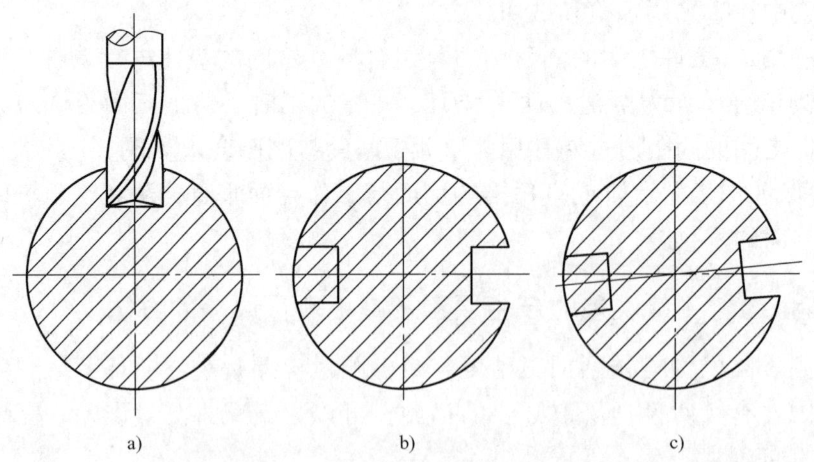

图 3-9　工件位置不准确引起的测量误差

a）键槽铣削位置　b）准确的测量位置　c）不准确的测量位置

3）测量操作不正确引起的测量误差。例如，在平板上测量一根轴上键槽的对称度，使用与外形对称的 V 形架装夹工件，采用翻转法用杠杆指示表测量键槽的两侧面进行比较测量。若测量操作不正确，往往会引起测量误差，如采用一般的测量球杆，因球头比较大，而槽侧可测距离比较小，很容易在操作中使测头接触槽底，影响测量精度（见图 3-10a）。采用图 3-10b 所示的小直径球头测杆，虽然能增大可测距离，但也会产生同样的测量操作误差。采用图 3-10c 所示的倒锥体测杆，可使槽侧的测量距离与槽深基本相等，但测量操作时，测杆的端面应处于垂直槽侧面的位置，测量操作应使测头由里往外拖动，以提高测量的精度，避免测量操作引起的误差。

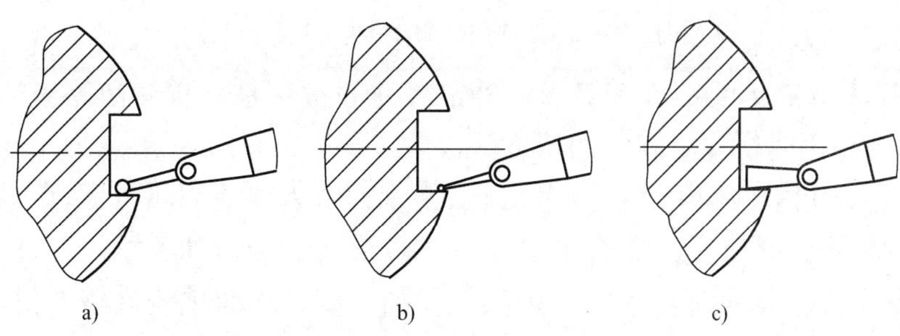

图 3-10　测量操作不正确引起的测量误差
a）用一般测杆测量　b）用小直径球头测杆测量　c）用倒锥体测杆测量

又如，在使用内径千分尺测量槽宽尺寸时，若量爪与槽侧接触的位置不正确、测量力不采用棘轮装置控制，均可能因操作不当引起测量误差。

（2）量具精度引起的测量误差

1）量具初始调整精度引起的测量误差。在使用千分尺测量直角沟槽或凸键的宽度时，若千分尺的初始示值校准不准确，将直接影响测量的精度。若采用杆式内径千分尺测量，需要用外径千分尺预先校准初始刻度位置，若校准不准确，会产生测量误差。

2）量具测量力控制装置引起的测量误差。在使用有测量力控制装置的量具（如千分尺的棘轮测力装置）时，因测量力调整得过大或过小，引起测量误差。

3）在使用较大规格的量具时，如较大规格的内径千分尺，量具在测量时因使用不当（如测量力过大）等，可能引起量具变形，影响测量精度。

4）一些量具有使用的温度限定范围，如果在范围之外使用，量具的测量精度也会受到一定的影响。

5）一些量具（如塞规、塞尺）因使用后变形或测量表面损坏，会影响测量精度。

2. 减小沟槽测量误差的方法

1）合理选用量具的结构形式。如测量双凹凸配合件的凸键宽度尺寸，选用一般的外径千分尺有可能使微分筒与台阶底面接触（见图 3-11a），而选用公法线长度千分尺，就可以比较方便地测量凸键的键宽尺寸，如图 3-11b 所示。

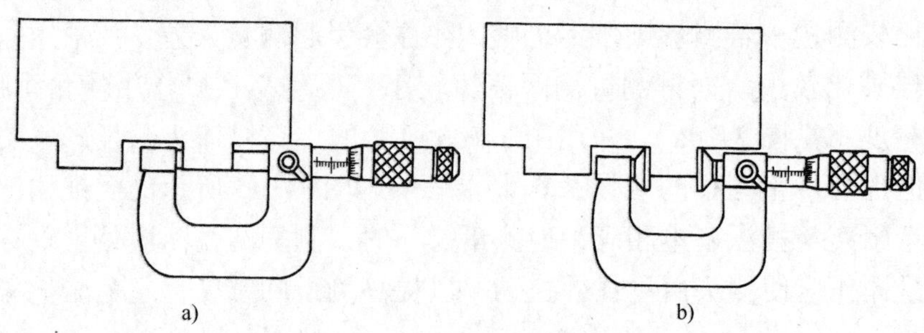

图 3-11　双凹凸配合件凸键测量

a）用外径千分尺测量　b）用公法线长度千分尺测量

2）合理选用量具的精度等级。一些定尺寸的量具是具有精度等级的，如塞规、对刀量块等，选用时应注意相应的精度等级。

3）合理选用测量辅具。为了提高测量精度，常需要使用测量辅具。如测量键槽的对称度常使用 V 形架，标准的 V 形架有多种形式，测量轴类零件上键槽对称度应选用带压板和带 U 形紧固装置的 V 形架。又如，使用正弦规测量槽的斜度，为避免测量时量具位移影响测量精度，应选用正弦规支承板。

4）对于用角度尺比较难以测量的沟槽内角，应选用角度量块进行比较测量，角度量块的形式有Ⅰ型和Ⅱ型，Ⅰ型角度量块具有一个工作角度 α，Ⅱ型角度量块具有四个工作角度 α、γ、β、δ。角度量块的精度等级和极限偏差见表 3-1。角度量块分为 4 组，第 1 组（7 块）的精度为 1 和 2 级，第 2 组（36 块）和第 3 组（94 块）为 0 和 1 级，第 4 组（7 块）为 0 级。

表 3-1　角度量块的精度等级和极限偏差

精度等级	工作角度极限偏差 /（″）	测量面的平面度公差 a/μm	测量面对于基准面 A 的垂直度公差 b/（″）
0	± 3	0.1	30
1	± 10	0.2	90
2	± 30	0.3	

3.2　复杂成形沟槽加工

3.2.1　复杂 V 形槽工件的加工方法

（1）复杂 V 形槽的特点　单一的 V 形槽属于比较简单的成形沟槽，实质上是两个斜面的对称组合。当 V 形槽的尺寸精度、位置精度和形状精度要求都比较高时，V 形槽的加工复杂程度就相应提高；当 V 形槽在工件上所处的部位比较特殊，使得加工、测量和工件装夹找正比较困难时，V 形槽的复杂程度也会相应提高。

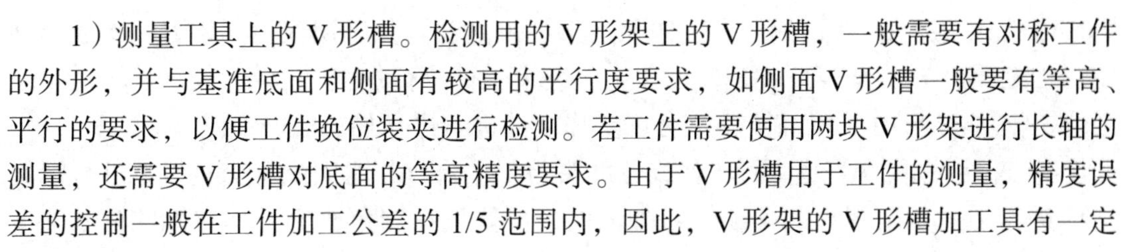

1）测量工具上的 V 形槽。检测用的 V 形架上的 V 形槽，一般需要有对称工件的外形，并与基准底面和侧面有较高的平行度要求，如侧面 V 形槽一般要有等高、平行的要求，以便工件换位装夹进行检测。若工件需要使用两块 V 形架进行长轴的测量，还需要 V 形槽对底面的等高精度要求。由于 V 形槽用于工件的测量，精度误差的控制一般在工件加工公差的 1/5 范围内，因此，V 形架的 V 形槽加工具有一定的复杂性。

2）机床夹具上的 V 形槽。用于机床夹具定位元件的 V 形槽，通常需要有类似于测量工具的加工技术要求。V 形槽的加工精度一般在工件加工精度的 1/5 ~ 1/3 之间，因此也属于精度要求和复杂系数较高的工件。对于一些特殊工件的定位 V 形槽，加工和测量比较困难，也属于复杂 V 形槽加工。

3）大型工件上的 V 形槽。例如机床工作台、滑板、床鞍等，工件的外形比较大，装夹和找正比较困难，加工部位的测量也比较困难，因此也属于比较复杂的 V 形槽加工。

4）轴、套类零件上的 V 形槽。一些特殊用途的轴、套类零件，在圆周面或端面上需要加工 V 形槽。有时还需要数条轴向的 V 形槽之间具有一定的夹角要求，或沿圆周一定夹角范围内加工 V 形槽，或在圆周上加工螺旋 V 形槽，此时的 V 形槽加工也是比较复杂的。

5）对于尖齿离合器和尖齿花键的圆周等分分布的 V 形槽则是属于 V 形槽加工的特殊零件。

（2）复杂 V 形槽的加工要点

1）选择适用的刀具。V 形槽的基本加工方法比较多，槽的开口尺寸和斜面角度也各不相同，因此需要在加工时按加工部位的特殊性选择适用的刀具。例如加工机床部件上的 V 形槽，一般需要在龙门铣床上进行，通常是将铣头扳转一定的角度后加工 V 形槽的斜面，因此大多选用套式面铣刀或立铣刀。又如，加工轴上沿轴向的 V 形槽，一般采用对称双角铣刀进行加工。再如，在加工圆弧和环形 V 形槽时，如图 3-12 所示，需要使用指形角度铣刀。

2）选择合理的加工方式。V 形槽有多种加工方式，当工件上的 V 形槽比较复杂时，注意选择合理的加工方式。

① 铣削加工工件外形大的 V 形槽，一般通过刀具扳转角度进行斜面铣削加工。如机床工作台的 V 形槽，大多采用改变铣床主轴位置扳转角度进行铣削加工。

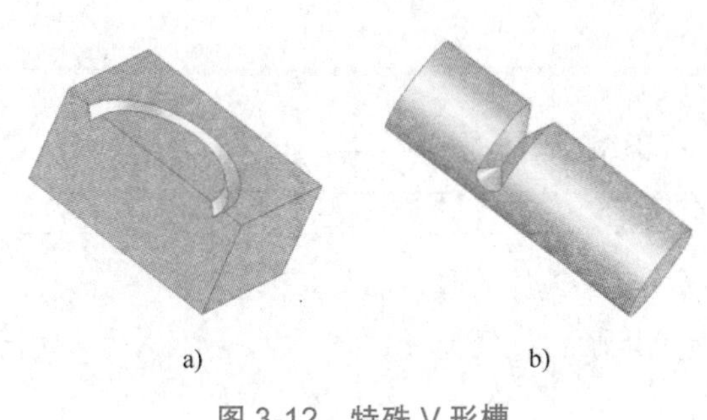

图 3-12　特殊 V 形槽

a）平面圆弧 V 形槽　b）圆柱面环形 V 形槽

② 加工较小的 V 形槽，一般采用成形加工方法，如采用双角度铣刀一次成形加工。加工圆弧 V 形槽需要在回转工作台上装夹工件进行加工。

③ 圆周环形 V 形槽需要使用分度头作圆周进给进行加工。

④ 螺旋 V 形槽需要在回转台或分度头与工作台丝杠之间配置交换齿轮进行螺旋进给进行加工，采用盘式角度铣刀加工的，需要按螺旋角改变刀具与工件轴线的夹角，采用指形铣刀加工时，不需要改变角度。

3）选择适宜的精度检测方法。V 形槽的加工需要进行过程检测和加工质量检测，过程检测的作用是获得进一步加工的调整数据。在检测中需要选择适宜的检测方法，如使用标准圆棒贴附在 V 形槽的两侧斜面上，借用圆柱面的素线检验 V 形槽的平行度、对称度和位置度，并通过一定的计算来间接测得 V 形槽与基准面的位置尺寸精度、V 形槽的开口尺寸等。在测量过程中，可通过计算获得单侧斜面或两侧斜面需要加工的调整数据。在质量检测中，可通过检测，获得开口尺寸、位置尺寸和对称度、等高度等是否符合图样标注的精度要求。定位用 V 形块开口尺寸的计算见表 3-2。

表 3-2　定位用 V 形块开口尺寸的计算　（单位：mm）

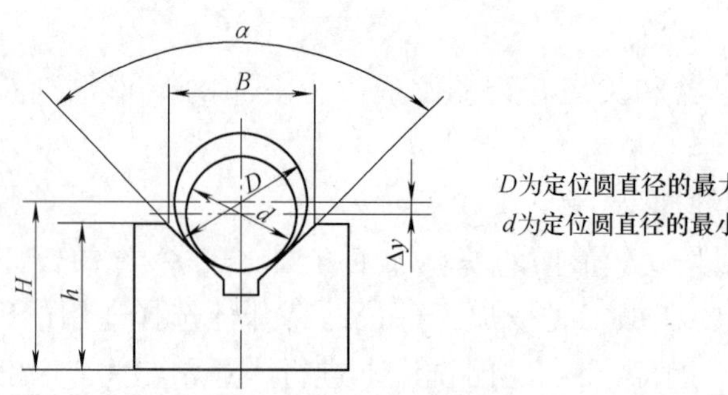

计算项目	符号	计算公式			
V 形块的工作角度	α	α	60°	90°	120°
V 形块基面到定位圆中心的距离	H	$H=h+\dfrac{D}{2\sin\dfrac{\alpha}{2}}-\dfrac{B}{2\tan\dfrac{\alpha}{2}}$	$H=h+D-0.866B$	$H=h+0.707D-0.5B$	$H=h+0.577D-0.289B$
V 形块的开口尺寸	B	$B=2\tan\dfrac{\alpha}{2}\times\left(h+\dfrac{D}{2\sin\dfrac{\alpha}{2}}-H\right)$	$B=1.155(h+D-H)$	$B=2(h+0.707D-H)$	$B=3.464(h+0.577D-H)$

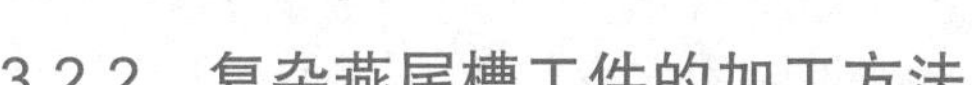

3.2.2 复杂燕尾槽工件的加工方法

（1）复杂燕尾槽（键）的特点

1）传动导轨燕尾配合的特点：传动导轨燕尾配合是常见的复杂燕尾加工实例。机床导轨的燕尾配合具有磨损可补偿的配合特点，因此在机床导轨结构中得到广泛应用。例如，升降台铣床的工作台纵向和垂向导轨，卧式升降台铣床的横梁导轨等都采用燕尾导轨。燕尾导轨有采用楔形镶条进行间隙调整和直接进行配合两种结构形式，因此加工的要求是不同的。机床零部件的燕尾导轨，因部件的外形各异，装夹、找正和加工所用的机床和刀具都比较特殊，因此属于复杂燕尾配合件加工。

2）特殊零件的燕尾槽或键块的特点：这些零件上的燕尾配合大多属于镶嵌类型的配合，可能用于大型零件的修补、小型零件的组合、工模具零件的配合和修复等，所以一般加工精度要求比较高，甚至有密合、零间隙配合的要求。因此，在这些零件上加工的燕尾槽或键块具有位置、形状、尺寸精度要求比较高的特点。

（2）复杂燕尾配合件的加工要点

1）大型零件燕尾配合部位的铣削可选用组合刀具进行加工。在龙门铣床上加工机床部件的燕尾导轨配合件，常采用组合刀具进行加工。由于机床结构部件一般都是铸铁件，因此可采用硬质合金组合铣刀进行加工。有关内容可参考项目 2 中大型工件加工的有关内容。刀具的组合精度需要预先进行检测，以保证加工的精度。

2）大型工件的找正也是加工中的操作难题，通常需要进行三维找正，具体操作可参见项目 2 中有关内容。在燕尾配合部位的加工中，往往需要按基准面进行找正，以便在加工后与机床部件的基准面具有准确的相对位置，或保证导轨配合部位与某些相关部位的位置精度。在找正的过程中，需要注意与夹紧的配合，大型工件的找正常会因支承、夹紧不合理引起工件基准的变形，给工件的找正带来困难。

3）对于有镶条调整间隙的燕尾配合部位，通常与基准侧面有一个等于镶条斜度的倾斜角度，此时工件基准的找正需要使用正弦规，以便准确控制燕尾槽一侧与基准侧面的倾斜角度。

4）燕尾的槽型角是由铣刀的精度保证的，因此加工中需要有专用的检测样板。燕尾导轨是由平行面和对称斜面组合而成的，因此两侧的平行面等高、斜面对称倾斜等都是加工中的基本要求。对于配合件，需要槽型角一致，因此加工中的刀具通常是采用同一组合刀具，以使槽型角相同。

5）燕尾宽度的检测十分重要，应熟练掌握使用标准圆棒间接检测燕尾配合件的基本方法，对于有镶条的燕尾配合件，应保证三件配合后，镶条处于合理的调节范围之内。

6）对于燕尾与基准的位置尺寸精度控制，可以经过一定的计算，也可将标准圆棒贴合在燕尾槽角内，借助标准圆棒的素线进行检测，例如与基准面的平行度检测，

与基准面的斜度检测，与基准面的高度检测等。

7）加工镶嵌形配合的燕尾部位，需要掌握准确检测的技能，必须采用同一把刀具进行加工，才可能在宽度和台阶高度已准确控制的情况下，达到密合镶嵌的要求。

3.2.3 减小成形沟槽测量误差的方法

（1）选用高精度的测量仪器　大型工件和精密工件的加工，一般要选用高精度的测量工具和仪器进行位置、形状的检测。例如，机床导轨的燕尾或V形槽，首先检测的是形状精度，其次，槽向的直线度，槽侧和斜面的平面度，都是十分重要的检测项目。此时可采用自准直仪或光学平直仪等进行检测，使用时应掌握以下要点。

1）将被测工件的全长分成若干段，利用测量小角度的自准直仪将各段的倾角测出，并求得其相应的累积值，然后经处理可得其直线度误差，图3-13a为其测量示意图。

2）检验时，把自准直仪1固定在被测件（如导轨）的一端，或固定在靠近被测件一端的架子上，并使其反射镜在同一高度上。先把反射镜放在靠近自准直仪1一端的 A 处，并调整到像与十字线对准，再把反射镜2移至另一端 K 处，调整到像与十字线对准。如此反复调整，必要时反射镜2在 K 处可垫正，直至前后位置都对准为止。

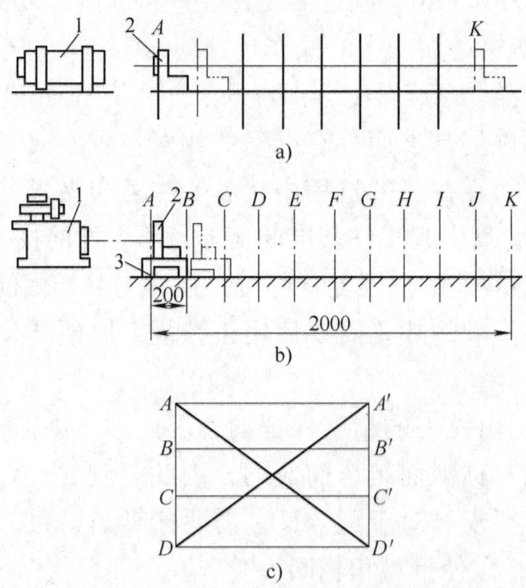

图3-13　自准直仪和光学平直仪检验加工表面的直线度和平面度

1—自准直仪（图a）、光学平直仪（图b）　2—反射镜　3—支承板

3）反射镜2在 A 处和 K 处两个位置时，其侧面用直尺定位，然后把反射镜2放到各段位置（首尾应靠近），测出各段的倾斜度，即能推出直线度误差。

4）用光学平直仪1检验时（见图3-13b），在反射镜2的下面一般加一块支承板

（俗称桥板）3。支承板 3 的长度通常有两种，即 L = 100mm 和 L = 200mm。对于哈尔滨量具刃具厂生产的光学平直仪，当反射镜支承板长度 L 为 200mm 时，微动鼓轮的分度值为 1μm，相当于反射镜的倾角变化为 1″；若支承板长度 L 为 100mm，微动鼓轮的分度值则为 0.5μm。

5）反射镜的移动有两个要求：一要保证精确地沿直线移动；二要保证其严格按支承板长度的首尾衔接移动，否则就会引起附加的角度误差。为了保证这两个要求，侧面也应有定位直尺作定位，并且在分段上做出标记。每次移动都应沿直尺定位面和分段标记衔接移动，并记下各个位置的倾斜度。

6）测量工件（如平板）表面的平面度，是在测量直线度的基础上进行的，如图 3-13c 所示。测量时把被测表面定出几条测量线，分别测出 AD'、DA'、AD、$A'D'$、AA'、BB'、CC' 和 DD' 的直线度。测量各条直线度，支承板也应首尾衔接移动，记下各点的倾斜度，然后画出各条线的直线度误差曲线，最后可推算出平面度误差。

（2）使用专用的检测样板　V 形槽和燕尾槽配合部位的加工涉及槽形角的精度。因此，对于精度要求高的部位，可制作专用的样板进行槽形的精度检测。检测时可使用塞尺配合，以判断槽形的精度误差。配合件的检测应使用同一样板。样板的精度可采用投影仪等高精度检测仪器进行检测。使用样板进行检测时，需要熟悉样板的检测方法和规范，以及精度检测结果的确认方法。

（3）选用高精度的检测工具　检测 V 形槽和燕尾槽，常需要使用一些检测工具，如标准圆棒、六面角铁等。因为检测工具的精度会直接影响检测结果的准确性，所以，在使用检测工具检测高精度成形沟槽时，需要预先对检测工具进行精度检测，以保证成形沟槽检测结果的准确性。标准圆棒的直线度和圆柱度，以及直径尺寸的精度都会直接影响 V 形槽和燕尾槽配合的检测精度和结果计算，因此需要特别予以关注。

（4）合理设置检测部位　检测部位的设置是提高检测精度和准确度不容忽视的环节，在一些大型零部件上，合理设定检测的部位，可避免漏检。通常在槽的总长范围内，可根据长度设置多个检测位置，以获取检测结果的一系列数据，然后进行数据处理。对于一些特殊的部位，如容易变形的部位、结构比较特殊的部位、加工中的衔接部位等一般都需要进行检测，对表面出现异常加工纹理的部位，也需要对特殊点进行检测。

3.3　空间沟槽的数控铣削加工

3.3.1　曲线、曲面、实体造型的方法

曲线、曲面、实体造型是计算机辅助设计（CAD）的重要内容。三者关系紧密，

曲线拉伸能形成曲面，曲面拉伸能形成实体，曲线是最基本的元素之一，实体上包含曲面和曲线。目前造型的三维软件包括 Pro/E、UG、CATIA 和 SolidWorks 等，各种软件生成曲线、曲面、实体的方法和功能指令不尽相同，但造型的基本方法都是类似的，充分理解各种造型方法及特点对于建模是非常重要的。下面通过实例介绍采用 SolidWorks 软件的造型方法和有关功能指令。

1. 常用曲线的造型方法

（1）投影曲线（投影曲线(P)...）就是以某一草图或线段作为产生投影曲线的工具对象，选择投影曲面产生投影曲线。图 3-14a 所示投影曲线为直线，投影曲面为圆柱面，选择 面上草图(K) 作面上草图产生圆柱面上曲线。如图 3-14b 所示，投影线分别为圆弧线和椭圆线，选择 草图上草图(B) 作草图上草图产生按圆弧样扭曲的椭圆曲线。

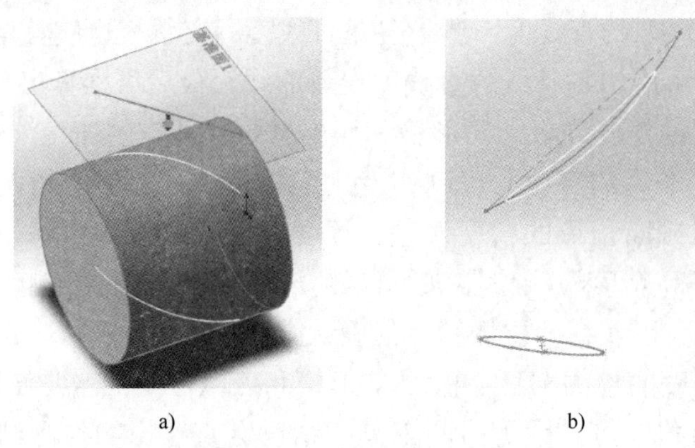

a)　　b)

图 3-14　投影曲线

a）面上草图　b）草图上草图

（2）组合曲线（组合曲线(C)...）可以将某几段圆弧线组合成为一条曲线。如图 3-15 所示，将 3 段圆弧线组合为一条曲线。

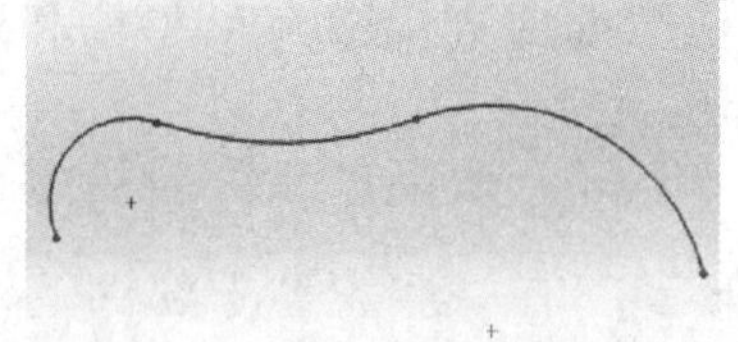

图 3-15　组合曲线

（3）通过已知点的曲线（通过 XYZ 点的曲线...）可以按照设计要求给出的多个已知点坐标，输入曲线文件产生光滑曲线，如图 3-16 所示。

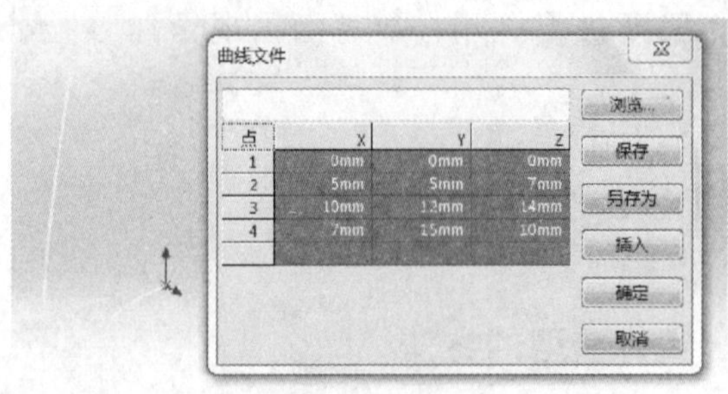

图 3-16　通过参考点曲线

（4）方程式驱动的曲线（方程式驱动的曲线） 可以按设计要求给出的曲线函数式，输入参数产生设计曲线，如图 3-17 所示。

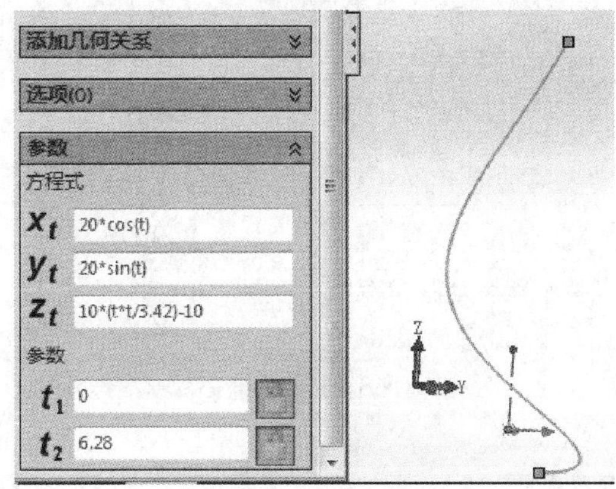

图 3-17 方程式驱动曲线

2. 常用的曲面造型方法

（1）拉伸曲面（拉伸曲面(E)...） 就是以某一曲线或草图，沿设定方向、距离、倾斜角度进行拉伸曲面操作，如图 3-18 所示。

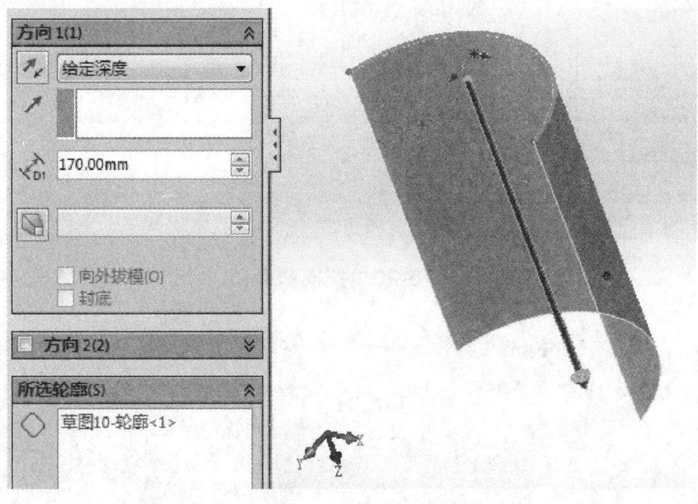

图 3-18 拉伸曲面

（2）旋转曲面（曲面-旋转） 就是以某一曲面或草图，沿旋转轴方向、指定距离角度进行旋转曲面操作，如图 3-19 所示。

（3）扫描曲面（曲面-扫描） 最基本的曲面由两个草图或曲线组成，一个作为扫描截面，另一个作为引导约束，按一定要求进行扫描曲面操作，如图 3-20 所示。

（4）放样曲面（曲面-放样） 曲面由若干草图组成，可以有或无引导线约束，扫描截面也产生相应变化，其中若拥有引导线，则引导线尽可能经过或穿过扫描截面，进行曲面放样操作，如图 3-21 所示。

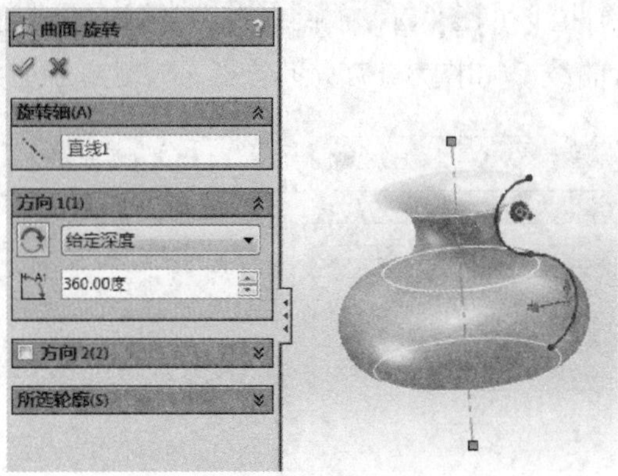

图 3-19　旋转曲面

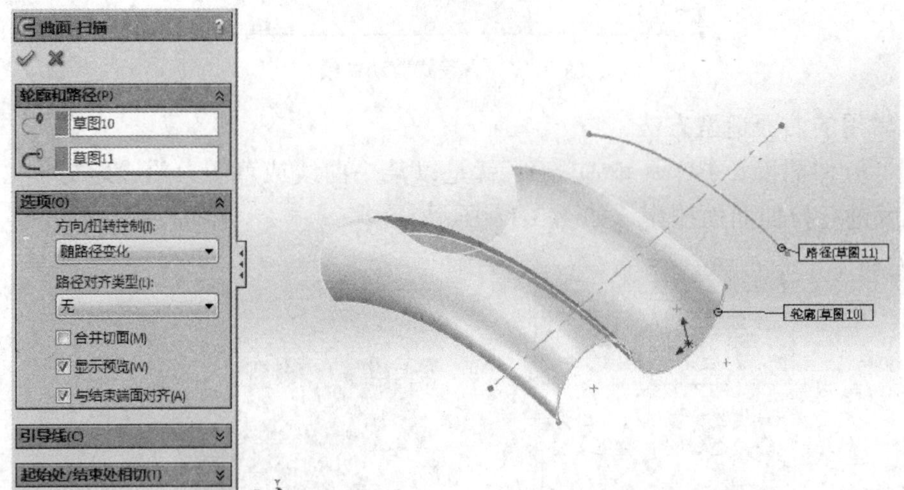

图 3-20　扫描曲面

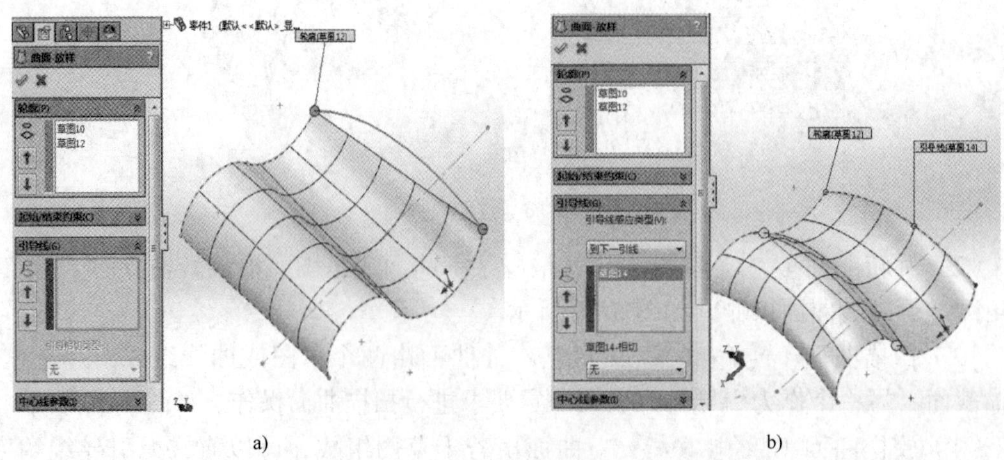

图 3-21　放样曲面

a）无引导线　b）有引导线

3. 常用的实体造型的方法

（1）拉伸实体（凸台-拉伸） 将某一封闭轮廓草图，沿设定方向、距离、倾斜角度进行拉伸实体操作，如图3-22所示。同样也可在已有实体上进行拉伸切除（拉伸切除）操作。

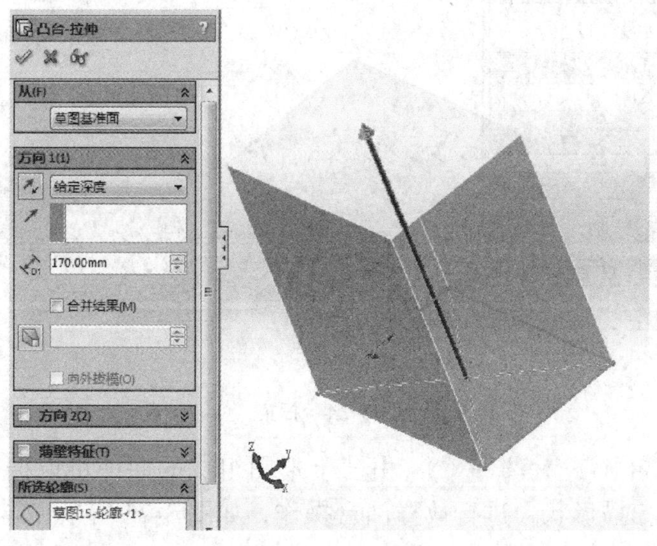

图3-22　拉伸实体

（2）旋转凸台（旋转） 将某一封闭轮廓草图，沿旋转轴方向，按指定距离和角度等，进行旋转凸台操作，如图3-23所示。同样也可在已有实体上进行旋转切除（旋转切除）操作。

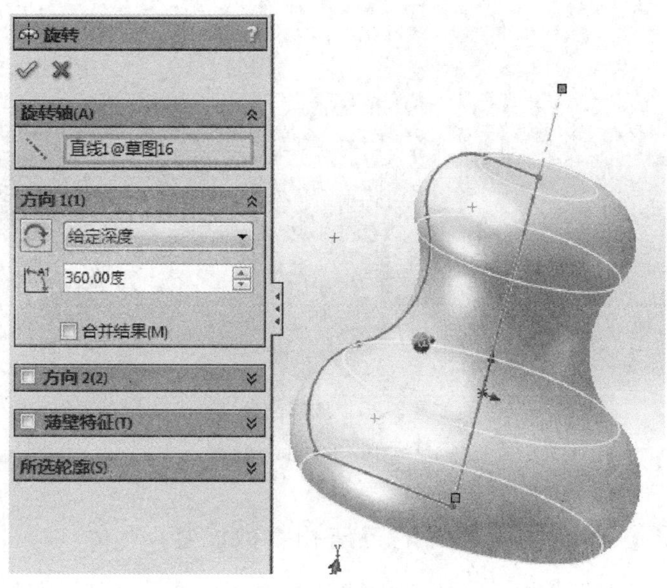

图3-23　旋转凸台

（3）扫描（扫描）由若干草图和曲线组成的曲面分别作为扫描截面和引导线约束，按一定要求进行扫描操作，如图 3-24 所示。同样也可在已有实体上进行扫描切除（扫描切除）操作。

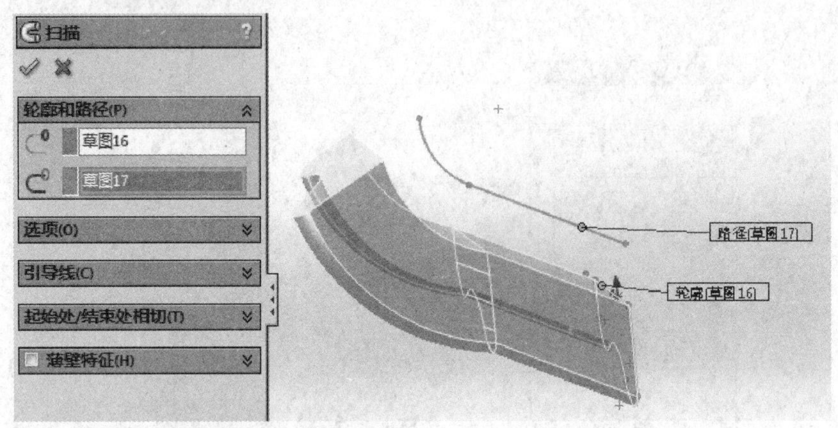

图 3-24　扫描

（4）放样凸台（放样凸台/基体）由若干草图组成的曲面可以拥有或无引导线约束，产生不同的扫描形状，进行放样凸台操作，如图 3-25 所示。同样也可在已有实体上进行放样切割（放样切割）操作。

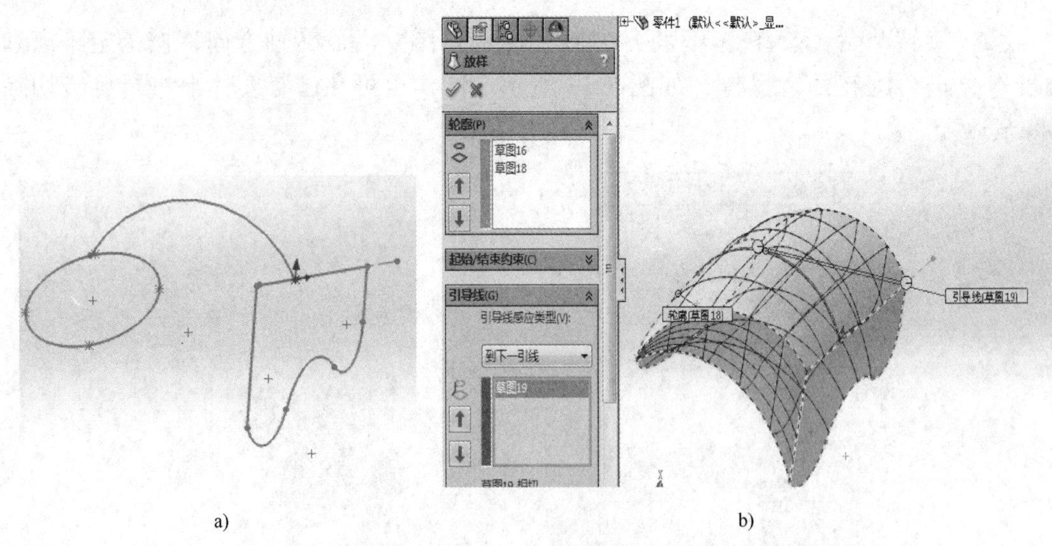

图 3-25　放样凸台

a）放样草图　b）引导线约束

3.3.2　投影加工、曲面区域加工的方法和参数设置

投影加工、曲面区域加工是计算机辅助制造（CAM）中常用的加工方法，下面以图 3-26 所示凸台为例，详细介绍使用方法和参数设置。

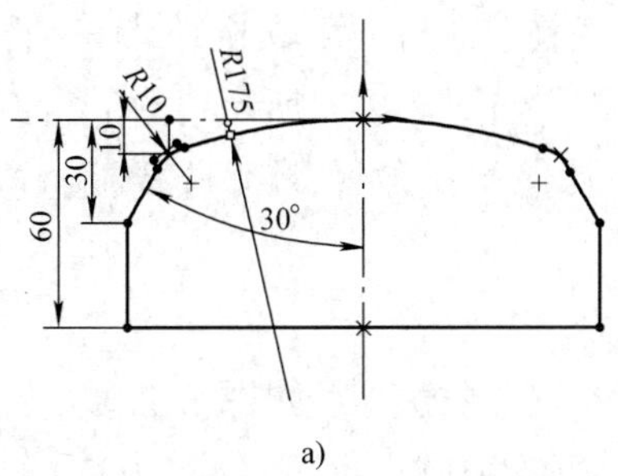

a)

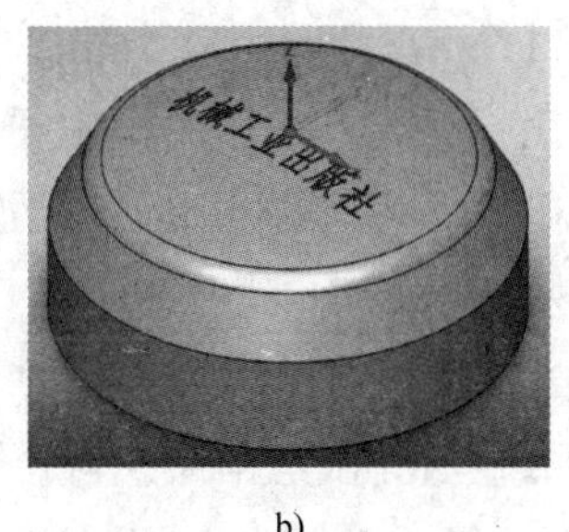

b)

图 3-26　样图

a）凸台截面图　b）3D 视图

1. 工件造型

单击设计树的前视基准面（前视基准面），在前视基准面上新建草图（草图绘制），根据设计要求，绘制草图，如图 3-27a 所示。利用旋转实体功能创建实体模型，如图 3-27b 所示。单击凸台底部平面，创建新基准面（基准面），距离设为 100mm，如图 3-27c 所示。在新基准面上作草图，利用注释功能写字“机械工业出版社”，

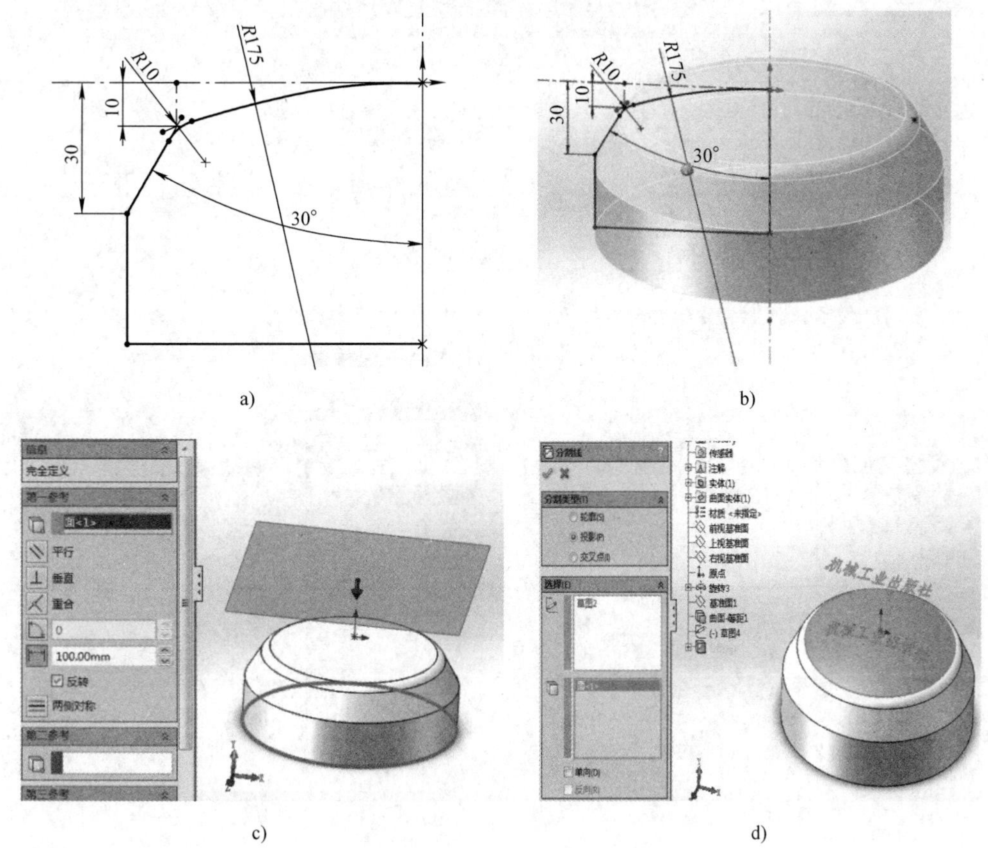

a)　b)　c)　d)

图 3-27　造型

a）旋转截面图　b）旋转实体　c）新建基准面　d）文字注释

字体高度为11mm，间距为5mm，退出草图。单击菜单栏工具→插入→分割线（分割线(S)...），选择投影方式产生投影效果，如图3-27d所示。注意，SolidWorks文字投影只能利用插入分割线的方式投影，其他类型的草图可选择插入投影曲线产生投影线，方法类似。

2. 加工前设置

单击菜单栏SolidCAM新增铣床，导入绘制模型，如图3-28a所示。数控机床选择FANUC系统，机床加工原点选择实体顶部中心，设置原点方向，如图3-28b所示，单击"√"确定。素材形状也就是加工毛坯选择圆柱，单击选择实体自动产生圆柱体，按需要设置，单击"√"确定，如图3-28c所示。加工形状选择实体，单击"√"确定，如图3-28d所示，单击"√"确定退出CAM基本设置。

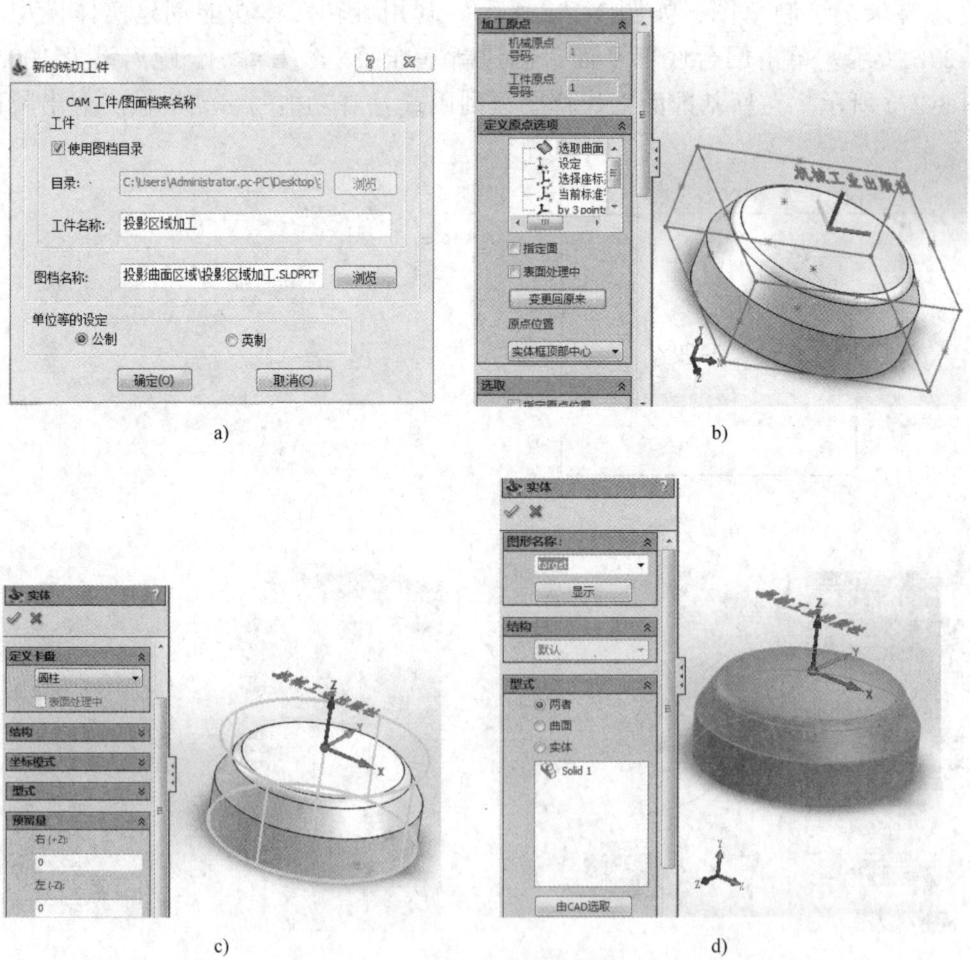

a)　　b)

c)　　d)

图3-28　CAM基本设置

a）导入模型　b）设置加工原点　c）设置素材形状　d）设置加工形状

3. CAM 加工

下面重点介绍涉及曲面区域加工和投影加工的内容。加工对象是一个半径为 175mm 的圆弧顶面，为平坦曲面，周围为 30° 角度的斜面，为陡峭曲面，可以用多种办法对其进行曲面加工，这里介绍仿削加工和等高加工两种。

（1）仿削加工　这个加工方法适合加工平坦规则曲面。右键单击设计树加工工程，选择 3D 立体加工（3D立体加工(M)）。图形设置：切削范围可定义上表面所有曲面，如图 3-29a 所示。刀具设置：新增直径 ϕ10mm 球头立铣刀，设置相应切削参数，如图 3-29b 所示。仿削参数设置：选择同一把刀具精加工，采用仿削功能，路径间隔 1mm，其他为默认设置。保存并计算产生刀路，效果如图 3-29c 所示。

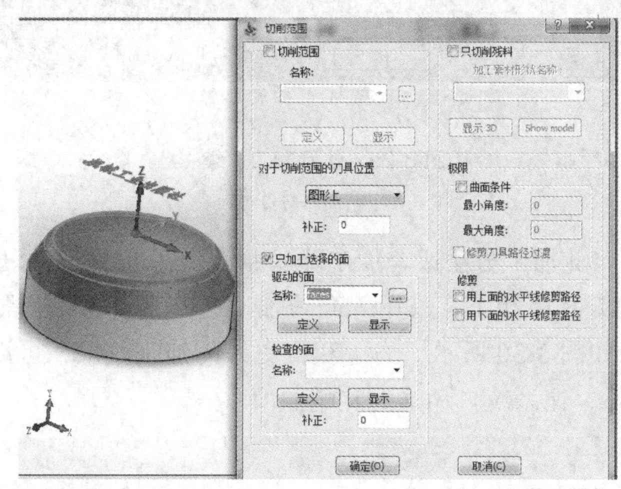

a）

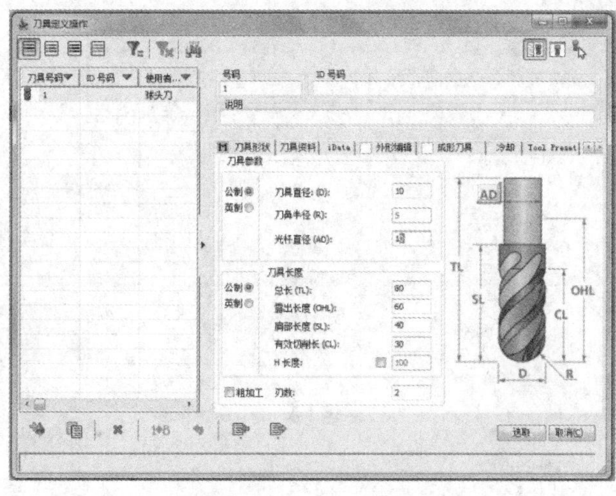

b）

图 3-29　仿削加工

a）加工区域定义　b）刀具设置

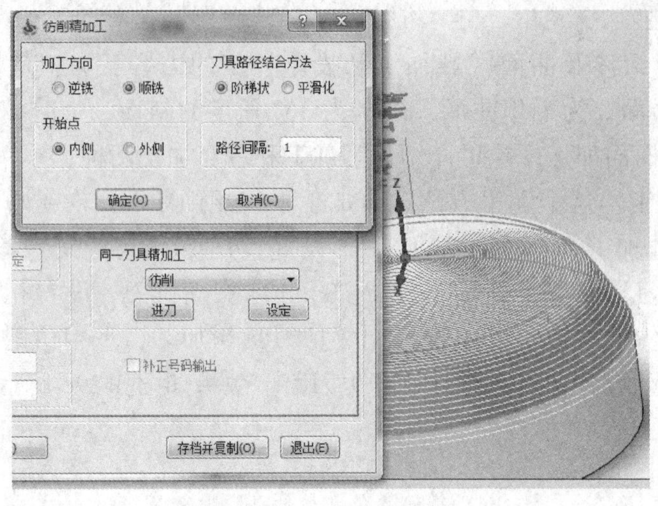

c)

图 3-29　仿削加工（续）

c）仿削参数设置

（2）等高加工　此加工方法适合加工陡峭曲面，还有 3D 立体加工。等高精加工设置：选择同一把刀具精加工，采用等高线加工，其余设置采用默认值，保存并计算产生刀路，效果如图 3-30 所示。为了获得更好的加工效果，可以设置以角度设定开始位置（以角度设定开始位置 角度: 0），让系统自动筛选陡峭曲面。

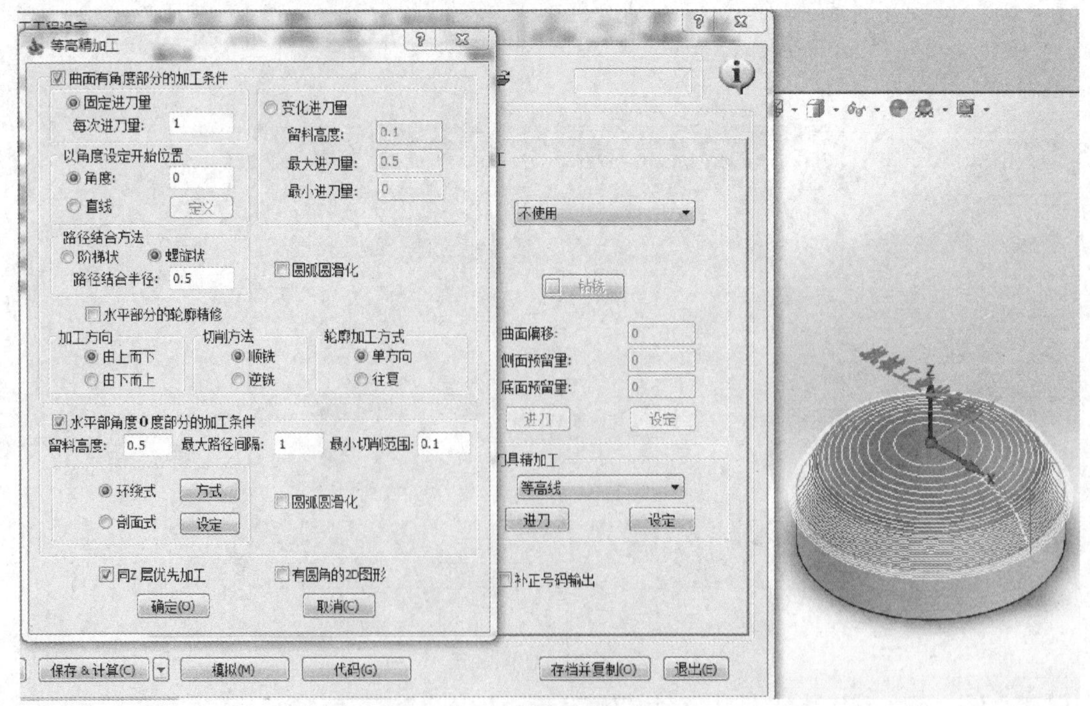

图 3-30　等高线陡峭曲面加工

通过对比可知，单一的加工方式产生的精加工轨迹不能满足设计要求，需要多种加工方法才能设计出完善的刀具轨迹。

（3）投影加工　投影加工通常需要在零件造型（CAD）部分预先做好投影造型操作，然后进行 CAM 加工。选择加工工程雕刻加工→ 3D 雕刻加工，然后雕刻图形使用多链结功能（**多链结**）新增选取边线，如图 3-31a 所示。刀具选择一把默认设置的雕刻刀。雕刻深度为 0.5mm。刀具位置选择“图形上”，保存并计算产生刀路，效果如图 3-31b 所示。

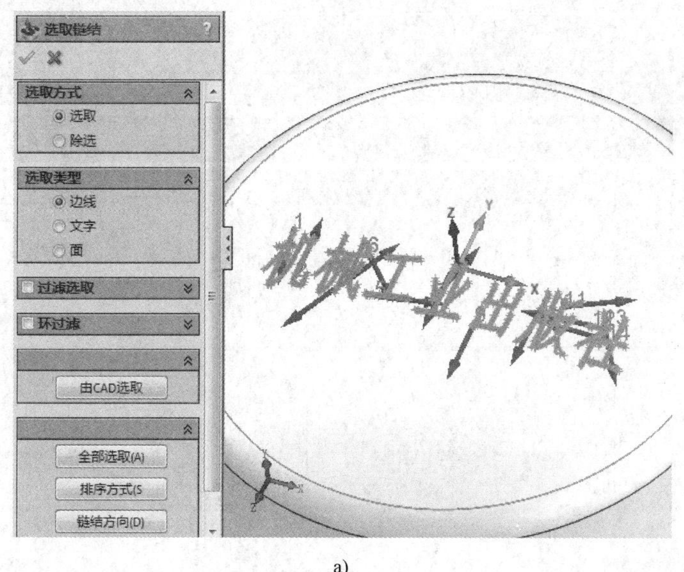

a)

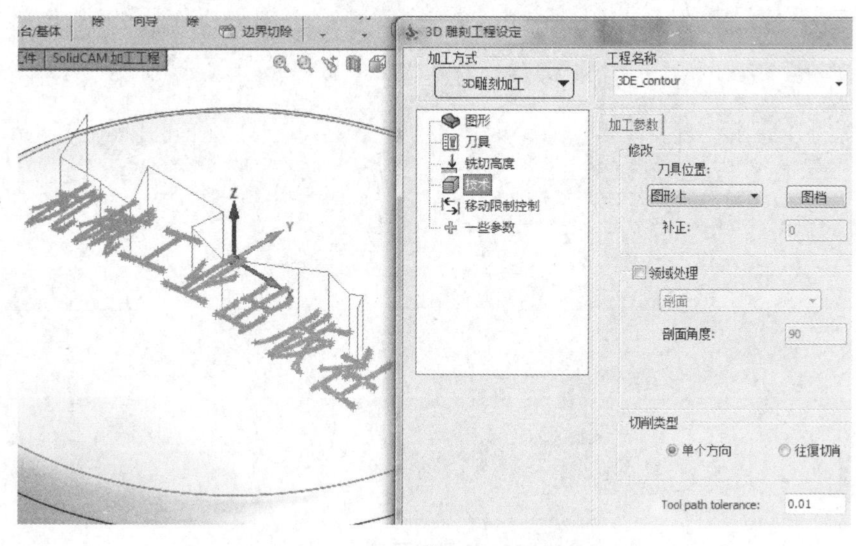

b)

图 3-31　投影加工

a）投影线的选取　b）加工轨迹

4. 刀具切入、切出的设置方法

CAM包含了手动编程中常见的刀具切入、切出方式。刀具垂直切入、切出设置如图3-32a所示。刀具圆弧切入、切出设置如图3-32b所示。刀具的切线切入、切出设置如图3-32c所示。还有两种特殊的刀具切入、切出方法，一种方式是刀具指定点切入、切出，可以是切线方向上的点，也可以是任意指定的点，用来使刀具能够避开轮廓防止干涉、碰撞，如图3-32d所示。还有一种方式是用户定义，刀具可以按照自己设计的轨迹线来进行切入、切出，从而达到更好的加工效果，如图3-32e所示。

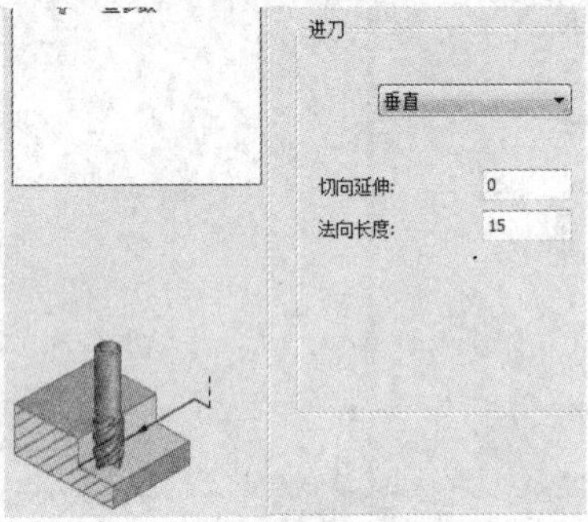

a)

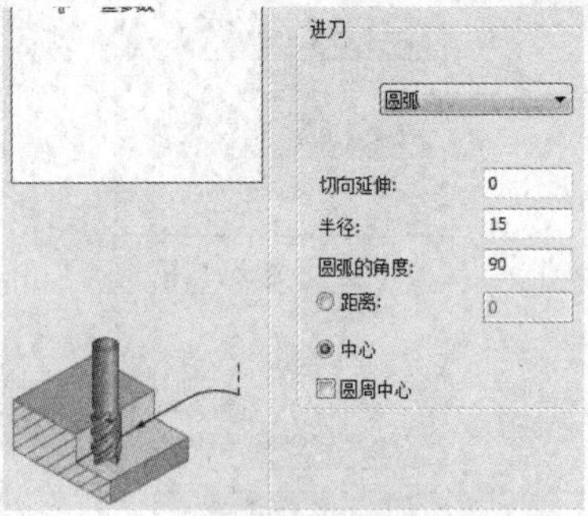

b)

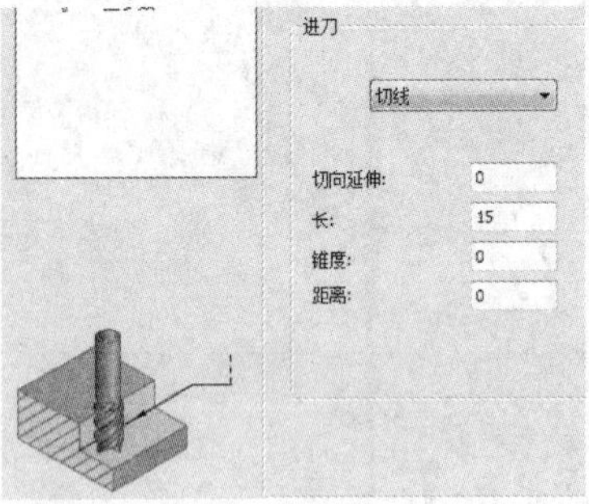

c)

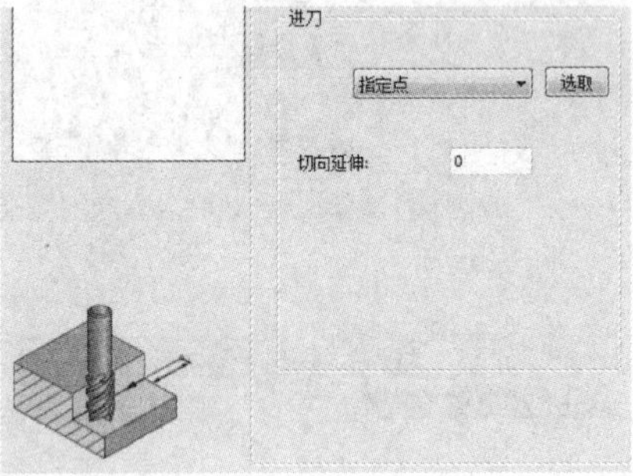

d)

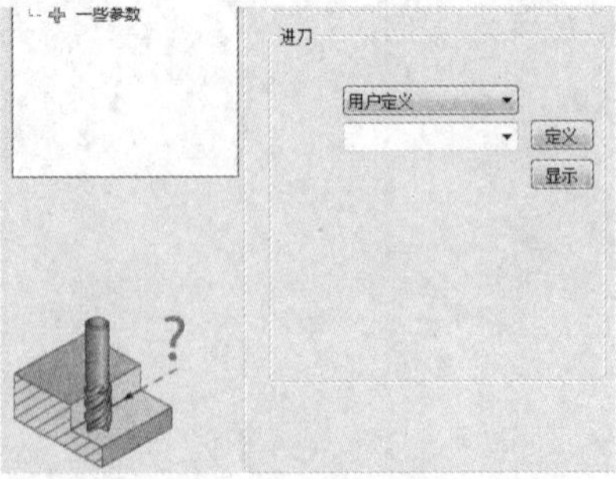

e)

图3-32　CAM常用刀具切入、切出方式

a）垂直切入、切出　b）圆弧切入、切出　c）切线切入、切出

d）指定点切入、切出　e）用户定义切入、切出

3.4 复杂沟槽工件加工技能训练实例

技能训练 1 偏心圆弧槽工件加工

重点与难点 重点为圆弧槽加工方法的确定，加工位置的找正与精度控制。难点为等分精度和圆弧槽尺寸的测量与检验。

1. 偏心圆弧槽工件加工工艺准备

（1）图样分析（见图 3-33） 圆弧槽中心位于工件端面直径为（$\phi 95 \pm 0.20$）mm 分布圆上，四槽均布。圆弧槽法面截形为 R5mm 圆弧槽底，上部是宽度为 $10^{+0.022}_{0}$ mm、深度为 5mm 的直槽。圆弧槽两端圆弧面和球面中心夹角为 $42° \pm 30'$，圆弧一端与工件基准中心孔和圆弧槽中心连线的夹角为 $18° \pm 30'$，槽的中心圆弧半径为（$R55 \pm 0.10$）mm。基准中心孔的直径为 $\phi 8^{+0.022}_{0}$ mm，工件外圆直径为 $\phi 130^{-0.145}_{-0.245}$ mm，厚度为 20mm。

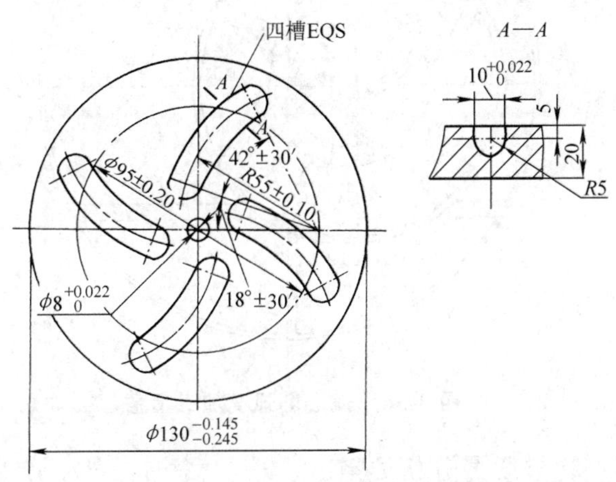

图 3-33 偏心圆弧槽工件图

（2）铣削工艺过程和要点 选用符合精度要求的 ϕ10mm 球头指形铣刀。如图 3-34 所示，采用大小回转工作台叠装后进行加工，用大回转工作台加工圆弧槽，小回转工作台对工件进行分度。圆弧槽铣削工艺过程为：预制件检验→工件表面划线→用定位心轴装夹、找正工件→安装大回转工作台→安装小回转工作台→找正两回转工作台相对位置→找正两回转工作台中心连线与纵向平行→找正铣刀与大回转工作台中心的相对位置→调整圆弧槽铣削始点、终点位置→粗、精铣圆弧槽→过程检测→逐次分度铣削→铣削工序检验。

2. 偏心圆弧槽加工要点

（1）调整圆弧槽角向铣削位置 按找正时的相对位置（见图 3-34），大回转工作台、小回转工作台（工件）与机床主轴（铣刀）中心三点成一直线，与纵向平行，即铣刀处于工件圆弧槽一端的角度基准位置线上。手摇大回转工作台分度手柄，使回转工作台准确地逆时针转过 18°，使铣刀处于圆弧槽起始铣削位置上。

（2）粗铣圆弧槽　以 7mm 深度粗铣圆弧槽，预检圆弧槽底形状和槽宽尺寸精度。

（3）精铣圆弧槽　按图样要求精铣圆弧槽，为防止铣刀偏让影响尺寸精度，注意只能沿同一圆周进给方向进行铣削。

（4）逐次铣削圆弧槽　由小回转工作台分度，大回转工作台控制圆弧槽底始点和终点位置，铣削四条均布的圆弧槽。其余三条槽粗铣时可按 5mm 深度粗铣，然后按 10mm 深度精铣，以保证直槽部分的尺寸精度。

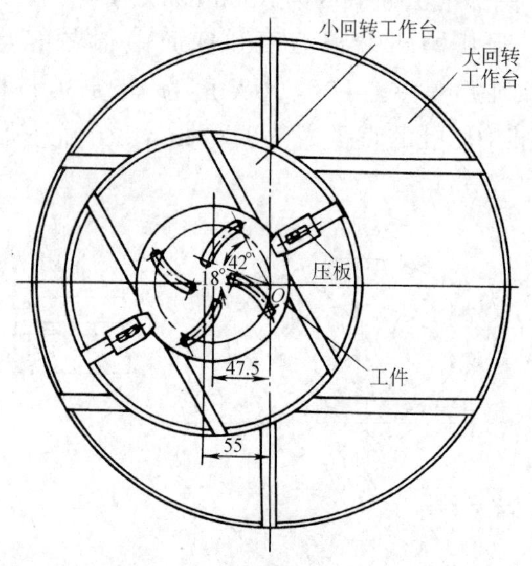

图 3-34　偏心圆弧槽加工示意

3. 偏心圆弧槽检验与质量分析要点

（1）偏心圆弧槽检验（见图 3-35）　制作专用的简易检验辅具测量板，厚度 5mm，具有较高的平行度。三个测量基准孔的直径、精度与工件基准孔直径要相同，孔的中心要在一条直线上，孔距与工件圆弧槽分布圆直径尺寸要相同。测量圆弧槽尺寸、位置精度方法：

1）用槽宽尺寸精度对应的塞规检验槽的尺寸精度；在槽的两端塞入塞规，比较检验四条圆弧槽弦长尺寸。

2）测量圆弧槽终点圆弧和工件外圆的尺寸，对四条槽的尺寸进行比较，也可以测量始点圆弧与基准孔壁的尺寸，以检验槽的等分精度；用标准圆柱塞入辅具中间孔和工件基准孔，再用塞规分别塞入槽的终端和辅具一侧基准孔（见图 3-35），按 55mm + 10mm = 65mm 调整圆弧槽终端与辅具一侧基准孔的位置，调整好后用平行夹等固定辅具与工件的相对位置，然后将塞规塞入圆弧槽其他位置，测量圆弧槽的半径尺寸精度。若各点偏差较大，可先使辅具一侧基准孔与圆弧槽两端尺寸相同，然后测量圆弧槽中间各点与基准孔的尺寸，并通过几何关系计算确定圆弧半径和分布圆直径实际尺寸；使用辅具，在加工位置利用双回转工作台，也可以较方便地测量圆弧槽的位置尺寸。测量时，在某一圆弧槽的起始铣削位置，用大回转工作台顺时针转过18°，返回圆弧槽角向基准线位置，辅具中间孔与工件基准孔用标准圆柱定位，找正辅具三孔中心与纵向平行，此时，辅具的两侧孔已准确处于对称两圆弧槽的加工中心位置，用压板固定辅具，便可测量圆弧槽的半径尺寸、等分精度。

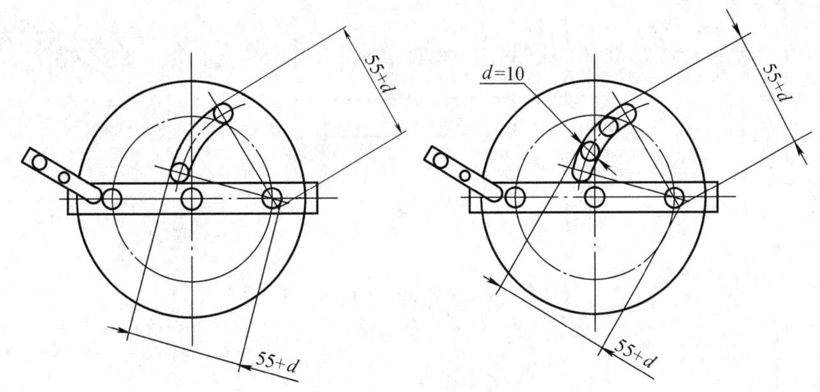

图3-35 偏心圆弧槽位置测量

（2）偏心圆弧槽加工质量分析要点

1）圆弧槽槽形和槽宽尺寸误差大的原因是：铣刀球头部分切削刃形状、几何角度偏差大；铣床主轴径向间隙大；大回转工作台主轴径向间隙大，传动间隙大；小回转工作台锁紧机构失灵；铣刀找正精度差；铣削时周向进给方向不统一。

2）圆弧槽位置精度差的原因是：大小回转工作台相对位置错误或找正精度差；铣刀和回转工作台位置错误或找正精度差；工作台移距调整不准确，移距精度差；回转工作台分度精度差或分度操作失误；双回转工作台安装时接合面累积误差大；回转台主轴轴向、径向间隙大。

技能训练2 斜槽燕尾块工件加工

重点与难点 重点为燕尾块和斜槽铣削加工位置的找正与精度控制。难点为工件装夹、找正操作与斜槽位置测量与检验。

1. 斜槽燕尾块加工工艺准备

（1）图样分析（见图3-36） 凸燕尾块与基准侧面 *B* 平行，60mm外形尺寸对称，燕尾斜面角度为55°±30′，内角尺寸为（35±0.07）mm，燕尾台阶面与基准面 *G* 之间尺寸为（25±0.03）mm，平行度为0.03mm；斜槽位于基准面 *G* 上，斜槽的底面与燕尾一侧斜面垂直，斜槽的两侧是复合斜面，既在主视图上具有角度，又在 *C* 向

视图中具有 1:20 的斜度，斜度公差全长 0.05mm。斜槽的小端是宽度为 12.6mm、长度为 6mm 的直槽，大端槽口宽度为 $20^{+0.10}_{0}$ mm。斜槽的对称中心平面与燕尾一侧面共面，偏移允许误差为 0.10mm；预制件为六面体，表面经过磨削加工，平行度和垂直度公差为 0.01mm。

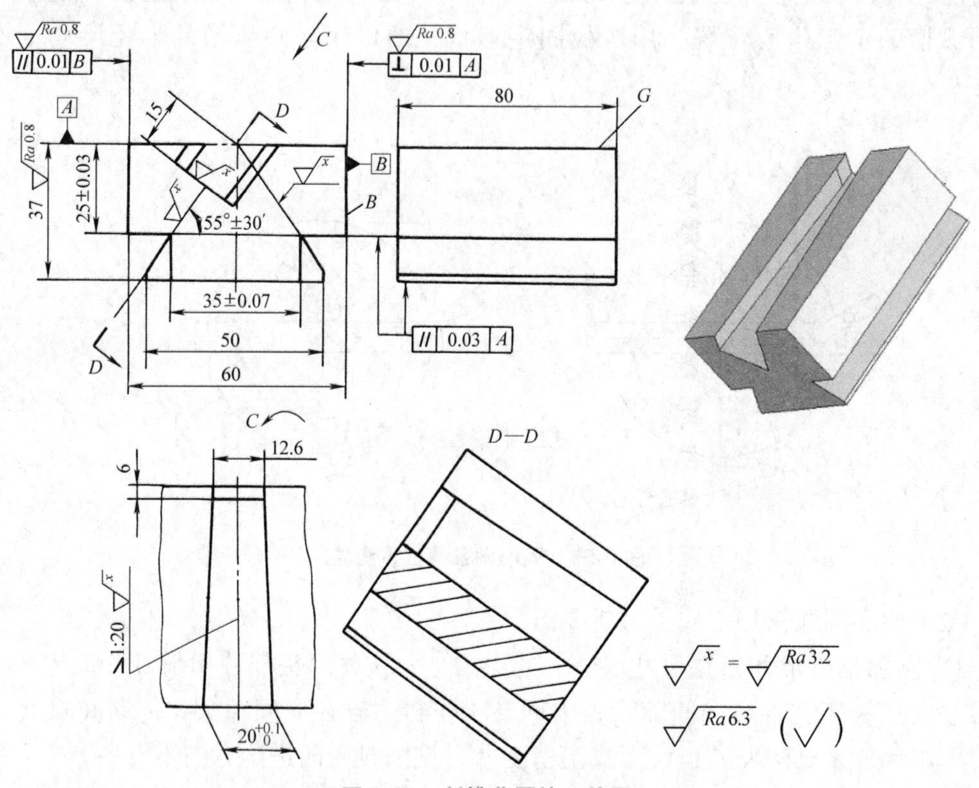

图 3-36　斜槽燕尾块工件图

（2）铣削工艺过程和要点　凸燕尾铣削选用 55° 燕尾柄式铣刀，斜槽选用 ϕ10mm 立铣刀。铣削凸燕尾采用机用虎钳装夹；铣削斜槽用机用虎钳装夹工件，用角度量块找正斜槽 55° 夹角；将机用虎钳安装在回转工作台上，以便调整工件的 1:20 斜度。加工工艺过程：预制件检验→工件表面划线→安装机用虎钳和装夹、找正工件→铣削凸燕尾→预检凸燕尾→装夹、找正工件→铣削宽度为 12.6mm 的斜槽→安装回转工作台和机用虎钳→按 1:20 斜度找正机用虎钳与进给方向夹角→装夹、找正工件→铣削一侧复合斜面→按 1:20 斜度反向找正机用虎钳与进给方向夹角→铣削另一侧复合斜面→铣削工序检验。

2. 斜槽燕尾块加工操作要点

（1）凸燕尾铣削加工要点　采用试铣、粗铣、精铣步骤加工凸燕尾部分。试铣时用立铣刀加工台阶，随后用燕尾铣刀加工燕尾，试铣预检采用角度量块或正弦规与标准量块进行燕尾斜面角度（见图 3-37a）、台阶等高和斜面平面度测量。粗铣应使用标准圆柱测量燕尾的宽度尺寸和对称度（见图3-37b）。精铣保证凸燕尾达到图样的精度要求。

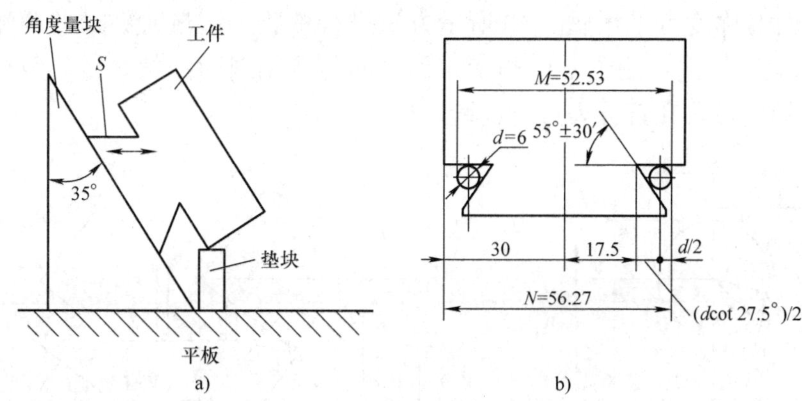

图3-37　凸燕尾测量示意

（2）斜槽铣削加工要点

1）工件表面划线。划线时将燕尾一侧斜面找正与划线平板平行，斜面的集聚线作为斜槽的中心线引至端面和基准面 G 上，然后按宽度尺寸12.6mm和20mm，在中心线两侧划出对称的平行线，以便铣削对刀。注意在 G 面中心线要准确地打样冲眼。

2）铣削12.6mm宽度斜槽。根据几何关系分析，12.6mm宽度的斜槽底面和侧面均是单斜面，即底面与基准面 G 夹角为35°，侧面与基准面 G 夹角为55°，其两侧对称平面与凸燕尾的一侧斜面共面。底面深度15mm是从中心线与 G 面交点计算的。斜槽两侧面必须达到图样对称度要求。

3）铣削1:20两侧复合斜面。根据几何关系，斜槽两侧1:20斜面是复合斜面，斜面不仅与 G 面成55°夹角，而且与过凸燕尾一侧斜面的对称平面成2.8624°的夹角。加工时采用机用虎钳和回转工作台叠装的方法装夹，用百分表和量块找正工件铣削斜槽一侧面的加工位置，如图3-38所示，使复合斜面的交线逐步接近6mm的位置线，直至交线准确处于位置线上。按类似的方法，回转工作台反转，用百分表和量块找正工件铣削斜槽另一侧面的加工位置，铣削加工斜槽另一侧。

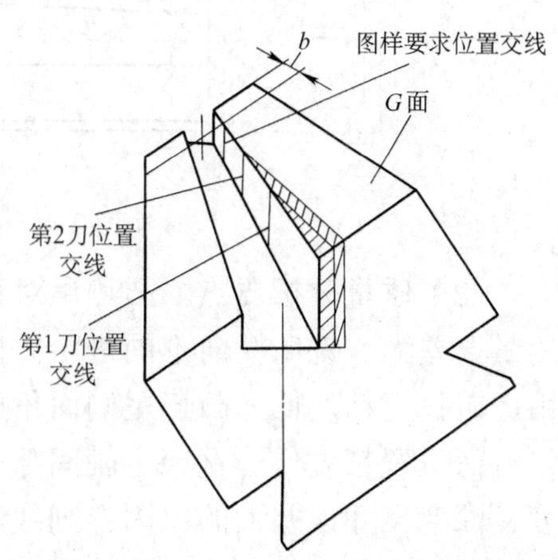

图3-38　1:20斜槽位置控制示意

3. 斜槽燕尾块检验与质量分析

（1）检验方法要点　燕尾检验与加工预检方法相同，注意记录与斜槽对称中心平面共面的燕尾侧面角度的偏差值，以便测量斜槽与其对称位置时参考。检验斜槽时，12.6mm 直槽宽度采用内径千分尺测量；20mm 槽口宽度和 15mm 深度的检测方法如图 3-39 所示，槽口宽度测量时，测出 h 值，然后根据几何关系计算出槽口宽度 D。复合斜面对称度可采用图 3-40 所示方法进行检验，测量时在槽的两端分别用不同直径的标准圆柱进行测量，以测量对称平面与燕尾斜面的偏移量。斜槽的角度采用正弦规、角度量块和百分表进行检验。

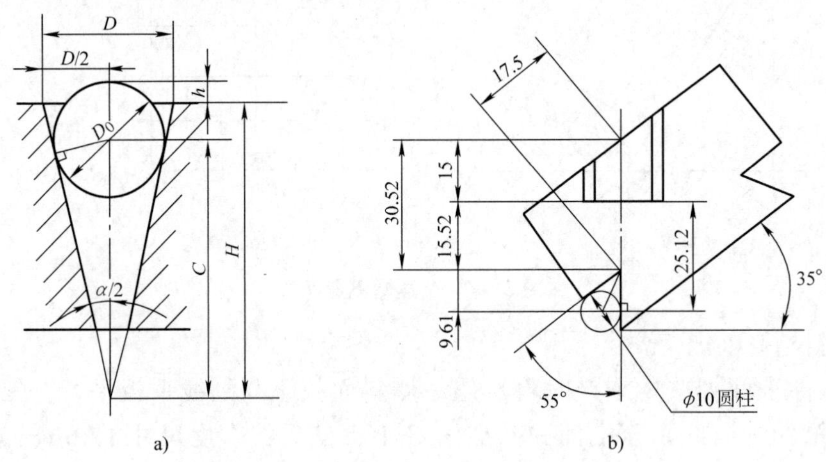

图 3-39　斜槽测量示意

a）斜槽大端槽口测量　b）斜槽深度位置测量

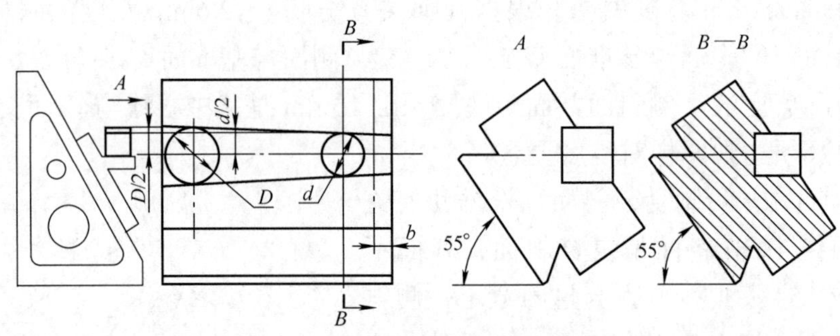

图 3-40　复合斜面对称度测量示意

（2）质量分析要点　凸燕尾对称度、宽度尺寸误差大的原因：尺寸控制和过程测量误差大、铣床横向不同进给方向不平行、立铣头与工作台面不垂直、工件和机用虎钳找正精度低。凸燕尾侧面角度误差大的原因：铣刀廓形误差大、立铣头与工作台面位置精度低、铣床主轴间隙大、工件找正精度低、铣刀安装精度低。斜槽宽度、深度尺寸误差大的原因：划线和对刀不准确、工件反复装夹精度低、铣床和夹具几何精度低、找正和对刀操作失误、测量计算错误。斜槽夹角和对称度误差大的原因：使用角度量块和正弦规的方法不正确、量块组和标准圆柱测量计算错误、回转工作台和机用虎钳叠装精度低、工件找正和复位对刀操作失误。

技能训练 3　空间沟槽数控铣削加工

重点与难点　重点掌握空间沟槽的建模方法，选择合理的 CAM 加工方式以及刀具切削的设置。难点为熟练掌握 CAD\CAM 软件的操作，修改完善 CAM 加工的方式和顺序。

铣削加工图 3-41 所示球形顶面及 S 形沟槽的步骤如下。

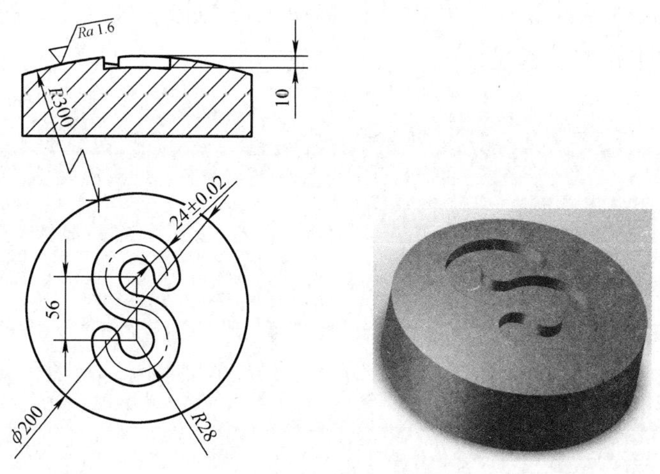

图 3-41　空间 S 形沟槽

1. 图样分析

1）工件圆顶面和 S 形槽为主要加工表面，其主要设计尺寸包括 *R*300mm、56mm、*R*28mm、（24 ± 0.02）mm、10mm。

2）工件主体为球形顶面，顶面上设计有 S 形槽，槽宽是关键，S 形上下对称。

3）球形顶面表面粗糙度值为 *Ra*1.6μm，较难达到。

4）工件材料为 45 钢，切削加工性能较好。

2. 计算机辅助设计（CAD）

可利用旋转实体功能，先画出球形顶的圆柱体，再在曲面上方作基准面和 S 形沟槽草图，最后利用投影、拉伸切除等多种方法在零件上方切出 S 形槽，检查尺寸符合设计图样要求。

3. 计算机辅助制造（CAM）

1）CAM 的基本设置：零件的导入、数控系统的选择、加工原点的确定、毛坯的选择、加工对象（工件）的选择等。

2）设置刀具、刀柄的切削参数和几何参数。

3）零件整体粗加工，方法有多种，可采用 3D 立体粗铣的加工方式进行粗铣。

4）零件球形顶面精加工，方法有多种，可采用等高线的方式进行精加工。

5）零件空间沟槽的粗、精加工，可采用 3D 轮廓铣削的加工方式进行加工（也可采取多轴加工，达到更好的效果）。

6）仿真模拟，检查刀具、刀柄、工件是否发生干涉，检查设置参数能否满足尺寸精度要求，产生程序。

4. 机床加工

机床加工为CAM加工的具体操作，测量工具采用游标卡尺、千分尺、百分表等，球面顶面可采取比对法检测或采用更高精度的三坐标测量机测量检验。尺寸控制：熟练掌握CAM软件操作，利用软件实现工件的粗、精加工，选择合理的切削设置参数，控制零件的加工精度。

Chapter 4

项目 4 模具型腔、型面与组合件加工

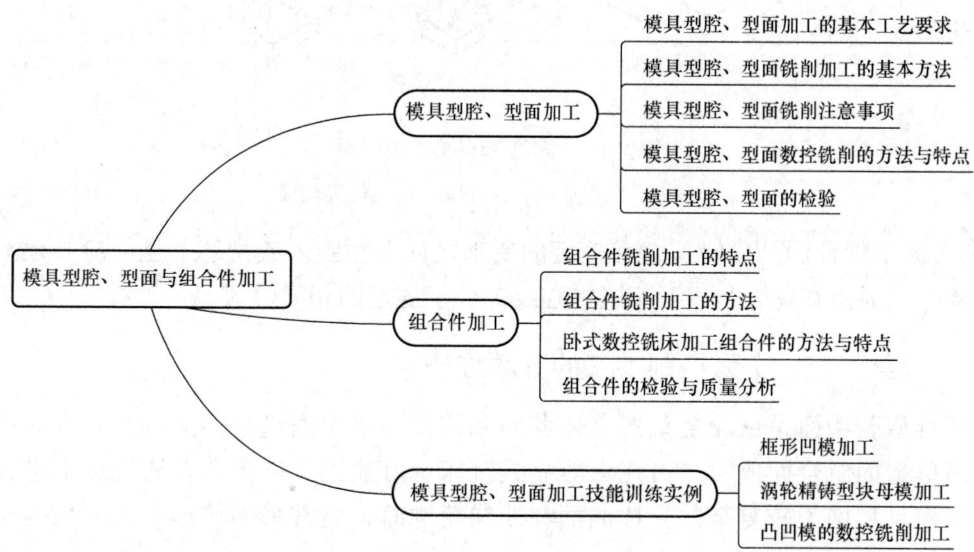

4.1 模具型腔、型面加工

4.1.1 模具型腔、型面加工的基本工艺要求

常用的模具有锻模、冲模、塑料模、粉末冶金压型模、精密浇注模等。模具的型腔型面一般都比较复杂，如图 4-1 所示。在模具制造中，除内腔有尖锐棱角等铣刀无法加工的部位外，一般情况下均可在铣床上进行加工。由于利用模具成形的工件精度主要取决于模具型腔型面的精度，因此，模具型腔型面的铣削加工应达到以下基本工艺要求：

1）型腔（或型芯）型面应具有较小的表面粗糙度值。

2）型腔（或型芯）型面应符合图样要求的形状和规定的尺寸，并在规定部位加工相应的圆弧和斜度。

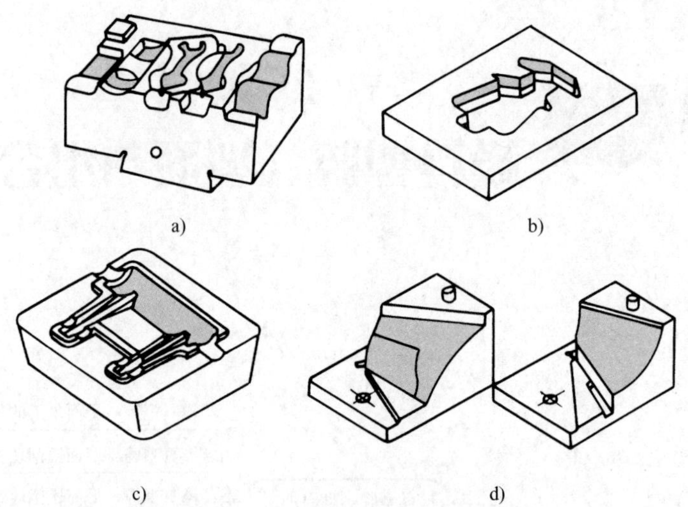

图 4-1 几种复杂模具型腔型面

a）锻模 b）冲模 c）塑料模 d）精密浇注模

3）为了保证凹凸模错位量在规定的要求之内，型腔（或型芯）型面应与模具的某一基准（例如锻模的上、下燕尾中心线）处于规定的相对位置。

4.1.2 模具型腔、型面铣削加工的基本方法

模具型腔型面是由较复杂的立体曲面和许多简单型面组合而成的。当模具型面是由简单型面组合而成时，可在一般立式铣床、万能工具铣床等普通铣床上进行加工；当模具型面为较复杂的立体曲面和曲线轮廓时，通常采用仿形铣床和数控铣床进行加工。

1. 用工具铣床和立式铣床铣削加工

（1）铣削加工特点　在普通铣床上，可以铣削由简单型面组合而成的模具型面。利用机床附件（如回转工作台、分度头等）还可以加工由直线展成的具有一定规律的立体曲面（见图 4-1d），若采用简易的仿形模板，也可以加工框形的模具型面（见图 4-1b）。在普通铣床上铣削模具型腔型面，与一般铣削工作相比较，具有以下特点：

1）模具的形状和成形件（如冲压件、锻件、精铸件）的形状凹凸相反，以及模具型腔的组合方法、位置精度要求等原因，使得模具型腔型面的加工图比一般工件图复杂。因此，铣削模具型腔型面需具备较强的识图能力，并善于根据模具加工图和成形件确定型腔型面的几何形状，并进行形体分解。

2）模具型腔型面的形状变化大，铣削限制条件多。因此，铣削前要预先按型腔的几何特征，确定各部位的铣削方法，合理制订铣削步骤。

3）铣削模具型腔型面时，除合理选用标准刀具外，由于型腔型面的特殊要求，常常需要将标准刀具改制和另行制造专用刀具。因此，需掌握改制和修磨专用刀具的有关知识和基本技能。

4）由于模具的材料比较特殊（如合金钢、高铬工具钢、中合金工具钢、轴承钢等），加工中又常受到加工部位的条件限制，以及刀具的形状较复杂等多方面的原因，使得模具铣削时选择切削用量比较困难。通常在铣削中，需根据实际情况合理预选并及时调整铣削用量。

5）铣削模具型腔时，机床、夹具调整次数比较多，因此，用于铣削模具的铣床，要求操作方便、结构完善、性能可靠。

6）铣削模具型腔常采用按划线手动进给铣削方法，因此，操作者应熟练掌握铣削曲边直线成形面的手动进给铣削法。

（2）铣削加工方法要点

1）图样分析和模具形体分解。在普通铣床上铣削加工模具型腔，首先应对图样进行仔细分析，比较复杂的模具还可以对照成形件模拟型腔整个形体，然后结合图样技术要求，进行形体分解。现以下面实例介绍形体分解方法。

① 铣削图 4-2 所示塑料模具型腔，首先应根据加工简图（见图 4-2a）勾画出立体图（见图 4-2b），然后进行形体分解：模具型腔（除孔以外）由斜面Ⅰ，圆锥面Ⅱ、Ⅲ，圆弧槽Ⅴ、Ⅵ、Ⅶ，台阶面Ⅷ、Ⅸ、Ⅹ，以及直角沟槽Ⅺ、Ⅻ组成。其中，台阶面Ⅷ与Ⅸ之间以凹圆弧面Ⅳ连接；圆锥面Ⅱ、Ⅲ根部呈圆弧与平台阶面Ⅹ相连；直角沟槽Ⅻ槽角呈圆弧。

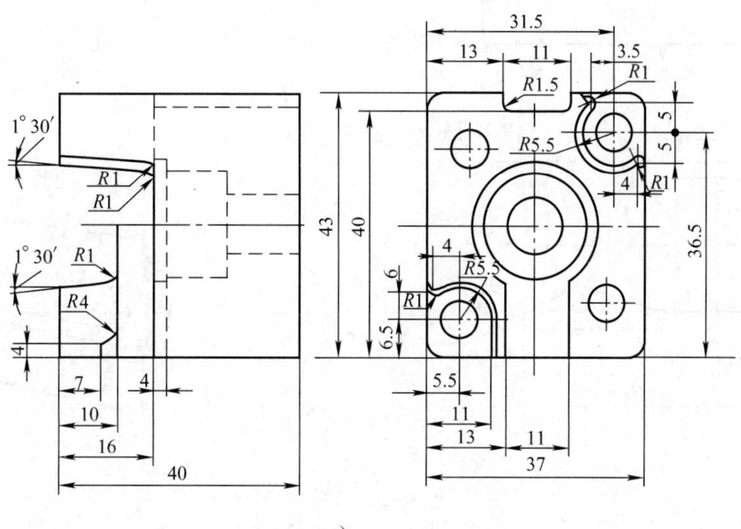

a)

图 4-2　塑料模具型腔

a）型腔加工简图

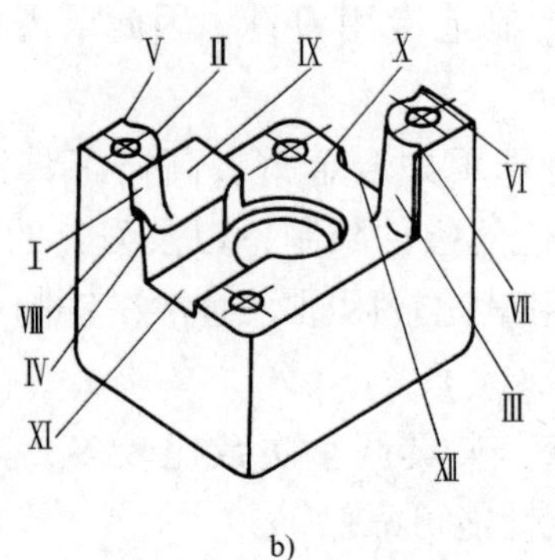

b)

图 4-2　塑料模具型腔（续）

b）模块立体图

② 铣削图 4-3 所示的凸模型面，首先根据加工图（见图 4-3a）勾画出凸模立体图（见图 4-3b），然后进行形体分解：凸模型面由直线成形面构成，上平面有一凸半圆棱条Ⅰ，周边由平行面Ⅱ、Ⅲ，连接斜面Ⅳ、Ⅴ，外圆弧Ⅵ，垂直面Ⅷ及连接圆弧Ⅶ、Ⅸ构成。

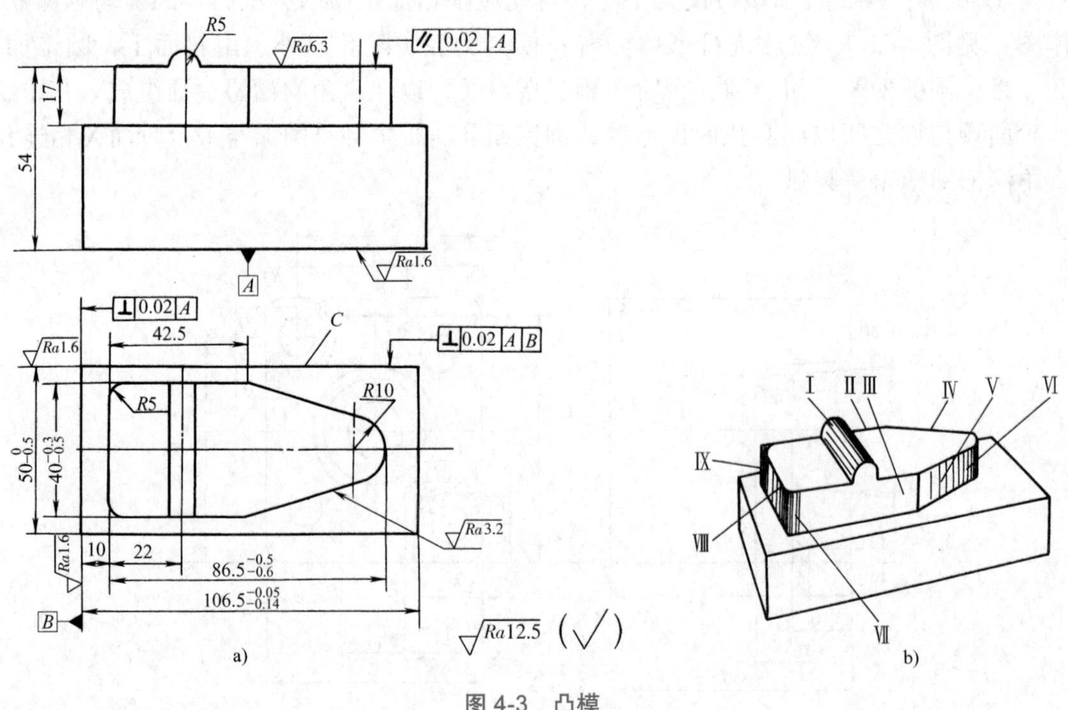

图 4-3　凸模

a）型腔加工简图　b）模块立体图

2）拟订加工方法和步骤、合理选择加工基准。铣削模具型腔前，须拟订各部分的加工方法和加工顺序，即加工步骤。同时，为了达到准确的形状和尺寸，从而符合凹凸模相配的要求，每个部位加工时的定位是十分重要的，因此，合理选择每个部位加工时的定位基准很关键。

3）修磨和改制适用的铣刀。除正确选择标准铣刀外，为了加工模具型腔，常需对标准铣刀进行修磨和改制。

锥度立铣刀修磨。由于锻模和其他模具型面常具有一定的斜度，因此，铣削前常需用标准立铣刀、键槽铣刀和麻花钻改制修磨成锥度立铣刀。当工件材料硬度很高时，也可将硬质合金立铣刀修磨成锥度立铣刀。由于标准铣刀的前面均已由工具磨床刃磨，因此，修磨锥度立铣刀时，主要是刃带和后面的刃磨。多刃的螺旋立铣刀在修磨时，其锥度一般在外圆磨床上修磨而成，外圆磨床修磨后的刀具没有后角，需由工具磨床或操作人员在较细的砂轮上修磨后面。

2. 用仿形铣床铣削加工

（1）仿形铣床简介　仿形铣床的种类很多，根据功用，可分为平面仿形铣床和立体仿形铣床；根据工作原理，可分为直接作用式仿形铣床和随动作用式仿形铣床。用于模具铣削的通常是立体随动作用式仿形铣床。

随动作用式仿形铣床具有随动系统，它能自动连续地控制仿形销、铣刀和模样之间的相对位置，使刀具自动跟随仿形销移动，从而进行仿形铣削。下面以XB4480型立体仿形铣床为例，介绍这种铣床的结构。

XB4480型立体仿形铣床如图4-4所示。铣削时，工件固定于下支柱1上，模样固定于上支柱2上，位于工件上部，上支柱2可沿下支柱1做横向移动，上下支柱一起可沿工作台9做横向移动；铣刀11固定于主轴套筒10上，主轴箱6沿横梁12可做横向移动，也可沿立柱3做垂向移动，立柱3固定于滑座7上，立柱与滑座一起可沿床身8做纵向移动；仿形销13固定于仿形仪4的销轴上，仿形仪4则固定在主轴箱6上面的仿形仪座架5上。

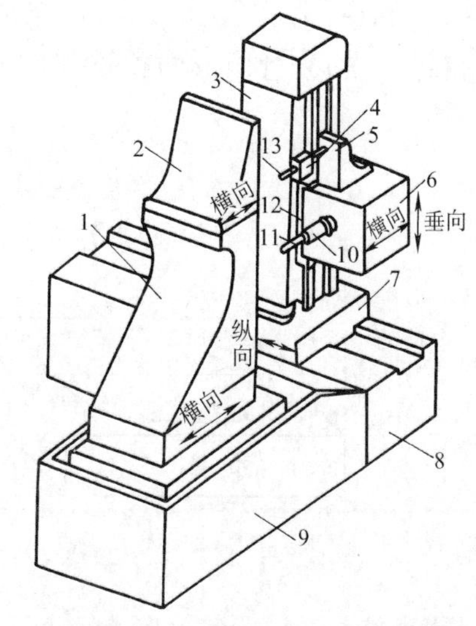

图4-4　XB4480型立体仿形铣床

1—下支柱　2—上支柱　3—立柱　4—仿形仪　5—仿形仪座架　6—主轴箱　7—滑座　8—床身　9—工作台　10—主轴套筒　11—铣刀　12—横梁　13—仿形销

（2）模具型腔仿形铣削加工要点

1）模样制作和适用材料。模样通常预先用数控机床、电脉冲加工机床和手工修整配合制成，有时也可直接用工件作为模样进行仿形铣削。例如，汽车覆盖件冲模，常以覆盖件的内轮廓作为仿形铣削凹模的模样，而以其外轮廓作为仿形铣削凸模的模样。在采用随动作用式仿形铣床铣削模具时，模样通常可用铸铁、钢板、铝合金、木材、水泥、石墨、

硬蜡或石膏等材料制造，其中以石膏制造最方便。

2）仿形销选用。立体仿形的仿形销有各种形式，如圆柱球头、圆锥球头和圆柱平端带圆角等。选用时应与模样的形状相适应。为了使仿形销顶端与模样接触，其斜角应小于模样工作面的最小斜角，其头部的圆角半径则应小于模样工作面的最小圆角半径。平面仿形的圆柱销一般是圆柱仿形销和圆锥仿形销。圆柱仿形销的外径应与铣刀相同。圆锥仿形销的锥度一般是1:20和1:50，锥体中部的直径相当于基本尺寸，当沿轴向移动锥体时，即可改变其与模板的接触半径。若自制仿形销，可选用钢、铝、塑料（尼龙）等材料制造，其质量一般不超过250 ~ 300g，以免惯性影响仿形加工质量。

3）仿形铣刀的选择和刃磨。选用仿形铣刀时，应与仿形销的廓形相仿，最常用的廓形是圆锥球头铣刀，由于锥形球面铣刀球面部分的切削性能较差，因此对于齿数较多的刀具，可将其球头顶部的刀齿间隔磨去，减少端面刀齿，增大容屑空间，改善刀具切削性能。

4）仿形铣削方式选择。仿形铣削各种模具型腔时，需根据形状各异的立体曲面和平面轮廓选用合适的仿形工作方式（或称仿形机能）。由于仿形铣削进给运动是由主进给运动和周期进给运动组成的，因此，选择仿形方式，实质上是选择主进给方式和周期进给方式。通常仿形工作方式有三类：轮廓仿形（见图4-5）、分行仿形（见图4-6）和空间曲线仿形，而各类别中又有许多种铣削方式。其中，铣削模具型腔常用轮廓仿形和分行仿形两类铣削方式。具体选择时需注意以下几点：

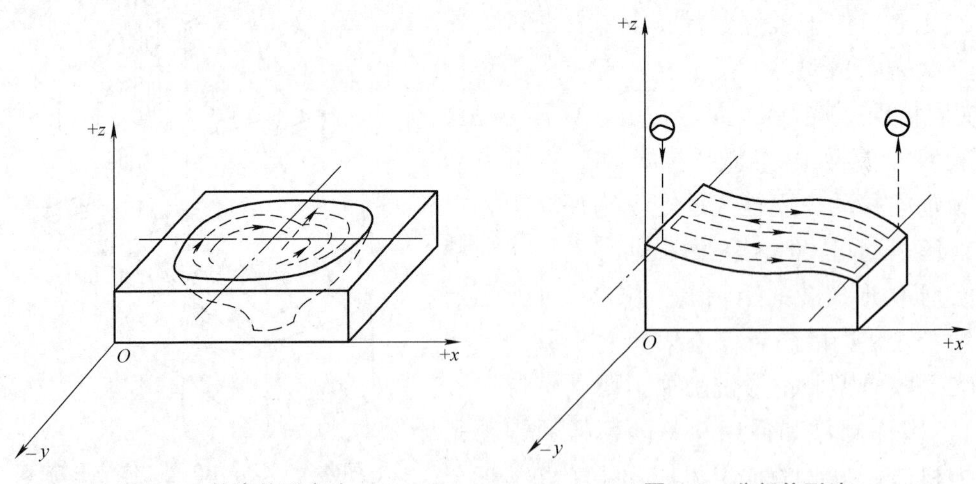

图4-5　轮廓仿形方法

图4-6　分行仿形法

① 选择分行铣削或轮廓铣削时，需遵照以下规律：

a. 扁平的型面，一般选用分行仿形铣削；接近垂直于刀杆的平面，不宜选用轮廓仿形方式。

b. 有一定高度，且只有一个凹腔或一个凸峰的型面，宜选用轮廓仿形方式。

c. 通常轮廓仿形方式不能加工的工件，大多可选用分行仿形方式。

② 仿形方式一般是组合使用的，例如，可以在粗、精铣中选择不同的仿形方式。又如，在精铣中，一种方式铣削后若局部表面粗糙度值较大，可再使用另一种仿形方式再加工一次，以提高仿形质量。

③ 仿形方式选定后，一般还需根据型面的尺寸和形状确定机床挡块的使用方法，以达到预定的铣削方式要求。

④ 对于加工余量特别大的模具型腔，可通过调整仿形销和铣刀的轴向相对位置，多次重复使用一种仿形方式，以达到粗、精铣的目的。

3. 用数控铣床铣削

用数控铣床铣削模具是当前应用日益广泛的铣削方法。采用这种方法需要经过数控加工的专业培训。数控铣床是用数字信息控制的铣床，是通过输入专门或通用计算机中的数字信息来控制铣床的运动，自动对工件进行加工的。两坐标联动的数控铣床可加工曲线轮廓直线成形面的模具型腔；两个半坐标的数控铣床可加工模具空间曲面型腔；形状特别复杂的型腔，可在四坐标以上的数控机床上加工。

4.1.3 模具型腔、型面铣削注意事项

1. 模具材料

1）在铣削型腔过程中，如果发现模具材料处理得不好，有裂纹或组织不均匀等现象，应及时停止加工，以免浪费工时。

2）由于模具材料价格较高，在仿形铣床和数控铣床上加工大型模具前，若需要对程序的可靠性做验证，可以先用塑料模拟铣削，待验证程序正确无误后，再对模具进行加工。

2. 检查机床性能

铣削模具型腔一般需要较长的时间，因此，在铣削前应对机床进行检查和调整。对于数控机床和仿形铣床，应对所用的指令功能进行分项和分程序段进行检查。否则，加工中途发生故障，将会影响型腔加工，带来不必要的找正和对刀操作。对于数控铣削，若具有快速接近工件、切离工件、自动换刀等程序，均应在加工前做空运行检查，以免产生碰撞，造成机床事故和模具报废。对于仿形铣床，应防止产生仿形销脱模现象，对挡块的功能和仿形仪的完好程度应进行检查。

3. 注意与其他工种的配合

铣削模具型腔是模具制造中的一个组成部分，但有许多部位是铣削加工无法一次加工达到或无法达到图样要求的。这时，需要其他工种，如电脉冲加工、钳工修锉、立体划线等密切配合，特别是在普通铣床上加工第一套模具或母模时，常需要进行分层立体划线。故应与钳工密切配合，分层铣削，分层划线，最后铣出整个模具型腔。对于铣削后残留的修锉部位，应注意留有适当的余量，便于钳工修锉成形。

4. 验证数控程序

在用数控铣床铣削模具型腔前，必须对程序进行仔细验证。因此，须注意掌握程序验证的基本方法。通常验证程序，是通过程序模拟运行和观察刀具运行轨迹进行的。因此在模拟运行时，观察铣刀运行轨迹是一种常用的基本技能，特别是程序比较复杂的模具型腔，必须对刀具轨迹进行分析。若是用计算机自动编程的模拟轨迹图，根据刀具中心轨迹包络形状，可以判断程序的正确性，若发现异常，应及时请有关人员修改，避免产生废品。

5. 正确使用和维护仿形仪

仿形仪是仿形铣削中的关键装置，仿形仪的灵敏度会给铣削带来一定影响。一般情况下，粗铣时，仿形仪的灵敏度应调低些，以使切削平稳；精铣时，仿形仪的灵敏度应调高些，有利于提高仿形精度。在机床停止工作时，应将仿形仪退离模型，避免仿形销长时间受压。在操作过程中，应注意避免碰撞仿形仪，以保护仿形仪的精度。

6. 模具型面铣削方法的综合应用

在运用数控铣床和仿形铣床铣削模具型腔时，铣刀的路径有许多类似的地方。因此，在分析图样确定数控加工路径时，可以参照仿形铣削方式进行选择。又如，在一些型面上有较小圆弧等特殊部位，若仅用数控铣削和仿形铣削会增添很多麻烦，诸如铣刀加工路线复杂、程序烦琐、铣刀尺寸受到特殊部位限制而影响大部分型面的加工效率等。这时，应将这些可以单独加工的细小部位留下，用普通铣削方法做单独加工，从而可以简化加工过程，提高生产率。

4.1.4　模具型腔、型面数控铣削的方法与特点

1. 模具型腔、型面的加工方法

模具型腔、型面的加工方法很多，目前较多使用的是数控铣削、数控线切割、数控电火花等加工。

（1）数控铣削加工　数控铣削加工是利用数控机床完成模具零件的加工，根据零件图样及工艺要求等原始条件编制数控加工程序，输入数控系统，然后控制数控铣床中刀具与工件的相对运动，以完成零件的加工。模具数控加工的主要内容是自由曲面，数控铣削是最常用的加工方法，也是自动编程的关键技术。

1）确定模具的 CAD 模型。产品的 CAD 模型要做适当的修改才能用于模具制造，在编制 NC 程序前还要确定一些与加工有关的几何信息，如毛坯形状大小、工件坐标系位置、安全平面位置、装夹位置、预钻下刀点位置以及分块加工的区域边界、导动曲面等。这些信息在编程时会反复使用，应该在造型的时候一并考虑进去。

2）选择合适的刀位轨迹生成方法，并确定相关的参数。这是一项与所用 CAM

软件系统密切相关的工作。不同的 CAM 软件的定义界面，参数名称不尽相同，但也有共性的地方，如需考虑的加工工艺因素是一样的，刀位轨迹生成方法的原理是一样的，因此要抓住关键问题，领会 CAM 编程的工艺本质。刀位轨迹生成方法的机理对于编程人员来说是非常重要的，因为这关系到定义初始条件的所有选项。

3）刀位轨迹的后置处理。生成刀位轨迹后，选择合适的机床特性文件进行后置处理，得到符合现场机床规格的 NC 程序。这一过程需要清楚现场机床参数，如果没有现成的机床特性文件，则要设法通过软件公司修改后置处理文件，才能获得理想的 NC 程序。

（2）特种加工

1）特种加工是指直接利用电能、化学能、声能、光能等来去除工件上多余的材料，以达到一定形状、尺寸和表面粗糙度的加工方法。

2）有些精度要求不高的型腔、型面可使用电解加工方法。传统的电解加工方法因存在加工精度较低的缺点而限制其在模具型腔加工中的应用。但是电解加工的许多优点是很多其他加工方法不具备的，如加工效率高，工件表面质量好，几乎所有金属都能加工，工具电极不损耗，材料硬度不限等优点。

（3）塑性加工　塑性加工主要指冷挤压制模法，将淬火过的成型模强力压入未进行硬化处理的模坯中，使成形模的形状复印在被压的模坯上，制成所需要的模具，这种成形方法不需要型面精加工，制模速度快，可以制成各种复杂型面的模具。

（4）铸造加工　对于一些精度和使用要求不高的模具，可以采用简单方便的铸造法快速成形，将熔点低的材料铸造成模具，称为快速铸模法。其制模速度快，容易制成形状复杂的模具，但模具材质较软，耐热性差，所以模具寿命短，多用于试制和小批量生产的场合。

（5）焊接加工　焊接法制模是将加工好的模块焊接在一起，形成所需的模具。这种方法与整体加工相比，加工简单，尺寸大小不受限制，但精度难于保证，易残留热应变及内部应力，主要用于精度要求不高的大型模具的制造。

2. 模具型腔、型面的特点

1）模具制造不仅要求加工精度高，而且还要求加工表面质量好。一般来说，模具工作部分的制造公差都应控制在 ±0.01mm 以内；模具加工后的表面不仅不允许有任何缺陷，而且工作部分的表面粗糙度值都要求小于 *Ra*0.8μm。

2）形状复杂模具的工作部分一般都是二维或三维复杂曲面，而一般机械加工的是简单几何体，只有数控加工才能满足要求。

3）模具的硬度较高，采用淬火工具钢或硬质合金等材料，比较难加工。

4）模具制造一般都是单件生产，设计和制造周期都比较长，加工中不允许有报废。

4.1.5　模具型腔、型面的检验

1. 检验项目

（1）型腔形状检验　对于由简单型面组成的型腔，主要检验其尺寸精度；对于由复杂立体曲面构成的型腔，应检验其规定部位的截面形状。

（2）型腔位置检验　检验上、下模（或多块模板）错位量。

（3）表面粗糙度检验　主要检验直接由铣削加工成形（只需抛光）的表面。

（4）型腔内外圆角和斜度及允许残留部位检验。

2. 检验方法

1）检验形状时，简单型面用标准量具检验；难以测量的部位可用专用量具检验；复杂型面用样板在规定部位检验截面形状。

2）检验型腔位置时，上、下模（或多块模板）的配装错位量是用标准量具按装配尺寸进行检验的。对于难以测量的模具，也可通过划线，或在组装、调整过程中，通过试件（成形件）是否合格来进行检验，若有条件，也可用浇注成形检验来测量错位量。

3）表面粗糙度用比较观察法进行检验。若所留的余量不足以抛光切削纹路，则可认为该部位表面质量不合格。

4）检验型腔的圆角和斜度一般用样板进行，残留部分应以保证形状尺寸基础上尽量减少钳工修锉余量为原则进行检验，较难连接的圆弧允许稍有凸起，以便钳工修锉。

4.2　组合件加工

4.2.1　组合件铣削加工的特点

（1）组合件具有配合精度要求　组合件的工艺要求，除了单一工件的工艺技术要求外，还具有配合精度的要求。例如，加工图 4-7 所示的燕尾销孔组合件，组合件组装后的配合要求如下：

1）各配合面间隙小于 0.10mm。

2）两销插入自如，间隙小于 0.10mm。

3）两销插入后，右上体 4 可移动距离为（10 ± 0.03）mm。

（2）零件配合部位的加工精度要求高　组合件的各个零件，配合部位的加工精度要求比较高，需要严格按图样的精度要求加工。否则，难以达到配合精度要求，甚至不能进行组合。例如，本例左上体（见图 4-8），其中宽度为 $48^{+0.10}_{0}$ mm、深度为（24 ± 0.026）mm 的直槽是与底座台阶面配合的部位，铣削精度要求比较高，在保证尺寸精度的同时，还应严格保证两侧面与外形的对称度。

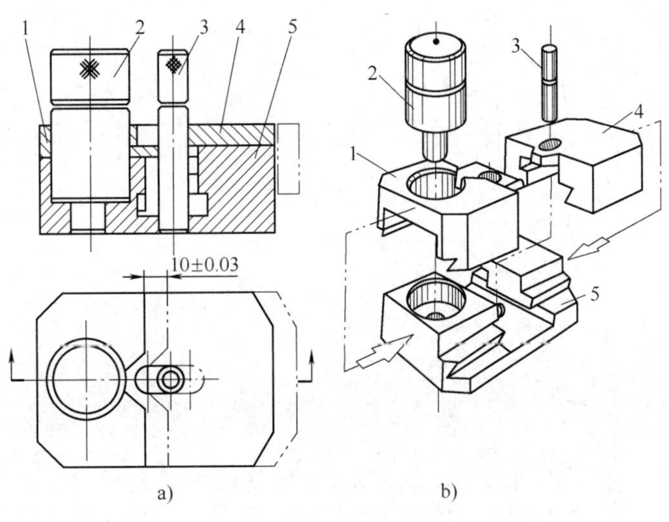

图 4-7　燕尾销孔组合件

a）装配图　b）立体图

1—左上体　2—台阶销　3—直销　4—右上体　5—底座

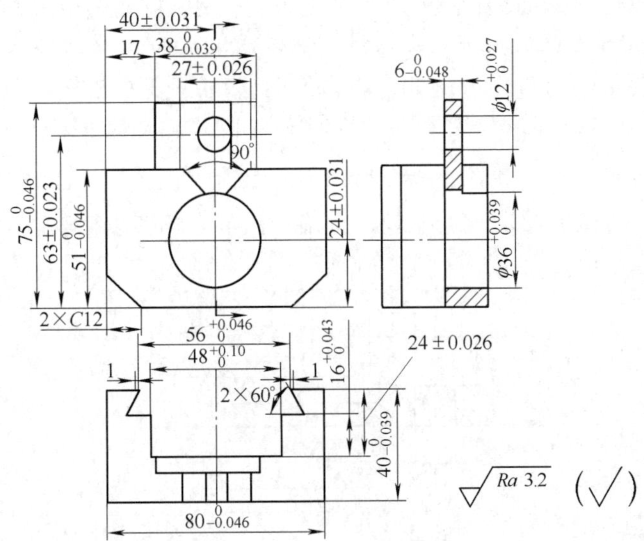

图 4-8　左上体零件图

（3）单一零件的形状比较复杂　组合件的单个零件形状比较复杂，工件的装夹和找正难度比较大，需要合理选择工件的装夹和找正方法，才能加工出合格的单一零件。例如，本例的右上体（见图 4-9），其外形尺寸为 68mm × 80mm × 32mm。上沿由尺寸 59mm、68mm、27mm（及 90° 夹角）和 22mm 组成。直销 3 和间隙配合槽长 22mm，宽 12mm，位置由尺寸 52mm 和 80mm 确定。燕尾槽由尺寸 22mm、40mm 和 10mm 组成。直槽由长度方向尺寸 22mm、5mm 和 38mm 与高度方向尺寸 22mm 和 10mm 构成。

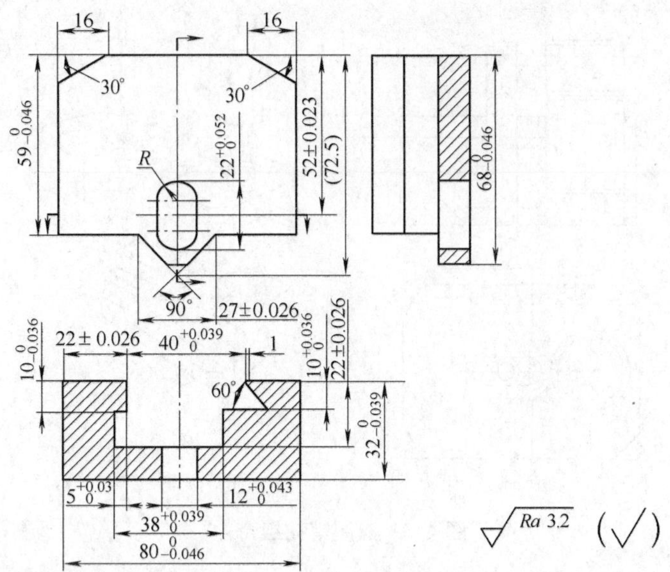

图 4-9 右上体零件图

（4）铣削加工的工艺过程比较复杂 组合件的铣削加工工艺过程需要合理安排，避免加工中的变形和精度控制失误。尤其是配合部位的加工，要安排在适当的工步，才能加工出符合图样要求的组合件。例如，本例组合件的底座（见图 4-10），加工工序为：备料→铣削外形→去毛刺，划线→铣削倒角→粗铣中间直槽和 T 形槽→铣削台阶孔顶面、台阶面→钻、镗台阶孔→钻、扩、铰 ϕ12mm 孔→铣削燕尾键→铣削台阶凹槽→铣削半燕尾键→精铣中间直槽和 T 形槽→去毛刺，倒角→按零件图要求检验各项尺寸。

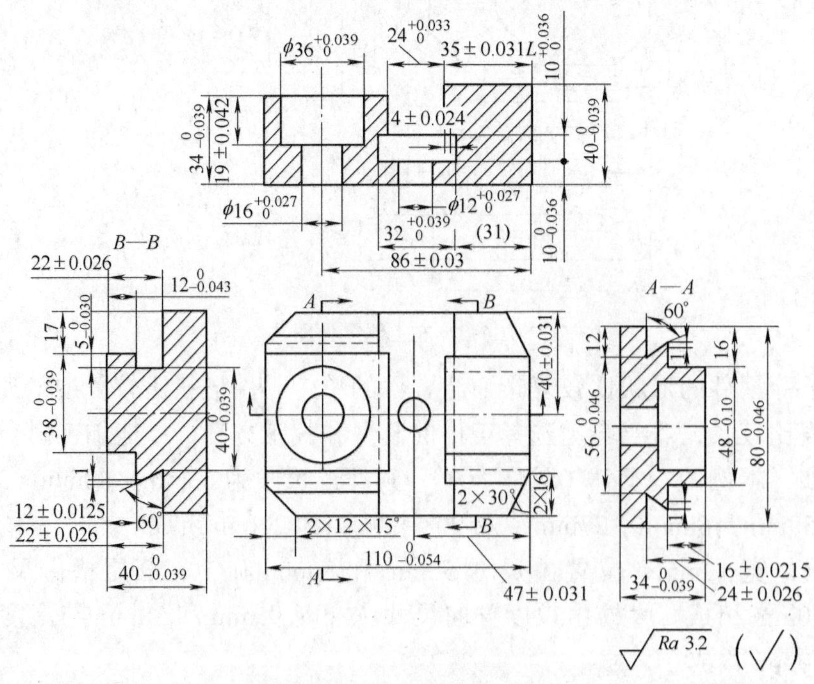

图 4-10 底座零件图

4.2.2 组合件铣削加工的方法

（1）图样的分析要点　需要对装配图和零件图进行分析。零件图的分析与一般零件图加工类似，注意应对各零件的配合部位进行重点分析。在进行装配图分析时，应对配合件件数、配合部位和配合精度等主要内容进行分析。本例组合件的装配图分析可按以下方法进行：

1）组合件为五件配合，包括件 1 左上体、件 2 台阶销、件 3 直销、件 4 右上体、件 5 底座。

2）各件的配合部位：如件 1 为左上体，分别通过销孔 ϕ36mm、ϕ12mm、宽 38mm × 6mm 的凸块和燕尾槽与台阶销 2、直销 3、右上体 4 和底座 5 配合；件 2 台阶销分别与左上体 1 和底座 5 配合……

3）组合件组装后的配合精度要求：各配合面间隙小于 0.10mm 等。

（2）拟定加工工序　在拟定各个零件的加工工序后，还需要注意合理安排各个零件的加工顺序，以便在加工中进行配合精度控制。

（3）编制加工工序表　由于组合件的零件数和加工工艺比较复杂，为了确定各个零件的加工工艺过程，便于操作加工，可参照工序表的编制方法，编制加工工艺，如本例左上体加工工艺过程见表 4-1。

表 4-1　左上体加工工艺过程　（单位：mm）

序号	工序名称	工序内容	设备
1	备料	六面体 82 × 77 × 42	X5032 铣床
2	铣削	铣削外形 $80^{0}_{-0.046} \times 75^{0}_{-0.046} \times 40^{0}_{-0.039}$	X5032 铣床
3	钳加工	去毛刺、划线	
4	铣削	铣削直槽宽 $48^{+0.10}_{0}$、深 24 ± 0.026，保证槽中心位置尺寸 40 ± 0.031	X6132 铣床
5	铣削	铣削 2 × C12 倒角	X6132 铣床
6	铣削	铣削凸块 $38^{0}_{-0.039} \times 6^{0}_{-0.048}$，保证位置尺寸 24 ± 0.026 与 17	X5032 铣床
7	铣削	钻、镗、铰 $\phi 36^{+0.039}_{0}$ 孔，保证位置尺寸 40 ± 0.031 与 24 ± 0.031	X5032 铣床
8	铣削	钻、扩、铰 $\phi 12^{+0.027}_{0}$ 孔，保证位置尺寸 63 ± 0.023 与 40 ± 0.031	X5032 铣床
9	铣削	铣削 90°V 形缺口，保证尺寸 27 ± 0.026	X5032 铣床
10	铣削	铣削燕尾槽，保证宽度 $56^{+0.046}_{0}$、深度 $16^{+0.043}_{0}$	X5032 铣床
11	钳加工	去毛刺、倒角	
12	检验	按图样要求检验各项尺寸	

（4）绘制加工工序简图　由于各个零件多挡尺寸精度要求较高，操作时为防止差错，可绘制加工工序简图作参考。本例右上体铣削加工工序简图如图 4-11 所示。

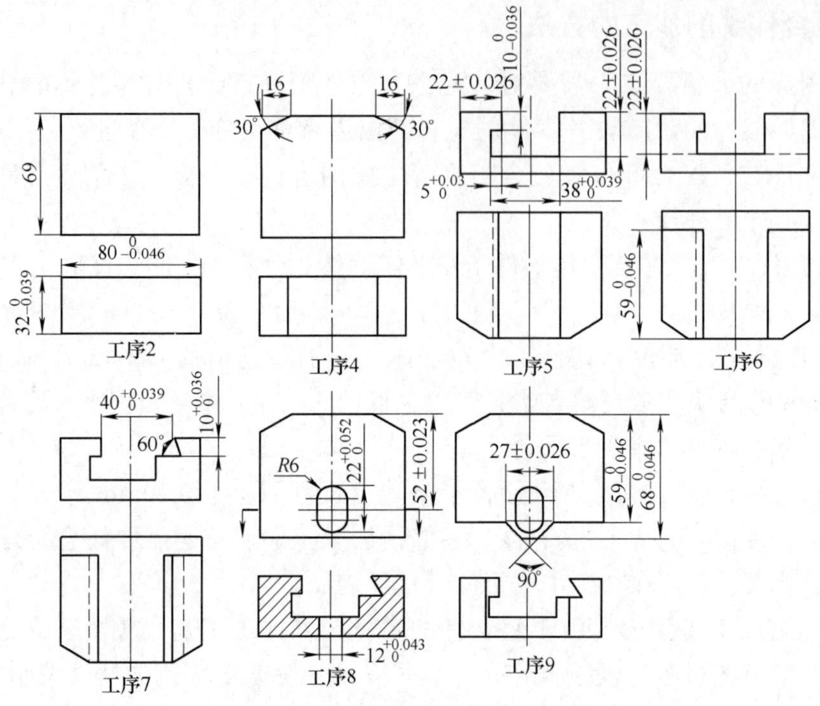

图 4-11　右上体铣削加工工序简图

（5）确定各个零件的加工要点　为了在加工中注意主要部位的加工操作，需要在加工前列出各零件的加工控制要点。本例的底座加工要点如下：

1）销孔 ϕ12mm 和 ϕ36mm、ϕ16mm 台阶孔之间的距离，应在公差范围内按左上体 1 的两孔中心距确定，同时应对称台阶宽度 $48^{-0.10}_{0}$ mm 两侧，否则会影响直销和台阶销的插入配合。

2）中间直槽和 T 形槽分粗、精铣，是为了保证工件各部分尺寸不受形变的影响。

3）铣削燕尾键时，应采用左上体和右上体铣削燕尾槽用的同一把铣刀，以提高燕尾配合精度。

4）镗台阶孔和台阶面时，镗刀切削刃应在工具磨床上修磨。安装镗刀时，应采用指示表找正切削刃与工作台面平行，以保证深度尺寸（19 ± 0.042）mm。

5）*B—B* 断面的台阶面 17mm 尺寸，应按右上体 4 的凹槽侧面与工件外形侧面的实际要素对应，否则会影响键槽与 ϕ12mm 销孔及直销的配合，同时，右上体 4 和底座 5 外形在宽度方向上也会产生偏移。

4.2.3　卧式数控铣床加工组合件的方法与特点

组合零件传统的加工方法需要在不同的条件下进行加工，可能要更换多种机床设备、钳工划线等工序，效率一般比较低，而数控机床作为一种机电一体化的加工设备，已出现了多工序集中的复合式加工体系。

1. 数控加工组合件的特点

1）数控加工功能性非常全面，大大减少了工件的装夹次数，节省了工艺装备和占用面积，也降低了生产成本。

2）数控加工对于产品形状的改变更加便捷，不需要大量的专业刀具进行辅助就可完成工件的加工。

3）数控加工智能化程度比较高，更容易减少加工的误差，而且定位明确，可多工序同时进行，大大提升了生产效率和产品质量。

2. 数控加工组合件的方法

（1）工件加工工艺的分析

1）毛坯分析：包括毛坯材料种类的分析、加工性能的分析、毛坯大小的选择等。

2）工件形状的分析：包括工件表面形状复杂程度的分析、尺寸精度的分析、各加工表面的加工方法的确定等。

3）刀具的选择：包括刀具形状和材料的确定、刀具切削用量的选择等。

4）定位基准的确定：采用基准重合、基准统一等原则方法，选择合适基准。

5）数控机床选择：包括采用哪种数控机床、哪种数控系统等。

6）夹具的选择：包括夹具及装夹方案的选择等。

（2）工件加工顺序的选择　需要结合装夹方案和工件表面的尺寸精度综合考虑，一般按照工件的由粗到细的原则来进行。数控加工的工序可以比较集中，应尽可能在一次装夹中完成工件的大部分或全部工序。

3. 卧式数控铣床的加工特点和操作方法

（1）卧式数控机床坐标系　卧式数控铣床与通用卧式铣床相同，主轴轴线平行于水平面，如图4-12所示。

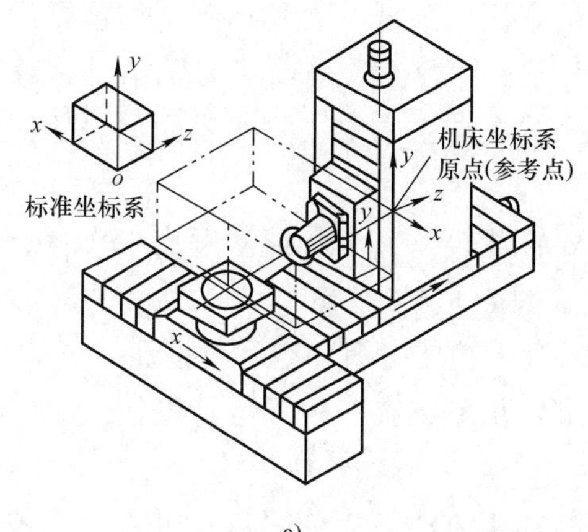

a)

b)

图4-12　卧式数控铣床

a）卧式数控铣床坐标系　b）卧式数控铣床加工零件

（2）卧式数控铣床特点

1）卧式数控铣床其主轴水平布置，与机床工作台面平行，扩大加工范围和使用功能，还采用增加数控转盘或万能数控转盘来实现 4 ~ 5 轴加工。这样不但工件侧面上的连续回转轮廓可以加工出来，而且可以实现在一次安装中，通过转盘改变工位，进行“四面加工”。尤其是万能数控转盘可以把工件上各种不同角度的加工面摆成水平面来加工，可以省去许多专用夹具或专用角度调整。

2）目前单纯的卧式数控铣床已较少，较多的是卧式数控铣镗床，适用于加工大、中型零件和箱形零件的粗、精镗孔，铣削等多种工序的加工。由于卧式数控铣镗床具有高刚度和闭环检测系统，能满足粗精加工的要求，所以卧式数控铣镗床为数控高效、精密通用大型机加工设备。

3）卧式数控铣床主轴与机床工作台面平行，加工时不便于观察，但排屑顺畅。从制造成本上考虑，卧式数控铣床现多配备自动换刀装置成为卧式加工中心。

（3）卧式数控铣床操作要点

1）开机之前，先观察机床的液压站与润滑油箱的油标指示，若油量不足先加油后开机，加油后的油位不能超过油标的最高红线。

2）开机后各轴回零，回零前要观察各轴的位置是否压在限位开关上，快速倍率要控制在 50%，B 轴回零前先确认工作台四周对工作台旋转没有干涉，工作台面下四个角每 90° 有一个定位销孔，旋转到定位销孔时要用气枪吹净孔内的铁屑，回零完成后，先插后夹。任何时间加工时，工作台都必须插销和夹紧。

3）主轴低速运转速率为 10 ~ 20r/min，运转 5 ~ 10min 方可正常加工。

4）开机后第一次换刀前先观察刀库位置（换刀处）是否有掉刀现象，若有应先手动旋转刀库一周。观察气压表，压力达到 0.6 ~ 0.8MPa 后方可自动换刀。

5）用手轮方式对刀时，先手动把主轴倍率调到最低，刀具达到试切位置后再慢慢调整合适的转速，试切完成后，让刀具离开工件表面（当前对刀轴不动，移动其他两个几何轴的其中一轴），试切的位置首先选在加工中要去除的表面上。任何时候用完手轮后必须关闭。

6）装夹工件时垫块、铜棒等辅助工具要轻放轻拿，严禁掉落砸伤工作台、机床防护罩等，加工时工作台上不得放置工具、夹具、量具。

7）任何人在任何时候不得操作面板上的机床锁住按钮和空运行按钮。

8）在加工过程中不得乱调主轴倍率与进给倍率，在有振刀等特殊情况时可以做出相应的调整。

9）任何人不得擅自修改程序，若有好的加工方法或工艺建议，可告知相关责任人，通过技术部审核、认可后由相关责任人整改。

10）本机刀具不得擅自乱调尺寸或借用他人。

11）加工过程中不得擅自离开机床，有特殊情况要先停机后再离开。白班中午下班后关掉机床照明灯、排屑器。

12）每班结束后，将机床周围打扫干净，防护罩、工作台、导轨、操作面板要擦拭干净，做好机床保养，没有特殊的情况，工件重心要移到 X 轴中间，写好交接班记录，交接清楚后方可下班。

13）每周做好机床的保养与维护，擦洗机床面板、配电柜时，应关闭机床总电源。配电柜与冷却泵的空气过滤网都应清洗干净。

14）每月检查一次刀柄的拉钉是否松动，刀具上有锈时要清理干净并喷涂防锈油。每台机床都有塑料托盘，刀具不得乱放。重新放回刀库时刀柄的槽要与主轴端的两个键配合后方可夹紧，装镗刀时要注意刀尖的方向，刀尖要指向操作面板，不能反向。

15）非本机操作工未经车间主任同意不得上机操作，无关人员不得乱动机床各旋钮开关。

4.2.4　组合件的检验与质量分析

1. 组合件的检验方法

组合件的检验包括各个零件的检验和组合后的配合精度检验。本例组合件的检验方法如下。

（1）工件检验　按零件图样要求和各项尺寸进行检验。

1）ϕ12mm、ϕ16mm 销孔用塞规检验。ϕ36mm 孔用杠杆指示表或内径千分尺检验。台阶孔深度用深度千分尺检验。

2）燕尾宽度用 ϕ6mm × 40mm 测量圆棒和千分尺配合检验。对称度用指示表和测量圆棒配合检验。

3）各平行面尺寸用千分尺、内径千分尺和深度千分尺测量。

4）90°V 形缺口和斜面连接面用游标万能角度尺检验。

（2）配合检验

1）各配合面间隙用 0.10mm 塞尺检验。

2）两销插入检验时，可先检验左上体与底座装配后两销是否能插入；拔去直销，装配右上体，检验各配合面间的间隙情况，然后再插入 ϕ12mm 直销。

3）移动右上体，检验 V 形缺口和斜面配合间隙是否小于 0.10mm，然后向外拉出，用内径千分尺检验左上体和右上体之间的距离是否在（10 ± 0.03）mm 范围内。

2. 组合件的质量分析方法

组合件的铣削加工质量分析主要是针对配合精度进行的，通常是根据配合部位精度超差或不能进行配合来具体分析单个零件的加工精度。本例组合件（销孔燕尾配合工件）加工质量的分析方法如下：

1）长度方向配合精度低的原因。

① 左上体 V 形缺口与右上体斜面因角度、位置和宽度尺寸误差大等影响配合精度。

② 配合间隙控制不当，使得斜面与 V 形缺口间隙过小或左上体凸块顶面与底座中间直槽侧面间隙过小，造成左、右上体台阶面难以结合。

③ 底座上两孔的加工未按左上体台阶孔和直销孔加工后的实际孔距控制公差进行加工，影响配合精度。

2）宽度方向配合精度低的原因。

① 左上体燕尾槽、右上体半燕尾槽与底座的燕尾块夹角、宽度尺寸和位置尺寸控制误差大。

② 直槽和台阶面的侧面之间平行度、宽度和位置尺寸铣削加工误差大。

③ 左上体和底座的销孔、台阶面和直槽、燕尾等配合部位，对称外形的精度低。

3）高度方向配合精度低的原因

① 左上体的燕尾槽、直槽深度和底座的台阶深度、燕尾高度尺寸控制失误。

② 右上体直槽深度与底座台阶深度尺寸控制失误。

③ 右上体直槽和底座台阶深度尺寸控制不当，使得左上体凸块无法沿右上体台阶下平面插入。

④ 在铣削右上体和底座台阶时，未将 22mm 的公差按 12mm 和 10mm 两档键、槽配合分配铣削加工控制公差。

4.3 模具型腔、型面加工技能训练实例

技能训练 1 框形凹模加工

重点与难点 重点为工件型腔的形体分析和加工工艺过程拟定。难点为工件装夹定位、铣削操作和型面精度控制等。

1. 框形凹模加工工艺准备要点

（1）图样分析（见图 4-13） 框形凹模由凹圆弧面、方形内框和梯形内框连接而成。鉴于形体由纵、横相垂直的平面、内圆弧面和斜面所组成，可在普通立式铣床上用回转工作台铣削模具型腔。框形凹模的型面尺寸基准为右侧端面和宽度对称中心平面。工件型面中部 10° ± 10′ 斜面交接圆弧中心与右侧端面的位置尺寸控制比较困难。

（2）工艺准备要点 坯件为中碳钢锻件，加工工艺路线为：铣削带工艺耳外形→磨削外形六面→型腔轮廓划线→铣削凹模型腔→铣除工艺耳→精磨削六面。根据图样，凹模型腔以 100mm 对称中间平面和 250mm 一端为尺寸基准，具体加工时的基准，可先确定各内圆弧的中心位置，并以圆弧中心为基准，加工相切的各平面、斜面。因此，在确定加工基准后，应拟定定位方法，如图 4-14a 所示。本例较简便的方

法是选用平行度误差很小的平垫块与工件连接在一起，同时加工出 8 个 ϕ6mm 孔，这样，一方面可以作为铣削穿通内腔时，工件与工作台面之间的衬垫，另一方面可在型腔铣削过程中，当平面、斜面和圆柱孔部分圆弧连接后，可以垫块上的圆柱孔作为定位部件，从而通过工件和平垫块的联体装夹，解决工件以圆弧中心作为定位的难点。

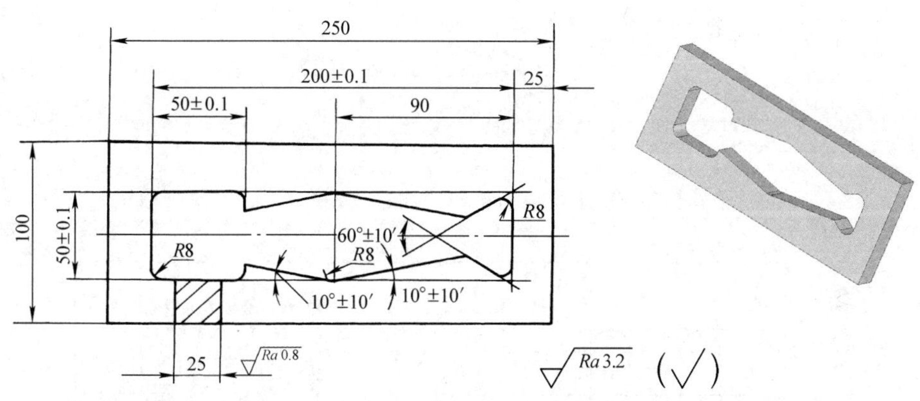

图 4-13　框形凹模工件图

2. 框形凹模铣削加工要点

（1）加工准备要点　工件型面轮廓划线，具体步骤如图 4-13、图 4-14b 所示。按图样选用三齿立铣刀粗铣和五齿立铣刀精铣。孔加工时按图选用中心钻、麻花钻、镗刀杆和机用铰刀。制作台阶定位心轴，一端外圆与回转工作台主轴定位孔配合，一端与工件和垫块联体的定位孔配合。制作平行垫块和工件联体把工件和平垫块叠合后，在工件工艺耳部和平垫块上配钻销钉螺孔，即工件耳部钻铰定位螺钉定位通孔，平垫块上配钻螺纹通孔。使用带定位圆柱的螺钉定位夹紧，将平垫块和工件制作成一个联体。按钻、镗、铰的工艺，加工 ϕ6mm 孔 1～8 个，达到图样连接位置的精度要求。

（2）铣削加工要点　按划线粗铣型面内框；找正侧面基准与纵向平行，精铣方形内框；分别以孔 5、6 为基准用心轴定位，使平垫块上的基准圆孔 5、6 与回转工作台同轴。用正弦规找正侧面基准与工作台纵向的夹角为 10°，精铣与方框连接的对称梯形内框；用类似方法，精铣与 60° 三角框连接的对称梯形内框；分别以孔 7、8 为基准用心轴定位，使平垫块上的基准圆孔 7、8 与回转工作台同轴。用正弦规找正侧面基准与工作台纵向的夹角为 30° 或平行，精铣 60° 三角形内框。操作中注意严格控制铣刀与连接定位孔的相对位置，使铣削时始点或终点恰好为铣刀中心和定位孔的重合点。在铣削的过程中，工件和平垫块联体装夹在回转工作台上，铣削过程中，应注意回转台和机床工作台的配合使用，回转台主要用于找正工件内框的斜面和定位孔的位置。

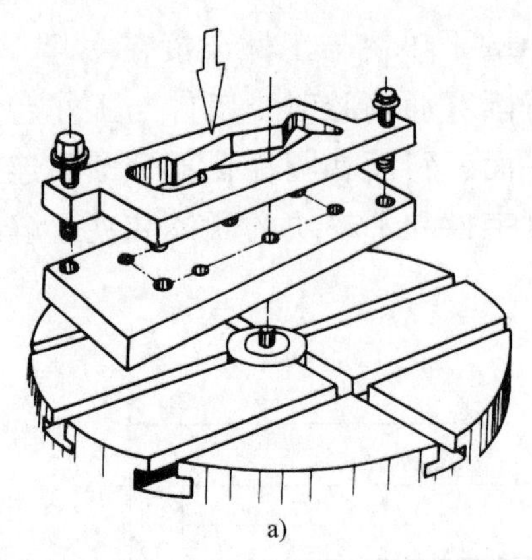

a)

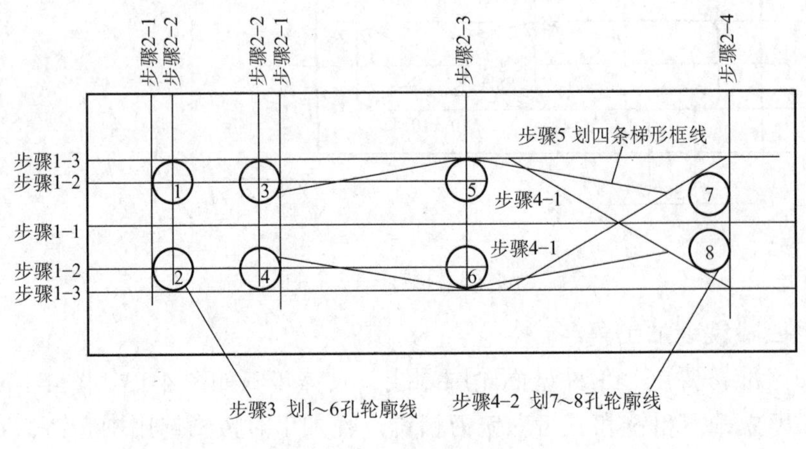

b)

图 4-14　工件定位装夹方法和型面轮廓划线

a）装夹示意　b）划线示意

3. 框形凹模检验和质量分析要点

（1）测量检验要点　检验方形框和框形总长尺寸采用内径千分尺测量；检验斜面角度在测量平板上借助六面角铁、正弦规、量块和百分表测量；斜面的对称度可在基准端面设置定位点进行测量检验，测量时，工件分别以两侧面为基准，与正弦规测量面贴合，基准端面与定位点接触，若斜面与测量平板平行，且两侧斜面等高，则表明斜面对称工件侧面外形；梯形框中间位置和三角框底角位置尺寸通过预制孔位置检验。

（2）质量分析要点　表面粗糙度误差大的原因是：立铣刀刃磨质量差，精铣过程中进给停顿等，铣刀切削刃与柄部同轴度差、变径套同轴度差、铣刀安装精度差。凹模型面形状精度误差大的原因是：铣刀几何精度差，如有锥度、素线不直等，铣刀和工件基准面不垂直，铣削时铣刀因细长刚度差产生让刀或拉刀。

凹模型面位置精度误差大的原因是：预制孔位置精度差；回转台和铣刀相对位

置找正精度差；工件预制孔和定位心轴的配合间隙大；精铣余量过少，使得精铣时尺寸精度控制困难；工件和平行垫块的联体制作时定位精度不高，加工过程中有相对位移，产生定位误差。型面连接精度误差大的原因是：操作中的过切和欠切没有通过修铣等措施进行弥补。

技能训练 2　涡轮精铸型块母模加工

重点与难点　重点为工件型腔立体曲面的形成分析和铣削加工工艺方法拟定。难点为工件装夹找正方法，铣削操作和型面位置精度控制。

1. 工艺准备要点

（1）图样分析要点　图 4-15 所示模具是用于制作废气涡轮增压器涡轮转子的精铸形块的母模，母模的型面是根据涡轮叶片形状由立体曲面构成的。模具型腔包括上模一个凹形立体曲面和下模两个凸形立体曲面。这三个立体曲面具有共同的几何特征：型面素线都是直线，并始终与轴线 OO' 垂直相交。型面展成的过程是：型面母线绕轴线 OO' 在水平面内转过一个单位角度 $\Delta\varphi$，并沿轴向平行移动 Δh，逐次转 $\Delta\varphi_1$、$\Delta\varphi_2$、…、$\Delta\varphi_n$ 同时沿 OO' 移动相应的 Δh_1、Δh_2、…、Δh_n 便能展成具有一定规律的立体曲面。三个立体曲面的轴线分别位于基准孔中心 O_1、O_2、O_3。型面Ⅰ的展成角为 33°30′，型面Ⅱ的展成角为 32°30′，型面Ⅲ的展成角为 33°30′。型面Ⅰ起始素线与工件基准端面平行；型面Ⅱ起始素线与工件基准端面不平行，沿逆时针转过 4°；型面Ⅲ起始素线与工件基准端面不平行，沿顺时针转过 1°30′。基准孔的直径比较小，为 ϕ3mm。

（2）加工方法要点　根据三个型面的几何特征，使用立铣刀铣削直角台阶的方法，以台阶交线为型面母线，采用回转台装夹工件，使铣成的台阶交线与工件基准孔轴线垂直相交，回转台每转单位角度 $\Delta\phi$，刀具相应沿垂向移动 Δh，可逐步铣成模具型面。根据图样，模具型面以 ϕ3mm 孔和底面、一侧端面为基准。工件采用心轴定位，心轴为台阶轴，一端圆柱面与回转台主轴定位孔配合，一端与工件基准孔配合。工件直接装夹在回转台工作台面上，用螺栓压板夹紧。选择的立铣刀应具有较高的几何精度，铣刀刀尖应无圆弧和倒角，以便形成位置精确的型面素线。根据坐标数据表，回转工作台应换装适用的孔盘和分度手柄。若选用的回转台定数为 120，分度手柄每转过一圈为 3°，数据表中的 $\Delta\varphi = 12'$ 或 $\Delta\varphi = 6'$，故回转工作台分度手柄转数 $\Delta n = 12'/(60' \times 3) = 2/30\text{r}$ 或 $\Delta n = 6'/(60' \times 3) = 1/30\text{r}$。在立铣头上安装钟面百分表，准确控制套筒的移动量来达到垂向移动 Δh 的精度要求。

2. 铣削加工要点

（1）加工准备要点　用环表法找正铣床主轴和回转工作台主轴同轴；用百分表找正铣刀的安装精度；纵向移动等于立铣刀半径的距离，用横向进给铣削台阶面，使垂直面通过回转台主轴轴线，水平面与回转台台面处于整数对刀位置。垂直面通

凸面Ⅰ坐标

φ	0°12′	0°24′	0°36′	33°18′	33°24′	33°30′
Δh	0.084	0.084	0.084	0.614	0.819	2.249
h	0.084	0.168	0.252	27.932	28.751	31

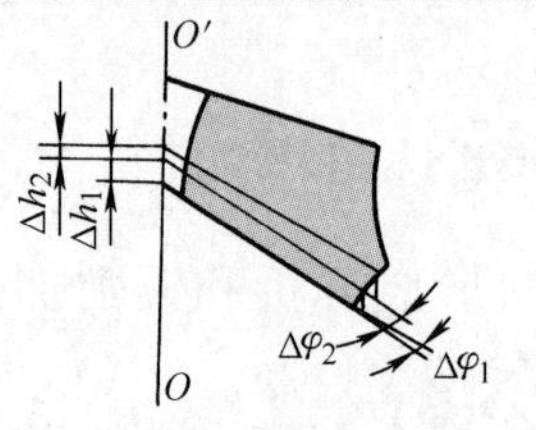

凸面Ⅱ坐标

φ	0°12′	0°24′	0°36′	32°18′	32°24′	32°30′
Δh	0.086	0.086	0.088	0.624	0.834	2.267
h	0.086	0.172	0.26	27.899	28.733	31

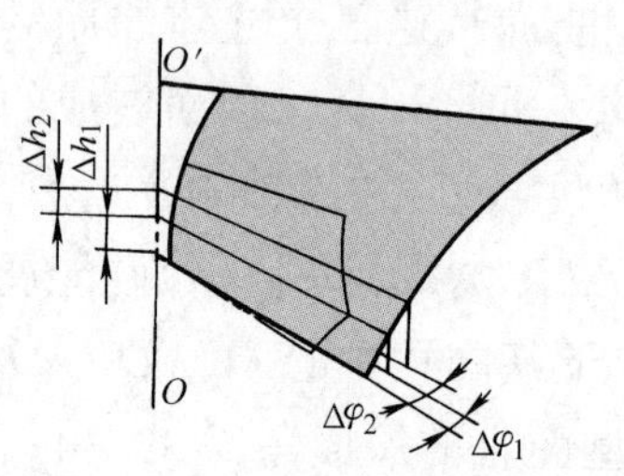

a)

凹面Ⅲ坐标

φ	0°6′	0°12′	0°18′	33°18′	33°24′	33°30′
Δh	2.24	0.823	0.615	0.05	0.04	0.04
h	2.24	3.06	3.67	30.92	30.96	31

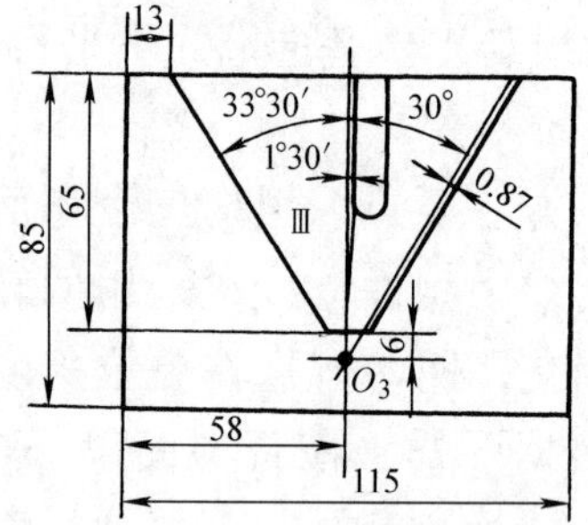

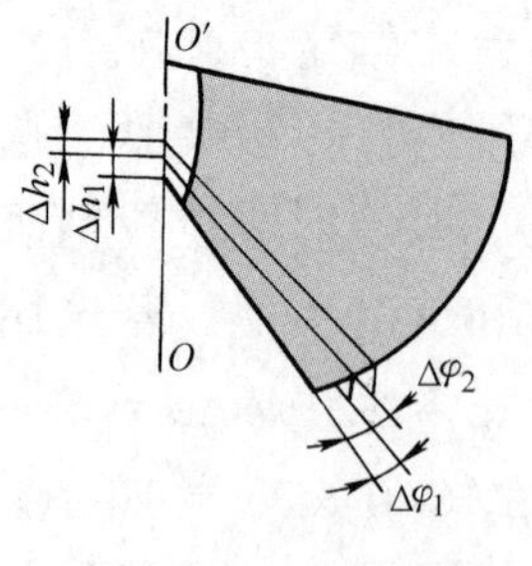

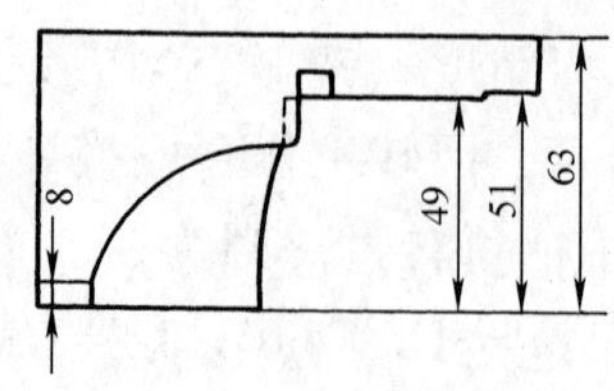

b)

图 4-15　精铸型块母模加工简图

a）下模型腔　b）上模型腔

过回转台主轴轴线的检验方法是：用百分表接触垂直面，利用回转台将垂直面转过180°，仍用处于原位的百分表与被测垂直面贴合的平垫块表面接触，若百分表的示值相同，则表明垂直面已准确处于通过回转台主轴轴线的位置。工件铣削位置找正时，工件和回转工作台的同轴度由台阶心轴通过回转台中心定位孔和工件立体曲面的基准孔定位确定；找正铣刀与工件铣削位置时（见图 4-16），先找正工件基准端面与横向平行，然后按起始角度 $\varphi_{始}$和起始高度 $h_{始}$调整回转工作台的转角和机床工作台垂向位置，使立铣刀铣出的台阶面交线准确处于模具型面的起始角度和高度位置。

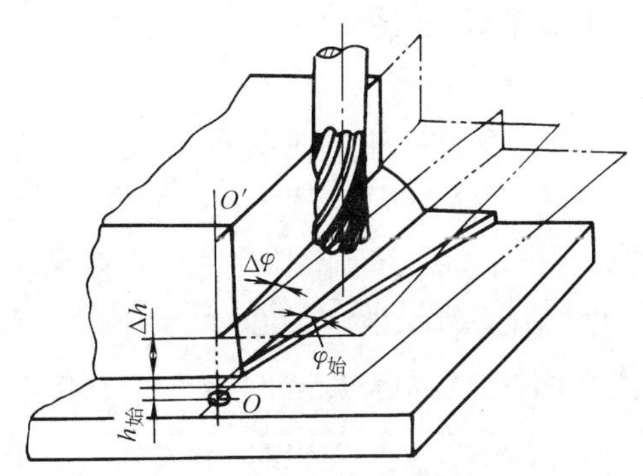

图 4-16　型腔铣削位置找正

（2）加工操作要点　铣削模具型面Ⅰ、Ⅱ时，应分别以 O_1 和 O_2 定位。用螺栓压板夹紧工件时，因定位孔直径很小，因此夹紧力要大一些，而且应防止在夹紧过程中，因定位轴变形而使工件产生位移。找正好铣削起始位置后，每铣削好一个台阶面，用回转台使工件在水平面内转过 $\Delta\varphi$。本例中型面Ⅰ、Ⅱ分度手柄按 $\Delta n = 2/30r$ 操作，型面Ⅲ按 $\Delta n = 1/30r$ 操作。在每转过一个 $\Delta\varphi$ 角度后，利用百分表控制立铣头套筒位移相应的 Δh。

铣削过程中还应注意以下操作细节：铣刀应始终保持刀尖锋利，否则会影响曲面形状精度。每次用回转工作台转动 Δn 后，均须紧固回转台，防止转角的微量偏移和积累误差，因此，在使用前需用百分表对回转台紧固时有否微量角度位移进行检测，必要时，须对紧固机构进行清洗和调整后再予以使用。

3. 检验与质量分析要点

（1）测量检验要点　型面位置检验主要通过过程检测予以保证。如素线与工件基准孔轴线的垂直相交是通过找正时检测立铣刀台阶垂直面通过回转台回转轴线来保证的。又如素线的起始位置是在起始角 $\varphi_{始}$和起始高度 $h_{始}$的检测时保证的。检验型面展成角时，可通过回转台的刻度和手柄数进行换算复验，垂向的位置高度可通过百分表的位移累计数复验。型面的形状精度可以通过专用的样板检验，也可采用合模制作型块后对形块进行检验。

（2）质量分析要点　母模型面形状精度误差大的原因是：立铣刀刀尖中途磨损，引起型面母线位置变动等。型面母线展成位移对应数据错位。铣削过程中因各种原因，引起工件位移。回转台锁紧机构失灵，引起角位移累计误差。控制垂向移动精度的百分表精度差，引起垂向位移累计误差。母模型面位置精度误差大的原因是：铣刀选择不当，刀尖有较大圆弧和倒角。铣床和回转台回转轴线同轴度找正精度差致使型面母线与基准孔轴线错位异面。铣削时工件起始角和起始高度找正测量误差大。工件装夹过程中因心轴变形、夹紧不当等，产生定位误差。工件基准孔的制作精度差。

技能训练3 凸凹模的数控铣削加工

重点与难点 重点为组合件的形体分析和加工工艺过程的拟定。难点为工件铣削加工形状复杂，程序量大，精度的控制和配合等尺寸的控制。

1. 工艺准备要点

（1）图样分析

1）组合件-件1如图4-17所示。上表面由梅花形槽、薄壁圆、直径 ϕ6mm孔、正六边形主体组成，薄壁尺寸控制比较困难。下表面由M30×1.5外螺纹、3mm退刀槽、60°锥面型面组成。中间有直径 ϕ16H7mm孔。

2）组合件-件2如图4-18所示。单面加工，加工表面由矩形和正六边形型腔、圆弧形凹槽、M30×1.5mm内螺纹、60°锥面型面、3mm退刀槽等组成（反面不设计）。

3）组合件-件3如图4-19所示。单面加工，加工表面由梅花形凸台、M5×6螺纹孔、圆形凸台、对称凹槽、直径 ϕ16mm孔组成（反面不做设计）。

4）组合件装配示意图如图4-20所示，装配及其尺寸控制比较困难。

（2）工艺准备

1）拟定加工工艺路线。件1为铝合金，件2、件3均为钢件，加工工艺路线：铣削件1上表面及直径 ϕ16mm孔→铣削件1下表面→铣削件2并配合→铣削件3并配合。

2）合理选择装夹方法。件1加工上表面可采取自定心卡盘装夹，也可以在机用虎钳上铣削圆柱面产生平面，利用产生平面在机用虎钳上装夹加工，件1下表面采用机用虎钳装夹正六边形垂直面进行加工。件2、件3均采用机用虎钳装夹。装夹需注意工件伸出钳口高度，通孔加工注意机用虎钳底面离开工件底平面一定距离，防止刀具与机用虎钳、垫块等发生碰撞。

2. 铣削加工要点

（1）选择刀具 工件有45钢和2A12铝两种材料，可采取硬质合金和高速钢材料的刀具进行铣削。工件形状复杂，尺寸多变，可采取不同规格的中心钻、麻花钻、键槽铣刀、面铣刀、螺纹铣刀、铰刀、丝锥、槽铣刀、倒角刀等进行加工。

（2）铣削注意事项

1）薄壁尺寸精度较难控制，合理分配粗、精加工和切削用量是关键，可采取高速铣削加工。

2）配合尺寸控制。件1和件2的配合主要为梅花凹槽和梅花凸台的相配，严格控制深度尺寸和槽宽尺寸是配合关键。件1和件3的配合主要为螺纹配合和斜面配合，严格控制深度尺寸、螺纹尺寸和型面的大小是配合关键。

3）零件形状复杂，尺寸多变，可采用手工编程或CAD\CAM技术进行辅助编程加工，注意模拟轨迹，避免刀具与工件干涉碰撞。

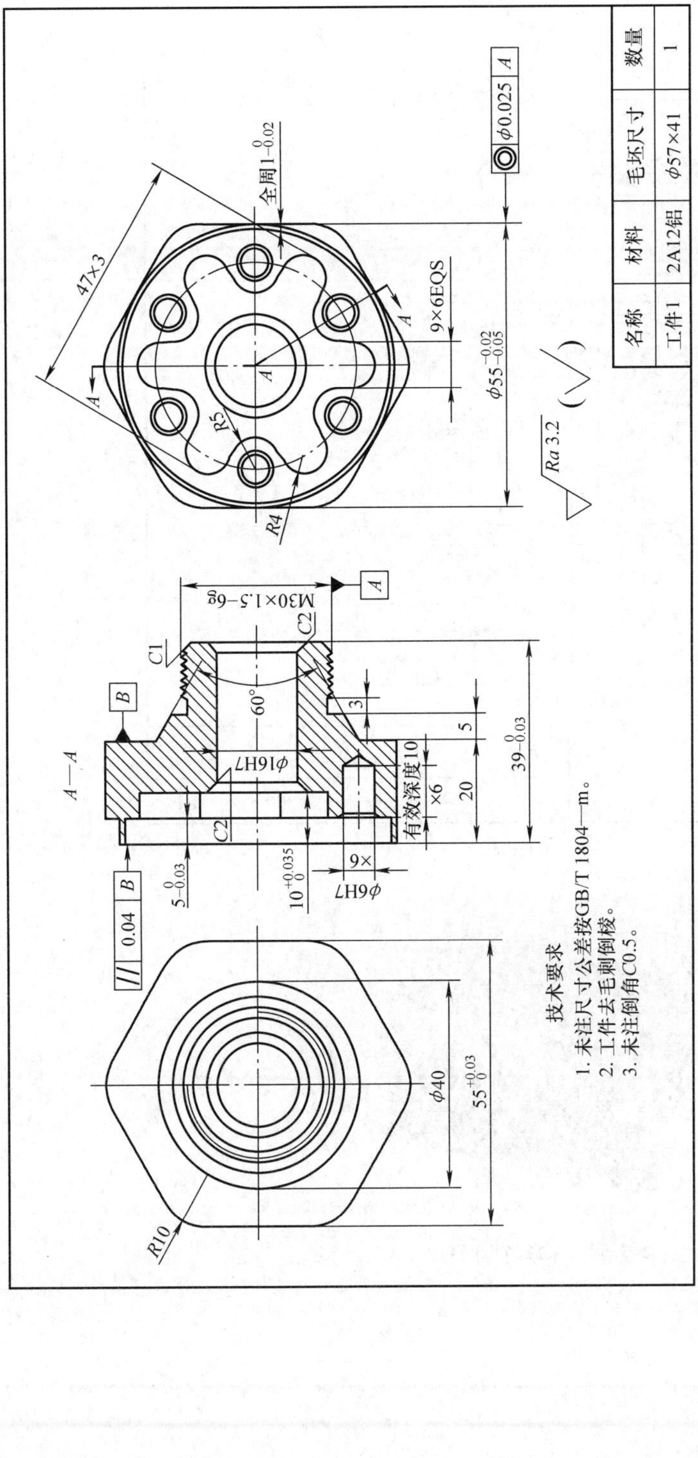

A—A

技术要求

1. 未注尺寸公差按GB/T 1804—m。
2. 工件去毛刺倒棱。
3. 未注倒角C0.5。

名称	材料	毛坯尺寸	数量
工件1	2A12铝	ϕ57×41	1

图 4-17 组合件 - 件 1

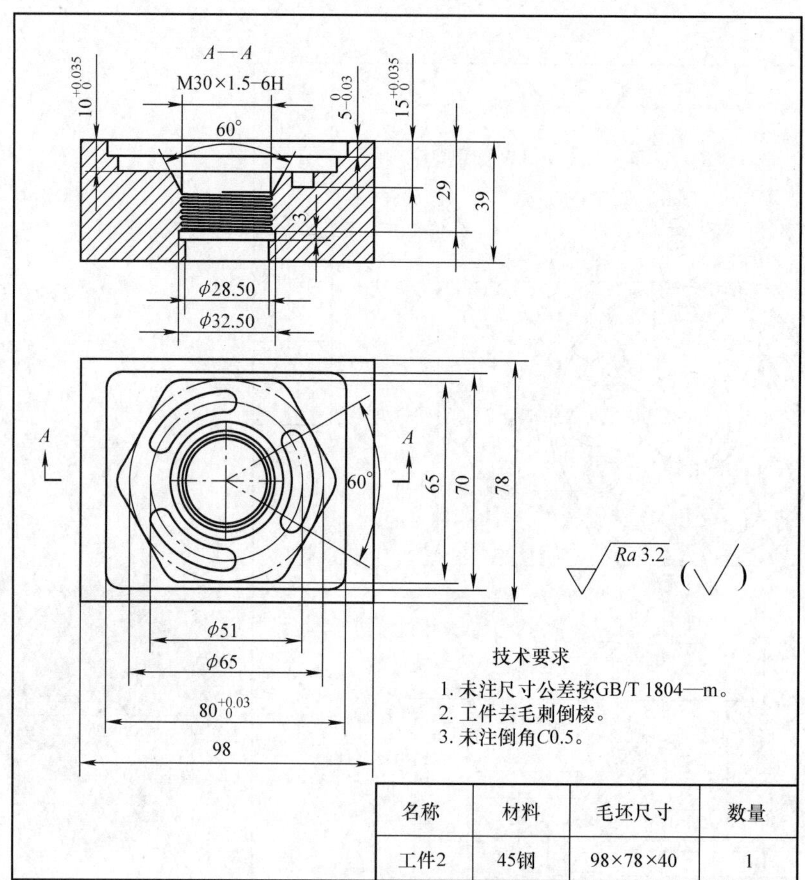

名称	材料	毛坯尺寸	数量
工件2	45钢	98×78×40	1

图 4-18　组合件 - 件 2

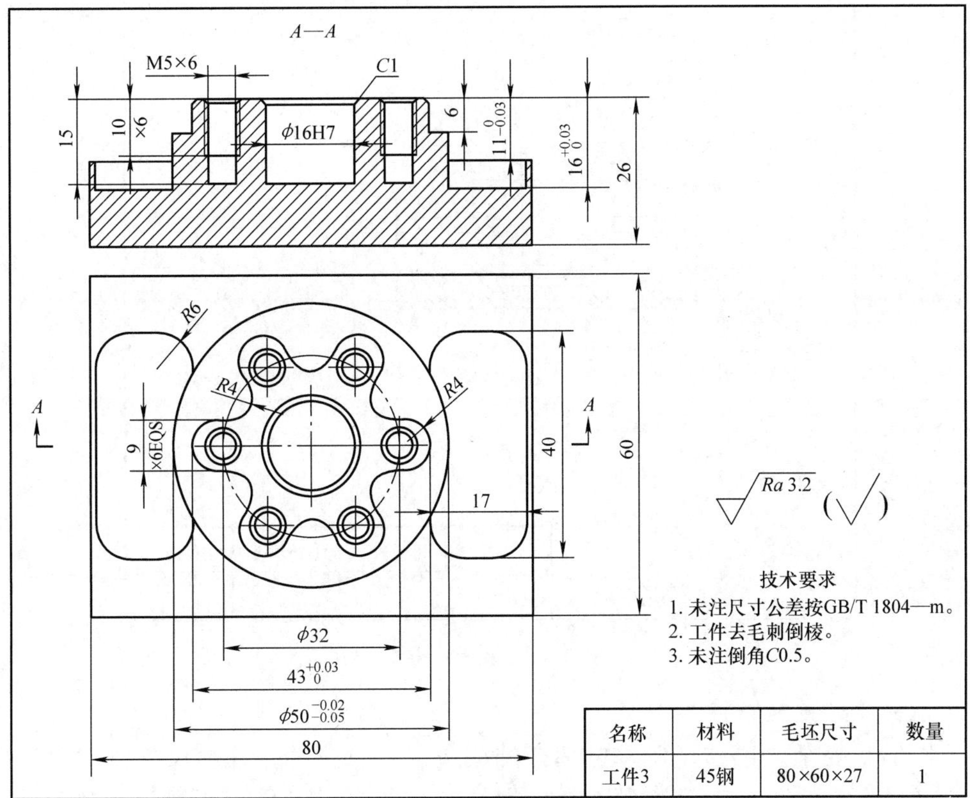
A—A
M5×6
C1
ϕ16H7
15
10
×6
6
$11^{\ 0}_{-0.03}$
$16^{+0.03}_{\ 0}$
26
R6
R4
R4
A
A
9
×6EQS
40
60
17
ϕ32
$43^{+0.03}_{\ 0}$
$\phi 50^{-0.02}_{-0.05}$
80
Ra 3.2
技术要求
1. 未注尺寸公差按GB/T 1804—m。
2. 工件去毛刺倒棱。
3. 未注倒角C0.5。
名称 | 材料 | 毛坯尺寸 | 数量
工件3 | 45钢 | 80×60×27 | 1

图 4-19　组合件 - 件 3

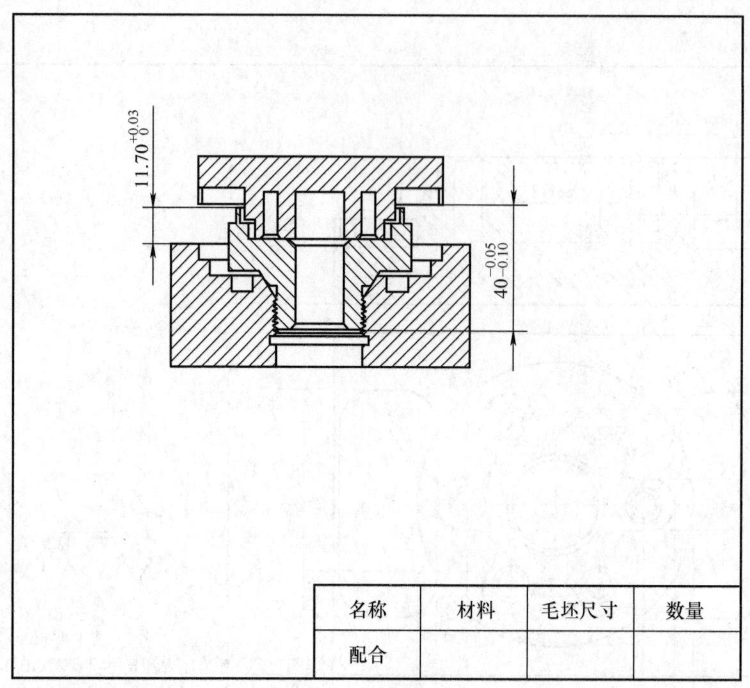

名称	材料	毛坯尺寸	数量
配合			

图 4-20　装配示意图

3. 组合件的测量检验

工件形状复杂，尺寸多变，可选择的测量工具有多种，外形尺寸测量可采用千分尺、游标卡尺、百分表等测量工具，螺纹和孔的测量可采用环规、塞规等进行测量检验，几何公差、斜面和配合尺寸可采取比对法检测或采用更高精度的三坐标测量机测量检验。

项目 5 高精度平行孔系与复杂单孔加工

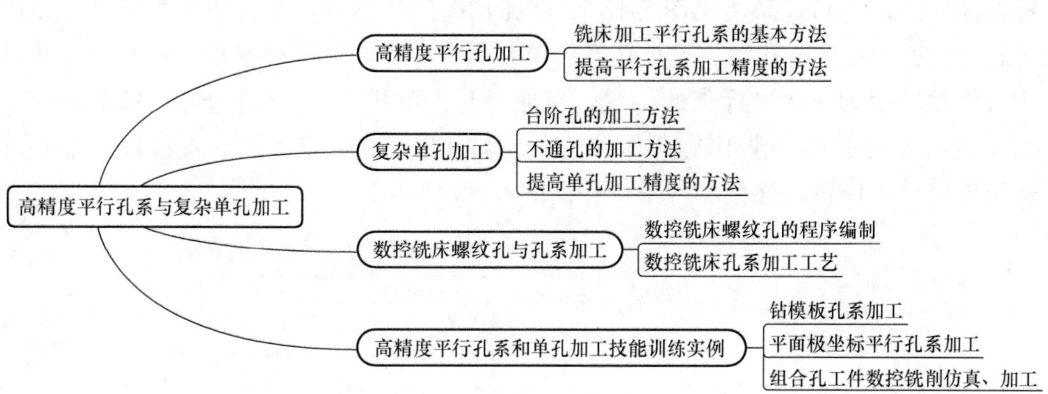

5.1 高精度平行孔加工

5.1.1 铣床加工平行孔系的基本方法

1. 平行孔系工件的种类和特点

所谓平行孔系是指由若干个轴线相互平行的孔或同轴孔系所组成的一组孔。平行孔系镗削加工中的主要问题是如何保证孔系的相对位置精度、孔与基准面的坐标位置精度，以及孔本身额定尺寸、形状精度和表面粗糙度。各种形体零件上的平行孔系具有不同的特点，根据其特点，平行孔系可大致分为以下两类。

（1）按孔系轴线的长度分类

1）轴线较短的平行孔系。短轴线的板状、盘状和箱体单壁平行孔系，此类孔系的孔基本分布在一个平面上，孔的轴线比较短，而孔的种类可以有通孔、不通孔和台阶孔等。如钻模板的平行孔系、联轴器的圆周均布平行孔系和箱体零件的基准面上用于定位安装的平行孔系等。

2）轴线较长的平行孔系。长轴线的平行孔系，常用于箱体零件的两侧面的对穿通孔，较大的箱体零件还常有中间的内壁，因此，孔贯穿于几个截面，其形状、尺

寸和位置精度都比较难控制。

（2）按孔距标注的方法分类　平行孔系涉及孔与基准的相对位置和孔与孔之间的相对位置，为了准确地移动孔距，须将位置尺寸转换为坐标值。平面孔系常用的坐标为直角坐标系和极坐标系。

1）用直角坐标标注的平行孔系。直角坐标系如图 5-1a 所示。在加工中，取一个与机床主轴垂直的平面，确定一点为坐标原点，从原点出发，沿一个进给方向的直线（数轴）为 x 轴，沿与其垂直的另一进给方向的直线（数轴）为 y 轴。沿主轴正视坐标平面，原点向右为 x 轴正方向，原点向上为 y 轴正方向。

在工件图样上平行孔系中，若孔的位置尺寸标注都与基准平行，称为采用直角坐标标注方法的平行孔系（见图 5-1b），即孔轴线的积聚点位置在平面直角坐标系内用（x、y）表示的平行孔系。这类孔系的位置尺寸标注与基准面平行，各孔的位置可较为方便地转换为直角坐标点的位置，在加工时，可找正视作坐标轴的基准面（线）与某一进给方向平行，找正主轴中心在坐标系中的准确位置，然后直接按孔中心的坐标位置移动工作台，逐个加工平行孔系的各孔。

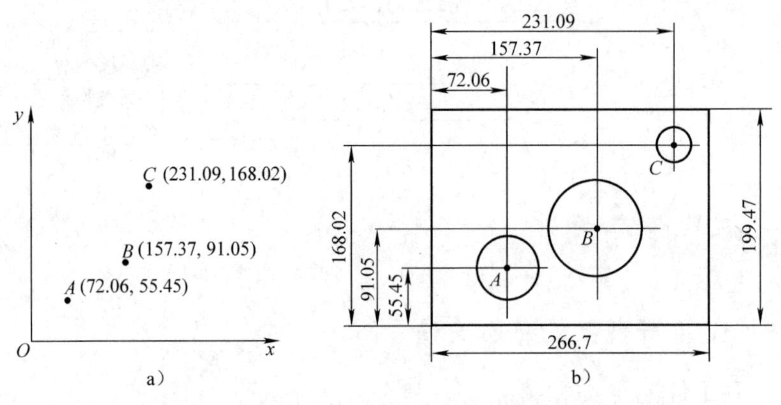

图 5-1　直角坐标系及其在平行孔系中的运用

a）直角坐标系　b）用直角坐标方法标注孔距的平行孔系工件

2）用极坐标标注的平行孔系。极坐标系如图 5-2a 所示，是在加工中，取一个与机床主轴垂直的平面，确定平面内一点为坐标原点，取 Ox 为长度单位和角度起始线，平面上任意一点的位置可以由 OM 的长度 ρ 和 Ox 与 OM 之间的夹角 θ 确定。在极坐标系统中，ρ 称为极径，θ 称为极角（逆时针旋转为正），Ox 称为极轴。

在工件图样上的平行孔系中，若孔轴线与基准的位置尺寸由角度和直线尺寸相结合进行标注的，称为采用极坐标标注方法的平行孔系（见图 5-2b），即孔轴线的积聚点的位置在平面极坐标内用（ρ、θ）表示的平行孔系。这类孔系若仅用机床工作台移动孔距时，须将极坐标转换成直角坐标；若直接按极坐标移距，须采用回转工作台和机床工作台配合进行。平面极坐标与平面直角坐标的转换公式为

$$x = \rho\cos\theta \qquad (5\text{-}1)$$

$$y = \rho\sin\theta$$

或

$$\rho^2 = x^2 + y^2 \qquad (5\text{-}2)$$

$$\tan\theta = \frac{y}{x} \ (x \neq 0)$$

式中，$\rho \geqslant 0$，$0 \leqslant \theta < 2\pi$。

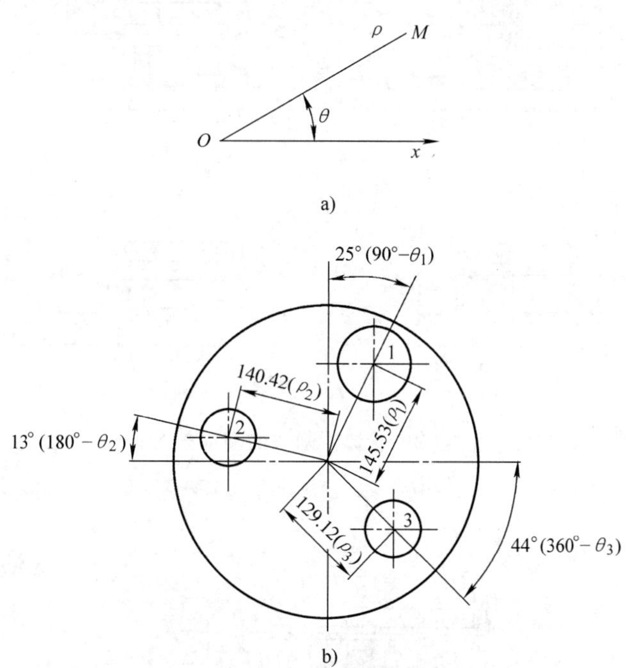

图 5-2　极坐标系及其在平行孔系中的运用

a）极坐标系　b）用极坐标方法标注孔距的平行孔系工件

2. 孔系的基本镗削加工方法

（1）镗削加工基本方法

1）悬伸镗削法。悬伸镗削法是使用悬伸的镗刀杆对中等孔径和不通孔同轴孔系进行镗削加工的方法。镗削同轴孔时，有三种基本方法（见图 5-3），还可以分为主轴进给和工作台进给两种方法。与镗床上的镗削加工不同的是，铣床上的悬伸镗削法一般均由工作台进给进行镗削。

2）支承镗削法。当镗削加工箱体类工件的同轴孔系时，孔轴线较长，且又是通孔，这时，若采用悬伸镗削法进行加工，镗刀杆的悬伸量大，镗刀杆轴线产生的挠度值引起的加工误差可能超过工件的加工要求。在这种情况下，应采用将镗刀杆头

部伸入卧式铣床的支架轴承孔内进行镗削加工，这种镗削加工方法称为支承镗削法。支承镗削法也有类似的三种基本方法，如图 5-4 所示。

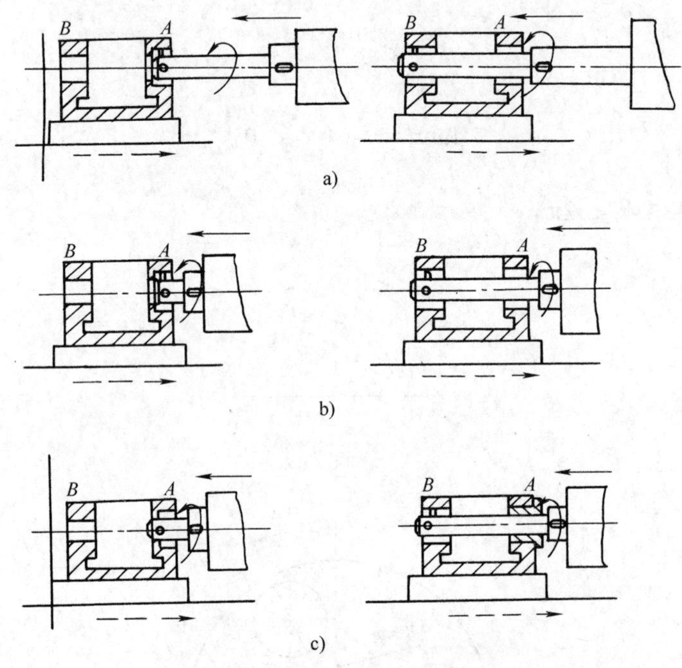

图 5-3　悬伸镗削法的基本方式

a）不调换镗刀杆镗削方式　b）调换镗刀杆镗削方式　c）调换镗刀杆并采用导套的镗削方式

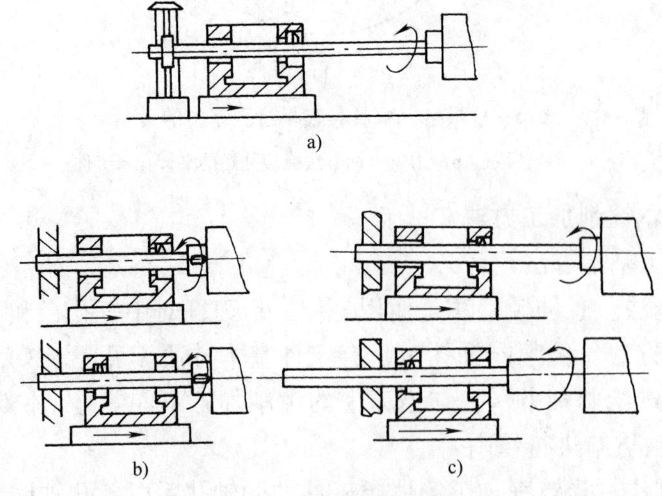

图 5-4　支承镗削法的基本方式

a）单刀孔镗刀杆的镗削方式　b）多刀孔镗刀杆的镗削方式　c）多刀孔镗刀杆并采用导套的镗削方式

（2）镗削基本加工方法的特点与选用

1）悬伸镗削法的特点和选用。

① 可镗削加工单孔和孔轴线不太长的同轴孔。

② 所使用的镗刀杆刚度好，切削速度比支承镗削高，生产率高。

③ 在悬伸镗刀杆上安装，调整单刃镗刀或镗刀块比较方便、省时。

④ 悬伸镗削入口宽敞，便于加工观察，可使用通用精密量具进行测量，容易保证工件的加工质量，比其他镗削方式辅助时间短。

⑤ 在立式铣床上采用悬伸镗削法，进给平稳、垂直导轨的精度比较高，孔的形状精度比较高。

⑥ 由于镗刀杆的长度受到刚度和挠度的限制，只能加工轴线较短的孔。

2）支承镗削法的特点和选用。

① 与悬伸镗削法相比，支承镗削法的镗刀杆具有较好的刚度。

② 支承镗削法适用于加工穿通的同轴孔系，便于保证同一轴线上各孔的同轴度要求。

③ 采用单刀孔镗刀杆时，刀杆的长度须超过工件孔的轴向孔长度的两倍以上，故降低了刀杆的刚度，增加了挠度，从而影响加工精度，同时还会使加工受到铣床横向进给行程的限制。

④ 在铣床上采用支承镗削法，由于镗刀杆的远端须由支架支承，其远端的结构必须符合与支架轴承配合的精度要求。若支架采用滑动轴承，镗刀杆的转速还会受到一定的限制，当镗刀杆转速较高时，须采用滚动轴承的支架。

⑤ 在加工同轴孔系中，同一镗刀杆上可能要安装多把尺寸不同的镗刀，装卸和调整镗刀比较麻烦、费时。

⑥ 加工过程中，加工情况较难观察，无法使用通用量具进行过程测量。特别是在加工箱体类工件内隔板上的孔时，操作更加困难。

综上所述，悬伸镗削法大多用于加工工件端面上的孔，调整刀具方便，试镗、测量、观察都比较方便，而且镗削速度不受支承轴承的限制，可选用较高的镗削速度，生产率高。支承镗削法在加工孔与孔轴向距离较大的同轴孔系时可发挥较好的作用，在支承轴承配合间隙调整恰当的情况下，能加工同轴度要求较高的同轴孔系。由于支承镗削法操作比较困难，加工受到多种条件限制，故在工艺系统刚度足够的情况下，一般都采用悬伸镗削法。

3. 平行孔系的镗削方法

在主轴箱、减速箱等箱体类零件上常有一组轴线较长的平行孔系，这类平行孔系的加工比较困难。在单件、小批量生产中，常采用试切法和坐标法加工，在成批量生产中常采用镗模法加工。

（1）试切法　用试切法镗削图5-5所示的平行孔系，可按以下步骤进行：

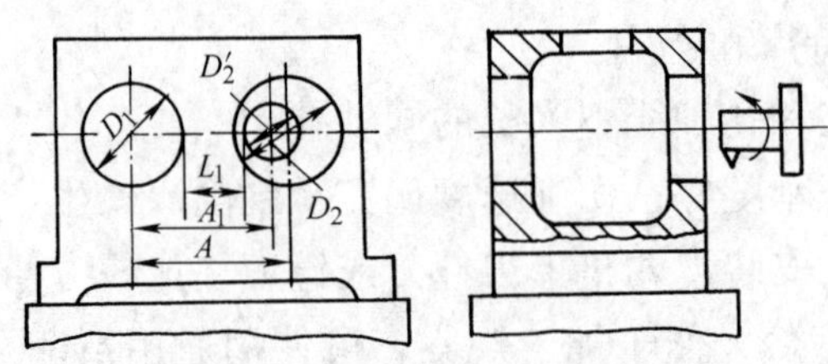

图 5-5　试切法镗削平行孔系

1）预检已加工完成的基准底面和侧面，装夹和找正工件，使基准面均与机床主轴平行。即在卧式铣床上，使工件基准底面与工作台面平行，基准侧面与工作台横向进给方向平行。在立式铣床上，基准底面与侧面均与工作台面垂直，基准底面或侧面与工作台横向或纵向平行。

2）按划线找正 D_1 孔中心与铣床主轴同轴，试镗 D_1 孔，预检、微调 D_1 孔的位置尺寸，待位置尺寸准确后，将孔镗至符合图样规定的孔径尺寸和表面粗糙度要求。

3）按划线找正 D_2 孔与机床主轴同轴，试镗孔至孔径 D_2'，预检孔距 $A_1 = D_1/2 + D_2/2 + L_1$。

4）按 $\Delta A = A - A_1$ 调整工作台，经过反复调整、试切、测量，使两孔孔距达到图样要求，并使 D_2 达到图样规定的孔径尺寸和表面粗糙度要求。本例两孔与底面等高，若两孔不等高，则须测出 A_{1x}、A_{1y} 后，按计算得出的 ΔA_{1x}、ΔA_{1y} 调整工作台，逐步使两孔孔距达到图样规定的要求。

用试切法镗削平行孔系，一般适用于单件、小批量和精度不太高的工件。

（2）坐标法　用坐标法镗削图 5-6 所示的主轴箱体的平行孔系，可按以下步骤进行：

1）分析图样。掌握平行孔系的精度要求和工件形体特点。

2）确定加工基准。本例 A 面较大，为装配基准，应作为工件装夹定位的主要基准面，C、D 面可作为侧面基准。

3）确定加工顺序。主要是确定起始孔和其他各孔的加工顺序。

4）确定坐标平面和坐标原点或极点。本例与孔 1 ~ 6 组成的平行孔系轴线垂直的平面作为坐标平面，孔 1 为起始孔，故应以孔 1 的中心为原点建立直角坐标系，并确定平行 A 面的直线为 x 轴，平行 C 面的为 y 轴。

5）按图样确定各孔中心的坐标位置。通常坐标位置用（x_1、y_1）表示孔 1 的坐标位置，依次换算出各孔的坐标值，第 n 孔的坐标值为（x_n、y_n）。为了便于移距操作，当孔系孔数较多时，可用表列出各孔的坐标值。必要的坐标尺寸换算还应注意运用尺寸链计算方法。

6）选择移距方法。按孔距精度要求选择移距方法，较高精度的孔距应选用量块、指示表移距方法。极坐标角位移采用正弦规控制角位移精度。

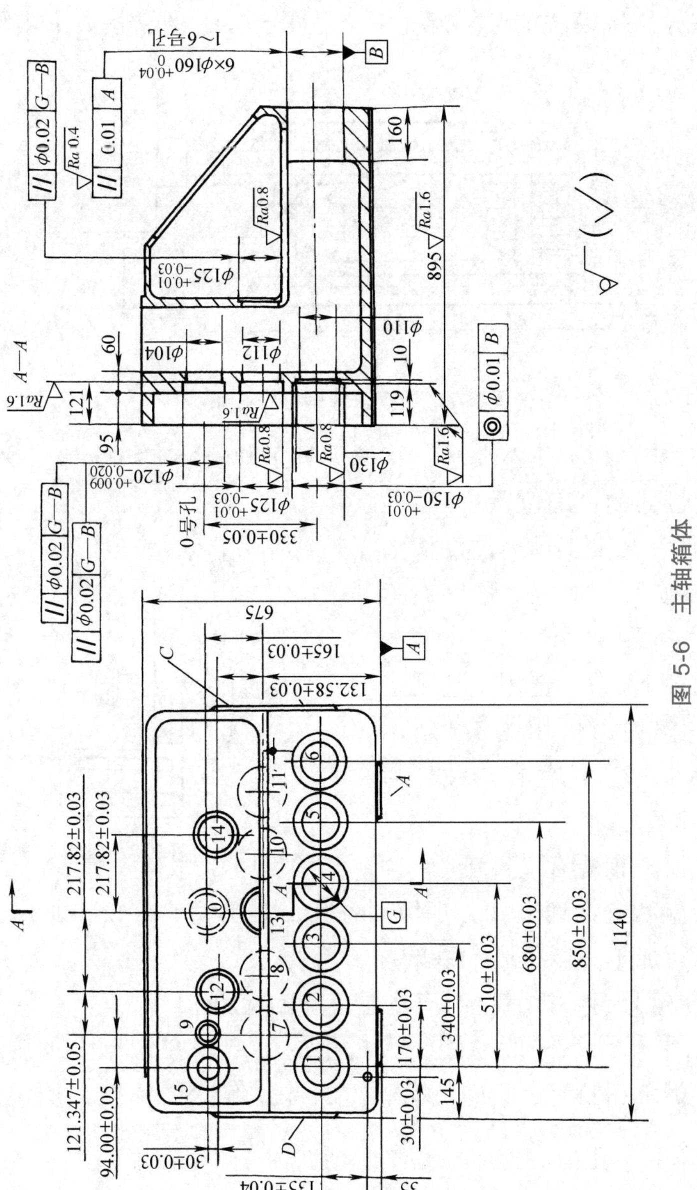

A—A
1～6号孔
0号孔
217.82±0.03
121.347±0.05
94.00±0.05
30±0.03
135±0.04
35
145
170±0.03
340±0.03
510±0.03
680±0.03
850±0.03
1140
675
165±0.03
132.58±0.03
330±0.05
895
160

图 5-6　主轴箱体

7）镗削平行孔系。用擦边找正法、试切找正法等镗削起始孔，然后以起始孔为基准原点，按坐标值逐次移距，镗削加工平行孔系的各孔。

坐标法可加工精度较高的平行孔系，在铣床上镗削平行孔系，大都采用坐标法。

（3）镗模法　用镗模法加工平行孔系（见图 5-7），通常按以下步骤进行：

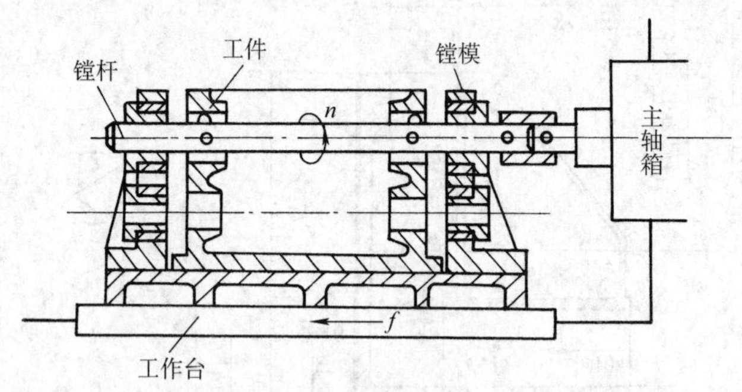

图 5-7　镗模法镗削平行孔系

1）安装镗夹具。根据工艺要求，将镗夹具正确安装在机床上，保证机床主轴与镗夹具各主要定位面的正确位置。

2）装夹工件。装夹工件时注意清洁各定位面，并应按工艺规定，顺序夹紧工件。

3）安装镗杆和镗刀。选用工艺规定的专用镗杆，调整镗刀可用图 5-8 所示的镗刀调整样板和镗刀调整器。镗杆与机床主轴浮动连接。

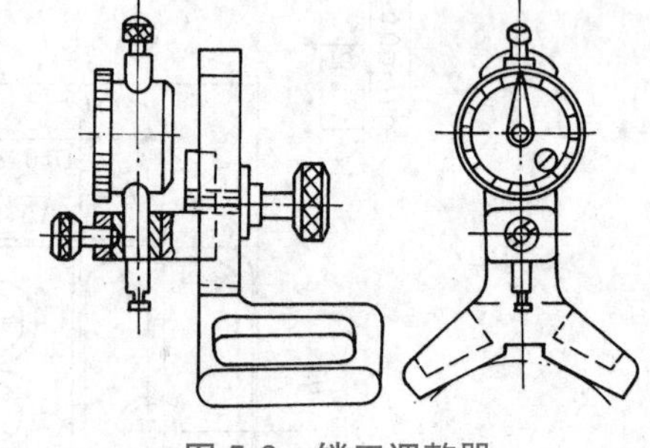
图 5-8　镗刀调整器

4）镗削加工。根据工艺，选择合适的转速、吃刀量和进给速度，分别镗削各孔，对精度要求较高的孔系，应分粗镗、半精镗、精镗进行加工，以提高孔系的加工精度。

5）检验和质量分析。批量生产应注意首件的检验。

镗模法加工平行孔系一般适用于大批量的生产。在铣床上加工小批平行孔系工件，为提高孔距控制精度和加工效率，也可制作专用镗模，用镗模法镗削平行孔系。

5.1.2　提高平行孔系加工精度的方法

1. 提高单孔和同轴孔系加工精度的方法

（1）影响单孔和同轴孔系加工精度的因素分析

1）镗削方式的影响分析。

① 采用悬伸镗削方式如图 5-9a 所示。若在卧式铣床上，镗刀杆受到自身重力和切削力的综合作用，一定长度的镗刀杆的挠度是一个定值。因此，采用这种方式，只要刀杆具有足够好的刚度，对单孔和同轴孔系的孔径尺寸精度影响不大。由于挠度的存在，刀杆在切削过程中容易产生振动（见图 5-9b），影响表面粗糙度。对于轴线较长的深孔和同轴孔系，由于刀杆的长径比比较大，则会影响孔径尺寸精度和表面粗糙度的控制。

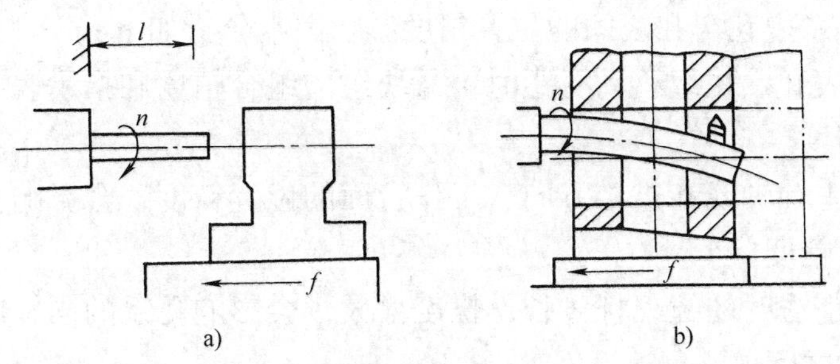

图 5-9 悬伸镗削时的误差分析

② 采用支承镗削方式如图 5-10 所示。虽然镗刀杆比较长，但由于远端有支承，因此其挠度也是一个定值，所加工的孔精度比较高。若支承端的配合精度比较差，则会类似于采用细长刀杆悬伸镗削加工，对孔的加工精度产生影响。

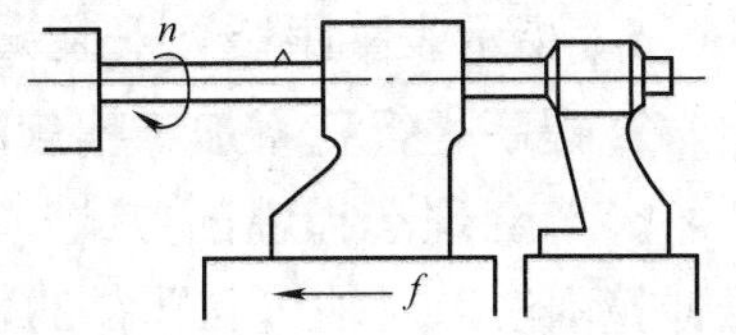

图 5-10 支承镗削时的误差分析

2）机床精度的影响分析。机床精度影响单孔和同轴孔系形状精度的有以下因素：

① 机床主轴径向圆跳动会影响孔径尺寸精度和圆度、圆柱度。

② 机床进给运动的直线度会影响孔的圆柱度。

③ 机床主轴的间隙会影响孔壁的表面粗糙度。

④ 机床进给运动的爬行、窜动会影响孔壁的表面粗糙度。

⑤ 机床主轴对工作台面的垂直度（立铣）和对工作台面的平行度（卧铣）会影响孔的垂直度和平行度。

⑥ 进给方向与主轴轴线的平行度，会影响孔的圆度。

3）镗刀杆结构和镗刀的影响分析

① 镗刀杆的长径比要适当，否则会影响孔径尺寸控制，影响孔壁的表面粗糙度。

② 镗刀杆的刀孔与镗刀柄部的配合不适当，如间隙过大、方榫孔安装圆柄镗刀等，会影响镗刀安装后的稳定性，从而影响孔径尺寸和圆柱度。

③ 刀杆上刀孔的位置应适当，否则会影响镗刀的动态切削角度，影响孔壁的表面粗糙度。

④ 圆柄镗刀的柄部若没有装夹的平面，刀柄没有足够的长度，会影响镗刀刀尖

位置的稳定性，从而影响孔径尺寸控制。

⑤ 镗刀切削部分的材料应适用于工件材料切削，否则会影响孔的尺寸精度控制和表面粗糙度，甚至影响孔的圆柱度。

⑥ 镗刀几何角度不适当，会影响镗削和镗刀寿命，从而影响孔径控制和表面粗糙度。

（2）影响平行孔系加工精度的因素分析　除了以上单孔和同轴孔系的精度影响因素外，平行孔系中孔与孔之间的位置精度影响因素分析如下：

1）用指示表和量块组移动孔距时，量块组的组合精度和指示表的复位精度会影响孔距的控制精度。

2）机床的主轴轴线和进给方向、工作台面的位置精度，会影响孔系与基准和孔与孔之间的位置精度。

3）悬伸镗削法时的镗刀杆过长，挠度增大，会影响孔系的同轴度，影响孔与基准、孔与孔轴线之间的平行度。

4）工件预加工面精度误差会影响平行孔系的位置精度。

5）指示表移距装置安装误差会影响移距精度，从而影响孔距精度。

2. 提高平行孔系加工精度的基本方法

（1）合理选择镗削方式　对轴线和孔径的长径比不大的平行孔系，尽可能选用悬伸镗削法。对轴线和孔径的长径比较大的平行孔系，应采用支承镗削法。

（2）选择和调整机床　选择主轴精度好、进给平稳、工作台移动精度较好的机床。采用支承镗削法时，还应选择悬梁的支架和轴承精度较好的机床。对较陈旧的机床，使用前应对有关部位进行精度检查和调整。

（3）选择镗刀杆的结构　刀杆的直径尽可能接近孔的直径，但须注意切屑的形成和排出。刀杆应尽可能短一些，以增强刚度。刀孔最好与刀杆轴线倾斜一个角度，且尾部应有调节螺钉，以便控制孔径尺寸。针对不同的孔径和加工精度，选用合适的镗刀杆形式。

（4）检验移距装置的制造精度和安装精度　在按孔距的坐标值移动工作台时，需要预先安装移距的有关装置，如固定指示表的装置、放置量块组的工作台面和长度定位垫块等。为了保证移距精度，应预先对这些装置的制造精度进行检验，安装在机床上后，应按预定的位置精度进行检验。

（5）准确进行坐标换算和尺寸链计算　由于图样标注尺寸和坐标值的移距方法可能不一致，因此，常需要进行换算，准确地运用平面几何和解析几何的计算方法，是保证孔距精度的基本措施。为了达到图样规定的孔距精度要求，换算中还涉及尺寸的公差，因此，必须准确地运用尺寸链计算方法，换算出相应尺寸的控制公差和偏差值。

（6）预检测量用量具和辅助装置的精度　加工前，对于用于孔径测量、孔距测量以及孔的平行度、垂直度和同轴度等测量的量棒、角铁等辅助装置，应检验其制造精度。

（7）检验工件与孔系相关的基准部位制造精度　工件的定位精度，与工件基准部位的制造精度有密切关系，加工前应对孔系的定位基准孔、面等部位进行精度检验。

（8）选择和使用合理的装夹方式　带有平行孔系的工件形体各异，选择适用的装夹方式，可保证工件的镗孔加工精度，避免工件装夹中定位、夹紧不当对加工精度的影响。特别是箱体和薄形零件，必须精心选择装夹方式，避免工件装夹变形和切削变形对加工精度的影响。

5.2　复杂单孔加工

5.2.1　台阶孔的加工方法

1. 台阶孔的结构特征与技术要求

台阶孔是孔加工中常见的加工内容，台阶孔由孔壁圆柱面和环形端面及穿孔组成。通常要求台阶孔与穿孔同轴，台阶端面与孔的轴线垂直，环形端面应平整，符合一定的平面度要求。孔径尺寸、台阶的深度尺寸以及同轴度和垂直度、表面粗糙度是台阶孔加工的基本技术要求。此外，单孔的坐标位置也是台阶孔与一般单孔类似的技术要求。

2. 台阶孔的种类及其加工难点

1）台阶孔在一般的平面上是其基本的结构形式，如图 5-11a 所示，在斜面上的台阶孔如图 5-11b 所示，在圆柱面上的台阶孔如图 5-11c 所示，在环形端面上的台阶孔如图 5-11d 所示。此外，台阶孔有单级台阶孔，还有多级台阶孔。

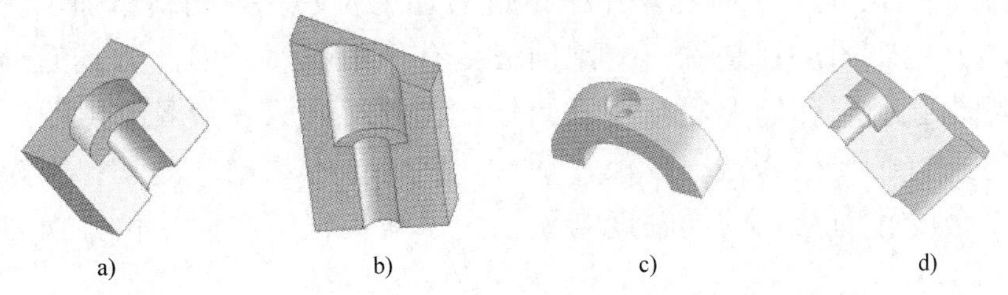

a)　　b)　　c)　　d)

图 5-11　台阶孔的结构形式

a）平面上的台阶孔　b）斜面上的台阶孔　c）圆柱面上的台阶孔　d）环形端面上的台阶孔

2）台阶孔加工的难点分析。台阶孔加工的难点主要是处于特殊部位的加工方法选择和台阶环形端面的加工精度控制方法。在一些特殊部位的台阶孔加工中，关键是孔的坐标位置比较难以控制；而台阶端面的精度，主要是指环形端面的平面度和

环形端面与孔轴线的垂直度等。

3. 台阶孔的加工方法

（1）基本加工方法　台阶孔的加工可按加工部位选择以下几种加工方法：

1）用锪钻加工单台阶孔。在铣床上使用圆柱形锪钻加工台阶孔可得到较高精度的环形端面，也是一般的埋头孔（单级台阶孔）常用的加工方法。圆柱形锪钻的结构如图 5-12 所示，柱形锪钻具有主切削刃和副切削刃。端面切削刃 1 为主切削刃，起主要切削作用；外圆上切削刃 2 为副切削刃，起修光孔壁的作用。锪钻前端有导柱，导柱直径与工件原有的孔采用基本偏差为 f 的间隙配合，以保证锪孔时有良好的定心和导向作用。导柱分整体式和可拆式两种，可拆式导柱能按工件原有孔径的大小进行调换，使锪钻应用灵活。

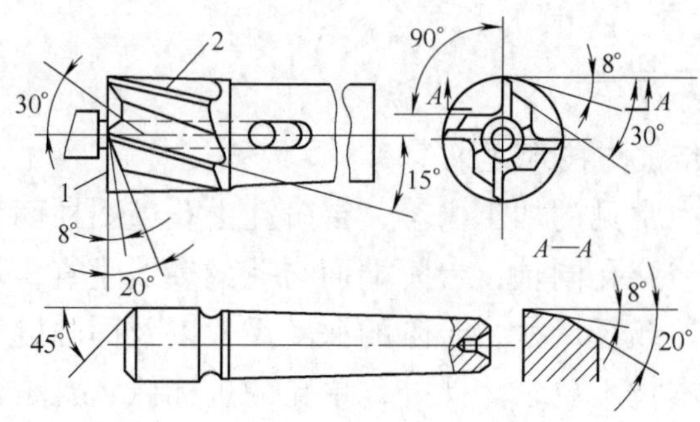

图 5-12　圆柱形锪钻

1—端面切削刃（主切削刃）　2—外圆切削刃（副切削刃）

圆柱形锪钻的螺旋角就是锪钻的前角，即 $\gamma_o = \beta = 15°$，后角 $\alpha_f = 8°$，副后角 $\alpha'_f = 8°$。圆柱形锪钻也可用麻花钻改制，麻花钻也可改制成不带导柱的平底锪钻，用来锪平底不通孔。

2）用平底铣刀加工台阶孔。用平底铣刀加工台阶孔与用锪钻加工台阶孔的方法基本相同，主要的区别是铣刀的圆周刃具有切削作用，因此刀具的形状精度和刃磨质量可能会影响孔的形状精度。此外铣刀的端面刃一般具有内凹的偏角，需要在使用前进行必要的修磨，以保证环形端面的加工精度。此外，因为端面没有导柱，所以台阶孔与穿孔的同轴度需要采用重新找正或在同一位置换刀进行加工的方法。

3）用镗刀加工台阶孔。镗刀加工台阶孔可以使用单刃镗刀，也可以使用双刃镗刀。多个台阶的多级台阶孔可以使用组装在同一镗刀杆上的多把镗刀进行加工。如图 5-13 所示，加工多级台阶孔时，应注意各台阶孔的直径和深度控制应同时进行调整；各台阶的深度尺寸还有连带关系，在调整中应特别注意。此外，使用单刃镗刀加工台阶孔，需要注意镗刀刀柄与镗刀杆刀孔的配合，以免镗端面时镗刀切削刃位置变动，产生环形端面变形为凹形圆锥面。镗刀切削刃的直线度也是影响端面平面度的主要因素，因此需要使用直尺等检测镗刀切削刃的刃磨质量。使用双刃镗刀可避免切削刃位置的变动，保证端面与轴线的垂直度。

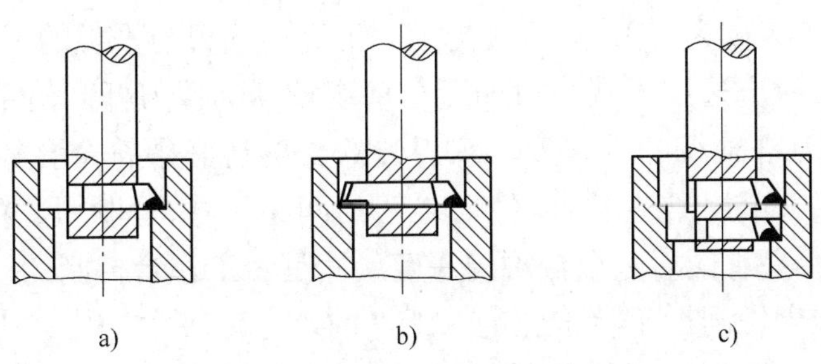

图 5-13 用镗刀加工台阶孔

a）单刃镗刀加工 b）双刃镗刀加工 c）多级台阶孔加工

4）用回转台加工台阶孔。直径较大的穿孔，需要加工台阶孔的，可采用回转台装夹工件，找正工件穿孔与回转台同轴，然后使用立铣刀沿工件台阶孔的孔壁和环形端面位置进行圆周进给铣削，加工出符合要求的台阶孔。加工示意如图 5-14 所示。

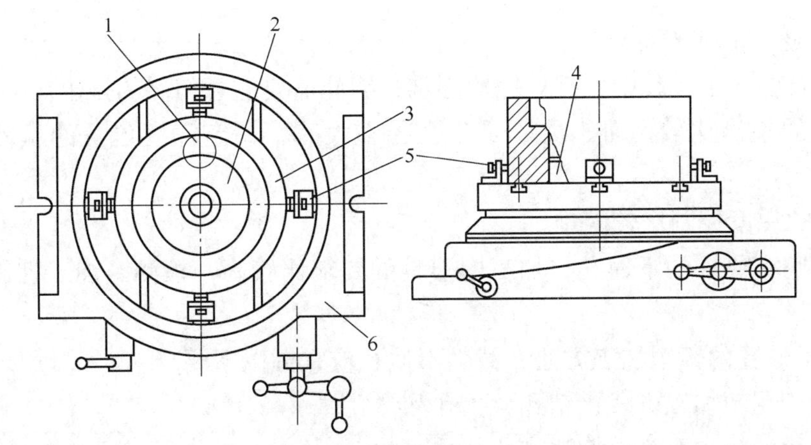

图 5-14 用回转台装夹工件加工台阶孔

1—立铣刀 2、4—定位盘 3—工件 5—夹紧桩块 6—回转工作台

（2）加工注意事项

1）采用锪钻加工台阶孔注意导柱与穿孔的配合精度和调整方法，通常是在加工穿孔的位置，换装带导柱的锪钻加工台阶孔。在斜面或圆柱面上加工台阶孔，可先用铣刀加工出一个直径略大于环形端面的平面，然后进行台阶孔的加工。

2）采用平底铣刀和麻花钻刃磨的平底钻加工台阶孔，必须注意端面切削刃的刃

磨质量，一般采用手工粗磨，工具磨床精磨的方法进行改制刃磨。切削刃的刃磨质量必须进行检测，检测的项目是端面刃的直线度以及与轴线的垂直度。直线度一般采用直尺检验，主要通过直尺检测面与切削刃贴合后的间隙进行精度判断。切削刃与刀具轴线的垂直度主要使用指示表进行检验，检验时将刀具垂直放置（如在标准平板上采用自定心卡盘夹持），然后用指示表检测切削刃与平板的平行度。

3）使用镗刀时应选用刀孔与刀柄配合精度较高的镗刀杆，使用双刃镗刀时应注意两侧切削刃与刀杆轴线的垂直度。双刃刀的长度还必须符合孔径的要求。多级台阶孔的镗削加工，应注意各级台阶镗刀之间的间距尺寸，间距尺寸精度即为加工后的台阶尺寸精度，只有最后一个台阶的深度尺寸是由工作台控制的。

4）使用回转台铣削加工台阶孔的，工件的尺寸比较大，装夹比较困难，可采用定位盘进行工件定位，然后采用圆周顶夹的方式夹紧工件进行加工，顶夹装置可以直接使用螺钉，也可以使用带弧形块的螺栓夹紧装置，如图 5-14 所示。

5.2.2 不通孔的加工方法

（1）不通孔的结构特征及其加工难点

1）不通孔的结构特点。不通孔的底部无要求时，主要的精度为孔的直径和孔的有效深度以及粗加工深度；当不通孔的孔底有形状和位置要求时，其加工和检测比较复杂。

2）不通孔的加工难点

① 刀具在加工过程中，排屑比较困难，因此需要注意切屑的排出。

② 孔的检测比较困难，尤其是当孔径不大时，一定深度位置的检测显得比较困难。

③ 孔的深度控制比较困难。

④ 孔底有要求的不通孔，加工中刀具的要求比较高，检测、加工控制和调整比较困难。

（2）不通孔的镗削加工方法　镗削不通孔应掌握以下要点：

1）采用粗精加工方式，钻孔、扩孔和镗孔。

2）孔径的控制采用试切法或孔径预调法。

3）孔的位置精度控制根据坐标形式确定，极坐标使用回转工作台控制角度，量块和指示表控制极径。直角坐标采用量块、指示表控制坐标移距尺寸精度。

4）没有孔底端面要求的不通孔，孔底由钻孔和扩孔形成，粗加工深度按图样规定控制，精加工深度由镗孔深度控制。

5）有孔底端面要求的，可由粗加工基本达到深度要求，孔底部位留有极少精加工余量，然后用镗刀加工至深度并加工出符合图样要求的底面。镗刀的切削刃由工具磨床精磨而成，安装的位置和切削刃的长度应保证加工出合格的底面。

5.2.3 提高单孔加工精度的方法

单孔的加工方法有钻孔、扩孔、铰孔、铣孔和镗孔。精度要求较高的孔因孔径尺寸、孔的形状精度、位置精度和表面粗糙度要求都比较高，因此通常采用镗孔作为单孔的精加工方式。采用镗孔方式加工单孔，提高孔的加工精度通常须掌握以下要点。

（1）提高镗刀的精度和刃磨质量　在镗孔加工中，孔的直径尺寸控制、圆柱度的精度控制都需要与刀尖的尺寸精度一致。若在加工过程中刀尖有磨损等过程，则加工的孔会出现质量问题。因此，提高单孔的镗加工精度，需要提高镗刀的精度和刃磨的质量。镗刀的精度主要包括刀面平整度和粗糙度、切削刃的直线度和微观精度、刀尖圆弧的圆弧连接精度、刀具几何角度的准确性等。使用可转位刀具的，刀片的形式和材质、表面涂层等应符合加工的要求。对于刃磨的刀具，需要注意刃磨质量的检验和掌握刀具磨损的正常规律，处于正常磨损阶段的刀具精度控制比较稳定。

（2）选用高精度的镗刀杆　镗孔孔径的控制与镗刀杆的精度直接有关。因此需要选用符合加工精度要求的镗刀杆，例如，使用图 5-15 所示的微调镗刀杆，可提高镗孔孔径的控制精度。使用这种微调镗刀杆时，应熟悉其结构原理。这种微调镗刀杆装有可转位刀片 4 的刀体 3 上有精密的螺纹，上面旋有带刻度的特殊调整螺母 2。刀体上螺纹的外圆和镗刀杆 1 上的孔相配，并在其后端用垫圈 6 和内六角紧固螺钉 7 拉紧，使刀体固定在镗刀杆的斜孔中。在刀体和孔壁槽之间装有制动销 5，以防止刀体在孔内转动。刀体上螺纹的螺距为 0.5mm，调整螺母的刻度为 40 等份，调整螺母每转过一格，刀体移动 0.0125mm。由于刀体与镗刀杆倾斜 53°8′，故刀尖在径向的实际调整量为 0.01mm。调整尺寸时，须先松开紧固螺钉 7，然后按需要的调整格数转动调整螺母 2，调整完毕后，应旋紧紧固螺钉 7，紧固刀体。使用这种镗刀杆时应注意以下事项。

1）可转位刀片的安装、紧固应规范，刀片的定位和夹紧应符合精度要求。

2）紧固螺钉 7 的拧紧力矩应适当，以免损坏精密螺纹。

3）粗镗与精镗的刀片应重新安装、调试，以保证孔壁表面粗糙度和加工精度。

4）使用中应注意掌握其微调的精度控制方法和误差范围，以便控制孔径尺寸精度。必要时，可用钟面指示表复核刀尖的伸出距离。

（3）合理选用切削用量和控制加工余量　镗孔的余量控制十分重要，切削用量也应合理选择、仔细调整。不同的工件材料在加工中和加工冷却后的尺寸精度及形状精度都会有一定的变化，需要汲取和积累一定的加工经验。只有掌握变形规律，才能加工出高精度的单孔。

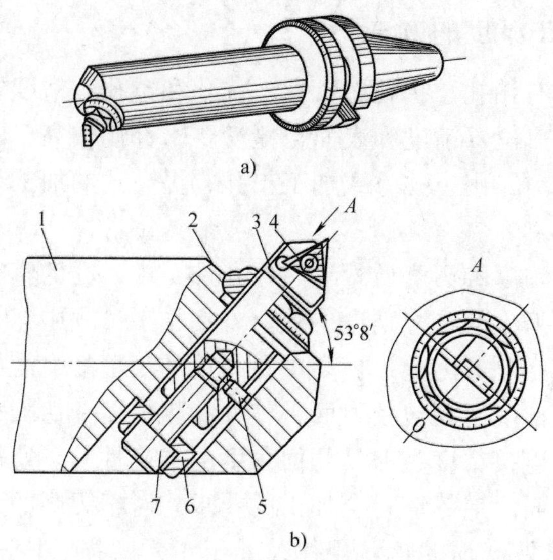

图 5-15　微调镗刀杆

a）镗刀杆外形　b）镗刀杆结构示意

1—镗刀杆　2—调整螺母　3—刀体　4—可转位刀片　5—制动销　6—垫圈　7—紧固螺钉

（4）注意工件的装夹变形　对于特殊形状和有变形趋势的工件，装夹时需要注意定位、支承位置设置、夹紧点的布局和夹紧力的控制。加设辅助定位的要控制支撑力，减少或避免工件的装夹变形对单孔加工精度的影响。

5.3　数控铣床螺纹孔与孔系加工

5.3.1　数控铣床螺纹孔的程序编制

1. 内、外螺纹底径的确定

（1）内螺纹底径的确定　加工内螺纹时，螺纹的底孔直径应稍大于螺纹小径，底孔直径通常根据经验公式决定，其公式为

$$D_{底}=D-P$$

式中　$D_{底}$——加工螺纹时底孔直径（mm）；

D——螺纹大径（mm）；

P——螺距（mm）。

（2）外螺纹螺杆直径和螺纹小径的确定

1）螺杆直径的确定。对于外螺纹，其螺纹杆的直径确定方法为

$$d_{杆}=D-0.13P$$

式中 $d_{杆}$——外螺纹铣削时的螺杆直径（mm）；

D——螺纹大径（mm）；

P——螺距（mm）。

2）螺纹小径的确定。螺纹小径确定方法如下：

$$d_{小径}=D-1.3P$$

式中 $d_{小径}$——外螺纹铣削时的小径（mm）；

D——螺纹大径（mm）；

P——螺距（mm）。

2. 螺纹刀具

（1）攻、套螺纹刀具

1）丝锥：用来加工较小直径内螺纹的成形刀具，如图 5-16 所示。

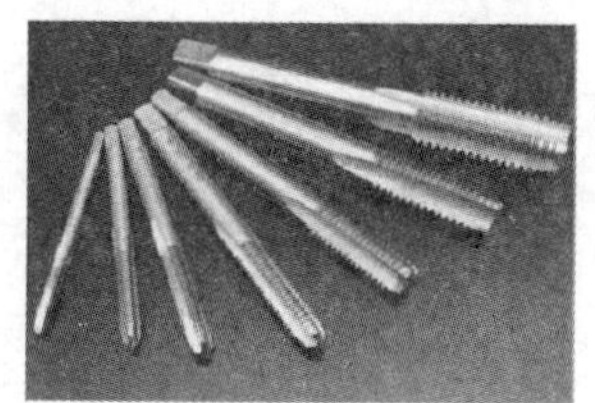
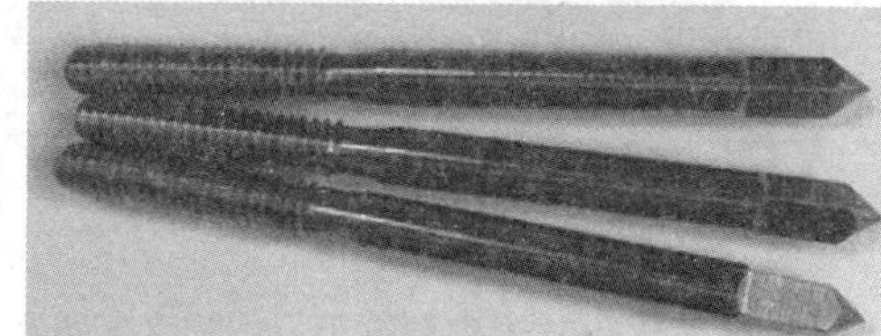

图 5-16　内螺纹刀具

2）板牙：加工外螺纹的刀具，如图 5-17 所示。

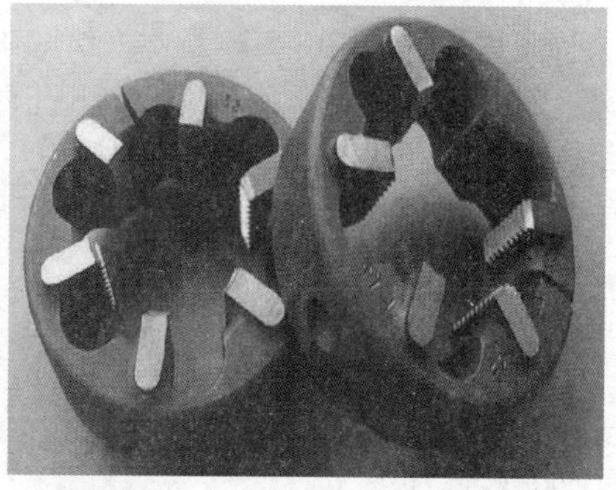

图 5-17　外螺纹刀具

（2）铣螺纹刀具　螺纹铣削时，通常使用螺纹铣削刀具进行加工，如图 5-18 所示。有时螺纹铣刀没有，也可用内螺纹车刀代替，如图 5-19 所示。

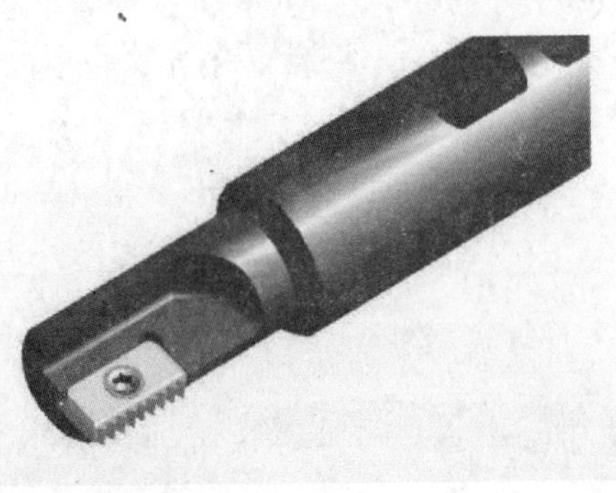

图 5-18　螺纹铣刀

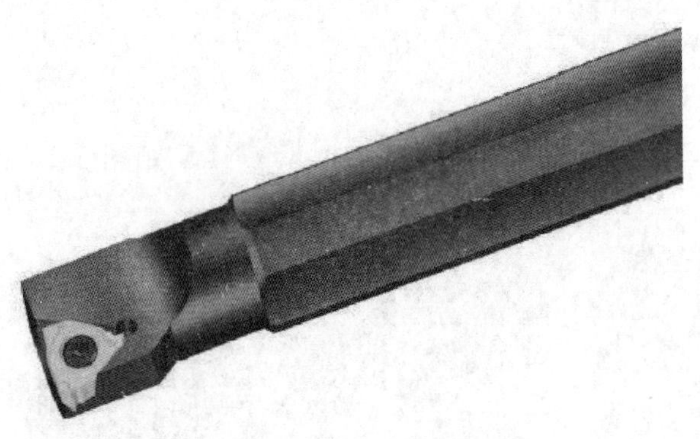

图 5-19　内螺纹车刀代替螺纹铣刀

3. 攻螺纹程序编制

（1）螺纹加工循环指令

1）右螺纹加工指令（G84）：

编程格式：G98（G99）　G84　X__　Y__　Z__　R__　F__

其固定循环动作如图 5-20 所示，丝锥在初始平面高度快速平移至孔中心 X__，Y__ 处，然后再快速下降至安全平面 R__ 高度，正转起动主轴，以进给速度（导程 × 转）从 F__ 切入至 Z__ 处，主轴停转，再反转起动主轴，并以进给速度退刀至 R__ 平面，主轴停转，根据 G98（G99）指令快速抬刀至初始平面（或留在 R__ 平面）。

2）左螺纹加工指令（G74）：

编程格式：G98（G99）G74　X__　Y__　Z__　R__　F__

与 G84 不同的是，在快速降至安全平面 R 后，反转起动主轴，丝锥攻入底孔后停转，再正转退刀。

（2）攻螺纹编程实例　在数控铣床上加工图 5-21 所示工件，毛坯尺寸为 ϕ100mm × 30mm，加工 8 个螺纹孔，钻中心孔，钻底孔（指令参见中级教材，现介绍攻螺纹指令的使用）。查表得知，M6 螺纹螺距为 1mm，M8 螺纹螺距为 1.25mm。图 5-21 所示零件攻螺纹数控加工程序见表 5-1。

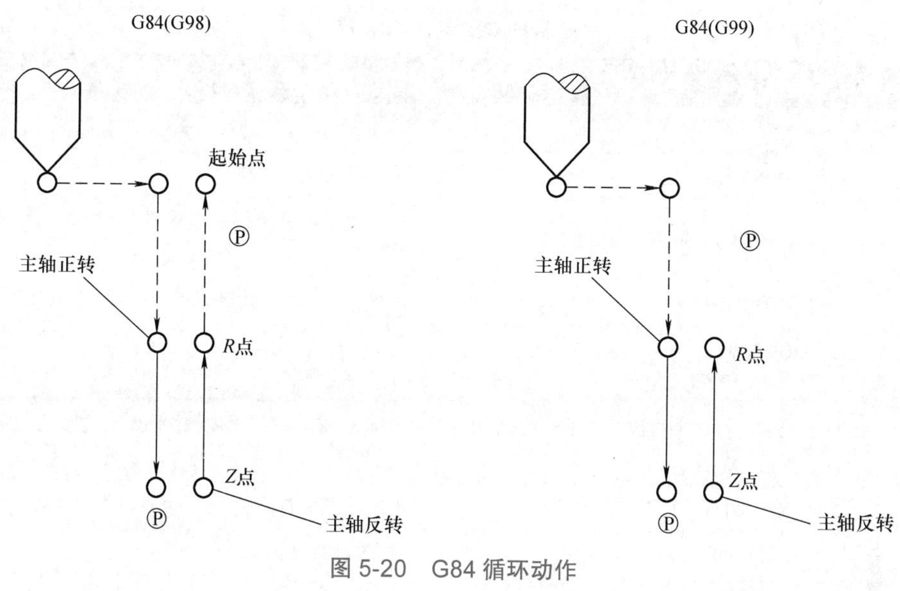

图 5-20　G84 循环动作

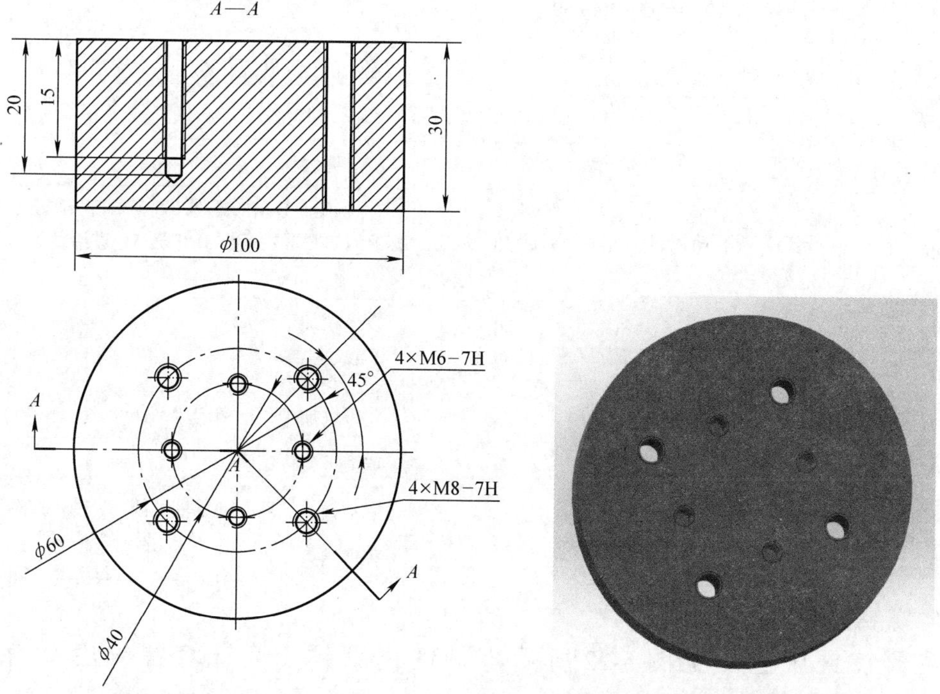

图 5-21　攻螺纹实例图

表 5-1　攻螺纹实例程序

段号	程序	注释
O0001（主程序）		
N10	M06 T01	自动换 1 号刀
N20	G54 G90 G00 X50. Y-50. Z50.;	建立工件坐标系，绝对编程，*X*、*Y*、*Z* 轴快速定位
N30	M03 S200 M08;	主轴正转，转速 200r/min，切削液开
N40	G0 Z20.;	*Z* 轴快速定位
N50	G99 G84 X20. Y0 Z-15. R5. F200.;	攻螺纹加工 M6 螺纹，返回 R 平面，*X*、*Y* 孔坐标处，*Z* 攻螺纹深度，R 平面 5，进给量 *F*= 转速 × 螺距
N60	X0 Y20.;	攻螺纹加工
N70	X-20. Y0;	攻螺纹加工
N80	G98 X0 Y-20.;	攻螺纹加工，返回起始平面
N90	G80 G00 Z100. M09;	取消钻孔循环，切削液关闭，*Z* 轴快速抬刀
N100	M06 T02;	自动换 2 号刀
N110	G55 G90 G00 X50. Y-50. Z50.;	建立工件坐标系，绝对编程，*X*、*Y*、*Z* 轴快速定位
N120	M03 S200 M08;	主轴正转，转速 200r/min，切削液打开
N130	G0 Z20.;	*Z* 轴快速定位
N140	G16;	极坐标编程
N150	G99 G84 X30. Y-45. Z-32. R5. F250.;	攻螺纹加工 M8 螺纹，返回 R 平面，*X*、*Y* 孔坐标处，*Z* 攻螺纹深度，R 平面 5，进给量 *F*= 转速 × 螺距
N160	X30. Y45. ;	攻螺纹加工
N170	X30. Y135. ;	攻螺纹加工
N180	G98 X30. Y-135. ;	攻螺纹加工，返回起始平面
N190	G15;	取消极坐标编程
N200	G80 G00 Z100. M09;	取消钻孔循环，切削液关闭，*Z* 轴快速抬刀
N210	M30;	程序结束

4. 螺纹铣削编程实例

在数控铣床上加工图 5-22 所示零件的内螺纹，经计算螺纹底孔直径为 ϕ38.5mm，先进行钻削，再用平底铣刀加工出 ϕ38.5mm 孔，最后加工螺纹。加工底孔程序参见中级教材，现介绍铣螺纹程序的编制。使用图 5-19 所示的内螺纹车刀进行铣削编程。图 5-22 所示螺纹零件的加工程序见表 5-2。

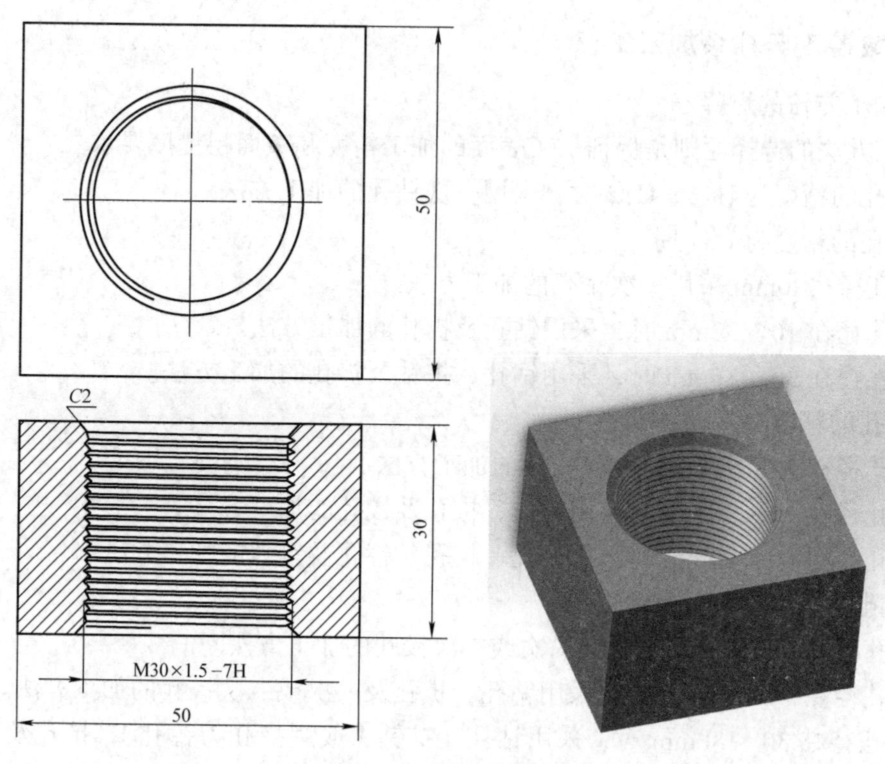

图 5-22　铣螺纹实例图

表 5-2　铣螺纹程序

段号	程序	注释
O0001（主程序）		
N10	G54 G90 G00 X0 Y0 Z50.;	建立工件坐标系，绝对编程，X、Y、Z 轴快速定位
N20	M03 S800 M08;	主轴正转，转速 800r/min，切削液开
N30	G00 Z1.5;	Z 轴快速定位
N40	G01 X15. Y0 F200;	X、Y 进给定位，进给量 F=200mm/min。X 数值 = 内螺纹大径 /2-刀具半径（刀尖至中心距离）
N50	M98 P220002;	调用 O0002 子程序 22 次（螺纹深度 / 螺距再加开始和结束各一次）
N60	G01 X0 Y0;	取消补偿，X、Y 进给定位
N70	G00 Z100 M09;	快速抬刀，切削液关闭
N80	M30;	程序结束
O0002（子程序）		
N10	G91 G02 I-15. J0 Z-1.5 F300.	增量顺时针螺旋线，进给量 F=300mm/min
N20	G90;	绝对值
N30	M99;	子程序结束，返回主程序

5.3.2 数控铣床孔系加工工艺

1. 加工方法的选择

加工方法的选择原则是保证加工表面的加工精度和表面粗糙度要求。

1）孔的精度为 H13、H12 时，采用一次钻孔的加工方法。

2）孔的精度为 H11 时：

① 孔径≤ 10mm 采用一次钻孔的加工方法。

② 孔径在 10 ~ 30mm 时，采用钻孔及扩孔的加工方法。

③ 孔径在 30 ~ 80mm 时，采用钻孔、扩钻及扩孔的加工方法。

3）孔的精度 H9 、H10 时：

① 孔径≤ 10mm 采用钻孔及铰孔的加工方法。

② 孔径在 10 ~ 30mm 时采用钻孔、扩孔及铰孔的加工方法。

③ 孔径在 30 ~ 80mm 时采用钻孔、扩孔、镗孔及铰孔的加工方法。

4）孔的精度为 H7、H8 时：

① 孔径≤ 10mm 采用钻孔及一次或二次铰孔的加工方法。

② 孔径在 10 ~ 30mm 时，采用钻孔、扩孔及一次或二次铰孔的加工方法。

③ 孔径在 30 ~ 80mm 时，采用钻孔、扩钻（或用扩孔刀镗孔），扩孔及一次或二次铰孔的加工方法。

2. 进给路线的选择

1）数控机床钻孔时其空行程执行时间对生产率的提高影响较大。例如，数控钻削图 5-23a 所示工件时，图 5-23c 所示的空程进给路线比 5-23b 图所示的常规空程进给路线缩短 1/2 左右。

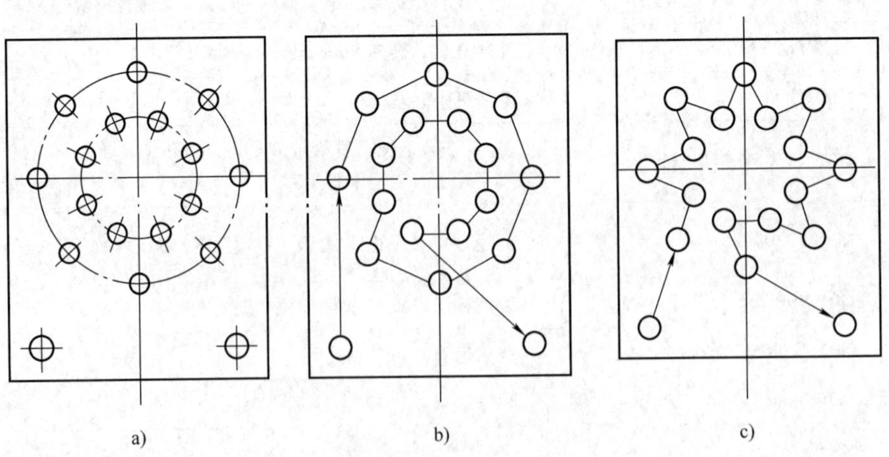

图 5-23 空程进给路线比较

a）钻削示例件 b）常规进给路线 c）最短进给路线

2）对于位置精度要求较高的孔系加工，特别要注意孔加工顺序的安排，安排不当时，就有可能将坐标轴的反向间隙带入，直接影响位置精度。图 5-24a 为工件图，在该工件上镗六个尺寸相同的孔，有两种加工路线。当按图 5-24b 所示路线加工时，由于 5、6 孔与 1、2、3、4 孔定位方向相反，Y 方向反向间隙会使定位误差增加，而影响 5、6 孔与其他孔的位置精度。按图 5-24c 所示路线，加工完孔后往上多移动一段距离到 P 点，然后再折回来加工 5、6 孔，这样方向一致，可避免反向间隙的带入，提高 5、6 孔与其他孔的位置精度。

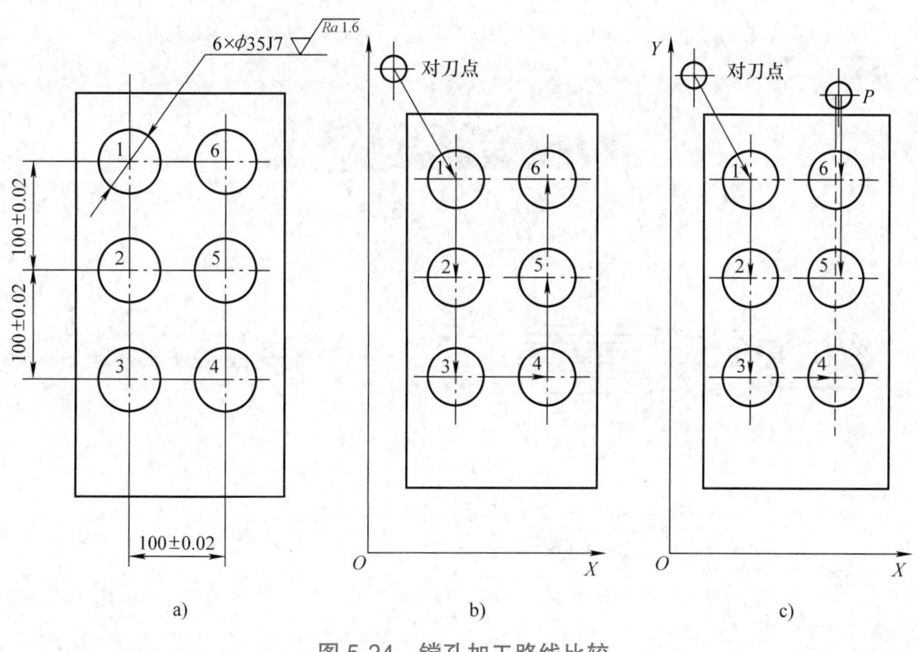

图 5-24　镗孔加工路线比较

3. 采用工序集中原则

在保证精度的前提下提高生产率应尽量做到工序集中，主要体现在工件装夹，最好是一次定位加工多道工序，这样可以避免产生孔间距误差。由于有时对同一孔系的加工需要多把刀具，从而使机床工作台回转时间变长，所以工序按刀具来进行划分比较合理，最好是用同一把刀具加工完成所有能完成的部位后，再使用下一把刀具。

4. 采用复合刀具加工

通过一种组合刀具，来实现复杂孔系中多种不同直径孔的加工，减少刀具更换次数，提高孔系加工效率和质量。刀具由头部至尾部，多段分刀片，外径由小到大沿其长度方向为多段一体复合式结构，包括直径不同的多段分刀片，每段分刀片对应加工复杂孔系中的一种孔，每段分刀片的外径与待加工复杂孔系中对应孔直径相一致。刀片材质和参数选用都经过精心设计，保证多孔系位置精度和表面质量。其

种类、形状如图 5-25 所示。

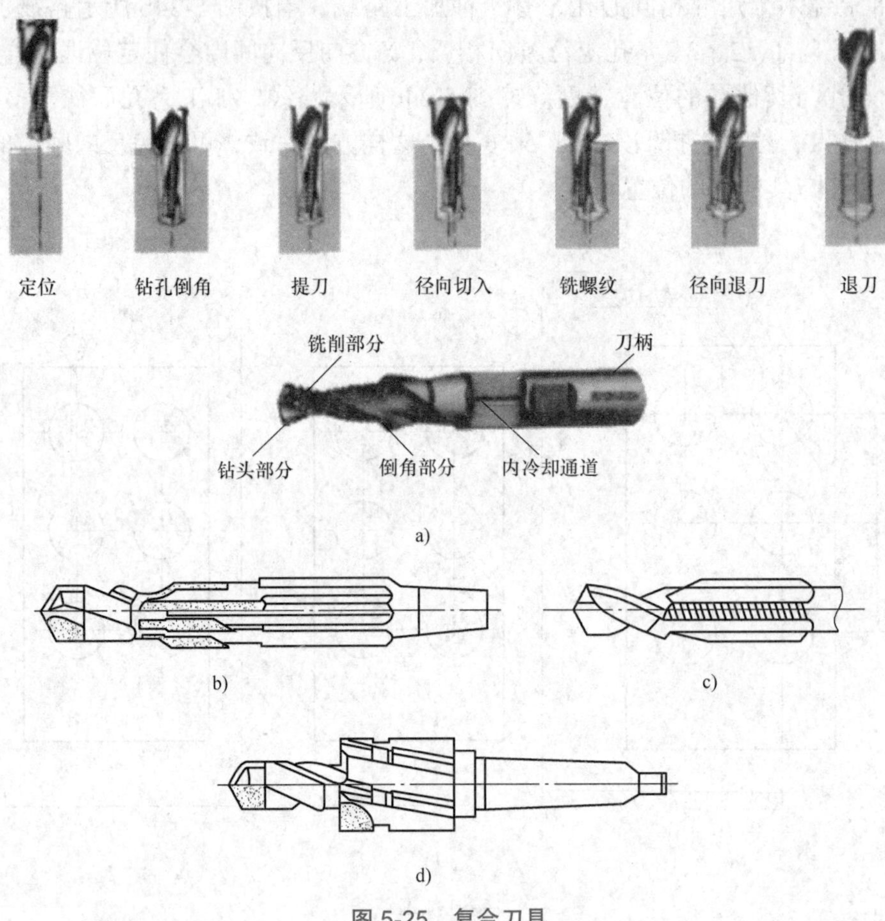

图 5-25　复合刀具

a）钻 - 铣螺纹 - 倒角复合刀具　b）钻 - 铰复合刀具　c）钻 - 攻复合刀具　d）钻 - 锪复合刀具

5.4　高精度平行孔系和单孔加工技能训练实例

技能训练 1　钻模板孔系加工

重点与难点　重点为掌握用坐标试镗找正法加工高精度平面直角孔系的加工方法。难点为孔距预检测量、移距精度控制等操作方法，以及加工精度的控制和质量分析方法。

1. 工艺准备要点

（1）图样分析要点（见图 5-26）　根据图样孔系的特点，属于直角坐标平行孔系。孔 ϕ40H7、ϕ45H7、ϕ55H7 与钻模板基准面 *B* 垂直，垂直度公差为 0.04mm。孔 ϕ16H7 是钻模铰链销孔，与基准面 *B*、*C* 的平行度公差为 0.025mm，是孔系的基准孔。基准面 C 与 A 的垂直度，基准面 C、A 与基准面 B 的垂直度公差均为0.025mm。孔系坐标采用增量坐标值表示，根据图样标注位置，过孔 ϕ16H7 轴线，并与基准面 B 垂直的平面集聚线可作为孔系 y 轴，基准面 A 集聚线可作为孔系 X 轴，按孔距标注方式，拟定孔系坐标，坐标值见表5-3。

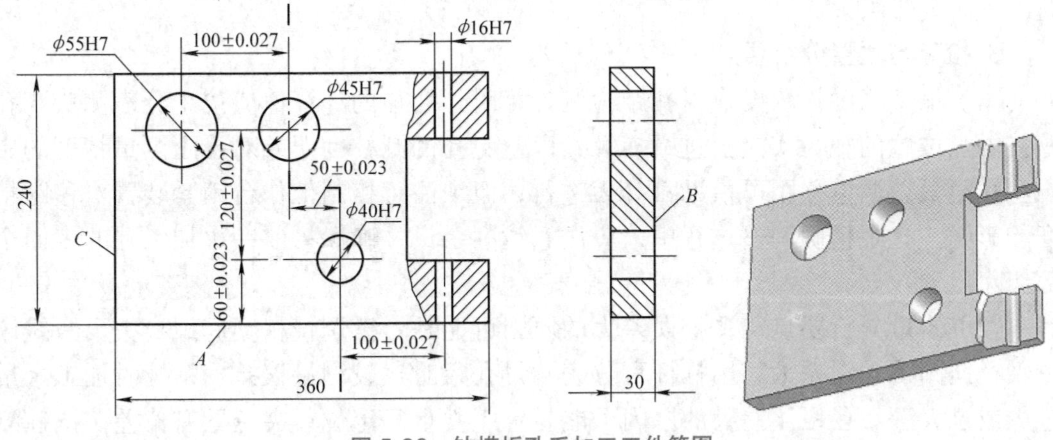

图5-26　钻模板孔系加工工件简图

表5-3　钻模板平行孔系直角坐标数据

坐标轴	基准孔	孔Ⅰ	孔Ⅱ	孔Ⅲ
孔径	ϕ16H7	ϕ40H7	ϕ45H7	ϕ55H7
x（增量）	0	（100±0.027）mm	（50±0.023）mm	（100±0.027）mm
y（增量）	0	（60±0.023）mm	（120±0.027）mm	0

（2）拟定工艺过程　预制件检验（基准面及基准孔）→铣床精度检验→安装找正定位圆柱及螺栓压板等→工件划线→准备检具并校核其精度→安装镗杆并验证其微调精度→安装找正工件→钻、粗镗各孔→半精镗各孔→预检孔坐标尺寸→调整孔Ⅰ孔距孔径，复验并精镗至图样要求→调整孔Ⅱ孔距孔径，复验并精镗至图样要求→调整孔Ⅲ孔距孔径，复验并精镗至图样要求→工序检验。

2. 加工操作要点

（1）微调镗杆使用要点　如图5-15所示，使用这种微调镗杆，应熟悉其结构原理，使用前应进行试镗验证其微调精度。

（2）孔距控制操作要点　测量孔距时应首先检验被测孔形状精度、轴线与基准的平行度与垂直度。孔距检测计算时，孔径的计算值应按千分表测头与孔壁接触点位置的孔径实测值进行换算，以避免孔的圆柱度误差对孔距测量精度的影响。孔距过程测量后，重新装夹时应严格检查其定位精度，夹紧时应保持与前一次加工基本

相同的夹紧位置、夹紧点和夹紧力。孔距微量调整前的原孔位找正时，应特别注意沿移距方向的直径位置圆周上两点的找正精度，以避免复位找正误差对微量调整孔距精度的影响。孔距微量调整移距可借助百分表进行，但须注意控制工作台锁紧装置对移距精度的影响。孔距精确调整过程中，应注意镗削余量，确保将前一次加工孔的表面全部切除。

3. 检验与质量分析要点

（1）加工精度检验要点　孔距检测计算时，孔径的计算值应按千分表测头与孔壁接触点位置的孔径实测值进行换算，以避免孔的圆柱度误差对孔距测量精度的影响。孔距微量调整移距可借助百分表进行，但须注意控制工作台锁紧装置对移距精度的影响。孔距精确调整过程中，应注意镗削余量，确保将前一次加工孔的表面全部切除。

（2）质量分析要点　孔径误差大的原因可能是：微调镗杆紧固螺钉失灵、铣床主轴径向圆跳动误差大、用杠杆百分表测量孔径时比较测量误差、精镗时加工余量过少或过大等。孔距误差大的原因可能是：工件重复定位装夹位置有偏差、试镗测量误差、孔距偏移操作误差、孔距误差计算失误等。

技能训练 2　平面极坐标平行孔系加工

重点与难点　重点掌握用回转工作台加工高精度平面极坐标孔系的方法和操作步骤、工件找正和测量方法。难点为极坐标孔系加工精度控制和质量分析。

1. 工艺准备要点

（1）图样分析要点（见图 5-27）　工件为圆盘状，两端面经过磨削加工（*Ra*0.8μm），孔系基准面的精度比较高。孔系以极坐标标注，极点为工件中心基准孔（$\phi 20^{+0.021}_{0}$ mm）的轴线集聚点，极轴可定为直槽对称平面集聚线、孔Ⅰ的角度基准中心线，向右为正。需加工的平行孔系由孔Ⅰ、孔Ⅱ、孔Ⅲ、孔Ⅳ组成，其中孔Ⅰ、孔Ⅲ和孔Ⅱ、孔Ⅳ分别为对称基准孔分布。孔Ⅰ的坐标位置为极角 $\theta_1 = 28°15' \pm 5'$，极径 $\rho_1 = (82.5 \pm 0.02)$ mm；与基准孔对称的孔Ⅲ的坐标位置为 $\theta_3 = 208°15' \pm 5'$，$\rho_3 = \rho_1$；孔Ⅱ的坐标位置为 $\theta_2 = (180° - 54°30') \pm 5' = 125°30' \pm 5'$，$\rho_3 = (92.5 \pm 0.023)$ mm；与基准孔对称的孔Ⅳ的坐标位置为 $\theta_4 = 305°30' \pm 5'$，$\rho_4 = \rho_2$。孔Ⅰ、Ⅲ直径为 $\phi 65^{+0.03}_{0}$ mm，孔Ⅱ、Ⅳ直径为 $\phi 50^{+0.025}_{0}$ mm，四个孔表面粗糙度值为 *Ra*1.6μm，轴线与基准面 *A* 的垂直度公差为 0.04mm，圆柱度公差为 0.013mm。

（2）加工方案与工艺过程　选择精度较高的立式铣床，使用回转台心轴定位装夹工件，镗孔可选用镗孔夹头安装镗杆。极坐标设定如图 5-27 所示。工艺过程：预制件检验→检验铣床和回转工作台精度→工件划线→安装找正工件→粗、精铣削直槽→找正机床主轴、回转台主轴位置→按划线钻孔、粗镗各孔→按各孔坐标半精镗各孔→过程检验→微量调整孔距→精镗各孔至图样要求→镗孔检验。

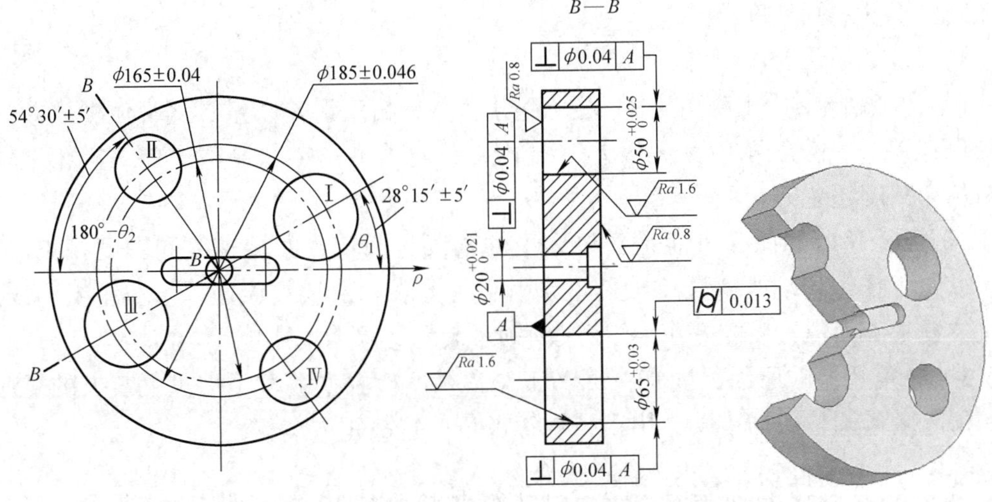

图 5-27 平面极坐标平行孔系工件简图

2. 加工操作要点

（1）加工准备要点 按精度标准检验机床主轴精度和回转工作台分度精度等；工件装夹应保证工件的定位精度。镗孔夹头安装后应通过试镗检测夹头微调刻度与镗刀沿径向移动量的关系。

（2）加工操作要点 找正对称中心的直槽与纵向平行，平行度误差在 0.01mm 内；找正机床主轴与回转台回转中心同轴，同轴度误差在 0.01mm 内；用量块组百分表控制沿纵向准确移距孔Ⅰ、孔Ⅲ极径，用量块组和正弦规找正，使回转工作台顺时针准确转过孔Ⅰ极角。半精镗孔Ⅰ至图样要求，用标准塞规插入基准孔和孔Ⅰ，检验孔Ⅰ极径尺寸精度。利用对称直槽，插入与直槽配合间隙在 0.01mm 内的平行垫块，按极角与极径的几何关系，计算孔Ⅰ中心至直槽中心平面的尺寸，加上二分之一平行垫块厚度和孔Ⅰ半径，即可间接测量极角精度。按测量得到的孔Ⅰ实际坐标位置，微量调整极径和极角，精镗孔Ⅰ至图样要求。按类同的方法，半精镗和精镗孔Ⅱ、孔Ⅲ、孔Ⅳ。

3. 检验与质量分析要点

（1）加工精度检验要点 检验极径尺寸精度可使用千分尺直接测量法测量，然后计算得出孔距（极径）尺寸。也可用六面角铁（和卧轴精密回转台）、百分表、量块组和升降规，采用比较法测量孔距（极径）尺寸。检验极角精度可采用精密卧轴回转台装夹工件，找正基准孔与回转台同轴。测量时，找正基准直槽与平板平行，准确转过孔Ⅰ极角，用百分表测得孔Ⅰ孔壁最低点，回转台准确转过 180°，再用百分表测得孔Ⅰ孔壁另一侧最低点，两点示值差的 1/2 为孔Ⅰ在极径圆周上的角向位置误差（此误差用百分表示值表示，可换算为极角误差）。其他孔也可参照此方法检验。检验孔径尺寸精度应选用内径百分表测量，测量时在周向和轴向测出最大误差，亦即测出了孔的圆柱度误差。

(2)加工质量分析要点

1)孔径超差的原因可能是：内径百分表量具精度误差、量具测杆调整误差、测量操作误差、百分表示值读数误差、镗孔夹头使用不当引起调整误差、机床主轴径向圆跳动精度超差等。

2)极径超差的原因可能是：机床主轴轴线与回转台回转轴线同轴度找正误差、机床纵向工作台移动距离误差(具体原因：百分表示值读数误差、量块组组合误差、量块放置基准面位置误差等)、机床纵向锁紧装置对移距的影响等。

3)极角超差的原因可能是：回转工作台精度检验误差、工件重复装夹的复位误差、角向微量调整数据错误、用正弦规等极角位置找正误差等。

技能训练3　组合孔工件数控铣削仿真、加工

重点与难点　重点掌握数控编程指令攻螺纹、铣螺纹功能的基本方法。难点为掌握仿真软件的基本运用，熟悉数控编程指令功能及其注意事项，组合孔系加工精度的控制。

数控铣削加工，图5-28所示孔系加工工件，可按以下步骤进行。

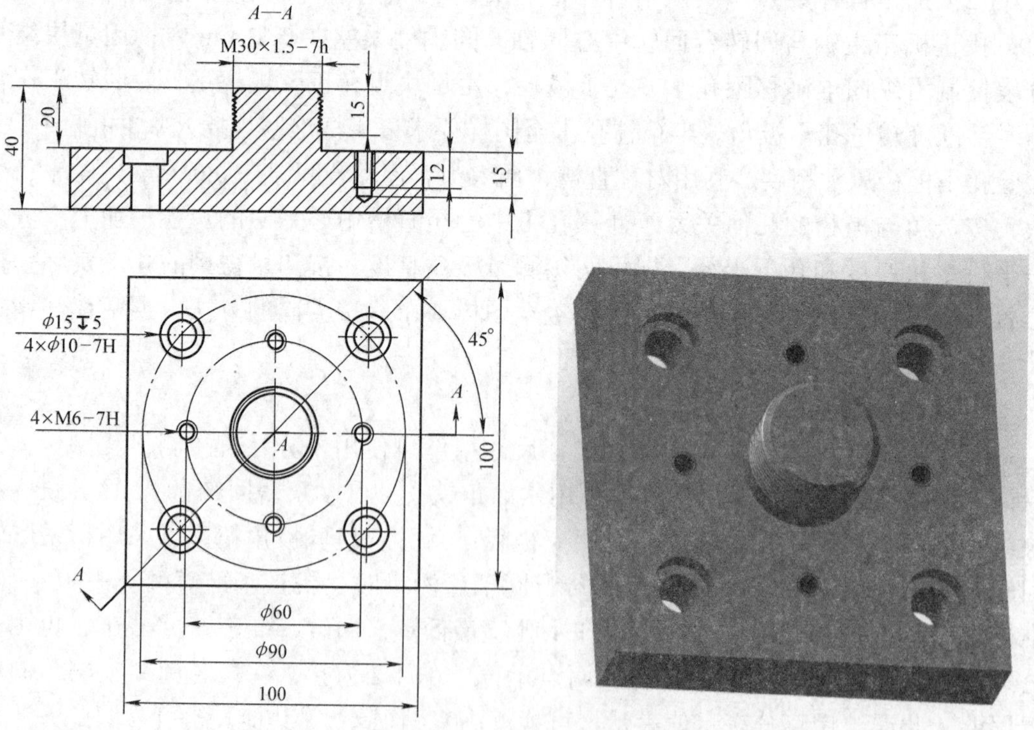

图5-28　孔系加工工件

1. 图样分析

1）主要加工 M30 外螺纹和各孔加工，其主要尺寸为 M30×1.5-7h、4×M6-7H、4×ϕ10-7H 等，要求较高。

2）工件以孔系加工为主，刀具使用较多，工件较小，适合立式加工中心进行加工，可保证加工精度。

3）孔系表面粗糙度值为 Ra1.6μm，较难达到。

4）工件材料为 45 钢，切削加工性能较好。

2. 工艺分析

1）加工 M30×1.5-7h 外螺纹前用平底铣刀加工出螺纹杆，经计算直径约为 ϕ29.8mm。

2）攻 4×M6-7H 螺纹前，先钻出底孔，经计算底孔直径为 ϕ5mm，可以用麻花钻直接钻出。

3）加工 4×ϕ10-7H 孔，为了达到精度要求，需要钻孔后经过两次铰孔，才能达到精度和表面粗糙度要求。

4）所有钻孔之前都需用中心钻先定位，保证位置精度。

3. 仿真模拟加工

1）采用数控仿真软件，掌握软件基本使用方法。设置模拟软件数控系统：标准数控铣床，系统 FANUC-0i。设置刀具直径为 ϕ12mm 平底铣刀，铣削 M30 螺纹杆和 ϕ15mm 沉孔，中心钻，ϕ5mm 麻花钻，ϕ9.8mm 麻花钻，ϕ9.96mm、ϕ10mm 铰刀。设置工件毛坯尺寸为 100mm×100mm×40mm。设置工件夹具为机用虎钳，工件露出夹具高度为 25mm，大于加工深度。

2）软件复位，包括急停取消、电源起动、数控机床返回原点等基本操作。

3）新建加工程序。熟练运用插补、极坐标、攻螺丝、铰孔等功能指令。用子程序编写铣螺纹程序，编写孔系加工程序。注意极坐标原点的设置，掌握调用子程序铣螺纹调用次数的计算，攻螺纹、铰孔指令参数设置。

4）软件仿真模拟。掌握仿真软件模拟功能，检查并修改加工程序使其符合数控机床的使用要求。

5）测量检验。掌握刀补控制功能，控制尺寸精度，利用仿真软件测量功能，检测工件尺寸精度。

4. 机床加工

机床加工是仿真加工后的实际操作，测量工具采用游标卡尺、千分尺、百分表等，螺纹可采用螺纹千分尺、螺纹环规、螺纹塞规测量检验。尺寸控制：熟练掌握刀补的控制方法来实现工件的粗、精加工，并控制零件精度尺寸，铣螺纹尺寸公差也靠刀补保证；工件的几何精度要求依靠机床保证；表面粗糙度靠孔系加工方法和刀具保证。

Chapter 6

项目6 难加工齿轮、齿条与蜗轮蜗杆加工

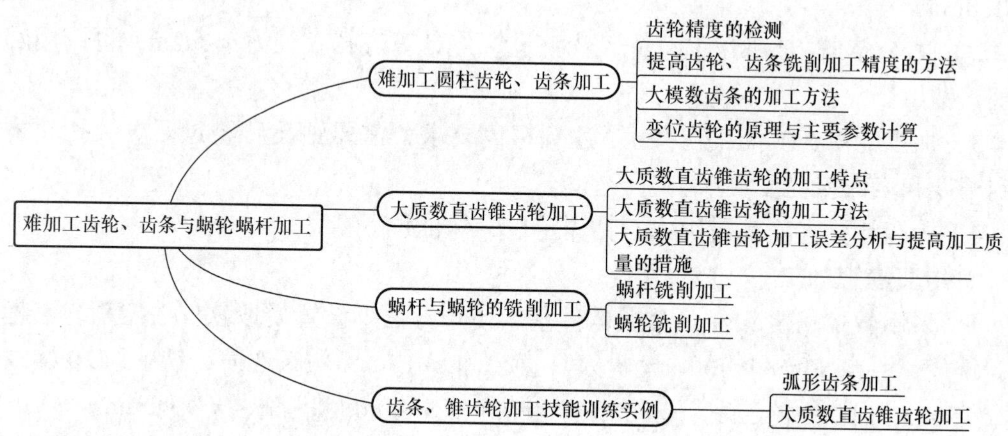

6.1 难加工圆柱齿轮、齿条加工

6.1.1 齿轮精度的检测

1. 齿轮精度测量的基本项目

在铣床上铣削精度较高、加工部位比较特殊的难加工齿轮工件有直齿圆柱齿轮、斜齿圆柱齿轮、直齿条、斜齿条和直齿锥齿轮，关键是掌握齿轮精度的检测方法。齿轮精度测量主要有以下项目：

（1）公法线长度的测量　公法线长度测量是保证齿侧间隙精度的有效测量方法，在齿轮测量中具有测量简便、准确，不受基准限制等特点，是齿轮测量最常用的方法之一。

（2）分度圆弦齿厚的测量　分度圆弦齿厚测量是保证齿侧间隙精度的单齿测量法，在实际生产中使用方便。其缺点是测量时齿轮的齿顶圆直径误差会影响弦齿高的测量精度。

（3）固定弦齿厚和弦齿高的测量　固定弦齿厚和弦齿高只与齿轮的模数和压力

角有关。

（4）齿轮径向圆跳动的测量　齿轮的径向圆跳动量是在齿轮转一转范围内，当测头在齿槽内或轮齿上与齿高中部双面接触时，测头对于齿轮轴线的最大变动量。

（5）齿距累积误差的测量　测量各齿距对于起始齿距的误差值。

（6）齿廓的测量　测量齿轮齿根、齿面和齿顶部分的形状误差。

（7）齿向的测量　测量实际齿向与设计齿向的误差。

2. 齿轮精度检测的常用方法

（1）常用齿轮量具量仪

1）测量公法线长度的量具量仪有公法线千分尺、公法线指示卡规、公法线杠杆千分尺，也可以采用一般的游标卡尺、专用卡规，还可以使用万能测绘仪。

2）测量齿轮分度圆弦齿厚、固定弦齿厚的量具量仪有游标齿厚卡尺、光学测齿卡尺和各种齿厚卡板（用通端和止端控制齿厚尺寸精度）。

3）测量齿轮径向圆跳动误差的量仪通常采用齿距径向圆跳动检查仪，也可以采用万能测齿仪。

4）可测量齿轮齿距误差、齿圈径向圆跳动、公法线长度、齿厚变动量等多项内容的量仪，一般采用万能测齿仪。

（2）光学测齿卡尺及其使用　光学测齿卡尺的结构如图 6-1 所示，使用方法与游标齿厚卡尺相同，其读数值由放大镜中根据瞄准刻线 7、8 和刻度的位置读出。

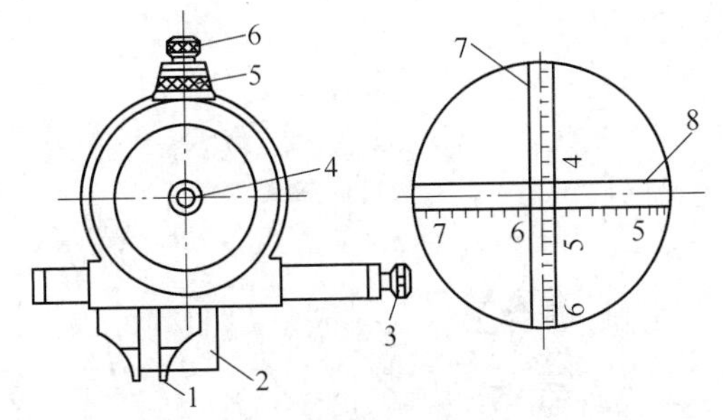

图 6-1　光学测齿卡尺的结构

1—测爪　2—测高尺　3、6—千分螺钉　4—放大镜　5—紧固装置　7、8—瞄准刻线

（3）齿圈径向圆跳动检查仪及其使用　如图 6-2 所示，检查仪主要由底座 1、活动顶尖座 2 和在立柱上可升降并能绕水平轴线回转的指示表架 3 组成。在测量圆柱齿轮时，应先按模数选择相应的锥形（锥角为两倍的压力角）测头和球形（直径等于 1.68m）测头安装在指示表上，再将被测齿轮套装在锥度心轴上，并将心轴顶装在活动顶尖座 2 的两顶尖上。转动手轮 5 和活动顶尖座 2，将尺宽中部调整到指示表测头位置，锁定定位手柄 6。操纵拨动手柄 4，使指示表摇臂处于测量位置，松开紧固螺钉 8，旋转升降螺母 7，使测头伸进齿槽中，并使指示表指针摆动至便于测量的位置（可以压缩 1 ~ 2 圈）。然后紧固螺钉 8，此时可开始测量。测量时，每转过一个

齿，须抬起拨动手柄 4，使指示表测头离开齿槽，依次测量所有齿槽，指示表示值的最大变动量为齿圈径向圆跳动误差。

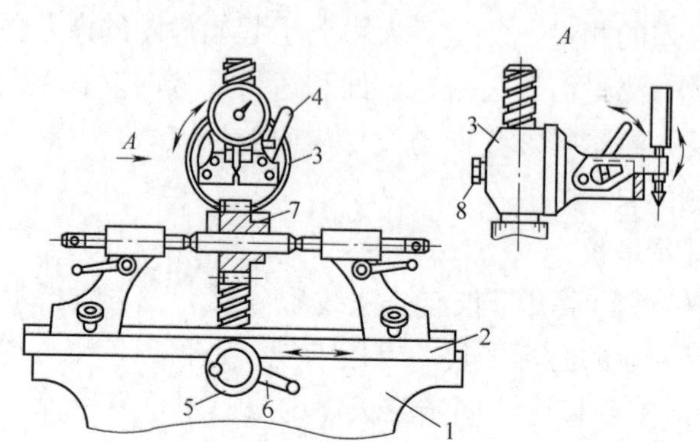

图 6-2　齿圈径向圆跳动检查仪的结构

1—底座　2—活动顶尖座　3—指示表架　4—拨动手柄

5—手轮　6—定位手柄　7—升降螺母　8—紧固螺钉

（4）万能测齿仪及其使用　万能测齿仪的结构如图 6-3 所示，在弓形支架 1 上有安装工件及心轴的上下顶尖，在测量工作台 2 上可安装测量附件，在万能测齿仪上安装测量附件可进行多种测量。

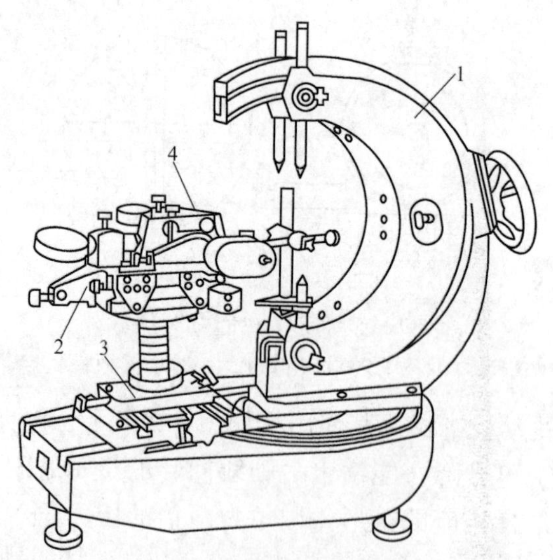

图 6-3　万能测齿仪的结构

1—弓形支架　2—测量工作台　3—螺旋支承轴　4—测量径向圆跳动的附件

下面简要介绍在万能测齿仪上测量齿距误差的方法。如图 6-4 所示，先将被测齿轮连同心轴安装在万能测齿仪的上下顶尖之间，将动测头 1 和固定测头 2（均为球形

测头）调整到位于齿高的分度圆附近，在齿轮上扎一根线，并绕齿轮或某一圆周2～3圈，线的一端挂一测力重锤3，使齿轮对测头产生一固定的旋转力矩，即给予一定的测量力（测量力过大测头会变形，测量力过小测量值不稳定）。当测头与齿面接触后，以任一齿距为零位，将指示表4的指针调整至零位，然后依次测量其他各齿距，指示表4将显示各齿距与起始齿距的误差。

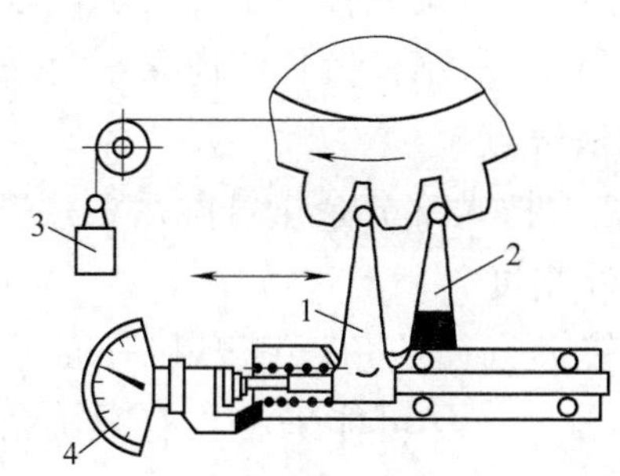

图6-4　用万能测齿仪测量齿距误差示意

1—动测头　2—固定测头　3—测力重锤　4—指示表

6.1.2　提高齿轮、齿条铣削加工精度的方法

（1）提高分度和直线移距精度　圆柱齿轮、齿条和其他各种类型的齿轮加工，齿距的控制精度是通过分度装置或直线移距装置实现的。这些装置的精度，如分度头的精度、工作台的移距精度等都会影响齿距的加工控制精度。具体措施主要是对所使用的分度装置或工作台移距装置等进行精度检测，控制误差的范围，提高精度要求，以确保分度和移距的准确性。

（2）提高刀具的精度　齿轮齿廓误差和齿厚的控制与刀具的精度有密切的关系。齿轮铣刀是成形铣刀，廓形与所选刀具的刀号以及刀具的制造、刃磨精度等有关。因此，使用中应注意刀号的准确对应，刀具的廓形可采用投影仪进行放大检测，以保证齿轮齿廓精度。对于操作中的对中误差，可使用分度头上圆柱面齿槽对称度检测调整的方法予以控制和消除。

（3）提高操作的熟练程度　齿轮铣削加工是一个反复操作的过程，每一个齿槽的加工都需要熟练准确，才能保证加工精度，因此在每一步的操作中，都需要仔细核对分度或移距的准确性，避免操作失误。具体方法上可设定一些核对的方法，如在齿轮加工中，分度数核对可依据循环复位至起始圈孔的规律。在直线移距中，可按工作台手柄的刻线核对数据，也可对多个齿距的检测予以复核。

（4）提高检测量具量仪的精度　使用高精度的检测量具和量仪，可准确地检测加工过程中的调整数据，以及加工中的误差等，以便进一步进行工件加工的质量控制。

6.1.3 大模数齿条的加工方法

通常加工模数为 16mm 以上的齿条，可称为大模数齿条加工。

1. 大模数齿条的铣削加工特点

1）铣削余量比较多。

2）铣刀与工件接触的切削刃比较长。

3）对夹具的刚度和机床改装后铣刀轴的刚度要求比较高。

4）齿距较大，受机床行程的限制，较长的齿条常会采用接刀方法加工。

2. 大模数齿条的铣削方法要点

1）采用粗精分开的方法，把大部分余量铣除后，用精度较高的齿条铣刀精铣齿条，以保证齿条的齿距和齿厚精度。

2）粗铣时，可采用由较大直径的角度铣刀和三面刃铣刀改制的齿条铣刀粗加工，以使铣削比较轻快。精铣时，尽可能采用具有螺旋角的指形齿轮铣刀加工，使铣刀有较好的刚度，铣削平稳，减少铣削振动。

3）大模数齿条的槽深尺寸大，为改善夹具支承面的作用，应采用辅助支承板。

4）采用接刀的齿条，应注意使用同一把铣刀对齿槽进行对刀，以免铣刀的齿形误差影响齿距对刀精度，从而影响齿厚和齿距精度。

5）采用量块移距控制齿距精度时，因齿距较大，尽可能选用整件的专用量块，避免多件组合的累积误差，或因操作不慎造成量块散落。

3. 大模数齿轮铣刀的选用

（1）盘形齿轮铣刀　在加工大模数齿条时，由于金属切除量大，通常先用粗切铣刀进行齿槽加工，粗切铣刀可以采用多种措施来改善刀具性能，提高切削效率，常用的措施有：

1）使刀具具有 10° 左右的顶刃前角。

2）采用错齿结构，减小切削阻力。

3）在切削刃上磨出分屑槽。

4）齿形为梯形或阶梯形。

5）切削部分采用硬质合金。

6）通常采用镶齿结构和可转位结构形式，可转位齿轮铣刀的硬质合金刀片交错分布在铣刀的型面上，刀片变钝后可转位使用。

（2）指形齿轮铣刀　在加工大模数齿条时常选用指形齿轮铣刀，指形齿轮铣刀有以下特点：

1）指形齿轮铣刀有各种类型。根据加工性质，指形齿轮铣刀有粗切指形齿轮铣刀和精切指形齿轮铣刀。根据容屑槽形状，有直槽、等导程和等螺旋角螺旋槽指形齿轮铣刀。根据刀齿后面形状，有尖齿和铲齿指形齿轮铣刀。根据刀具切削部分材料，有高速钢和硬质合金指形齿轮铣刀。

2）精切指形齿轮铣刀一般采用直槽铲齿结构，其切削部分尺寸应与被切齿轮的槽形一致，其外径应比被切齿槽的最大宽度大 3 ~ 10mm。铣刀的前角通常为 0°，后角一般采用 8° ~ 12°。根据指形齿轮铣刀的直径大小，其柄部有不同的定位形式。为了加工齿槽的底部，指形齿轮铣刀具有端齿。端齿的形状与尺寸见图 6-5 和表 6-1。

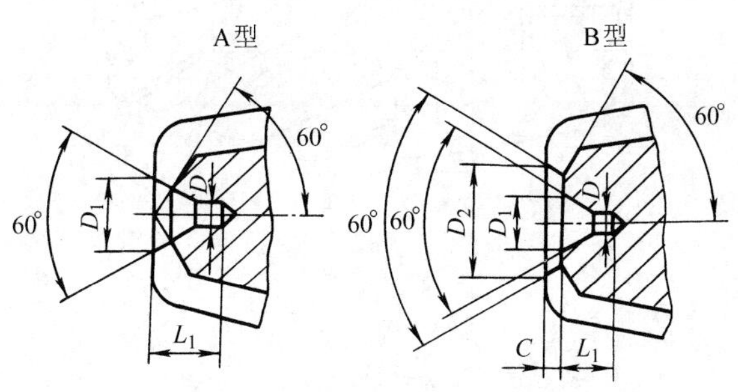

图 6-5　指形齿轮铣刀的端齿形状

表 6-1　指形齿轮铣刀的端齿尺寸　（单位：mm）

<table>
<tr><th>模数 m</th><th>10</th><th>12</th><th>14</th><th>16</th><th>18</th><th>20</th><th>22</th><th>25</th><th>28</th><th>30</th><th>32</th><th>36</th><th>40</th><th>45</th><th>50</th><th>55</th><th>60</th><th>70</th><th>80</th></tr>
<tr><td>D</td><td colspan="2">1</td><td colspan="6">1.5</td><td colspan="4">2</td><td colspan="2">2.5</td><td colspan="5">3</td></tr>
<tr><td>D1</td><td colspan="2">2.5</td><td colspan="6">4</td><td colspan="4">5</td><td colspan="2">6</td><td colspan="5">7.5</td></tr>
<tr><td>D2</td><td colspan="3">—</td><td colspan="3">6</td><td>7</td><td>8</td><td colspan="3">10</td><td colspan="2">12</td><td>15</td><td colspan="3">20</td><td>25</td><td>30</td></tr>
<tr><td>L1</td><td colspan="2">2.5</td><td colspan="6">4</td><td colspan="4">5</td><td colspan="2">6</td><td colspan="5">7.5</td></tr>
<tr><td>C</td><td colspan="3">—</td><td colspan="3">1</td><td colspan="2">1.5</td><td colspan="4">2</td><td colspan="2">2.5</td><td colspan="3">3</td><td colspan="2">4</td></tr>
</table>

其中，A 型适用于 $m \leqslant 16$mm，且 $z \leqslant 23$ 的指形齿轮铣刀；B 型适用于 $m =$ 16mm，$z > 23$ 和 $m > 16$mm 的指形齿轮铣刀。

3）粗切指形齿轮铣刀一般采用尖齿结构，为了改善粗铣指形齿轮铣刀的切削性能，容屑槽常做成等导程或等螺旋角的螺旋槽。等导程指形齿轮铣刀由于工作前角和容屑空间增大，改善了切削性能和排屑条件。而等螺旋角指形齿轮铣刀（见图 6-6）则进一步克服了切削刃上各点切削性能和磨损的差异，从而提高了切削效率和刀具寿命。

从排屑情况、切削性能及刀具制造等方面考虑，粗切指形齿轮铣刀的螺旋角最好采用 30° ~ 50°，铣刀直径较小时，可取 20° ~ 30°。前角可取 5° ~ 15°，后角可取 10° ~ 12°。为便于制造，粗切指形齿轮铣刀的切削部分为锥形，锥角通常采用 30° ~ 45°。粗切指形齿轮铣刀的分度圆齿厚比精切指形齿轮铣刀减薄 $0.2\sqrt{m}$（m 为被切

齿轮的模数)。粗切指形齿轮铣刀可在切削刃上做出交错排列的容屑槽，容屑槽的宽度为 1.5 ~ 3mm，槽距为 10 ~ 20mm，槽底圆弧半径为 1 ~ 2mm。端齿的尺寸与精切指形齿轮铣刀相同，但可用倒角代替齿端圆弧。

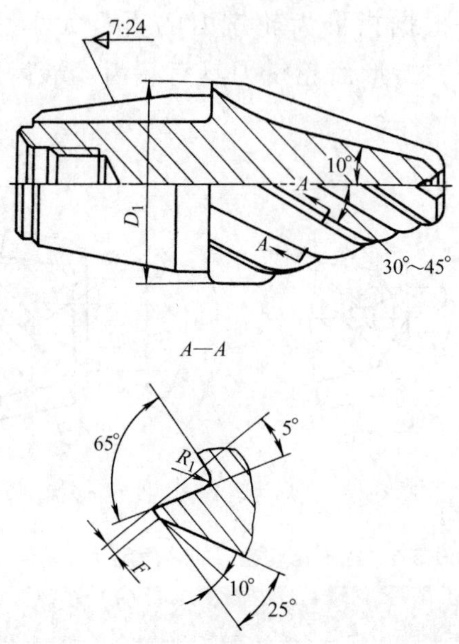

图 6-6　粗加工用等螺旋角指形齿轮铣刀

4. 提高齿条铣削加工精度的方法和措施

(1) 提高齿距移距精度的措施

1) 选择丝杠精度较高的机床。

2) 注意检查机床传动机构的精度。

3) 预先检测用于控制移距的专用量块、辅助装置和指示表的尺寸形状和复位精度，并注意辅助装置的安装精度，主要是量块贴合面与移距方向的垂直度。

4) 对长齿条铣削时的累积误差，应在加工中予以分段消化。

5) 采用分度头直线移距分度法控制齿条移距精度时，应挑选精度较高的交换齿轮，并且配置时啮合间隙合理以及齿轮、交换齿轮架安装可靠，以免受铣削力振动后发生松动。

6) 对于一些经常加工齿条的机床，可以改制专用的齿条移距器(见图 6-7)，使用这种专用的齿条移距器，不仅操作方便，而且可有效提高移距的精度。

7) 用数显装置控制移距尺寸精度，能获得很高的移距精度，并不受机床丝杠及传动机构精度的影响。工作台的移动尺寸直接在屏幕上显示出来。目前，数显装置控制的尺寸，精度不高的可达 0.01mm，精度较高的可达 0.001mm，精度高的可达 0.0001mm 甚至更高，足以加工高精度的齿条。移距的方法有两种：一般采用每次移距后，把数显装置复位至“0”位，铣削完一齿后再按齿距移距；若加工的累积误差精度要求很高，则可采用按齿槽的坐标值移距的方法，即第一齿的坐标为 0，第二齿的坐标为 πm，第三齿的坐标为 $2\pi m$、…、第 n 齿的坐标为（$n-1$）πm。这样，各齿距和总齿距累积误差均能控制在极小的范围内，若齿距的移动尺寸值精确到 0.001mm，则齿距和齿距累积理论误差均不大于 0.001mm。

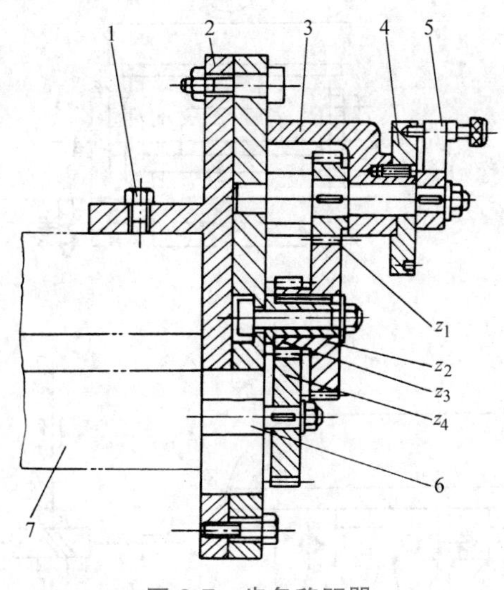

图 6-7　齿条移距器

1—固定螺钉　2—交换齿轮架　3—轴端支承　4—孔盘　5—分度手柄　6—工作台丝杠　7—工作台

（2）提高齿厚和齿廓精度的方法和措施

1）提高铣刀的刃磨精度。

2）精度较高的齿条采用齿条专用铣刀。

3）大模数的齿条可采用不对称盘形专用齿条铣刀（见图 6-8），铣削时使铣头主轴与工作台面成 20° 夹角。这样使铣刀端面切削性能得到改善，铣刀的直径也可以做得较小，有利于减少铣削振动对齿廓的影响。

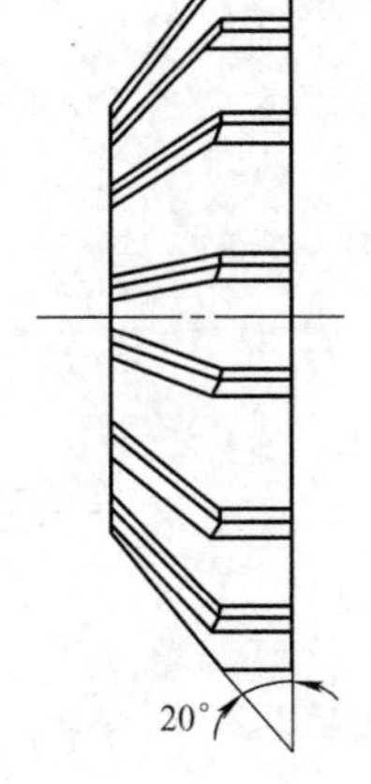

图 6-8　不对称盘形专用齿条铣刀

4）为了提高横向刀架的刚度，在卧式铣床上通常用万能立铣头和专用铣头（见图 6-9a），也常采用横刀架（见图 6-9b），其中通用万能铣头和专用铣头的传动环节比较多，观察横刀架的操作不够方便，为提高刀架的刚度，便于操作，可采用立铣上的横刀架（见图 6-9c）。

5）较大模数的齿条可采用粗精分开的加工工艺，并采用指形齿条铣刀精铣，以

项目 6

减小铣削振动，提高齿廓和齿厚精度。

6）采用精度较高的齿廓样板，在加工第一齿、换刀时预检齿廓，在加工过程中抽检齿廓，以确保齿廓和齿厚的精度。

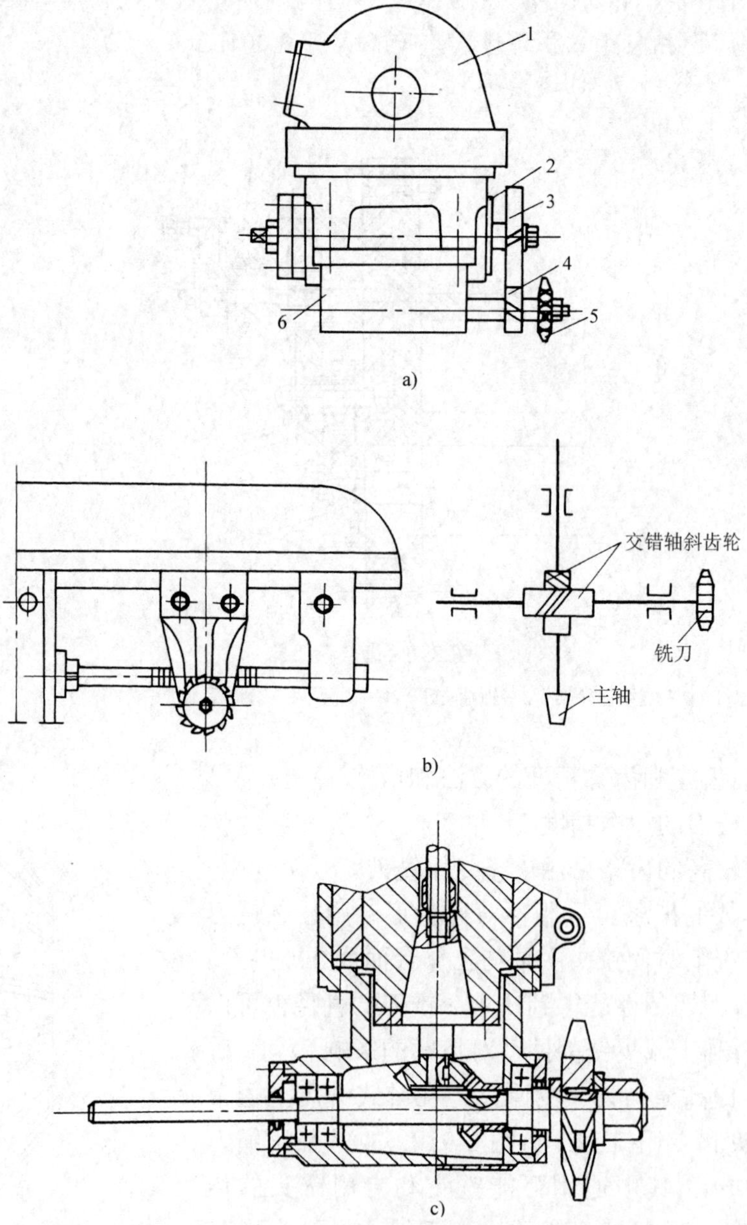

a)

b)

c)

图 6-9　铣削齿条的横向刀架

a）卧铣安装万能铣头　b）卧铣安装横刀架　c）立铣安装横刀架

1—万能铣头　2—铣头主轴　3、4—齿轮　5—铣刀　6—专用铣头

7）提高铣刀的安装精度，尽可能减少铣刀的跳动。

8）工件的装夹尽可能与使用安装一致，如齿条侧面有安装用的键槽、螺钉穿装孔等，可直接在夹具上用螺栓、螺母夹紧工件。铣削较大模数齿条时，为减少工件的振动，可在铣削部位设置可移动辅助支承。可移动辅助支承的结构如图6-10所示，支承上有比工件齿槽略深的几条齿槽，铣削时因使工件齿槽附近的定位面得到支承，可有效减少工件振动，提高定位的稳定性和刚度。

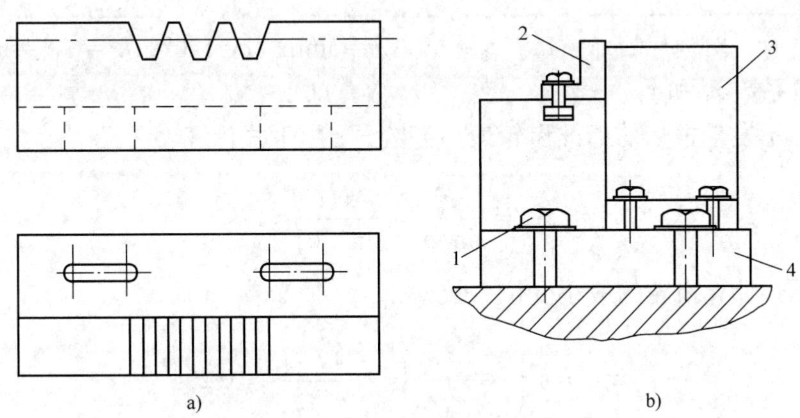

图6-10 大模数齿条的可移动辅助支承结构示意

a）辅助支承零件图 b）装夹示意

1—螺钉 2—辅助支承 3—工件 4—夹具

6.1.4 变位齿轮的原理与主要参数计算

1. 变位齿轮简介（见表6-2）

1）变位齿轮的外径比标准齿轮齿坯外径大一些（或小一些），加工时，刀具还是沿齿坯径向切入齿高，采用这样的加工方法制成的齿轮称为变位齿轮。齿坯外径增大的称为正变位，变位系数 x 为正值；齿坯外径减小的称为负变位，变位系数 x 为负值。

2）变位齿轮分为高度变位和角度变位两种。角度变位的齿轮，其齿坯外径与齿顶高比高度变位的齿轮略小，可使齿轮在传动时保持规定的径向间隙，有利于储油润滑。采用变位齿轮可避免根切，可得到较好的啮合性能和所需要的中心距，还便于修配啮合对容易磨损的小齿轮。

3）齿轮刀具离齿轮齿坯中心的距离 $X=mx$（x——变位系数；m——齿轮的模数）。加工变位齿轮时应根据 $X=mx$ 的数值来确定齿坯的外径，即把齿坯的外径增大或减小 $2X=2mx$ 值。

表 6-2　变位齿轮简介

特征	作用	种类	计算特点
分度圆上的齿厚和槽宽不相等	1. 避免根切 2. 改善啮合性能 3. 凑合所需中心距 4. 提高齿轮强度 5. 修复旧齿轮	1. 高度变位：$x_1=-x_2$，又称等移距变位齿轮 2. 角度变位：$x_1+x_2\neq 0$，由于啮合角改变了，故称角度变位齿轮	根据不发生根切的标准齿轮最小齿数 z_{min} 计算齿轮的最小变位系数 x_{min}

【例】有一对齿轮，$z_1=12$，$z_2=40$，m =5mm，$\alpha=20°$，$h_a^*=1$。要避免产生根切，求变位系数 x_1 和 x_2。

【解】不发生根切的标准齿轮最小齿数 z_{min} 由下式计算：

$$z_{min}=\frac{2h_a^*}{\sin^2\alpha}=\frac{2\times1}{\sin^2 20°}\approx17$$

再由下式计算齿轮的最小变位系数 x_{1min}

$$x_{1min}=h_a^*\left(\frac{z_{min}-z_1}{z_{min}}\right)=1\times\frac{17-12}{17}=0.294$$

上面算出的是小齿轮的最小变位系数，修约后取为

$$x_1=0.3$$

为避免根切，用高度变位，即 $x_1=-x_2$，所以

$$x_2=-0.3$$

2. 变位齿轮与标准齿轮的主要区别（见表 6-3）

表 6-3　变位齿轮与标准齿轮的主要区别

<table>
<tr><th>序号</th><th>项目</th><th>标准齿轮</th><th>高度变位齿轮</th><th colspan="2">角度变位齿轮</th></tr>
<tr><td rowspan="2">1</td><td rowspan="2">小齿轮变位系数 x_1
大齿轮变位系数 x_2</td><td rowspan="2">$x_1=x_2=0$</td><td rowspan="2">$x_1=-x_2$
（x_1 为正值）</td><td colspan="2">一般 x_1 为正值，且 $x_1>x_2$</td></tr>
<tr><td>$x_1+x_2>0$</td><td>$x_1+x_2<0$</td></tr>
<tr><td>2</td><td>中心距 α</td><td>$\alpha=\frac{1}{2}m\times(z_1+z_2)$</td><td>$\alpha=\frac{1}{2}m\times(z_1+z_2)$</td><td>$\alpha>\frac{1}{2}m\times(z_1+z_2)$</td><td>$\alpha<\frac{1}{2}m\times(z_1+z_2)$</td></tr>
<tr><td>3</td><td>啮合角 α' 与基齿条齿形角 α'（$\alpha'=20°$）的关系</td><td>$\alpha'=\alpha$</td><td>$\alpha'=\alpha$</td><td>$\alpha'>\alpha$</td><td>$\alpha'<\alpha$</td></tr>
<tr><td>4</td><td>小齿轮齿顶圆直径 d_{a1}
大齿轮齿顶圆直径 d_{a2}</td><td>d_{a1}，d_{a2} 为一定数值</td><td>d_{a1} 增大
d_{a2} 减小</td><td colspan="2">d_{a1}，d_{a2} 有变化</td></tr>
<tr><td>5</td><td>小齿轮齿根圆直径 d_{f1}
大齿轮齿根圆直径 d_{f2}</td><td>d_{f1}，d_{f2} 为一定数值</td><td>d_{f1} 增大
d_{f2} 减小</td><td colspan="2">d_{f1}，d_{f2} 有变化</td></tr>
</table>

6.2 大质数直齿锥齿轮加工

6.2.1 大质数直齿锥齿轮的加工特点

1. 分度操作特点

大质数齿轮的等分须采用差动分度法，差动分度法须在分度头的主轴和侧轴之间配置交换齿轮，此时，分度头的主轴必须处于水平位置。而铣削加工直齿锥齿轮，通常是在卧式铣床上进行的，根据锥齿轮的加工基本方法，分度头的主轴须按切削角仰起一个角度，即主轴无法处于水平位置。因此，不能采用通常在卧式铣床上铣削锥齿轮的方法加工大质数锥齿轮。

2. 铣床选择特点

为解决以上分度与铣削方法的矛盾，可采用在立式铣床上加工直齿锥齿轮的方法，如图 6-11a 所示。在立式铣床上加工，采用短刀杆安装铣刀，分度头主轴处于水平位置，并在水平面内与纵向进给方向的夹角等于锥齿轮的铣削角 δ_f，这样，可同时满足差动分度与工件铣削位置调整的要求。

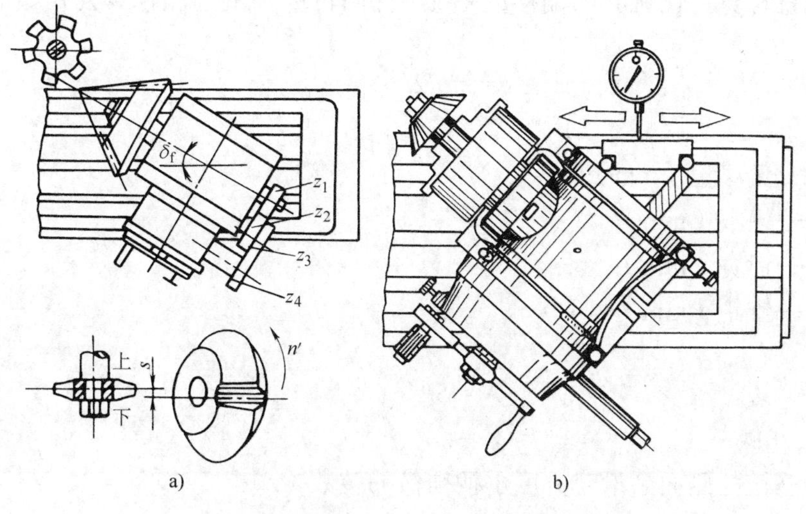

图 6-11 在立式铣床上铣削大质数锥齿轮示意

a）铣削方法 b）分度头找正

3. 偏铣操作特点

在锥齿轮偏铣操作中，需要通过分度头的正反偏转和横向偏移相配合，以实现偏铣齿侧余量，达到满足大端齿厚和对称齿廓等技术要求的目的。由于大质数锥齿轮采用差动分度法，配置交换齿轮后，偏转角度时有较多的传动环节，消除间隙的

操作控制与简单分度法相比较困难。此外，采用在立式铣床上的加工方法，偏铣对刀时的观察方向，偏移量的控制方向由横向改为垂向，操作习惯改变会有一些困难。

4. 分度头安装找正特点（见图 6-11b）

分度头主轴在水平面内与纵向进给方向的位置须按铣削角 δ_f 找正。此时，分度头底部的定位键块失去作用，安装螺钉的半封闭键槽也无法同时使用。因此，分度头找正后夹紧必须牢固，否则铣削过程中容易产生位移。

6.2.2 大质数直齿锥齿轮的加工方法

1）安装和找正分度头。使分度头主轴与工作台面平行，并与纵向进给方向夹角等于 δ_f。

2）装夹和找正工件。注意分度头位置，保证铣削调整的行程。

3）计算和配置差动分度交换齿轮。注意选用较大等分数的孔圈。

4）划线和找正铣削位置。划线和找正时须脱开交换齿轮。

5）调整铣削深度和试铣齿槽。因铣刀在工件内侧，操作时可先静止对刀，然后采用切痕对刀确定齿槽深度。

6）铣削中间齿槽。准确分度，逐齿分度铣削中间齿槽。

7）偏铣计算。偏铣时的偏移量 s 或工件回转量 N 的经验计算公式如下：

$$s = mb/2R \tag{6-1}$$

式中 s——偏移量（mm）；
m——模数（mm）；
b——齿宽（mm）；
R——锥距（mm）。

$$N = 5/z' \tag{6-2}$$

式中 N——铣削侧面余量时分度手柄须借的转数（r）；
z'——差动分度时的假定等分数。

8）试偏铣两侧。根据计算的偏移量移动垂向，然后通过对刀调整分度手柄回转孔数，或根据计算的分度回转孔数回转，然后通过对刀调整偏移量，试对称偏铣两侧，进行预检。

9）偏铣齿侧。按预检尺寸，并按偏铣余量纠正控制的方法，微量调整回转角和偏移量，逐齿偏铣一侧，铣削完毕后，反方向移动偏移量的两倍和反方向回转借孔数的两倍，偏铣另一侧。

6.2.3 大质数直齿锥齿轮加工误差分析与提高加工质量的措施

1. 铣削加工直齿锥齿轮产生误差的原因分析

（1）加工原理误差　在铣床上加工的锥齿轮是按成形法加工而成的，与刨齿机加工锥齿轮的展成法相比，后者的切削加工相当于一对锥齿轮作无间隙的啮合运动，因此，由加工原理形成的误差是最基本的。

（2）铣刀齿形误差　铣削锥齿轮的铣刀，其齿形曲线是按大端的渐开线设计的，且只是一组齿数中的某一齿数的渐开线，而其齿厚是按锥齿轮的小端设计的。由于锥齿轮沿齿宽方向各个位置的齿形是不同的，弦齿厚的尺寸也不一样。由小端向大端看，齿形由较弯曲趋向较平直，弦齿厚尺寸由小变大。因此，只用大端齿形的铣刀，除大端外，其余部分的齿形都显得比较平直，若考虑偏铣后的因素，齿形曲线会有所改变，但铣刀的齿形还是会使齿轮齿廓产生一定误差。

（3）齿侧偏铣误差　偏铣是通过工作台偏移和分度头偏转后，使小端以外的各位置齿厚都铣去一些，以达到大端的齿厚尺寸精度要求。但在操作中，由于中间槽的对中对刀误差、工作台正反对称偏移误差、分度头正反偏转误差、小端齿槽目测对刀误差等，都会使齿廓产生一定误差。

2. 提高锥齿轮铣削加工精度的方法

（1）提高中间齿槽的位置精度　中间齿槽对刀操作时，除切痕对刀外，可用标准棒和指示表检测其对称性位置精度，以提高偏铣的基准槽位置精度。

（2）提高偏铣时偏移和偏转的对称精度　在用分度手柄借孔达到工件微量转动的过程中，由于差动分度时交换齿轮等传动系统中有一定的间隙，因此，为提高偏转和偏移的对称精度，微量调整工件转动时必须注意传动系统的间隙方向。消除间隙的方法有以下两种：

1）用反摇把法消除间隙。若原分齿时分度手柄顺转，则借孔时可逆转半转至一转，然后再顺时针转至原位置不到 N 的数值处插入定位销。

2）用指示表消除间隙。若原分齿时分度手柄顺转，逆时针调整分度手柄时，可先用指示表测头触及齿槽一侧，观察指示表指针恰好开始转动时，分度手柄所转过的孔数即为传动系统的间隙，如图 6-12 所示。

（3）提高齿厚的铣削精度　若齿宽符合铣刀的设计要求，铣削中间齿槽后，小端齿厚已达到要求，为了保证小端和大端齿厚都达到要求，提高齿厚的铣削精度，偏铣的位置要求应是不铣到小端分度圆以下齿廓，而大端则逐步铣至分度圆齿厚尺寸要求。

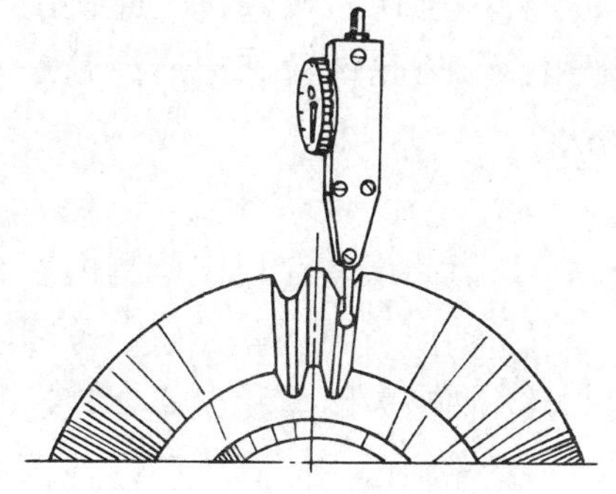
图 6-12　用指示表消除差分系统间隙

（4）提高齿廓的铣削精度　根据锥齿轮大端齿廓较平直、小端齿廓较弯曲的特征，虽然由铣刀形成的齿廓误差很难避免，但若铣削时控制得当，可提高齿廓的铣削精度。若偏铣后达到图 6-13 所示的齿廓，则大端齿廓基本符合渐开线要求，而中间部分及小端部分的齿廓均由两部分组成：一部分是铣削中间齿槽时形成的齿面Ⅰ，另一部分是偏铣形成的齿面Ⅱ。就小端而言，分度圆以上是偏铣形成的渐开线 b，分度圆以下是铣削中间槽时形成的渐开线 a。由于分度头偏转角的铣削位置调整作用，铣出的齿廓曲线可接近小端较弯曲、大端较平直的基本要求，从而可提高齿廓铣削精度。

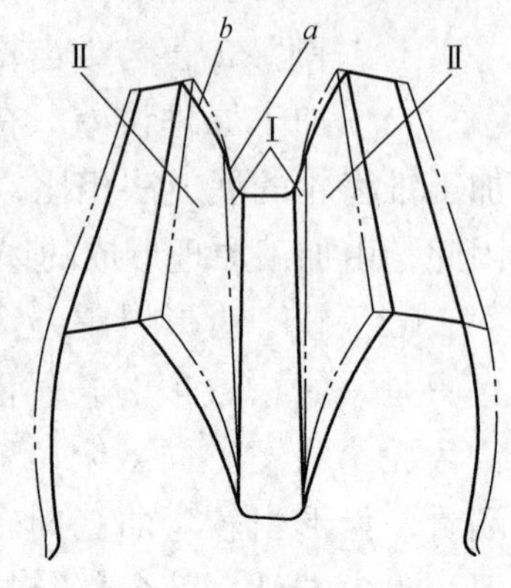

图 6-13　偏铣后的齿廓表面

6.3　蜗杆与蜗轮的铣削加工

蜗杆和蜗轮是用来传递空间相互垂直而不相交的两轴间的运动和动力的机构。蜗杆副传动常用于减速机构。精密的蜗杆副可用于分度机构。普通的圆柱形蜗杆按其齿面螺旋面的形式分为阿基米德螺旋面蜗杆（或称为轴向直廓蜗杆）、渐开线螺旋面蜗杆与延伸渐开线螺旋面蜗杆。其中阿基米德螺旋面蜗杆因加工比较容易，故应用比较广泛。在实际生产中，精度不高、数量较少的蜗杆、蜗轮可在万能铣床上进行铣削加工。

6.3.1　蜗杆铣削加工

1. 蜗杆铣削加工的工艺分析和准备

（1）铣削工艺分析

1）铣削工艺特点：蜗杆一般在车床上加工，对于大模数或多头蜗杆常采用铣削加工。在铣床上加工蜗杆属于展成铣削加工，由于螺旋面铣削中的干涉现象，铣成的蜗杆齿廓误差较大，因此铣削加工适用于精度不高或粗加工的蜗杆。铣削蜗杆可采用盘形齿轮铣刀和指形齿轮铣刀，采用指形齿轮铣刀可减少干涉，提高铣削加工精度。

2）铣削工艺要求。

① 齿廓误差在规定范围内。

② 轴向齿距误差在规定范围内。

③ 轴向齿距累积误差在规定范围内。

④ 螺旋齿径向圆跳动误差在规定范围内。

⑤ 齿面表面粗糙度值达到图样规定要求。

3）基本参数及其计算见表 6-4。

表 6-4　蜗杆的基本参数及其计算公式

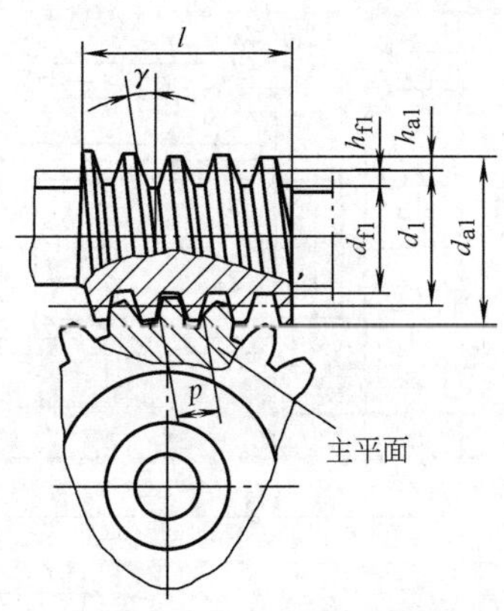

名称	代号	计算公式
轴向模数	m_{x1}	$m_{x1}=m$
蜗杆直径系数	q	查表选取
分度圆直径	d_1	$d_1=mq$
齿顶圆直径	d_{a1}	$d_{a1}=m(q+2)$
齿根圆直径	d_{f1}	$d_{f1}=m(q-2.4)$
齿顶高	h_{a1}	$h_{a1}=m$
齿根高	h_{f1}	$h_{f1}=1.2m$
螺纹部分长度	l	当 $z_1=1-2$ 时，$l=(13-16)m$ 当 $z_1=3-4$ 时，$l=(15-20)m$
导程角	γ	$\tan\gamma=\dfrac{z_1}{q}$
轴向齿距	p_x	$p_x=.\pi m$
导程	p_z	$p_z=z_1p_x$
轴向压力角	α_{x1}	$\alpha_{x1}=\alpha_{t2}=\alpha=20°$
法向压力角	α_n	$\tan\alpha_n=\tan\alpha\cos\gamma$
分度圆轴向齿厚	s_{x1}	$s_{x1}=\dfrac{\pi m}{2}$
分度圆法向齿厚	s_{n1}	$s_{n1}=\dfrac{\pi m\cos\gamma}{2}$
分度圆法向弦齿厚	$\bar{s}_{n1}$	$\bar{s}_{n1}=s_{n1}$
分度圆法向弦齿高	$\bar{h}_{an1}$	$\bar{h}_{an1}=m$

注：1. z_1 为蜗杆的头数。

2. α_{t2} 为蜗轮的端面压力角。

（2）工艺准备要点　铣削加工图 6-14 所示的蜗杆，主要工艺准备如下：

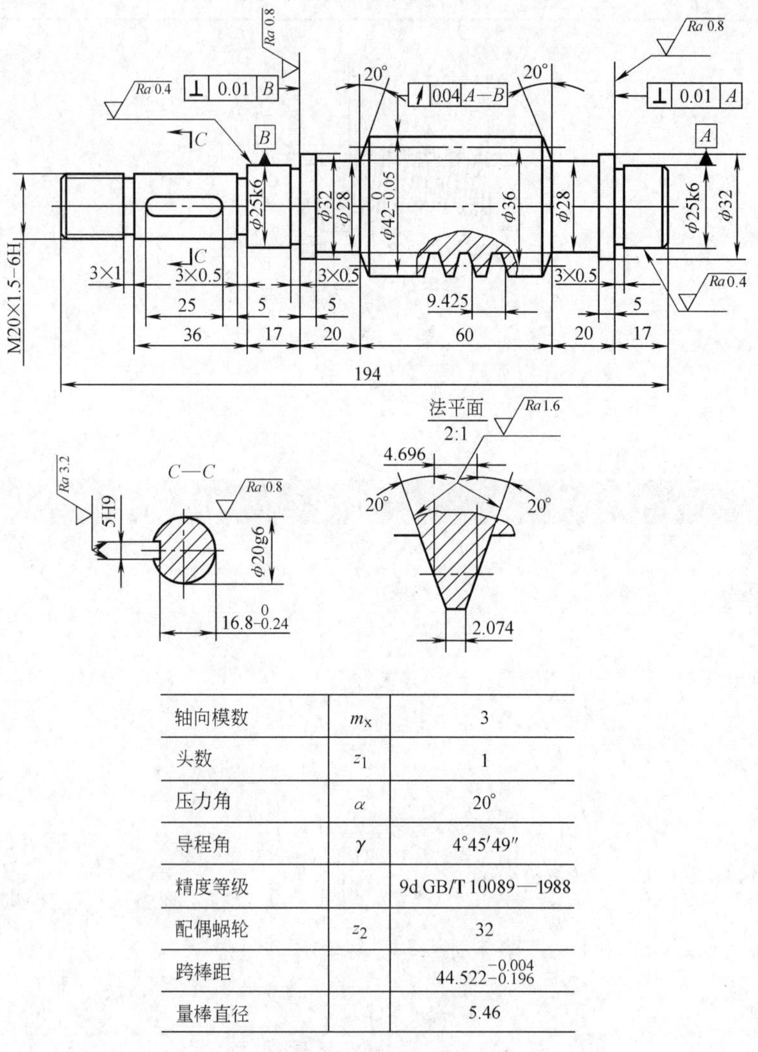

轴向模数	m_x	3
头数	z_1	1
压力角	α	20°
导程角	γ	4°45′49″
精度等级		9d GB/T 10089—1988
配偶蜗轮	z_2	32
跨棒距		$44.522^{-0.004}_{-0.196}$
量棒直径		5.46

图 6-14　蜗杆工件图

1）分析图样。重点分析参数栏内容，如轴向模数、头数、压力角、跨棒距等。

2）刀具选择。理论上应根据蜗杆截形设计专用的成形铣刀，因本例蜗杆精度等级为 9d，要求不高，故采用 m = 3mm、压力角 α = 20° 的 8 号盘形齿轮铣刀。若蜗杆的头数较多，用盘形齿轮铣刀铣削会产生较大的干涉，且因其导程角较大，蜗杆法向齿形与轴向齿形差别较大，因此必须根据蜗杆的法向模数 m_n 和法向压力角 α_n，用 8 号齿轮铣刀改制成专用双角度铣刀。改制的方法和专用双角度铣刀如图 6-15 所示。

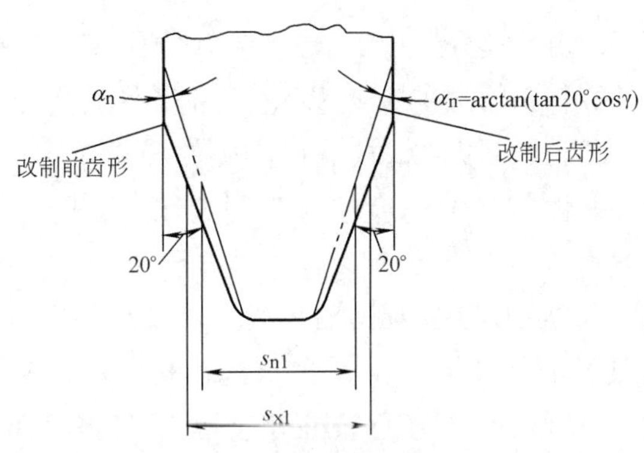

图 6-15　改制专用双角度铣刀廓形

3）计算和配置交换齿轮。计算导程的方法与铣削螺旋齿轮时相同，并根据蜗杆的导程确定交换齿轮的齿数和交换齿轮方法。本例蜗杆的导程 $p_z = \pi z_1 m = 9.425\text{mm}$，因 $p_z<16\text{mm}$，故须采用分度头主轴交换齿轮法加工，如图 6-16 所示。加工时通过摇动分度手柄实现螺旋铣削进给。

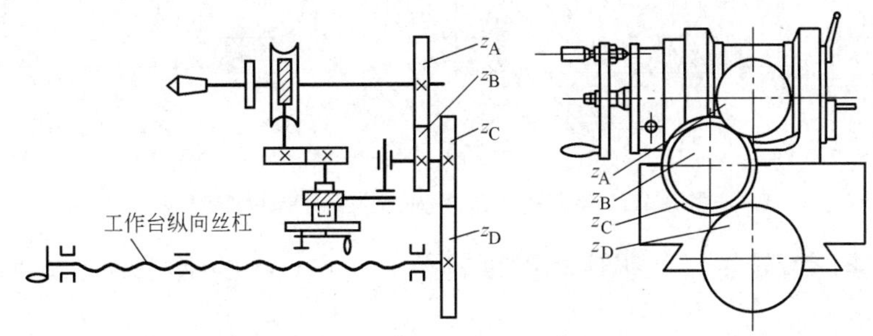

图 6-16　分度头主轴交换齿轮法

4）确定工件轴线与刀具轴线的交角。工件轴线与刀具轴线的交角应符合蜗杆的导程角 γ，如图 6-17 所示。

2. 铣削加工蜗杆的主要步骤和注意事项

（1）主要步骤

1）装夹工件采用分度头与尾座一顶一夹方式。

2）安装横铣头后铣刀在工件上方，可用划线切痕对刀法确定工作台横向位置。

3）逐步垂向上升工作台，通过分度头分度手柄手动进给，按齿距和齿厚要求进行铣削。

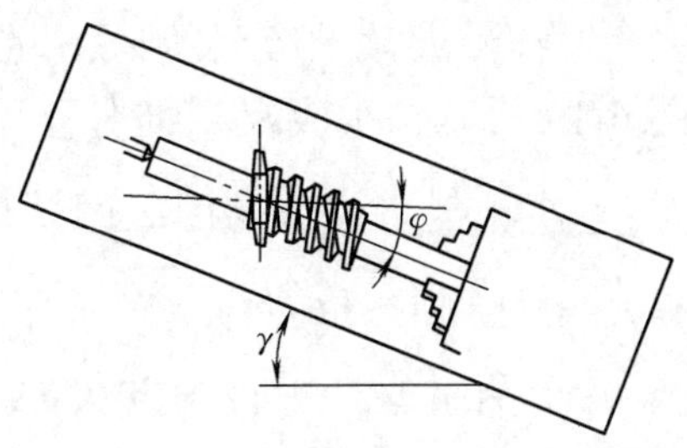

图 6-17　铣刀轴线与工件交角的关系

（2）铣削注意事项

1）用主轴配置交换齿轮的方法加工蜗杆不能使用机动进给。

2）用主轴交换齿轮法加工多头蜗杆时应设法解决多头蜗杆分度问题，可利用蜗杆

头数成倍的交换齿轮进行分度，也可以在工件上装等分孔板等辅助装置进行分度。

3）因分度头仅有 12 个 5 倍数的交换齿轮，因此在配置交换齿轮时，往往需要添置一些特殊齿数的交换齿轮，以使蜗杆获得准确的导程。

4）用盘形齿轮铣刀铣削蜗杆时，应注意辨别工作台或铣刀轴线的转角方向。

5）在调整盘形齿轮铣刀与工件横向切削位置时，由于铣刀轴线与工作台回转中心不再相交，因此划线切痕对刀应在刀具轴线或工件轴线扳转角度后进行。

6）用指形齿轮铣刀铣削蜗杆时，工作台不需扳转角度，一般铣刀应处于对中位置铣削。若精铣时适当偏移切削位置，可获得较精确的轴向直廓蜗杆齿廓，如图 6-18 所示。

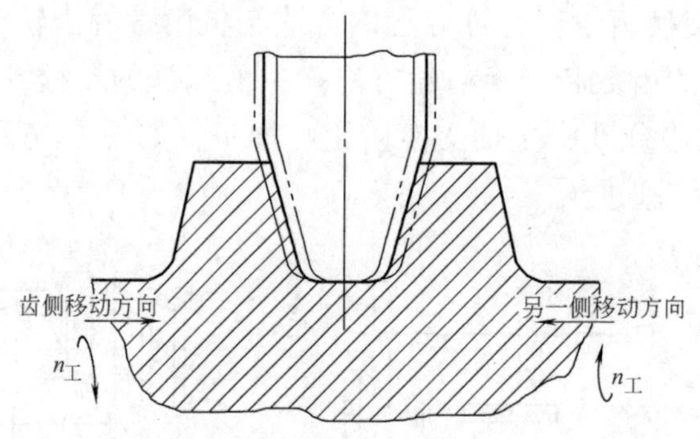

图 6-18　用指形齿轮铣刀精铣蜗杆齿槽两侧

7）由于指形齿轮铣刀的强度和刚度较差，m <3mm 的蜗杆不宜采用指形齿轮铣刀铣削。

3. 蜗杆检验与质量分析

（1）蜗杆检验测量方法　蜗杆测量通常用齿厚卡尺测量法向分度圆弦齿厚，也可用中径三针测量法。

1）测量蜗杆分度圆弦齿厚的方法如图 6-19 所示，垂直尺定准分度圆法向弦齿高 $\bar{h}_{an1}$，水平尺测出分度圆法向弦齿厚 $\bar{s}_{n1}$。$\bar{h}_{an1}$ 和 $\bar{s}_{n1}$ 的计算见表 6-4。

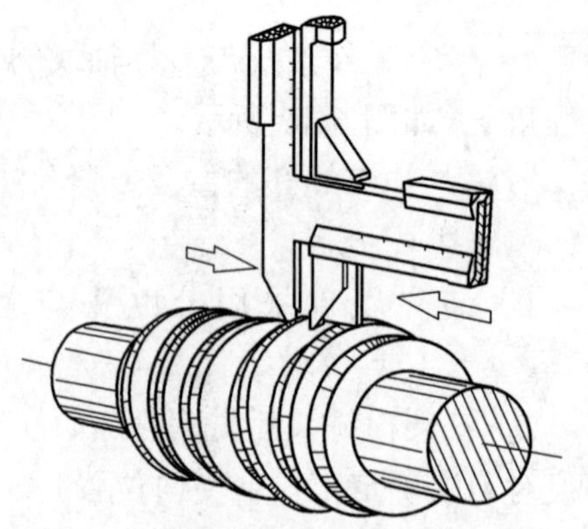

图 6-19　用齿厚卡尺测量蜗杆弦齿厚

2）测量蜗杆中径的方法如图 6-20 所示。测量时，将三根等直径的量棒放入蜗杆对应槽内，用公法线千分尺测量量棒距离，从而检验蜗杆的中径尺寸。量棒直径 d_0 与测量距离 M 一般由蜗杆图样技术数据确定。这种测量方法灵敏度比齿厚卡尺测量高 3 ~ 4 倍。

（2）蜗杆铣削加工质量分析　在铣床上用盘形齿轮铣刀铣削的蜗杆精度比较低，

主要原因是铣刀的齿形与蜗杆的齿廓有偏差，而且在铣削过程中存在干涉现象，这也会引起齿形误差。常见的铣削质量问题和原因分析见表 6-5。

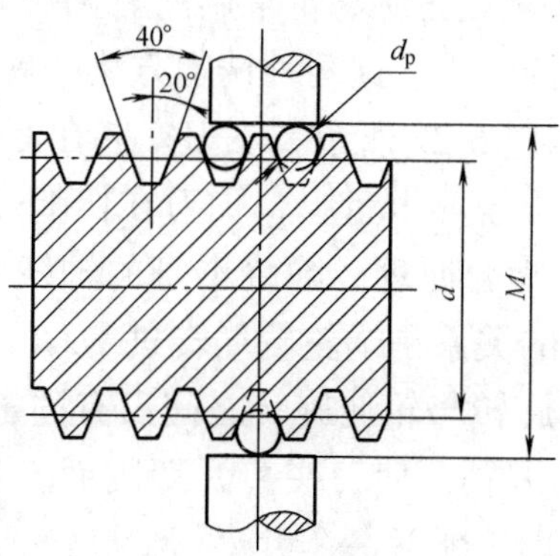

图 6-20　用三针测量法测量蜗杆中径示意图

表 6-5　蜗杆铣削质量问题和原因分析

质量问题	原因分析
齿面表面粗糙度值较大	1）铣削用量太大 2）刀具磨损变钝 3）工艺系统刚度不好
齿形误差超差	1）铣刀截形不正确，如用 8 号盘形齿轮铣刀加工阿基米德蜗杆，其轴向齿廓不是直线 2）铣削时干涉现象太严重 3）工作台扳转角度不准 4）对刀不正确
齿厚不对	1）铣削深度调整不对 2）工件径向圆跳动误差太大 3）导程计算误差太大或交换齿轮不正确
齿面碰伤	退刀时未降下工作台

6.3.2　蜗轮铣削加工

1. 蜗轮铣削加工的工艺分析和准备

（1）铣削工艺分析

1）铣削工艺特点：在铣床上加工蜗轮时，可以采用盘形齿轮铣刀、蜗轮滚刀铣削，也可以采用飞刀加工（见图 6-21）。采用盘形齿轮铣刀（或单刀）铣削蜗轮的方法属于成形铣削法，一般适用于螺旋角很小、精度较低或粗铣的蜗轮铣削加工。蜗轮滚刀和飞刀加

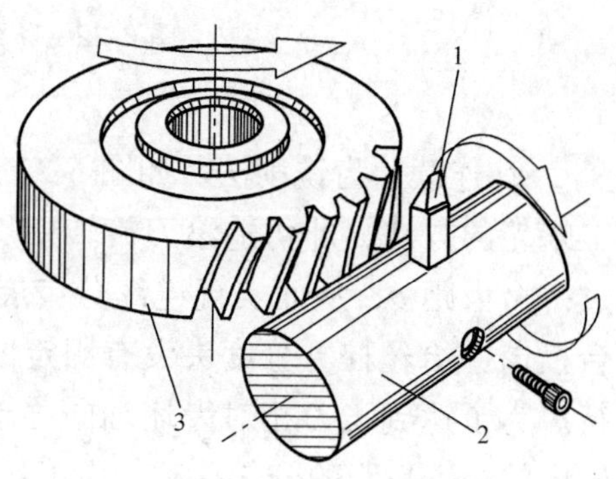

图 6-21　飞刀加工蜗轮

1—飞刀头　2—刀杆　3—蜗轮

工属于展成铣削法，适用于精度较高的蜗轮。用蜗轮滚刀精铣蜗轮属于啮合性的精铣过程，而飞刀加工蜗轮是根据蜗杆副的啮合原理，通过铣床的改装配置展成传动系统所进行的铣削加工。用飞刀铣削蜗轮常用的有两种方法，一种称为断续分齿铣削法，另一种称为连续分齿铣削法。这两种铣削方法的展成切削过程分析如下：

① 断续分齿铣削法。如图 6-22 所示，飞刀安装在万能铣头的主轴上，蜗轮轮坯通过心轴装夹在分度头主轴自定心卡盘上，飞刀在切削过程中只做单纯的旋转运动，而蜗轮轮坯根据蜗杆蜗轮的啮合原理，除绕本身的轴线旋转外，还需由铣床工作台带动做纵向移动，它们之间的关系是蜗轮轮坯转过 $1/z_2$（r）时，工作台必须沿纵向移动齿距 p 的距离。由于飞刀旋转与轮坯旋转之间没有固定联系，因而不能连续分齿。待展成出一个齿槽后，移动刀轴，使刀头离开切削面，工作台退回原位，用于摇动分度手柄，分过一个齿后，再铣削下一个齿。

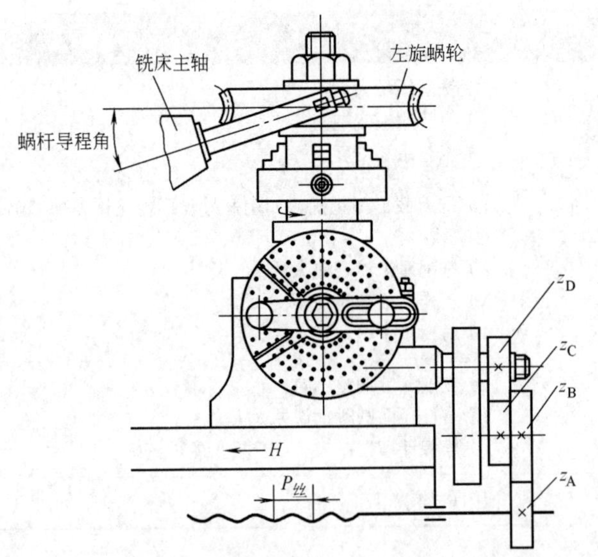

图 6-22　断续分齿飞刀铣削蜗轮示意图

② 连续分齿铣削法。如图 6-23 所示，其加工过程仿照在滚齿机上用蜗轮滚刀加工蜗轮的方法，即仿造滚刀旋转一周，相当于蜗杆轴向移动一个齿距，蜗轮相应转过一个齿距 p，从而实现连续分齿展成铣削加工。由图 6-23 可见，由于铣床的工作台横向进给丝杠与分度头没有固定的运动关系，因此展成运动使用手动方法分段进行。为了达到飞刀相对齿坯轴向移动一个齿距时，齿坯相应转过一个齿的关系，沿轴向的一个齿距的分段移动，由工作台横向移动量 Δs 实现蜗轮相应转过一个齿。弧长分段转动，由分度头手柄转过的分度孔盘数 Δn 实现。

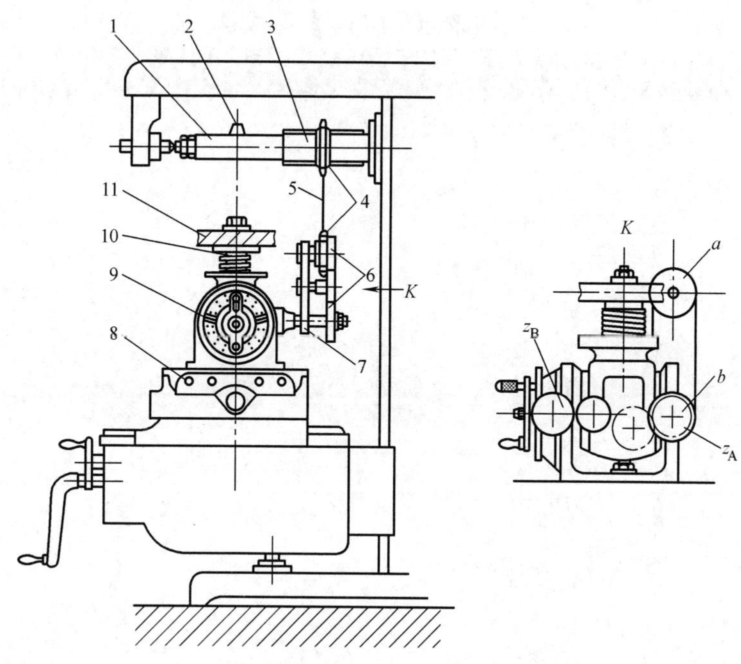

图 6-23 连续分齿飞刀铣削蜗轮示意图

1—飞刀杆 2—飞刀头 3—滑键轴 4—链轮 5—链条 6—交换齿轮
7—交换齿轮架 8—工作台 9—分度头 10—心轴 11—齿坯

2）铣削工艺要求。

① 齿廓尽可能正确。

② 相邻齿距误差在规定范围内。

③ 齿距累积误差在规定范围内。

④ 齿圈径向圆跳动误差在规定范围内。

⑤ 中心距偏差在规定范围内。

⑥ 中间平面偏差在规定范围内。

⑦ 齿面表面粗糙度值符合图样要求。

3）蜗轮的基本参数及其计算见图 6-24 和表 6-6。

（2）工艺准备要点

1）刀具选择和计算。

① 铣削蜗轮的盘形齿轮铣刀应按以下三项要求选择：

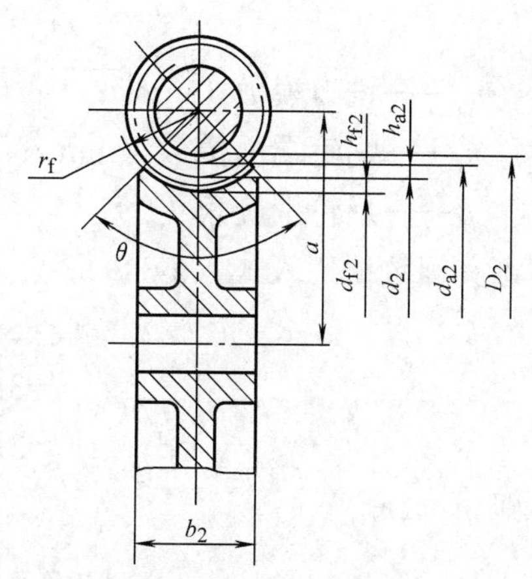

图 6-24 传动中蜗轮的各部分名称及代号

表 6-6　蜗轮的基本参数及其计算公式

名称	代号	计算公式
端面模数	m_{t2}	$m_{t2}=m$
分度圆直径	d_2	$d_2=mz_2$
齿顶圆直径	d_{a2}	$d_{a2}=m(z_2+2)$
齿根圆直径	d_{f2}	$d_{f2}=m(z_2-2.4)$
外径	D_2	当 $z_1=1$ 时，$D_2=d_{a2}+2m$ 当 $z_1=2-3$ 时，$D_2=d_{a2}+1.5m$ 当 $z_1=4$ 时，$D_2=d_{a2}+m$
齿距	p_t	$p_t=\pi m$
齿顶圆弧半径	r_a	$r_a=\dfrac{m(q-2)}{2}$
齿根圆弧半径	r_f	$r_f=\dfrac{m(q+2.4)}{2}$
分度圆弧齿厚	s_2	$s_2=\dfrac{\pi m}{2}$
分度圆法向弦齿厚	$\bar{s}_{n2}$	$\bar{s}_{n2}=s_2\left(1-\dfrac{s_2^2}{6d_2^2}\right)\cos\gamma$
分度圆法向弦齿高	$\bar{h}_{an2}$	$\bar{h}_{an2}=m+\dfrac{s_2^2\cos^4\gamma}{4d_2}$

a. 因盘形齿轮铣刀是沿齿槽方向铣削的，因此铣刀的模数 m_0 和压力角 α_0 应和蜗轮的法向模数 m_n 和法向压力角 α_n 相同，结合图 6-25 所示蜗轮工件，计算如下：

$$m_0=m_t\cos\beta \tag{6-3}$$

式中　m_0——铣刀模数（mm）；

m_t——蜗轮端面模数（mm）；

β——蜗轮螺旋角（°）。

将实例数据代入式（6-3）得

$$\begin{aligned} m_0 &= 3\text{mm}\times\cos4°45'49'' \\ &= 3\text{mm}\times0.9956 \\ &\approx 3\text{mm} \end{aligned}$$

即 $m_0\approx m_t$。

$$\tan\alpha_0=\tan\alpha_t\cos\beta \tag{6-4}$$

式中　α_0——铣刀压力角（°）；

α_t——蜗轮端面压力角（°）。

将实例数据代入式（6-4）得

$$\tan\alpha_0 = \tan\alpha_t\cos4°45'49''$$

$$=\tan\alpha_t \times 0.9965$$

$$\approx\tan\alpha_t$$

即 $\alpha_0 \approx \alpha_t$。

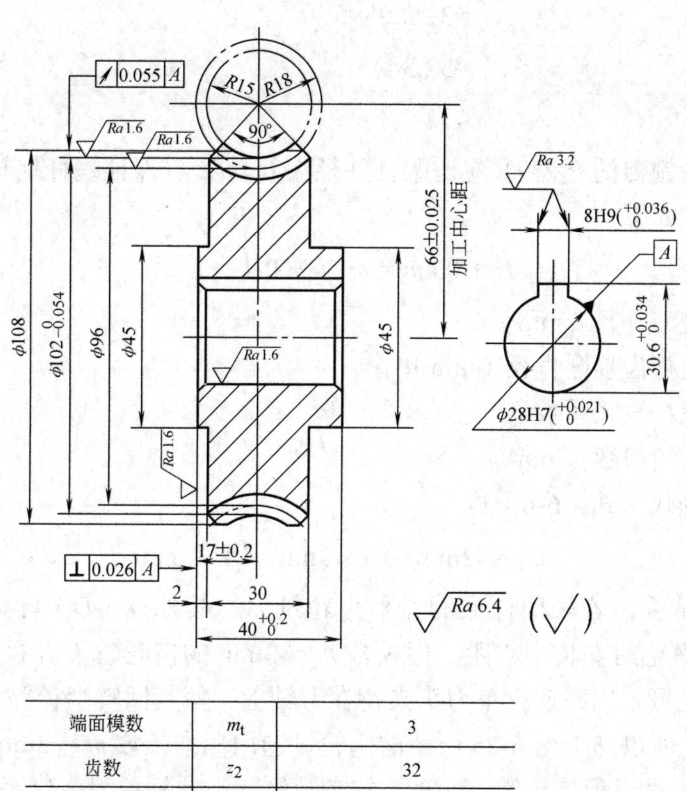

端面模数		m_t	3
齿数		z_2	32
压力角		α	20°
精度等级			9d GB/T 10089—1988
配偶蜗杆	头数	z_1	1
	导程角	γ	4°45′49″

图 6-25　蜗轮工件图一

由上述计算结果可见，在一般情况下，蜗轮的螺旋角 β 很小，所以端面模数与法向模数、端面压力角和法向压力角非常接近，而且盘形齿轮铣刀铣削的蜗轮精度也比较低，因此可采用标准模数和标准压力角的盘形齿轮铣刀。

b. 齿轮铣刀的号数，应根据蜗轮的当量齿数选定，其计算公式如下：

$$z_v = z_2/\cos\beta^3 \tag{6-5}$$

式中 z_v——蜗轮的当量齿数；

z_2——蜗轮的实际齿数；

β——蜗轮的螺旋角（°）。

将实例数据代入式（6-5）得

$$\begin{aligned} z_v &= 32/（\cos4°45'49''）^3 \\ &=32/0.9895 \\ &=32.34 \\ &\approx 32 \end{aligned}$$

c. 盘形齿轮铣刀的外径 D_0 应比蜗杆外径大 $0.4m$，以保证蜗杆蜗轮啮合时的径向间隙，计算公式如下：

$$D_0 = d_{a1} + 0.4m = m（q + 0.4） \tag{6-6}$$

式中 D_0——铣刀外径（mm）；

d_{a1}——蜗杆齿顶圆直径（mm）；

q——蜗杆直径系数；

m——蜗轮模数（mm）。

将实例数据代入式（6-6）得

$$D_0 = 42\text{mm}+0.4 \times 3\text{mm} = 43.2\text{mm}$$

根据计算结果，若采用标准的盘形齿轮铣刀，其外径（D）已大于计算值 D_0，不会影响蜗杆蜗轮的安装中心距，但模数 m = 3mm 的齿轮铣刀外径与计算值 D_0 相差太大，因此也可采用高速钢单刀头夹持在刀轴上，使其回转半径等于 $0.5D_0$ 以代替盘形齿轮铣刀。所以加工图 6-25 所示的蜗轮可选用标准模数 m = 3mm 和标准压力角 $\alpha = 20°$ 的 6 号标准盘形齿轮铣刀，也可按参数制成高速钢单刀头代替盘形齿轮铣刀。

② 精铣蜗轮的蜗轮滚刀可按蜗轮的参数选择，若没有蜗轮滚刀可以选用模数相同的齿轮滚刀。如果没有专用的蜗轮滚刀或齿轮滚刀，可以用自制的开槽淬硬的蜗杆代替。自制蜗轮滚刀的方法如下：

a. 用工具钢制造蜗杆。

b. 蜗杆的外径应比配偶蜗杆的外径大 0.4mm，以保证蜗杆、蜗轮的啮合间隙。

c. 若自制蜗杆是带柄式的，为便于装夹，一端应有锥度和拉紧螺杆用的螺纹内孔，另一端应方便支架支承，总体长度应尽可能短一些，以便提高刚度。若是套式的，内孔应具有键槽，能通过平键与刀轴联接。

d. 沿螺旋槽法向铣出容屑槽，同时铣出前刀面，形成前角。

e. 用风动磨头小砂轮修磨后刀面，磨出后角，注意保留蜗杆齿廓。

f. 淬火处理，然后在工具磨床上刃磨前刀面。

g. 使用前，应先进行试切，确认其切削性能后再用于精铣蜗轮。

③ 铣削蜗轮的飞刀。如图 6-21 所示，飞刀头 1 装夹在刀杆 2 上代替蜗轮滚刀。飞刀头 1 可以看作蜗轮滚刀的一个刀齿。由于铣削齿槽时飞刀头是在齿槽法向进行切削的，因此刀头切出的齿廓相当于配偶蜗杆法向截面的齿廓，为保证啮合间隙，齿高需增加 0.2m。飞刀各部分尺寸计算公式见表 6-7。

表 6-7　飞刀各部分尺寸计算公式

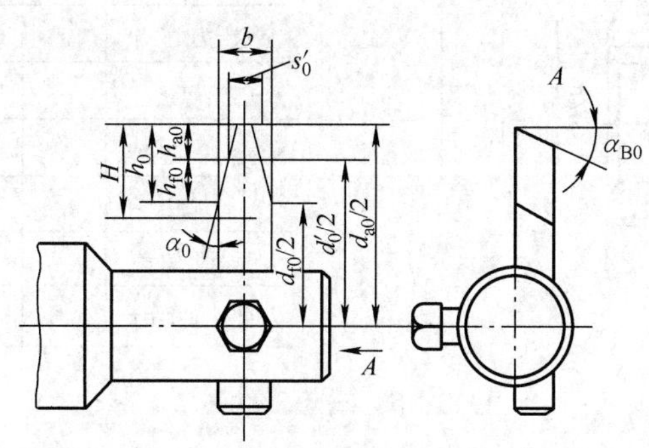

各部名称	计算公式	备注
飞刀计算直径	$d'_0=\dfrac{d_1}{\cos\beta}+am$	d_1 —蜗杆分度圆直径 β —螺旋角 当 $\beta=3°\sim20°$ 时，取 $a=0.1\sim0.3$
齿顶高	$h_{a0}=h^*_{a2}m+cm+0.1m$	h^*_{a2} —蜗轮齿顶高系数 cm —标准径向间隙 $0.1m$ —刃磨量
齿根高	$h_{a0}=h^*_{a2}m+cm$	
全齿高	$h_0=h_{a0}+b_{a0}$	
铣刀中径齿厚	$s'_0=\dfrac{\pi m}{2}\cos\beta$	
铣刀外径	$d_{a0}=d'_0+2h_{a0}$	
铣刀顶刃后角	$\alpha_{B0}=10°\sim12°$	
侧刃法向后角	$\alpha_{B10}=3°\sim5°$	
刀齿顶刃圆角半径	$r=0.2m$	
铣刀宽度	$b=s'_0+2h_{f0}\tan\alpha_n+2y$	$2y=0.5-2$mm（此值是加宽量）
刀齿深度	$H=\dfrac{d_{a0}-d_{f0}}{2}+N$	$N=\dfrac{\pi d_{a0}}{z_2}\tan\alpha_{f0}$
压力角	$\alpha_0=\alpha_n-\dfrac{\sin^3\beta\times90°}{z_1}$	z_1 —蜗杆头数 当 $\beta\leqslant20°$ 时，取 $\alpha_0=\alpha_n$

铣削加工图 6-26 所示的蜗轮工件，所使用的飞刀各部分尺寸如图 6-27 所示。图中飞刀参数须作如下说明：

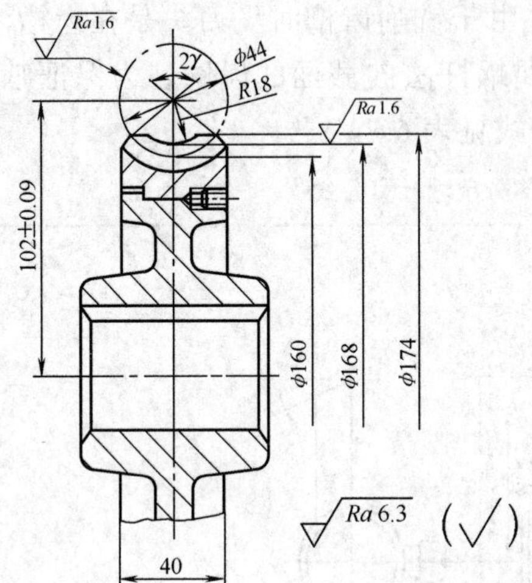

项目		符号	数值
端面模数		m_t	4
齿数		z_2	40
压力角		α	20°
精度等级			9d GB/T 10089—1988
配偶蜗杆	头数	z_1	3
	导程角	γ	15°16′
齿距极限偏差		Δf_{pt}	0.064
齿圈径向圆跳动		ΔF_r	0.071

图 6-26　蜗轮工件图二

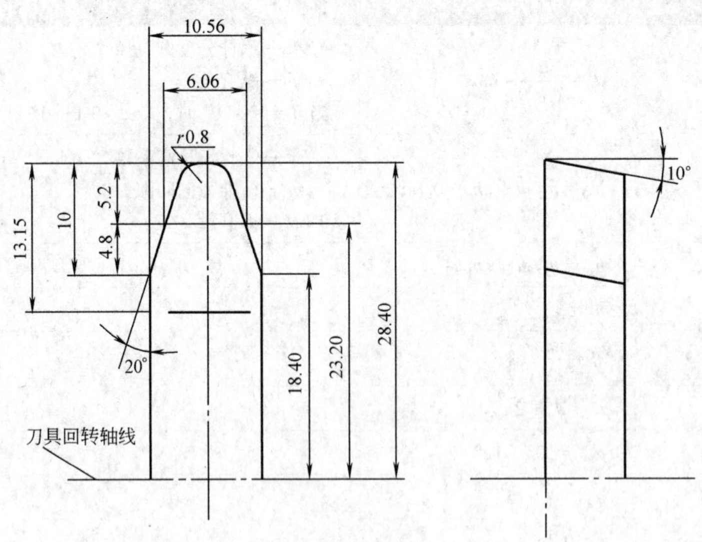

图 6-27　飞刀各部分尺寸

a. $\beta=15°16'$，取 $a=0.2$。

b. 铣刀顶刃后角 α_{B0} 取 10°。

c. 铣刀侧刃法向后角 α_{B10} 取 5°。

d. 铣刀宽度计算时，取 $2y=1$。

e. 确定压力角 α_0，因 $\beta=15°16'<20°$，故取 $\alpha_0=\alpha_n\approx19°22'$。

在采用连续分齿法铣削加工时，飞刀头安装的位置有两种，如图 6-28 所示。当铣削螺旋角 $\beta \leqslant 7°$ 时，飞刀头前刀面沿轴向与刀杆中间平面重合，如图 6-28a、b 所示；当铣削螺旋角 $\beta > 7°$ 时，飞刀头切削刃的前刀面沿法向按蜗杆的导程角 γ 的大小倾斜安装。当飞刀头前刀面沿轴向安装时，$\alpha_0 = \alpha$，刀具中径齿厚 $s_0 = 0.5\pi m_t$；法向安装时，飞刀压力角按式（6-4）计算，中径齿厚 s_0 按下式计算：

$$s_0 = 0.5\pi m_t \cos\beta \tag{6-7}$$

式中 s_0——刀具中径齿厚（mm）；

m_t——蜗轮端面模数（mm）；

β——蜗轮螺旋角（°）。

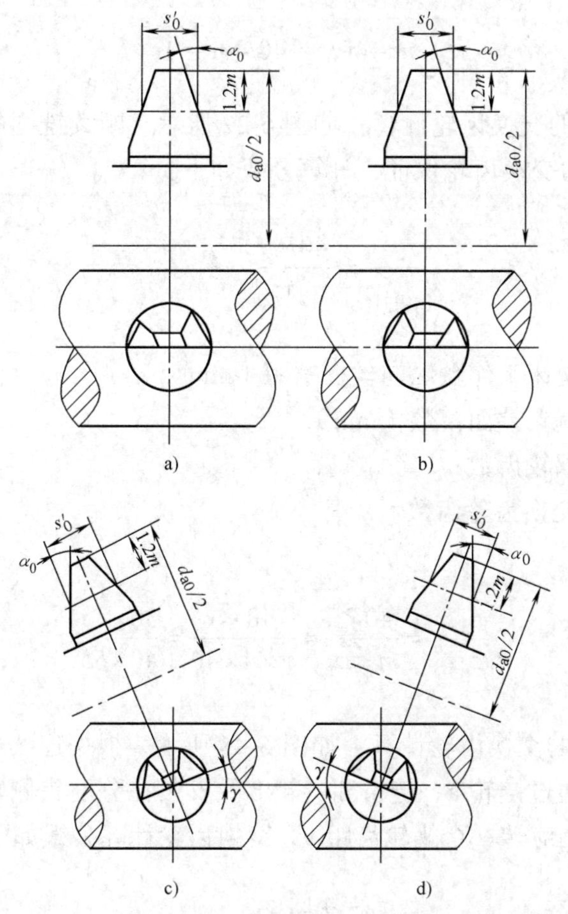

图 6-28　飞刀头的安装位置

a）加工右旋蜗轮的轴向安装飞刀　b）加工左旋蜗轮的轴向安装飞刀

c）加工右旋蜗轮的法向安装飞刀　d）加工左旋蜗轮的法向安装飞刀

本例为

$$\begin{aligned}\tan\alpha_0 &= \tan 20°\cos 15°16'\\ &= 0.3640\times0.9646\\ &\approx 0.3511\\ s_0 &= 0.5\pi m_t\cos\beta\\ &= 0.5\pi\times4\text{mm}\times\cos15°16'\\ &\approx 6.06\text{mm}\end{aligned}$$

2）飞刀铣削蜗轮的分齿与交换齿轮计算。

① 断续分齿法的分齿计算：

$$n = 40/z = 40/40\text{r} = 1\text{r}$$

② 断续分齿法的交换齿轮计算：如图 6-22 所示，断续铣削的传动关系由工作台和分度头侧轴之间的交换齿轮保证，计算公式如下：

$$\frac{z_A z_C}{z_B z_D}=\frac{40P_{丝}}{m_{t2}\pi z_2} \tag{6-8}$$

式中 $P_{丝}$——铣床工作台纵向丝杠螺距（mm）；

m_{t2}——蜗轮端面模数（mm）；

z_2——蜗轮齿数；

z_A、z_C、z_B、z_D——交换齿轮齿数。

本例为

$$\frac{z_A z_C}{z_B z_D}=\frac{40P_{丝}}{m_{t2}\pi z_2}=\frac{40\times6}{\pi\times4\times40}=\frac{30\times35}{40\times55}$$

③ 连续分齿法的交换齿轮计算：如图 6-23 所示，根据连续分齿的要求，铣床主轴带动飞刀旋转，通过链轮 a、链条和链轮 b 及安装在分度头侧轴的交换齿轮，使分度头主轴带动工件相应转一个蜗轮齿距 p。交换齿轮计算公式如下：

$$z_A/z_B = 40z_1/z_2 \tag{6-9}$$

式中 z_A、z_B——交换齿轮齿数；

z_1——蜗杆头数；

z_2——被加工蜗轮齿数。

本例为

$$z_A/z_B = 40z_1/z_2 = 40 \times 3/40 = 90/30$$

④ 连续分齿法的展成运动计算：如图 6-23 所示，由前述连续分齿法的展成过程可知，横向工作台的分段移动 $\varDelta_s$ 和分度头的弧长分段转动 $\varDelta_n$ 应满足下式要求：

$$\varDelta_s=\varDelta_n p_s/n \tag{6-10}$$

式中 $\varDelta_s$——每次展成轴向移动距离（mm）；

$\varDelta_n$——每次展成时分度手柄转过的分度孔盘孔数；

n——齿坯每转过一齿，分度手柄应转过的分度盘孔数；

p_s——蜗杆轴向齿距（mm）。

其中，$\varDelta_n$ 的数值一般可取（1/3 ~ 1/5）n。$\varDelta_n$ 的数值要保证每次展成移距 $\varDelta_s$ 时，工作台手柄刻度数接近整数。本例预取 $\varDelta_n = n/4$，利用图 6-26 中数据计算得

$$n=\frac{40}{z_2}=\frac{40}{40}\text{r}=\frac{66}{66}\text{r}$$

即取分度孔盘孔圈数 $N = 66$，每分一齿 $n = 66$ 孔，则

$$\varDelta_n=\frac{n}{4}=\frac{66}{4}\approx 17(\text{孔})$$

$$\varDelta_n=\varDelta_n p_n/n=17\times 4\text{mm}\times\pi/66=3.237\text{mm}$$

因为铣床工作台横向手柄刻度盘每格一般为 0.05mm，移动 3.237mm 时，手柄转过的格数不是整数，故重取 $\varDelta_n = n/6 = 66/6=11$ 孔，则

$$\varDelta_s = \varDelta_n p_n/n = 11 \times 4\text{mm} \times \pi/66 \approx 2.10\text{mm}$$

每次展成横向刻度盘转过格数为

$$X = 2.10/0.05 = 42（\text{格}）$$

由上述展成计算，确定本例加工时采用 6 次展成，即每次分度手柄转过 11 孔，横向手柄刻度盘转过 42 格（2.10mm）。

2. 铣削加工蜗轮的主要步骤和注意事项

（1）用盘形齿轮铣刀铣削的主要步骤和注意事项

1）按图样检验蜗轮齿坯的各部分尺寸，并根据蜗轮的精度等级检验齿坯基准面的径向圆跳动和轴向圆跳动量。表 6-8 列出了蜗杆、蜗轮齿坯尺寸和形状公差，表 6-9 列出了蜗杆、蜗轮齿坯基准面径向圆跳动和轴向圆跳动公差，供检验时参考。

表 6-8　蜗杆、蜗轮齿坯尺寸和形状公差

精度等级		1	2	3	4	5	6	7	8	9	10	11	12
孔	尺寸公差	IT4	IT4	IT4		IT5	IT6	IT7		IT8		IT8	
	形状公差	IT1	IT2	IT3		IT4	IT5	IT6		IT7		—	
轴	尺寸公差	IT4	IT4	IT4		IT5		IT6		IT7		IT8	
	形状公差	IT1	IT2	IT3		IT4		IT5		IT6		—	
齿顶圆直径公差		IT6		IT7			IT8			IT9		IT11	

注：1. 当三个公差组的精度等级不同时，按最高精度等级确定公差。

2. 当齿顶圆不作测量齿厚基准时，尺寸公差按 IT11 确定，但不得大于 0.1mm。

3. IT 为标准公差，按 GB/T 1800.1—2009 的规定确定。

表 6-9　蜗杆、蜗轮齿坯基准面径向圆跳动和轴向圆跳动公差　　（单位：μm）

基准面直径 d /mm	精度等级					
	1 ~ 2	3 ~ 4	5 ~ 6	7 ~ 8	9 ~ 10	11 ~ 12
<31.5	1.2	2.8	4	7	10	10
>31.5 ~ 63	1.6	4	6	10	16	16
>63 ~ 125	2.2	5.5	8.5	14	22	22
>125 ~ 400	2.8	7	11	18	28	28
>400 ~ 800	3.6	9	14	22	36	36
>800 ~ 1600	5.0	12	20	32	50	50
>1600 ~ 2500	7.0	18	28	45	71	71
>2500 ~ 4000	10	25	40	63	100	100

注：1. 当三个公差组的精度等级不同时，按最高精度等级确定公差。

2. 当以齿顶圆作为测量基准时，即为蜗杆、蜗轮的齿坯基准面。

2）装夹找正，注意蜗轮齿坯圆弧母线对找正精度的影响，一般应先找正轴向圆跳动量。

3）工作台扳转角度应使铣刀旋转平面与齿槽方向一致，按图 6-29 所示实例，工作台应扳转角度 $\varphi = \beta = 4°45'49''$。具体操作及扳转方向与铣削圆柱螺旋齿轮相同。

4）调整铣刀与齿坯的相对位置（见图 6-29），操作时纵向移动工作台，使铣刀轴线落在齿坯对称平面内；横向移动工作台，使齿坯的轴线落在铣刀齿形的对称平面内。

5）铣削操作时以径向手动进给逐步进行铣削，当铣至蜗轮圆弧最低位置时，应作为切深的参考起点，然后逐步切深，并按齿数分度，一次切出齿槽，使齿厚符合图样要求。

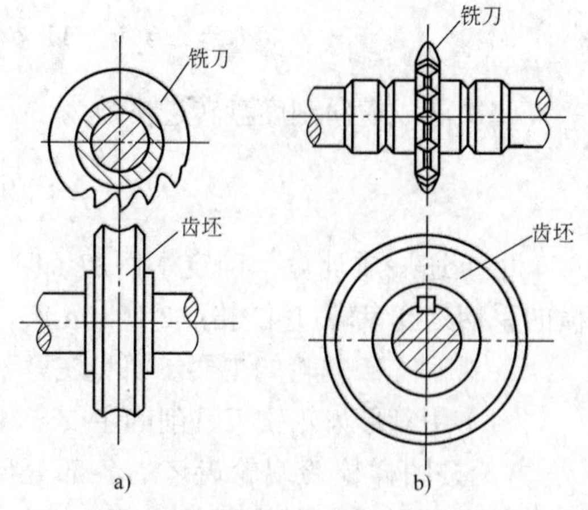

图 6-29　盘形齿轮铣刀铣削蜗轮相对位置

a）纵向位置　b）横向位置

（2）用蜗轮滚刀精铣的主要步骤和注意事项

1）用盘形齿轮铣刀粗铣齿槽，注意按蜗轮螺旋角扳转角度，并应估算蜗轮滚刀精铣的余量，通常可采用作图法估算，如图 6-30 所示。

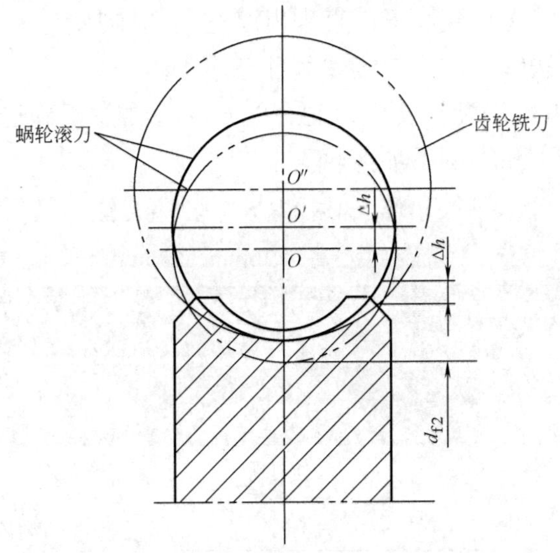

图 6-30　估算蜗轮滚刀精铣余量

2）安装蜗轮滚刀，在支持端采用过渡圆柱套安装在铣床支架支承孔内，以提高滚刀的刚度和回转精度；滚刀与刀轴之间采用平键联接，以防止滚刀铣削时产生角位移。

3）工件通过心轴装夹在分度头和尾座之间，由于滚刀和工件之间没有固定的传动链，蜗轮滚刀铣削蜗轮是一种啮合对滚的过程，因此，工件装夹后应能随心轴绕分度头轴线自由转动。

4）用盘形齿轮铣刀粗铣后，应先将工作台扳回“零”位，然后根据滚刀的导程角 γ_0 与蜗轮的螺旋角 β 大小和方向调整工作台转角。用滚刀精铣蜗轮时的工作台转向与 γ_0、β 角的关系见表 6-10。

表 6-10　用滚刀精铣蜗轮时工作台的转向与 γ_0、β 角的关系

加工情况	γ_0　β　旋向（θ）	γ_0　β　旋向（θ）	γ_0　β　旋向（θ）	γ_0　β　旋向（θ）
角的关系	（1）$\beta>\gamma_0$ 时，$\theta=\beta-\gamma_0$，逆时针转 （2）$\beta=\gamma_0$ 时，工作台不转 （3）$\beta<\gamma_0$ 时，说明滚刀直径小于蜗杆直径，不宜采用	$\theta=\beta+\gamma_0$，顺时针转	$\theta=\beta+\gamma_0$，逆时针转	（1）$\beta>\gamma_0$ 时，$\theta=\beta-\gamma_0$，顺时针转 （2）$\beta=\gamma_0$ 时，工作台不转 （3）$\beta<\gamma_0$ 时，说明滚刀直径小于蜗杆直径，不宜采用

5）精铣蜗轮时应缓缓升高工作台，微量转动工件，调整工作台纵向位置，使滚刀和已粗铣过的蜗轮逐步啮合，然后起动铣床主轴，使滚刀旋转，滚刀的转速不宜过快。随着滚刀的旋转，蜗轮也跟着一起转动，用手动进给升高工作台，使蜗轮齿形在啮合切削的过程中逐步被修正，直到齿厚达到图样要求。

（3）用断续分齿法铣削的主要步骤和注意事项

1）按侧轴交换齿轮法配置交换齿轮，配置时应注意正确选择惰轮的数目，具体选择见表 6-11。查表可知本例不加惰轮。

表 6-11　齿坯旋转方向与惰轮位置

（分度头中心高：125mm、135mm）

工件位置	工作台运动方向	工件旋转方向	交换齿轮对数	
			二对	三对
	右旋蜗轮和左旋蜗轮一致			
在刀具里边	←	逆时针	不加惰轮	加一个惰轮
在刀具外边	←	顺时针	加一个惰轮	不加惰轮

2）按分度头主轴转过 $1/z_2$（r），纵向相应移动蜗轮一个齿距，检查传动关系。

3）如图 6-22 所示，调整铣头位置，使刀具处于工件内侧，并按螺旋方向和螺旋角扳转角度，铣头扳转方向见表 6-12。

表 6-12　铣头扳转方向

工件位置	铣头扳转方向	
	右旋蜗轮	左旋蜗轮
在刀具里面	顺时针	逆时针
在刀具外面	逆时针	顺时针

4）按飞刀图样刃磨飞刀头部尺寸，并按飞刀的计算直径，将其装夹在刀杆上，安装刀杆应检查刀杆与铣头轴线的同轴度，以保证飞刀在加工中的回转直径与计算直径相等。

5）因使用短刀杆铣削，刀杆刚度较差，应注意合理选择切削用量。

6）分粗、精铣削，粗铣次数由模数大小确定，按分齿计算，每铣一齿，分度手柄转 1r 后铣削第二齿。铣削 2 ~ 3 个齿后，用齿厚卡尺进行测量，直至铣出的齿厚尺寸达到图样要求。

（4）用连续分齿法铣削的主要步骤和注意事项

1）卧式铣床改装时（见图 6-23），固定在主轴孔内的滑键轴 3（最好是外花键）上套有链轮 a，飞刀杆 1 的一端应通过螺纹与滑键轴联接，另一端用支架上的顶尖顶住，飞刀杆的结构如图 6-31 所示。

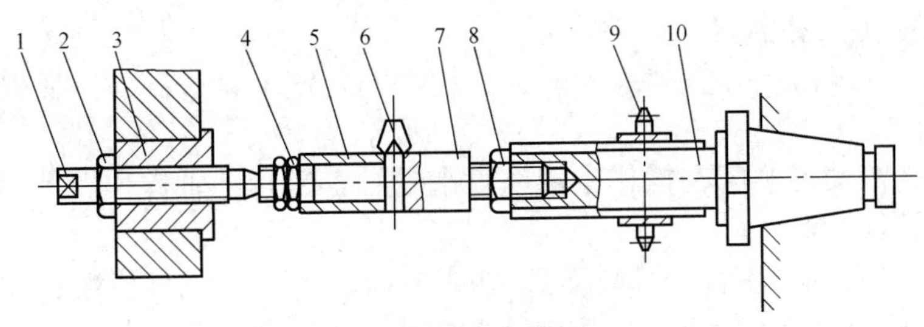

图 6-31　飞刀杆的结构

1—顶尖轴　2、4、8—紧固螺母　3—顶尖套　5—压紧套

6—飞刀头　7—飞刀杆　9—主动链轮　10—滑键轴

2）分度头安装时应在水平面内转过 90°，使侧轴沿工作台横向与铣床主轴平行，分度头主轴与工作台面垂直，从动链轮 b 通过交换齿轮架及交换齿轮与分度头侧轴连接。配置交换齿轮和链传动后，检查传动关系应符合飞刀转 1r，分度头主轴带动工件相应转一个蜗轮齿距 p。

3）按展成计算结果，本例加工时采用 6 次展成，即每次分度手柄转过 11 孔，横向手柄刻度盘转过 42 格（2.10mm）。工作台移动方向与分度头转动方向必须符合图 6-32 所示的关系。

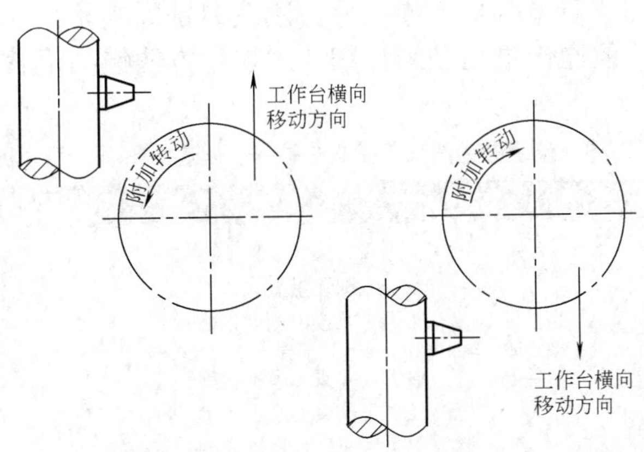

图 6-32　齿坯附加转动与工作台横向移动方向

4）对刀时，可先拆下中间交换齿轮，然后采用盘形齿轮铣刀铣削蜗轮的方法，使飞刀对准轮坯的两个中心。

5）铣削分粗、精铣，粗铣时，应移动工作台纵向，沿齿坯径向做手动进给，一般留 1mm 精铣余量；精铣前，应使飞刀停转并背向齿坯，横向移动工作台，使齿坯向外移动 3 ~ 4 个蜗杆轴向齿距，再起动机床。先使飞刀沿齿坯径向进刀至全齿深，然后再沿齿坯切向展成进刀。按每次展成的 Δ_s 与 Δ_n 相应作横向移动和附加转动，逐步精铣蜗轮。重复以上过程，直至飞刀脱离工件。

6）铣削操作注意事项：

① 用连续分齿法飞刀铣削蜗轮时，分度头的转速不宜过高，一般限制分度头蜗杆转速不超过 80r/min。

② 使用链传动的机床在操作中应注意滑键轴上链轮的轴向位置和链条的松紧程度，并进行及时的调整。

③ 加工与多头蜗杆啮合的蜗轮时，如蜗轮齿数 z_2 能被蜗杆头数 z_1 除尽，那么一次只能间隔加工出 z_2/z_1 个齿。加工剩余的齿槽，须用分度头在每次加工后，将工件转过一个齿，逐步铣出全部齿槽。

④ 当飞刀对准齿坯两个中心后，工作台做横向单独移动时，必须是蜗杆齿距的整倍数，而展成切向进给时，必须同时按计算值调整好工作台横向的附加移动量和分度头的转动量，才能进行切削。

⑤ 在沿刀杆轴向安装飞刀头时，应注意蜗杆螺旋槽对飞刀侧刃实际后角的影响。因此，实际后角减小的一侧应加大侧刃后角数值，以使飞刀切削顺利，改善蜗轮齿侧表面加工质量。

3. 蜗轮铣削加工检验与质量分析

（1）蜗轮铣削加工测量检验　蜗轮铣削加工的测量检验方法与斜齿圆柱齿轮测量方法基本相同，用齿厚卡尺测量时，应将卡尺放在齿顶圆直径处测量其分度圆法向弦齿厚 s_{n2}，也可用相配合的蜗杆进行啮合检查，检查时应根据相应精度的接触斑点要求进行。

（2）蜗轮铣削加工质量分析　连续分齿法飞刀铣削蜗轮是一种加工精度接近滚刀加工蜗轮的方法，但操作过程必须仔细，用这种方法铣削蜗轮常见的质量问题及原因分析见表 6-13。

表 6-13　连续分齿法飞刀铣削蜗轮常见质量问题及原因分析

质量问题	原因分析
齿面表面粗糙度值较大	1）飞刀头已磨损变钝 2）铣削用量太大 3）工艺系统刚度不好
齿廓误差超差	1）飞刀头刃磨不正确 2）飞刀头安装不正确 3）展成计算错误或操作不正确 4）对刀不正确
齿距偏差超差	1）分度头主轴回转精度差 2）交换齿轮安装不好或计算错误 3）齿坯装夹不好
乱牙	1）展成计算错误 2）操作错误 3）交换齿轮安装不好或计算错误
齿厚不对	1）铣削深度调整不对 2）铣刀厚度超差

6.4 齿条、锥齿轮加工技能训练实例

技能训练 1 弧形齿条加工

重点掌握弧形齿条铣削加工的基本方法。难点为简易工艺装备的制作方法和铣削加工精度的控制。

1. 加工工艺准备要点

（1）图样分析要点（见图 6-33） 本例齿数（全周）z = 1000，压力角 α = 20°，m = 4mm。分度圆弦齿厚 $\bar{s}$ = $6.28^{-0.16}_{-0.40}$ mm，$\bar{h}$ =4mm。齿距 p =（12.566 ± 0.04）mm。工件材料为 45 钢，切削性能较好；齿面粗糙度为 Ra1.6μm。工件为弧形块，圆弧直径较大，分度圆直径为 ϕ4000mm，工件中心角为 7°30′，定位装夹困难。

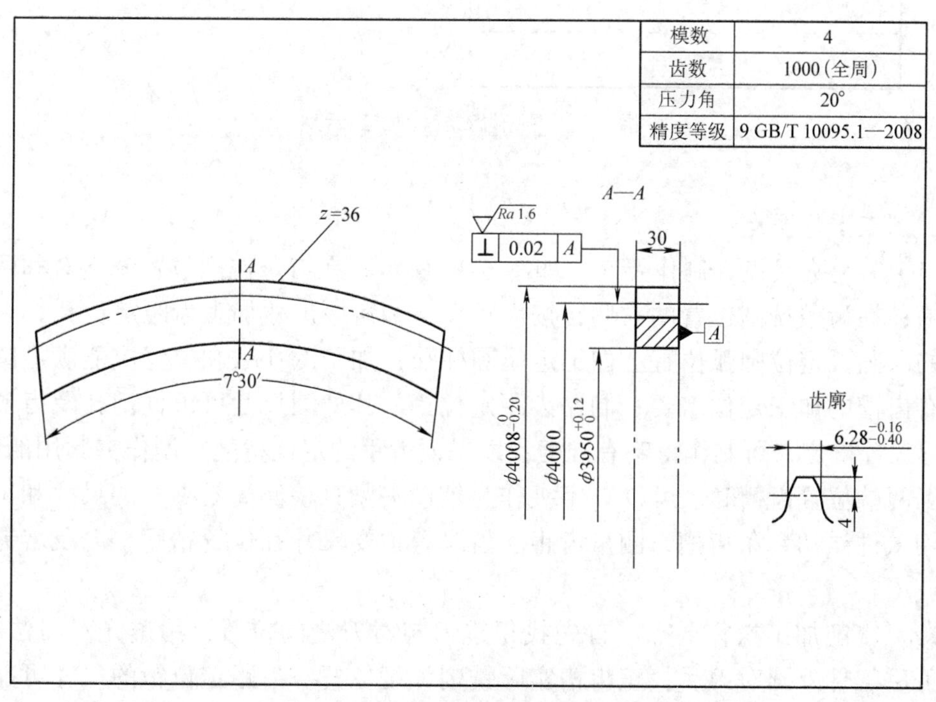

模数	4
齿数	1000（全周）
压力角	20°
精度等级	9 GB/T 10095.1—2008

图 6-33 弧形齿条铣削加工工序图

（2）工艺过程与加工准备要点 拟定工艺过程：预制件检验→按考核规定设计制作专用六面角铁简易夹具→安装和找正专用夹具→安装找正工件→安装盘形齿轮铣刀→铣削第一、二齿槽和过程检验→逐齿铣削齿槽→弧形齿条铣削工序检验。选用 6132 型卧式万能铣床；选用六面角铁改装简易夹具装夹工件，如图 6-34 所示；选择 8 号盘形齿轮铣刀进行加工。用工艺规定的标准棒测量齿距精度；用游标齿厚

卡尺测量分度圆弦齿厚。

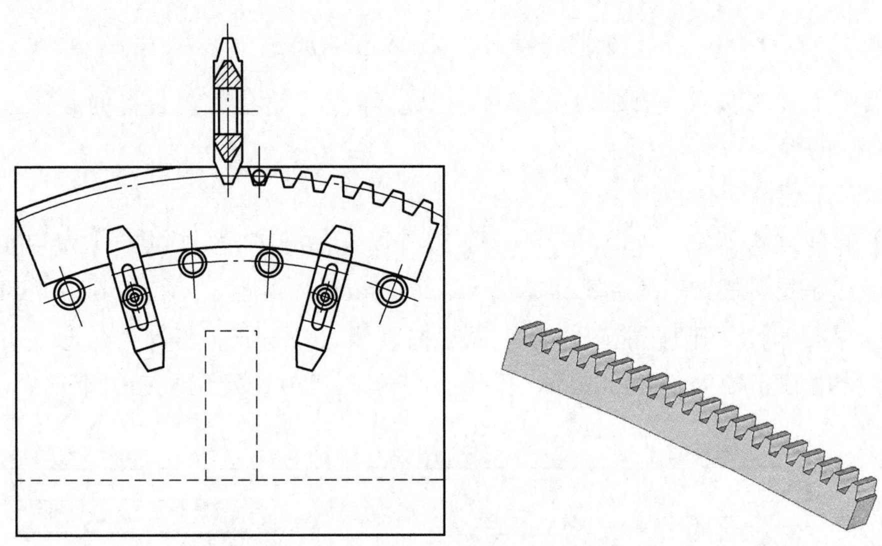

图 6-34　弧形齿条铣削加工示意

2. 加工操作要点

（1）简易夹具设计制作要点　如图 6-34 所示，在齿条铣削位置铣出对称两侧的对刀槽；在齿条铣削位置的右侧，按齿距尺寸和齿厚尺寸加工齿距定位孔；在预定齿条的内圆弧定位圆弧位置上加工定位圆柱孔；加工的孔数和位置应能满足圆弧齿条所有齿槽的加工定位需要；制作齿距定位销，其外圆尺寸可根据销孔及齿槽定位的实际尺寸确定，可制作得略有锥度，以保证齿距的定位精度；制作夹紧用的螺孔，在加工两端位置齿槽时，可以 C 字夹作为辅助夹紧；检测简易夹具的尺寸和位置精度；用试件试切齿条齿槽，测量齿距、齿厚等主要尺寸和位置精度，以及装夹可靠性等。

（2）铣削加工操作要点　首先找正铣刀与对刀槽的位置，用透光对刀法找正，然后可用工件外圆对刀后找正齿槽实际铣削深度位置。齿距定位销的尺寸可能会与齿槽的宽度有一定的间隙，此时也可采用在齿槽两侧垫薄纸的方法，使定位销处于齿槽的中间位置，以保证齿距定位精度。在使用定位销和压板定位夹紧工件的操作过程中，应注意工件夹紧后，定位销仍能转动，且与定位齿槽两侧的间隙相等。用成形铣刀粗、精铣齿槽时，粗铣后精铣前应转动定位销，以检查齿距定位的准确性。若定位销阻滞不能转动，因作适当的装夹定位调整后再进行精铣加工。

3. 精度检验和质量分析要点

（1）精度检验要点　齿距精度检验采用标准圆棒和外径千分尺配合检验；齿距

累积误差检验时将标准圆棒嵌入相邻齿槽内，逐个齿距检测，齿距偏差的总和为齿距的累积误差。分度圆弦齿厚用游标齿厚卡尺检测。综合检测齿条传动精度时，用标准齿轮在齿条上滚动，可检测齿隙、径向圆跳动等。

（2）质量分析要点　齿距偏差大的原因可能是：齿距定位销与齿距定位孔的制作精度偏差较大、定位销定位时与齿槽间隙过大、工件夹紧时工件位移、铣削过程中工件微量位移、铣削两端齿槽时工件内圆弧定位误差大等。齿槽表面有振纹的原因可能是：齿轮铣刀磨损、粗精铣余量控制不适当、工件装夹位置较高引起铣削振动、铣刀杆精度和铣刀安装精度较差等。齿廓不对称的原因可能是：简易夹具中间对刀齿槽位置精度差、对刀操作误差较大、工件铣削时脱离内圆弧定位、六面角铁与进给方向位置精度偏差等。齿距累积误差大的主要原因是简易夹具齿距定位孔与铣削位置的偏差大。

技能训练 2　大质数直齿锥齿轮加工

重点与难点　重点为大质数直齿锥齿轮差动分度计算操作、铣削方法拟定。难点为在立铣床上偏铣齿侧和卧铣床上用组合分度头铣削的操作方法、精度控制、检验和质量分析。

1. 加工工艺准备要点

（1）图样分析要点（见图 6-35）　锥齿轮主要技术参数分析：模数 $m = 3\text{mm}$，齿数 $z = 73$，压力角 $\alpha = 20°$，根锥角 $\delta_f = 43°40'$。齿宽为 50mm，锥距为 155mm，大致为 1∶3。按齿廓收缩特点分析，为正常收缩齿直齿锥齿轮。分度圆直径 $d = 219\text{mm}$，装配基准孔 $d_0 = \phi 50\text{H9}$，定位端面与齿顶圆锥面对安装基准孔轴线的圆跳动误差分别为 0.05mm、0.08mm。大端弦齿厚 $\overline{s} = 4.63_{-0.08}^{\ 0}\text{mm}$，弦齿高 $\overline{h} = 3.08\text{mm}$，精度等级为 8 级。在卧式铣床上用盘形齿轮铣刀加工锥齿轮，工件须按根锥角仰起一个角度。本例的齿数为质数，无法使用简单分度法，须使用差动分度法进行分度，差动分度法须在分度头主轴和侧轴之间配置差动分度交换齿轮，使得分度头主轴必须处于水平位置。因此，大质数直齿锥齿轮铣削是无法使用通常的铣削方法的。解决难题的方法有三种：自制控盘法、水平转角法和双分度头法。本例采用水平转角法。

（2）拟定铣削加工工艺过程　预制件检验→装夹工件的专用心轴制作、检验、安装和找正→选择、调整、安装、找正分度头水平转角→计算、配置差动分度交换齿轮→计算偏铣数据→工件划线对刀→铣削中间槽→偏铣一侧→偏铣另一侧→过程齿厚检测和微量调整→分齿分别铣削两齿侧→铣削工序检验。

2. 铣削加工操作要点

（1）调整计算　按本项目方法进行差动分度计算，齿侧偏铣的数据可按经验公式（6-1）、式（6-2）计算。

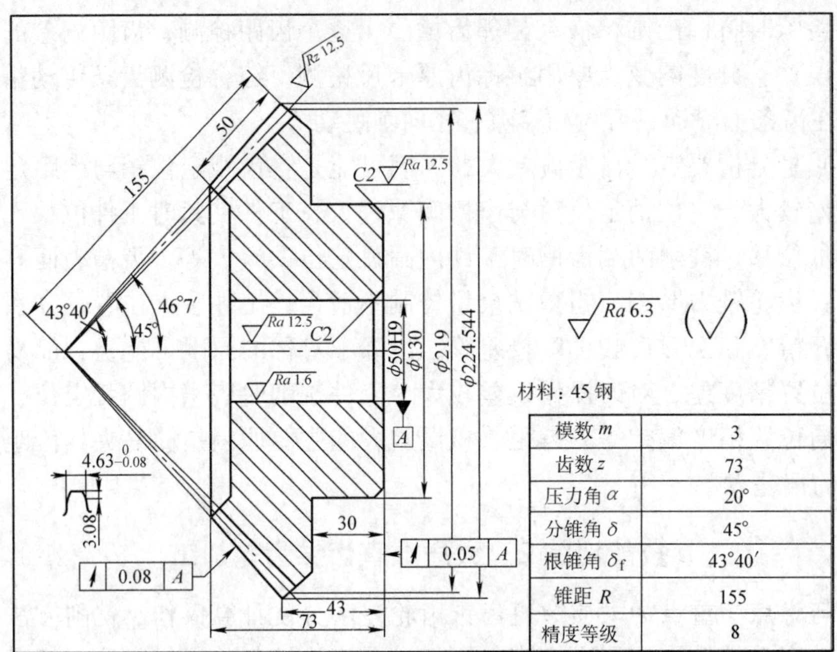

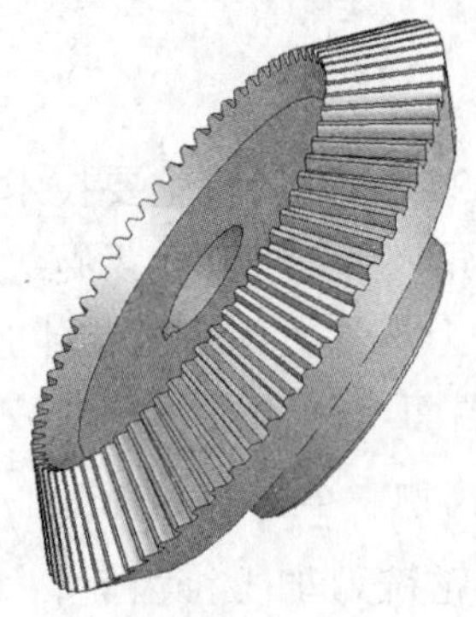

图 6-35　大质数直齿锥齿轮工件图

（2）铣削操作要点　采用正弦规和标准量块、百分表找正分度头主轴轴线与工作台纵向进给方向的夹角等于锥齿轮的根锥角；加工中间槽应检测中间槽的对称度；调整偏移量是通过工作台垂向移动实现的，调整铣削吃刀量是通过横向移动工作台实现的；在立式铣床上用盘形齿轮铣刀加工时应注意检测工作台面与立铣头的垂直度，在卧式铣床上用指形齿轮铣刀加工时应注意检测工作台零位准确度。

3. 精度检验和质量分析要点

（1）精度检验　与一般的直齿锥齿轮检验方法相同。综合检验法是通过对啮的方法检验各项精度指标。首先用一对标准齿轮进行对啮，此时接触斑点应符合精度等级相应的百分比，见表 6-14。将被测齿轮与标准齿轮进行比较，以确定工件加工和啮合位置精度。

表 6-14　锥齿轮接触斑点百分比

精度等级	4 ~ 5	6 ~ 7	8 ~ 9	10 ~ 12
沿齿长方向（%）	60 ~ 80	50 ~ 70	35 ~ 65	25 ~ 55
沿齿高方向（%）	65 ~ 85	55 ~ 75	40 ~ 70	30 ~ 60

注：表中数值范围用于齿面修形的齿轮，对齿面不作修形的齿轮，其接触斑点大小不小于其平均值。但该表仅供参考，接触斑点的形状、位置和大小由设计时规定。对齿面修形的齿轮，在齿面大端、小端和齿顶边缘处，不允许出现接触斑点。

（2）质量分析要点　如图 6-36 所示，不同的接触部位反映了齿轮加工质量问题的对应原因。

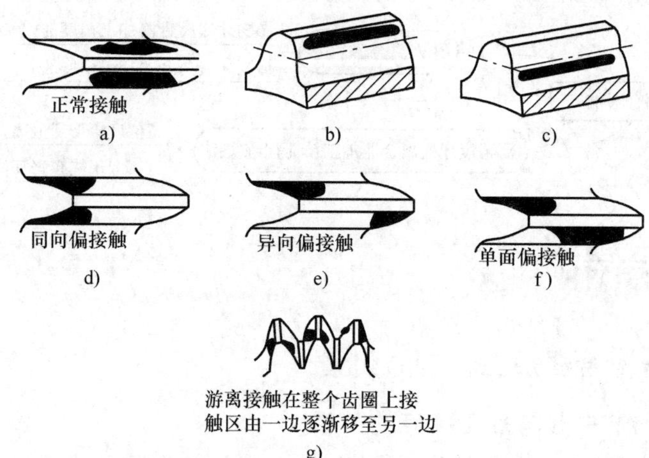

图 6-36　接触斑点位置示意和对应的原因

a）齿面中部接触——属于正常接触　b）齿顶部接触——偏铣分度转角过大
c）齿根部接触——偏铣分度转角过小　d）同向偏接触——端部齿厚偏大
e）异向偏接触——齿廓偏向一边　f）单面偏接触——偏铣不对称　g）游离接触——等分精度差

Chapter 7

项目 7 高精度牙嵌离合器加工

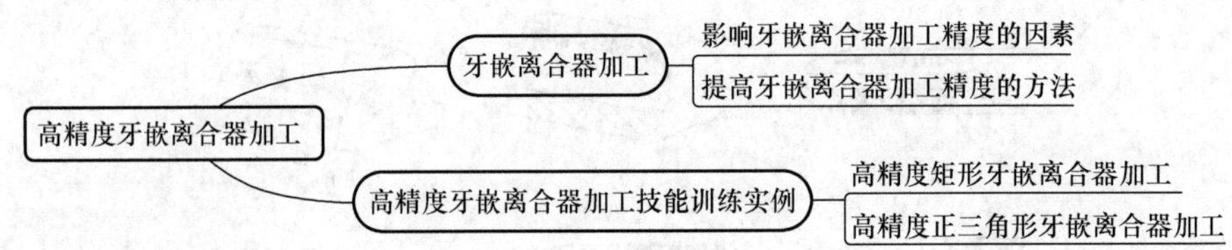

7.1 牙嵌离合器加工

7.1.1 影响牙嵌离合器加工精度的因素

1. 牙嵌离合器的失效与加工精度的关系

（1）牙嵌离合器啮合精度与传动的关系　牙嵌离合器是借助齿的相互啮合来传递运动和转矩的，牙嵌离合器啮合后的齿侧接触面积和接触部位是啮合精度的主要参数，啮合精度会影响运动传递的平稳性和转矩的大小，因此，接触面积和接触部位是加工精度检验的重要内容之一。牙嵌离合器失效的基本形式是表面压溃和齿根断裂。引起这两项的原因很多，有零件的材料、加工的精度、设计时根据负荷选用的许用比压和许用弯曲应力数值的合理性、实际使用时载荷的大小等。牙嵌离合器的主要尺寸通常是从有关手册中选取的，必要时，还应按下式验算接触齿面的比压 p 和齿根弯曲应力 σ_{bb}。验算的公式如下：

$$p=\frac{2K_{A}T}{D_{0}zA}\leqslant[p] \tag{7-1}$$

$$\sigma_{bb}=\frac{K_{A}Th}{WD_{0}z}\leqslant[\sigma_{bb}] \tag{7-2}$$

式中　A——每个齿的接触面积（mm^2）；

D_0——离合器齿所在圆环的平均直径（mm），如图 7-1 所示；

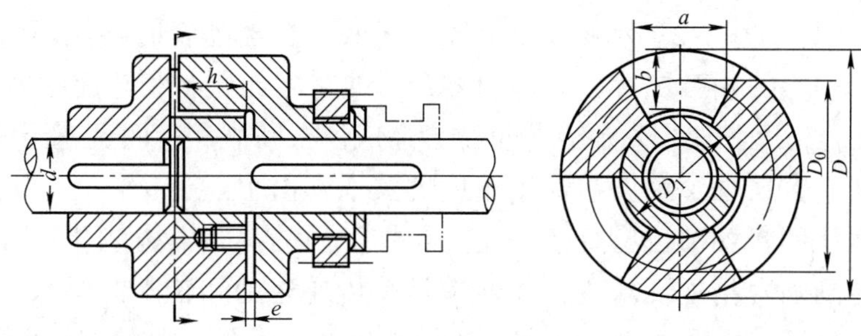

图 7-1　牙嵌离合器

h——齿的高度（mm）；

z——离合器的齿数；

T——传递的转矩（N·m）；

W——齿根的抗弯截面系数，$W=\dfrac{a^2b}{6}$，其中 a、b 所代表的尺寸如图 7-1 所示；

K_A——工作情况系数，见表 7-1；

[p]——许用比压，当静止状态下啮合时，[p] 为 90 ~ 120MPa；低速状态下啮合时，[p] 为 50 ~ 70MPa；较高速状态下啮合时，[p] 为 35 ~ 45MPa；

[σ_{bb}]——许用弯曲应力，静止状态啮合时，$[\sigma_{bb}]=\dfrac{\sigma_s}{1.5}$ MPa；运转状态下接合时，

$[\sigma_{bb}]=\dfrac{\sigma_s}{5\sim6}$ MPa。

表 7-1　工作情况系数 K_A

工作机		K_A			
		原动机			
分类	工作情况及举例	电动机、汽轮机	四缸和四缸以上内燃机	双缸内燃机	单缸内燃机
Ⅰ	转矩变化小，如发电机、小型通风机、小型离心泵	1.3	1.5	1.8	2.2
Ⅱ	转矩变化小，如透平压缩机、木工机床、运输机	1.5	1.7	2.0	2.4
Ⅲ	转矩变化中等，如搅拌机、增压泵、飞轮压缩机、冲床	1.7	1.9	2.2	2.6
Ⅳ	转矩变化和冲击载荷中等，如织布机、水泥搅拌机、拖拉机	1.9	2.1	2.4	2.8
Ⅴ	转矩变化和冲击载荷大，如造纸机、挖掘机、起重机、碎石机	2.3	2.5	2.8	3.2
Ⅵ	转矩变化大并有极强烈冲击载荷，如压延机、无飞轮的活塞泵、重型初轧机	3.1	3.3	3.6	4.0

由式（7-1）、式（7-2）和图 7-1 可知，牙嵌离合器啮合时接触面积的大小、接触部位与旋转中心的相对位置，会影响离合器的实际比压 p 和弯曲应力 σ_{bb}，从而影响离合器的啮合精度和使用寿命，严重时会造成齿根断裂和齿面迅速压溃。

（2）牙嵌离合器啮合精度与加工精度的关系　由上述分析可知，离合器的啮合精度与接触面积和接触部位有直接关系，当加工后的离合器齿侧能良好接触，接触面积和部位达到啮合精度要求时，才能满足其传递运动和转矩的要求。从离合器的齿形结构特点分析，要提高接触面积，关键是使加工后的齿侧符合轴向接合的条件，即等高齿离合器的齿侧面是通过离合器转动轴线的径向平面，收缩齿离合器的齿侧面是向离合器转动轴线上一定点收缩的平面或螺旋面。也就是说，加工精度越高，齿侧面的形状和位置精度越高，齿侧接触面积就越大，离合器的啮合精度也就越高。牙嵌离合器的啮合精度检验，通常是在加工后，用一根专用标准轴穿装成对离合器，并在齿面涂色，通过轴向啮合转动后，用塞尺或目测判断接触面积的百分比来进行的，如图 7-2 所示。

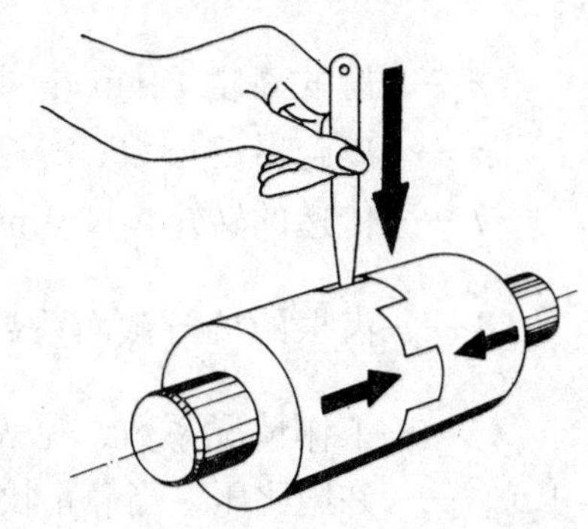

图 7-2　检验牙嵌离合器啮合精度

2. 影响牙嵌离合器铣削加工精度的因素分析

（1）等高齿牙嵌离合器铣削加工精度分析

1）矩形牙嵌离合器精度分析。矩形牙嵌离合器是常用的双向作用的牙嵌离合器，根据其齿形特点，齿侧面应通过离合器回转轴线径向平面，齿顶与齿槽底平行并垂直于轴线。如果铣成的齿侧面偏离了正确的位置，对小侧隙离合器而言，可导致无法啮合。对于大槽小齿的离合器，仅在外圆处啮合接触，会直接影响啮合时的接触面积，从而影响啮合精度，如图 7-3a 所示。对整个齿形而言，若等分不均匀，对间隙小的离合器可能导致不能啮合，对间隙大的离合器，则会造成啮合时接触面积减少，或因个别齿啮合（见图 7-3b）后承受整个离合器啮合的转矩，以至于造成部分齿的齿根断裂。与之类似的是，当离合器整个齿形的轴线与工件的轴线不重合时，也会产生上述的啮合精度问题，如图 7-3c 所示。

2）正梯形牙嵌离合器和螺旋形牙嵌离合器精度分析。正梯形牙嵌离合器的齿侧面是一个斜面，斜面的中线是与离合器回转轴线垂直相交的径向线，齿顶与齿槽底平行并垂直于轴线。若铣削离合器的齿侧斜面与轴线的夹角不等，齿侧斜面中线不是与轴线相交的径向线，则会影响啮合时的接触面积，从而影响单齿的啮合精度。当离合器等分不好和整个齿形与工件基准不同轴时，同样会产生与矩形牙嵌离合器类似的啮合精度问题。螺旋形牙嵌离合器的螺旋面通常是由与轴线垂直相交的径向线作为母线形成的，如果铣削时，形成螺旋面的母线位置不准确，会影响离合器啮合时的接触面积。

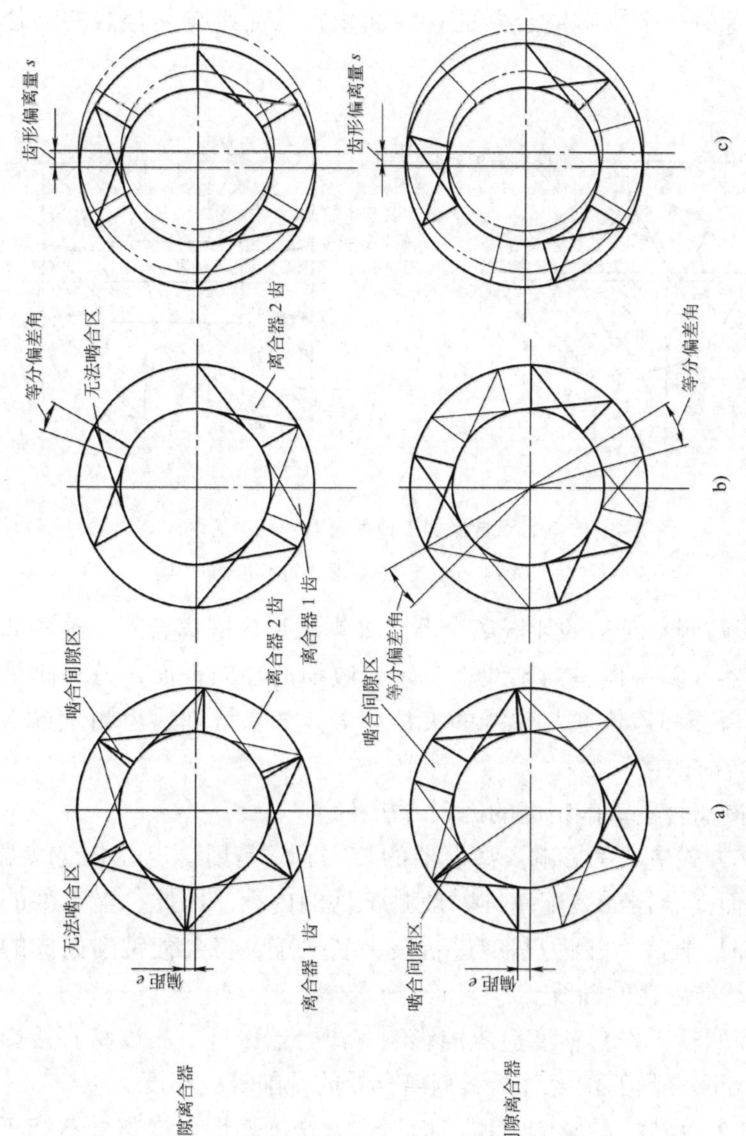

图 7-3 矩形齿离合器加工精度对啮合精度的影响

a）齿侧位置偏离的影响 b）等分精度差的影响 c）齿形偏离轴线的影响

(2)收缩齿形牙嵌离合器铣削加工精度分析

1)收缩齿形两侧对称的牙嵌离合器，如正三角齿牙嵌离合器、尖梯形牙嵌离合器等，齿侧是一个向轴线上一定点收缩的斜面，齿顶和齿槽底与轴线的夹角相等。通常，为了使齿侧能较好地接触，齿顶宽度略大于齿槽底的宽度。对称收缩齿的齿形对称于通过轴线的径向平面。当铣削加工后的齿形的对称度、齿顶和齿槽底与轴线的夹角不相等时，会影响离合器的接触面积，从而影响离合器的啮合精度，如图 7-4 所示。

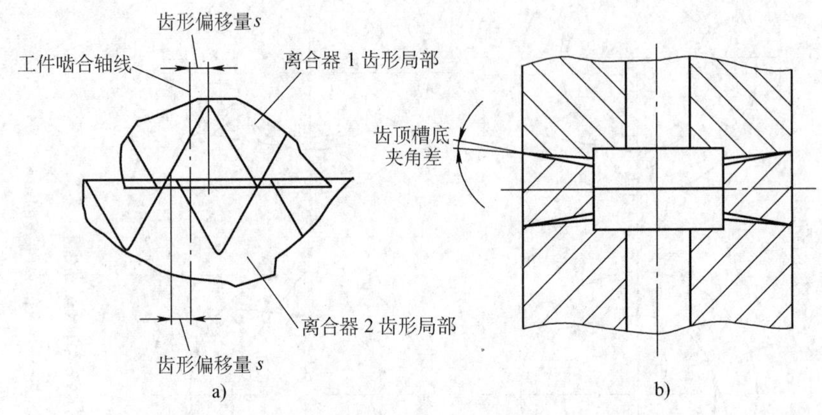

图 7-4 收缩齿离合器加工精度对啮合精度的影响

a)齿形不对称的影响 b)槽底、齿顶夹角不准确的影响

2)收缩齿形两侧不对称的牙嵌离合器，如锯齿形牙嵌离合器，这种离合器属于单向作用的离合器。其一侧是向轴线上一定点收缩的径向平面，另一侧是向同一定点收缩的斜面，齿顶和齿槽底与轴线的夹角相等。如果铣削后齿侧位置不准确，则会影响离合器啮合时的接触面积。

(3)影响牙嵌离合器铣削精度的因素分析

1)工件装夹方式造成的影响。离合器的装夹通常是用自定心卡盘以端面和外圆为定位基准的，而离合器的装配基准一般是工件的内孔。因此，当工件的内孔与外圆有同轴度误差时，若以外圆为基准进行装夹和找正，将会使铣削而成的离合器齿形轴线偏离工件基准内孔的轴线。

2)分度头和回转工作台精度造成的影响。离合器的等分精度将直接影响接触面积和接触部位，分度夹具的精度直接影响离合器的铣削等分精度。

3)铣刀形状精度造成的影响。用三面刃铣刀铣削矩形牙嵌离合器和正梯形牙嵌离合器，若铣刀的侧刃和刀尖不锋利，会影响离合器侧面的平面度，用立铣刀铣削时，铣刀的圆柱度也会造成同样的影响；用对称双角铣刀铣削正三角形牙嵌离合器和正梯形牙嵌离合器，若铣刀锥面切削刃形状精度差，会影响离合器侧面的平面度，若刀尖的圆弧过大，会影响正三角形牙嵌离合器的槽底形状，从而影响离合器的接触面积。

4）工件与夹具、工作台位置找正精度造成的影响。

① 对于等高齿牙嵌离合器，找正的基本要求是：工件装配基准孔与分度头等分度夹具主轴同轴；工件的齿顶面与工作台面平行，或与工作台面垂直并与横向进给方向平行。若同轴度找正精度差，会影响离合器齿形回转轴线与工件装配基准孔的同轴度。若端面位置找正精度差，会影响槽底的位置和连接精度，减少离合器接触面积。

② 对于收缩齿形牙嵌离合器，找正的基本要求是：工件装配基准孔与分度头等分夹具主轴同轴；在卧式铣床上分度头主轴应在与纵向进给方向平行、与工作台面垂直的平面内倾斜一个仰角 α。除了与等高齿牙嵌离合器类似的影响外，铣削收缩齿时分度头的仰角准确性将会直接影响侧面接触面积。严重偏差时，会使离合器仅在内圈或外圈接触。

5）铣削位置找正精度造成的影响。铣削矩形牙嵌离合器和正梯形牙嵌离合器，三面刃铣刀侧刃的对刀位置准确性，如矩形齿通过轴线的侧面对刀位置、梯形齿的侧面偏移铣削位置和斜面连接对刀位置等，会影响齿侧的位置精度。铣削收缩齿形牙嵌离合器，正三角形牙嵌离合器和正梯形牙嵌离合器，对称双角铣刀的对中对刀位置准确性，直接影响齿侧的位置精度；铣削锯齿形牙嵌离合器，单角铣刀侧刃的对刀位置准确性，直接影响径向齿侧和斜面齿侧的位置精度。

6）铣床调整精度造成的影响。采用立铣头扳转角度加工齿侧斜面时，立铣头扳转角度的准确性影响齿侧面与工件轴线的夹角精度。在使用卧式万能铣床加工离合器时，纵向工作台与横向进给方向的垂直度影响齿侧面的几何精度。

7.1.2 提高牙嵌离合器加工精度的方法

1. 选用合适的铣刀

1）选用刀尖圆弧较小的铣刀，以免铣刀刀尖圆弧影响对刀精度，对正三角形牙嵌离合器和锯齿形牙嵌离合器，为保证齿侧接触面积，更应注意角度铣刀刀尖圆弧的大小与齿顶宽度的关系。

2）选用刃口锋利的铣刀，以保证加工表面的表面粗糙度要求，提高接触面表面质量。

3）选用形状精度较高的铣刀。例如，三面刃铣刀两侧应具有偏角，以保证铣削的离合器侧面的形状精度。又如，采用立铣刀铣削时，应挑选圆柱度好的铣刀，以保证齿侧的平面精度。用试铣法检验对称双角铣刀刀尖部分角度的对称精度和锥面刃形状精度，然后用于正三角形牙嵌离合器铣削。

2. 提高工件的定位精度和找正精度

1）预检工件基准孔与外圆的同轴度、端面与轴线的垂直度和轴向圆跳动误差，

以便减少因基准不重合引起的装夹和找正误差。

2）尽可能选用工件装配基准作为工件定位和找正基准，如采用心轴定位装夹，找正时用指示表检测工件内孔与分度头的同轴度误差等。

3. 选用精度较高的分度夹具

1）齿数较多，等分精度要求高的尖齿，锯齿形牙嵌离合器，选用的分度头可用光学分度头进行精度检验后再用于铣削加工，也可采用定数为 90 或 120 的回转工作台倾斜安装，进行加工，以提高等分精度。

2）对于齿数较少的离合器，若条件有限，使用一般精度分度头时应注意避开精度较差的区域。批量生产尽可能采用专用等分夹具。

4. 提高铣削位置精度

1）通过轴线的齿侧径向平面，除采用划线对刀外，应使用指示表和升降规、量块等精密量具检测齿侧径向平面的位置精度，检验的方法如图 7-5 所示。

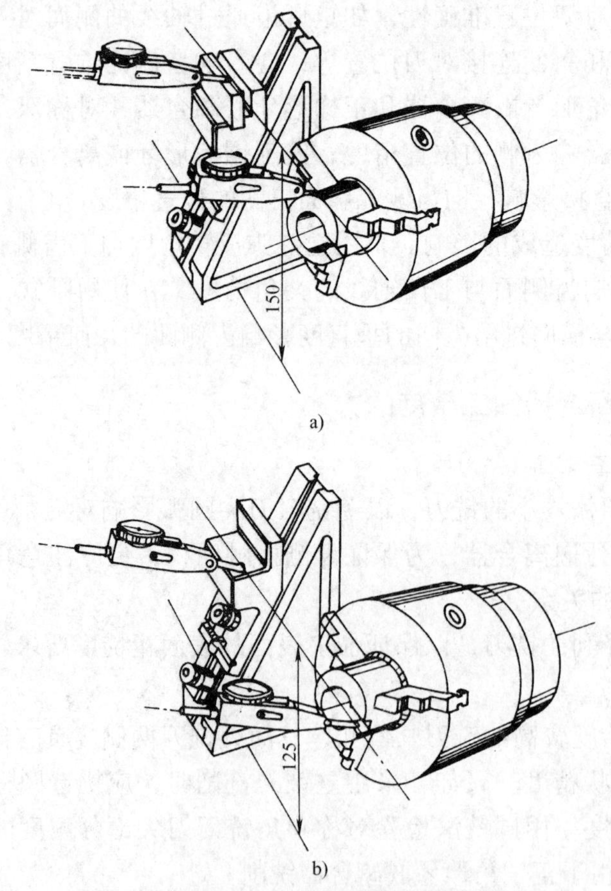

图 7-5　检验牙嵌离合器齿侧径向平面位置精度

2）对称轴线的齿槽位置精度，通常可采用标准圆棒、指示表，利用分度头准确回转 180° 进行检验。检验时，安装分度头使其主轴与工作台面垂直，用试件对刀铣出齿槽后，将标准圆棒嵌入齿槽内，先用指示表测量圆棒一侧，然后将分度头准确转过 180°，用指示表测量另一侧，若两侧测量时指示表示值相同，则表明齿槽准确对称于分度头回转轴线，如图 7-6 所示。

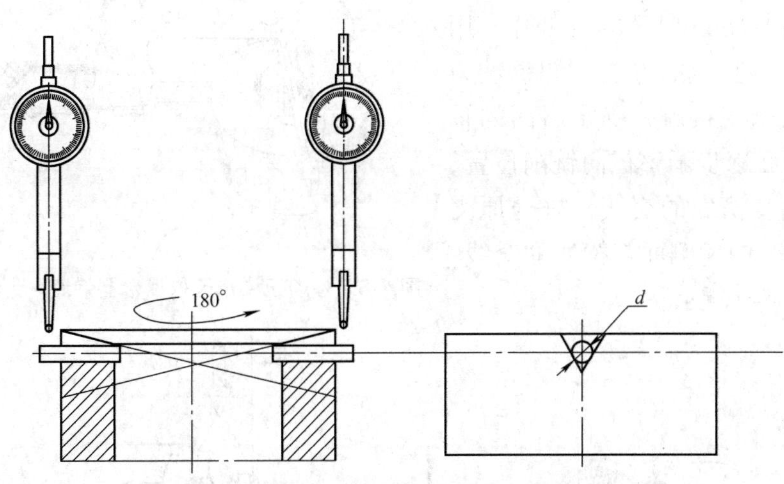

图 7-6　检验收缩齿形牙嵌离合器齿槽对称精度

3）收缩齿形牙嵌离合器槽底位置精度由分度头扳转仰角的准确性保证，必要时，也可采用指示表找正齿顶内锥面素线与工作台面平行，以提高离合器轴向铣削的位置精度，如图 7-7 所示。若采用正弦规找正，精度更高。

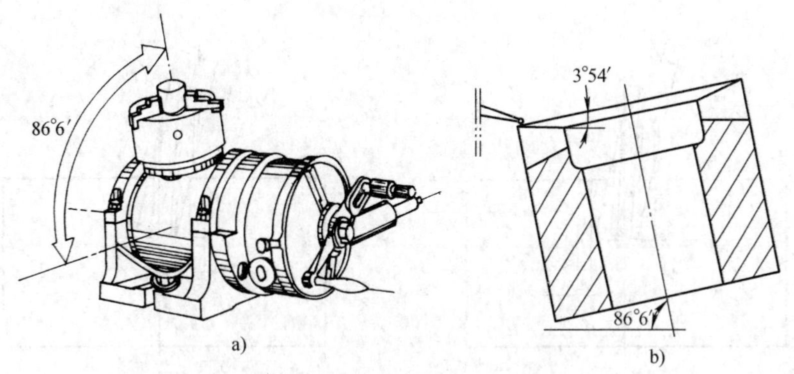

图 7-7　提高分度头仰角调整精度

4）正梯形齿侧斜面的位置精度，首先应保证偏距等于 e 的齿槽侧面位置精度，其次须保证斜面的角度（立铣头扳转角度的准确性）和连接位置的准确性。

① 偏距为 e 的齿槽侧面位置精度，通常用指示表、量块和升降规配合检测控制，

测量方法如图 7-8 所示。

② 用千分尺和对刀块的立铣头扳转角度的准确性由正弦规和量块、指示表检测控制。

③ 为保证斜面的连接位置精度，应选择较小刀尖圆弧的铣刀，并采用在槽底粘贴 0.1mm 厚度的薄纸片，用铣刀刀尖碰擦对刀的方法，调整铣刀刀尖恰好与槽底接触，确定斜面的轴向位置，然后逐步调整径向铣削位置，使齿侧斜面与槽底的交线恰好与原交线（偏距为 e 的齿侧面与槽底的交线）重合，如图 7-9 所示。

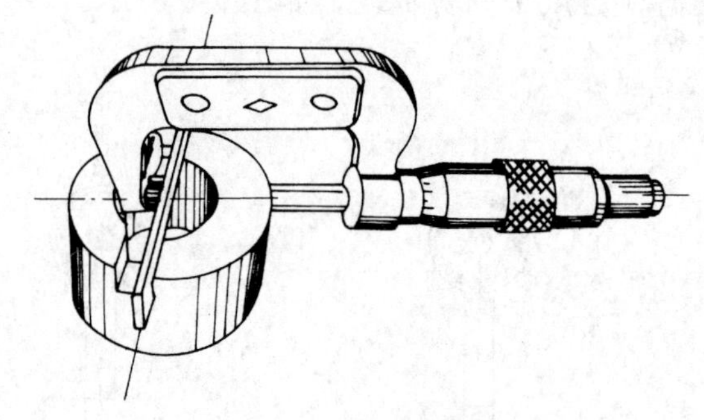

图 7-8　检验正梯形牙嵌离合器偏距 e 齿侧的位置精度

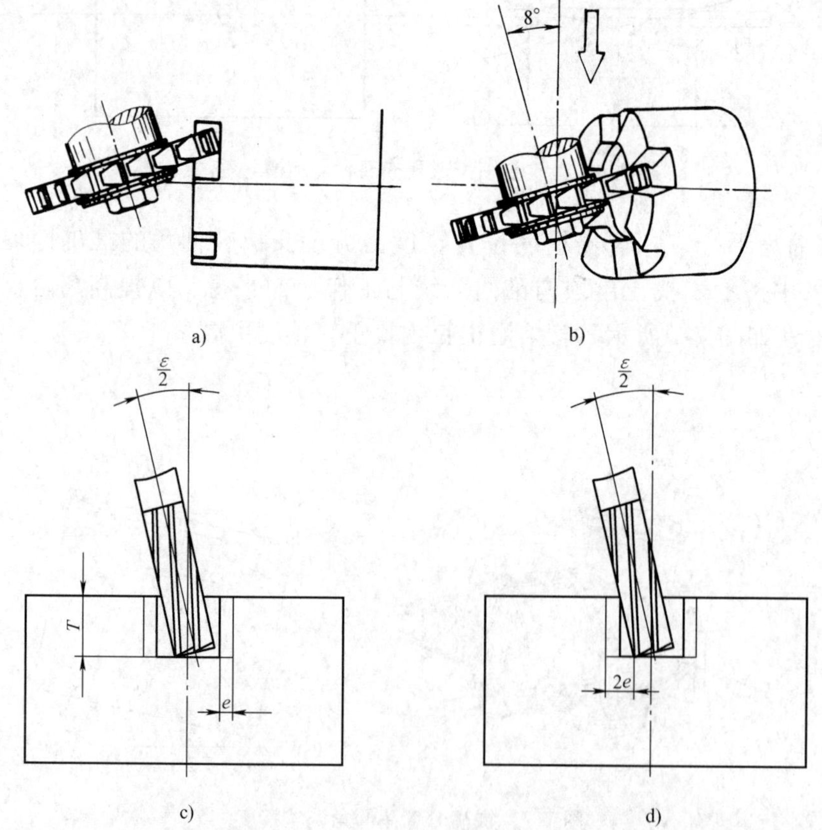

图 7-9　提高正梯形牙嵌离合器齿侧斜面的位置精度

a）三面刃铣刀槽底对刀　b）三面刃铣刀连接对刀　c）立铣刀槽底对刀　d）立铣刀连接对刀

5）齿侧螺旋面位置精度主要由铣刀的切削位置确定。由于离合器的螺旋面属于端面直线螺旋面（见图 7-10a），铣刀切削位置应在 G 点上，如图 7-10b、c 所示。操作时，铣刀对中后应偏移一段距离进行铣削，偏移方向按螺旋面方向确定，偏移量 e 按式（7-3）计算：

$$e = r_0\sin[0.5（\gamma_D + \gamma_d）] \qquad (7\text{-}3)$$

式中 r_0——铣刀半径（mm）；

γ_D——工件齿部外径处的螺旋升角（°）；

γ_d——工件齿部内径处的螺旋升角（°）。

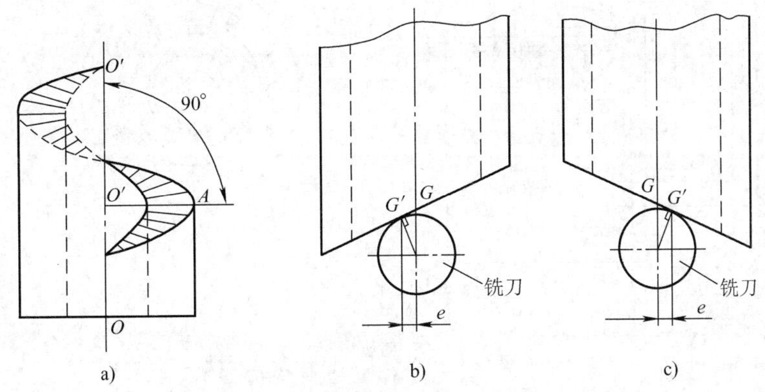

图 7-10　端面螺旋面的特征和铣削位置

a）直线螺旋面　b）右螺旋面铣削位置　c）左螺旋面铣削位置

7.2　高精度牙嵌离合器加工技能训练实例

技能训练 1　高精度矩形牙嵌离合器加工

重点与难点　重点为在熟练掌握矩形牙嵌离合器基本加工方法的基础上，掌握提高牙嵌离合器接触精度的加工方法。难点为离合器等分精度和接触精度控制的方法和检验操作方法。

1. 加工工艺准备要点

（1）图样分析要点（见图 7-11）　矩形齿齿数 $z = 7$，在圆周上均布，每齿中心角为 51°25′ ± 10′，齿面中心角为 $20°^{-20'}_{-40'}$，齿端无较大的倒角。齿部孔径为 ϕ51mm，外径为 ϕ65mm，齿高为 4mm。齿槽中心角大于齿面中心角，齿侧面要求通过工件轴线，属于硬齿齿形，离合器齿槽中心角比齿面中心角大 51°25′−20° × 2=11°25′。工件材料为 20Cr，切削加工性能较好，齿部加工后高频淬硬，硬度为 56~62HRC。本例属于套类零件，采用自定心卡盘或心轴定位装夹。

（2）拟定工艺过程　根据加工要求和工件外形，在卧式铣床上用精密回转工作台加工，查表确定精密错齿三面刃铣刀规格。铣削加工工序过程：预制件检验→铣床精

度检验→回转工作台精度检验→工件表面划 7 等分齿侧中心线→安装并调整回转台→安装心轴定位、装夹和找正工件→计算、选择、检验和安装三面刃铣刀→对刀并调整吃刀量→试切、预检齿侧位置→准确调整齿侧铣削位置和齿深尺寸→依次准确分度和铣削→按 20°$^{-20'}_{-40'}$齿面中心角铣削齿侧→矩形牙嵌离合器铣削工序检验。

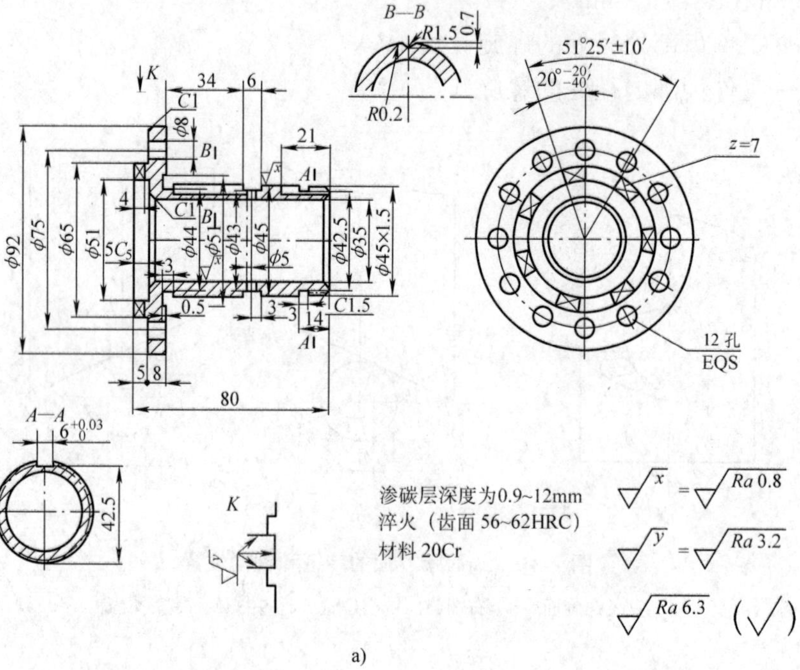

渗碳层深度为0.9~12mm
淬火（齿面 56~62HRC）
材料 20Cr

a)

渗碳层深度为0.9~12mm
淬火（齿面 56~62HRC）
材料 20Cr

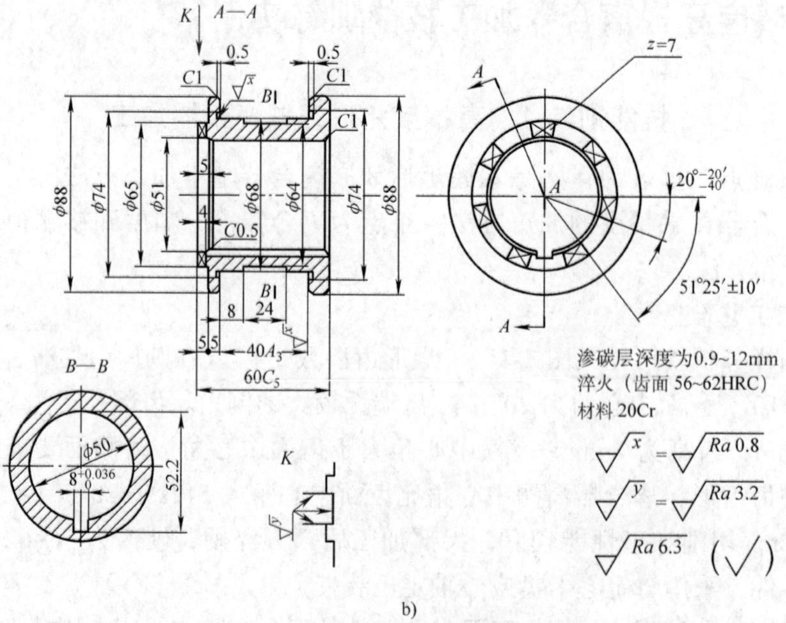

b)

图 7-11　快慢速转换矩形牙嵌离合器

2. 铣削加工操作要点

（1）加工准备要点　为保证加工精度，预先应对工件预制件进行加工精度检验（见图 7-12）；检验精密回转工作台主轴锥孔的径向圆跳动和轴向窜动、分度精度（角度分度和等分精度）等，如图 7-12a 所示；按图样尺寸齿面角 $20°^{-20'}_{-40'}$来计算回转工作台分度盘应偏转的手柄转数 Δn，准备检测偏转角的正弦规等检具；检测机床工作台纵向进给与主轴的垂直度、工作台面与主轴的平行度、主轴锥孔的径向圆跳动和轴向窜动等，如图 7-12b 所示；检测铣刀的刃磨和安装精度。

（2）加工精度控制要点　试铣齿槽采用百分表借助精密回转台 180° 分度，检测齿侧位置，微量调整工作台位置可借助百分表进行操作。按 7 等分依次铣削等分齿槽，达到图样分齿精度要求。按图样齿面中心角修铣齿槽，为了提高修铣齿槽的偏转角度的精度，可借助量块组、正弦规和百分表检测偏转角，如图 7-13 所示。

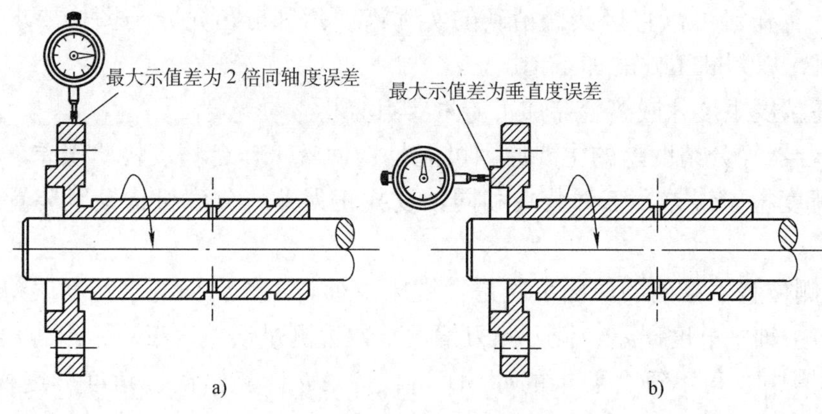

图 7-12　预制件检验

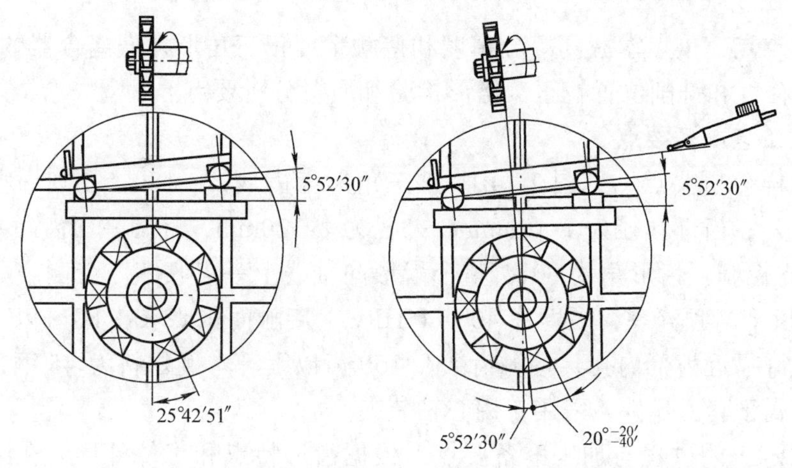

图 7-13　快慢速转换矩形牙嵌离合器偏转角检测

3. 精度检验与质量分析要点

（1）高精度矩形牙嵌离合器检验

1）检验齿侧位置和接触面积。齿侧位置测量精度要求比较高，应采用高精度分度头，用锥柄心轴安装工件，先用千分表找正工件装配基准内孔与回转中心同轴，端面圆跳动量在 0.005mm 以内。然后用量块组、升降规和千分表测量齿侧面是否通过径向平面。测量接触面积时，将配作的离合器与精度符合图样要求的配对离合器同套装在一根标准棒上，一个离合器齿侧面涂色，然后作相对转动，检查另一个离合器齿侧的染色程度，本例接触齿数应在 6 个以上，接触面积应在 80% 以上，本例离合器因在运动中离合，因此接触不良部位只允许靠近齿端和外径处。

2）等分精度检验的方法与预检时相同，工件拆下后，可在高精度分度装置上进行测量。本例的齿分角和齿面角须在光学测量仪器上检验。具体检验时，工件安装、找正和用百分表测量的操作方法与一般分度装置检验时相同，不同的是通过光学分度头或回转工作台可以直接获得精确的实际齿面角和分齿角，与图样要求比较得出加工误差值，以判断工件的加工精度。

（2）高精度矩形牙嵌离合器加工质量要点分析

1）离合器等分精度差的主要原因可能是：回转工作台精度检验误差、工件预制件加工和精度检验误差、工件装夹和同轴度找正误差、分度机构锁紧装置带动的微量角位移等。

2）齿侧位置不准确的原因可能是：铣床主轴与工作台面的平行度误差、工作台进给方向与主轴垂直度误差、铣刀侧刃偏摆、预检测量误差、量块组组合误差等。

3）齿槽中心角不符合要求的原因可能是：Δn 计算错误、角度分度操作误差、分度装置精度检验误差、工件找正精度误差等。

技能训练 2　高精度正三角形牙嵌离合器加工

重点与难点　重点掌握高等分精度和接触精度正三角形牙嵌离合器的加工方法。难点为等分精度和铣削位置找正、槽形检验和质量分析要点。

1. 加工工艺准备要点

（1）图样分析要点（见图 7-14）　正三角形齿齿数 $z = 180$，在圆周上均布，分齿角为 $2° \pm 2'$；齿部孔径为 $\phi 100$mm，外径为 $\phi 120$mm，外圆柱面齿高由齿顶宽度 0.1 ~ 0.2mm 控制。齿形角为 60°，整个齿形向轴线上一点收缩。齿侧表面粗糙度为 $Ra1.6\mu m$，齿部高频淬硬，硬度为 40 ~ 45HRC。接触面积要求在 80% 以上，接触不良部位只允许靠近齿部内孔，接触齿数在 150 齿以上。本例材料为 45 钢，切削加工性能较好。属于套类零件，采用专用心轴装夹。

（2）拟定工艺过程与加工准备要点　根据齿形特点和工件外形，在卧式铣床上用精密分度头分度加工。铣削加工工序过程：预制件检验→分度头精度检验→机床精度检验→双角铣刀精度检验→安装分度头和定位心轴→装夹和找正工件→安装找正铣刀→计算、调整分度头仰角→对刀并调整吃刀量→试切、预检齿槽位置→依次等分铣削齿槽→正三角形牙嵌离合器铣削工序检验。选用 F11125 型精密分度头分度，采用专用心轴装夹工件。选择与齿形角相同角度的对称双角铣刀，现选择外径为 75mm、夹角为 60° 的对称双角铣刀，铣刀的刀尖圆弧半径应小于 0.05mm。

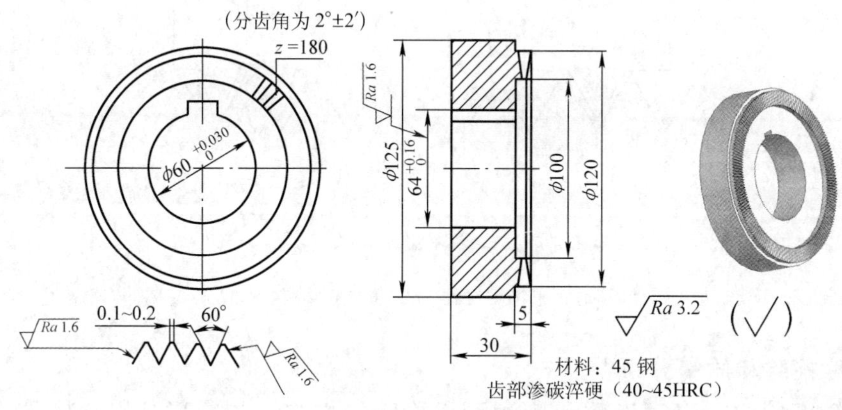

图 7-14　高等分精度正三角形牙嵌离合器

2. 加工准备和操作要点

（1）加工准备要点　用百分表、心轴等检具检验内锥齿面与工件装配基准内孔的圆跳动。用检验棒检验内锥齿面的形状精度时，将标准检验棒的圆柱部分插入工件基准孔，在标准棒的外表面上着色，用力与工件内锥面对研，然后观察工件内锥面的形状精度，以及与工件基准孔的同轴度等。计算分度头的分度手柄转数和分度头仰角，用光学分度头检测机械分度头的分度精度，检测时注意选用的孔盘和圈孔数应与加工操作时一致。用正弦规、量块组和百分表检测分度头的仰角，检测时，正弦规工作面与工作台面的平行度误差应在 0.005mm 以内。按精度要求检测机床相关精度。装夹找正工件，工件内锥齿面与回转轴线的圆跳动误差在 0.01mm 以内。铣刀刀杆和铣刀安装后应进行检测，铣刀廓形对回转轴线的圆跳动误差在 0.02mm 以内。

（2）加工精度控制要点　检测齿槽与回转轴线对称度时，试铣出 180° 对称重合的齿槽后，可使用检验棒嵌入齿槽，用分度头准确转过 180° 的方法，用百分表检测齿槽与分度头回转轴线的对称精度。具体操作方法与用标准棒检验 V 形槽的对称度基本相同。齿槽精度控制采用齿槽样板进行检验（见图 7-15），试件齿槽可在工件显微镜上放大进行槽形精度检验。齿槽宽度尺寸使用自制的专用样板控制，加工时应根据齿顶宽度估算齿槽深度，注意目测齿顶宽度是否内外一致。分度操作应注意按预定的孔盘、圈孔和分度手柄，准确按分度手柄转数 n 进行分度。齿面表面质量控

制应加注适用的切削液，减少切削振动等。

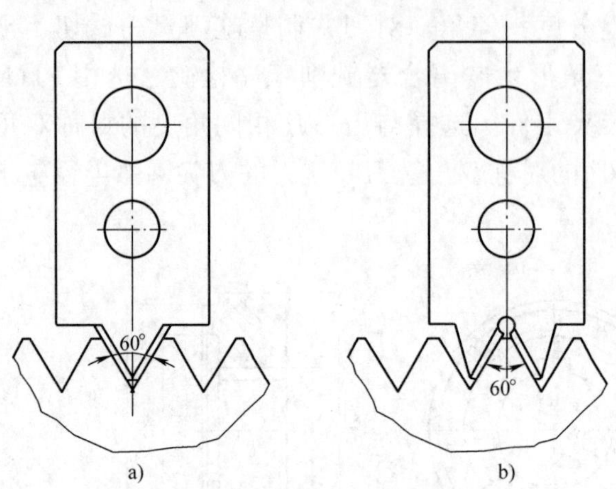

图 7-15　用样板检验齿槽和齿形精度

a) 齿槽精度检验　b) 齿形精度检验

3. 精度检验和质量分析要点

（1）精度检验　接触齿数和接触面积检验的方法，与矩形牙嵌离合器对啮检验方法相似，将成对的离合器套装在一根标准棒上，离合器齿面清洁后涂色，对啮后观察另一离合器的接触染色程度，用以检测接触面积和接触齿数。若发现一些接触面积较小，接触不良的齿槽，可进一步对其进行单项检验（检验的方法与试件槽形检验、齿槽对称度检验、用样板检验齿槽和齿面宽度等操作方法相同），以便进行质量分析。

（2）质量分析要点

1）啮合齿数和接触面积未达到要求的主要原因：齿形与原离合器齿形偏差大（铣刀精度检验误差、机床精度检验误差、预制件内锥齿面检验误差）、齿形与预制件不同轴（专用心轴制造安装误差，工件与分度头同轴度找正误差、分度头主轴跳动检验误差）、齿等分误差大（铣削位置与等分精度检验位置不重合，等分精度随机检验隐含误差，用于分度的孔盘、圈孔与检验时不一致等）。

2）单侧啮合的主要原因是齿形偏向一侧，具体原因：试件切痕对刀操作误差、对称度精度检验误差、分度头主轴锥孔圆跳动误差等。

Chapter 8

项目 8 螺旋面、槽和曲面加工

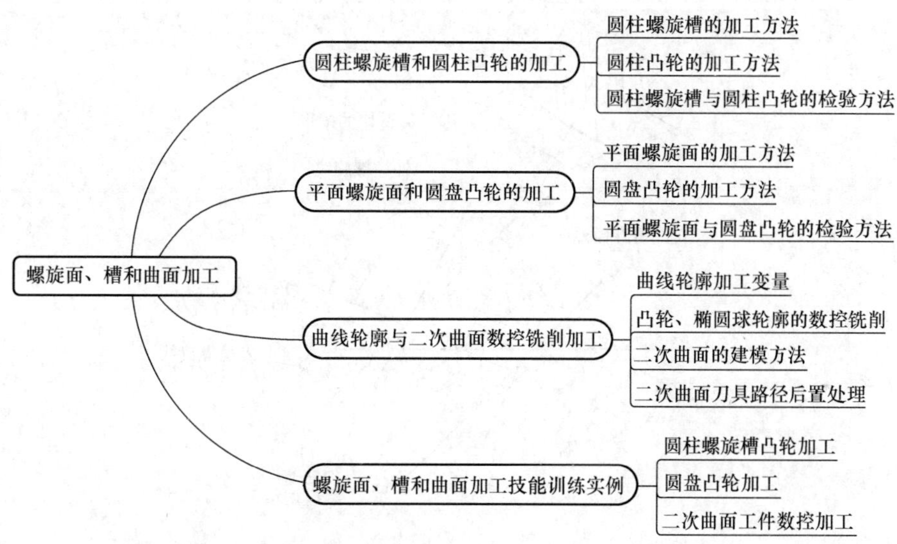

8.1 圆柱螺旋槽和圆柱凸轮的加工

8.1.1 圆柱螺旋槽的加工方法

1. 圆柱螺旋槽的铣削工艺特点

1）圆柱螺旋槽的法面截形有各种形状，常见的有渐开线齿形、圆弧形、矩形和各种刀具齿槽的截形。圆柱等速凸轮是典型的螺旋槽工件，法面截形一般是矩形，因此应根据槽形采用合适截面形状的刀具进行加工。

2）由铣削螺旋槽的计算公式可知，螺旋槽具有螺旋角、导程等基本参数。由螺旋角公式 $\tan\beta=\pi D/p_h$ 可见，当导程确定时，工件不同直径处的螺旋角是不相等的，如图 8-1a 所示，直径越小，螺旋角越小。由于不同直径处的螺旋角不同，因此在加工中会产生干涉，使得螺旋槽槽形的控制比较困难，如图 8-1b 所示。

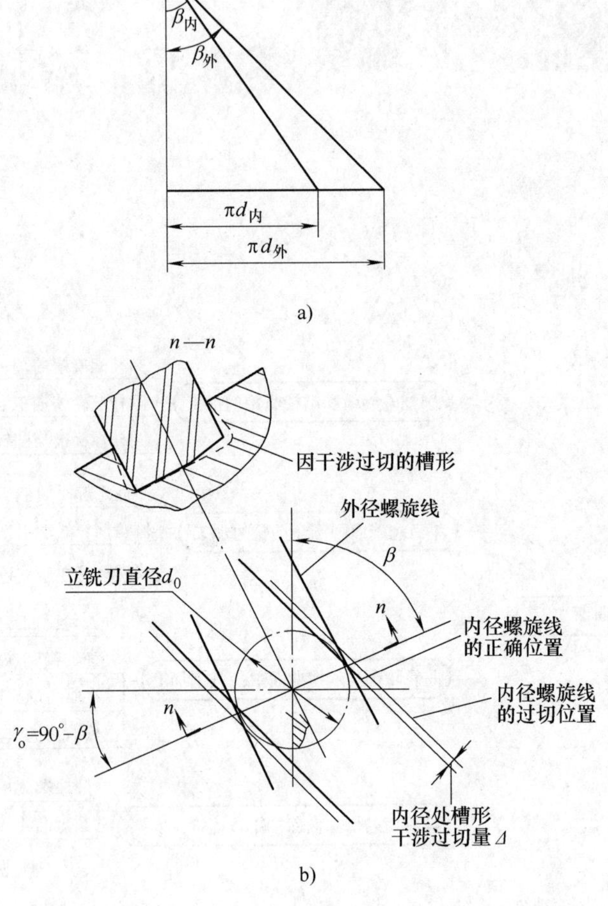

图 8-1　不同直径处的螺旋角和铣削干涉

3）圆柱凸轮的螺旋面，有法向直廓螺旋面和直线螺旋面之分，如图 8-2 所示。圆柱端面凸轮一般采用直线螺旋面，其型面素线与 *OO′* 成 90° 交角，如图 8-2a 所示。圆柱螺旋槽凸轮，采用法向直廓螺旋面，其型面素线始终与基圆柱相切，如图 8-2b 所示。铣削加工中应注意区别，铣削端面凸轮螺旋面时，铣刀对中后应偏移一段距离再进行铣削，计算时根据螺旋面平均升角，可减小因不同直径引起的干涉现象，提高螺旋面精度。

2. 圆柱螺旋面、槽的基本加工方法

1）分度头加工法。使用分度头装夹工件，在分度头和工作台纵向丝杠之间配置交换齿轮加工圆柱螺旋面、槽，是铣削加工圆柱螺旋面、槽的基本方法。

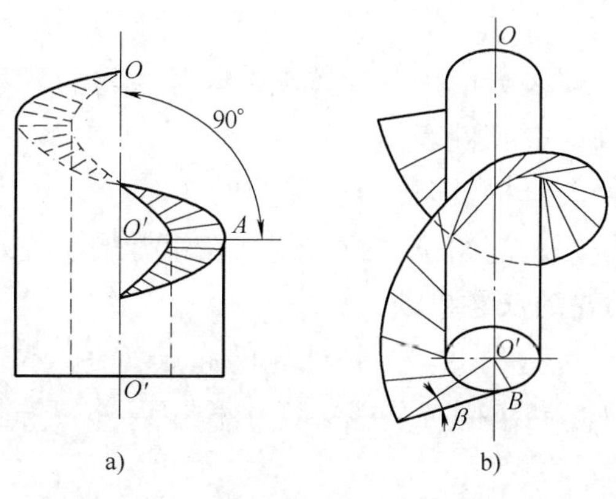

图 8-2　直线螺旋面和法向直廓螺旋面

2）仿形加工法。使用模型、仿形销和仿形装置进行仿形铣削的方法加工圆柱螺旋槽，也是加工圆柱螺旋面、槽的常用方法。通常使用仿形法加工的是批量零件，或是螺旋面、槽的参数比较复杂的零件。图 8-3 所示为圆柱端面螺旋面的仿形铣削加工方法。

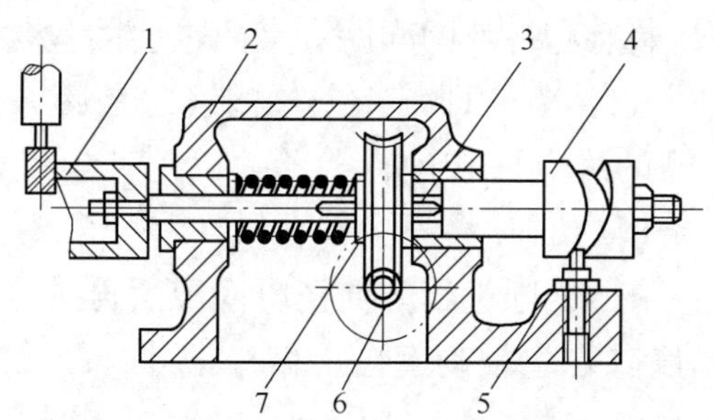

图 8-3　圆柱端面螺旋面的仿形铣削加工方法

1—工件　2—夹具体　3—心轴　4—模型　5—仿形销　6—蜗杆　7—蜗轮

8.1.2　圆柱凸轮的加工方法

在圆柱端面上加工出等速螺旋面或在圆柱面上加工出等速螺旋槽的凸轮，称为等速圆柱凸轮。圆柱凸轮是典型的螺旋槽工件之一。如前所述，圆柱螺旋面有直线螺旋面和法向直廓螺旋面之分，加工中应采用不同的加工方法。等速圆柱凸轮的铣削方法与螺旋槽铣削基本相同，但圆柱凸轮是由多条不同导程的螺旋槽连接而成的，因此计算和加工都比较复杂。

1. 铣削加工要点

1）分析图样，将凸轮曲线分解为若干组成部分。

2）按图样有关数据，根据各部分的参数，如曲线段所对的中心角、升程（或升高率），计算出各螺旋部分的导程。

3）按导程计算或查表选择交换齿轮。导程小于 17mm 的采用主轴交换齿轮法加工。

4）选用立式铣床，安装分度头，配置交换齿轮，检验导程。

5）装夹并找正工件，在工件表面划线。

6）选择、装夹适用的键槽铣刀（或立铣刀）。

7）调整凸轮型面铣削的起始位置，铣削凸轮螺旋槽（或端面螺旋面）。

2. 铣削等速圆柱凸轮的注意事项

1）控制起点和终点位置精度。圆柱凸轮的起点和终点位置精度将会影响凸轮的使用。由于多条螺旋槽首尾连接，可能会产生积累误差，铣削时应注意控制其位置精度。具体可采用以下方法：

① 圆柱凸轮的 0° 起点位置，应通过分度头 180° 翻转法较精确地找正工件中心线的水平位置。

② 铣刀切入起点位置前，应紧固分度头主轴和工作台纵向，并以中心孔定位和麻花钻切去大部分余量，以提高铣刀的切入位置精度。

③ 铣削时的刻度标记，均应从消除了传动间隙后的位置精度起算，否则第二次回复时会产生复位误差，始点和终点的间距和夹角也会因包含间隙而引起误差。

④ 起点和终点往往是连接点，即前一条槽的终点是后一条槽的起点，因此前一条槽铣完后，应根据该槽的终点要求进行检验，以免产生累积误差。此外，为了保证连接质量，在铣完一条槽后，应紧固工作台纵向和分度头主轴，然后配置下一条槽的交换齿轮，并按下一条槽铣削进给方向消除间隙后再进行铣削操作。

⑤ 分度头回转的角度除在主轴刻度盘上做标记外，凸轮螺旋槽的夹角精度应通过分度手柄转数和圈孔数来进行控制。用主轴交换齿轮法铣削时，可直接用圈孔数与主轴刻度盘配合控制。用侧轴交换齿轮法铣削时，因手柄上分度定位销插入孔盘内，孔盘随手柄一起回转，此时可在分度头孔板旁的壳体上做一参照标记，以此控制转过的圈孔数，提高螺旋槽夹角和起点的位置精度。

⑥ 铣刀在起点和终点位置应尽量缩短停留时间，以免铣刀过切铣出凹陷圆弧面。

2）控制槽宽尺寸精度。圆柱凸轮的槽宽是与从动件滚轮配合的部位，槽宽尺寸精度会影响从动件的运动精度。铣削时，应注意控制凸轮螺旋槽的槽宽精度。具体应掌握以下要点：

① 采用换装粗、精铣刀铣削螺旋槽方法时，应用千分尺测量精铣用的铣刀切削部分外径，并注意刃长方向是否有锥度，最好略有顺锥度，即刀尖端部直径较小，铣削时可减少干涉对槽宽的影响，提高沿深度方向的槽宽尺寸精度。换装精铣铣刀后，使用指示表检测铣刀与铣床主轴的同轴度，并应注意铣削过程中的槽宽尺寸检测。

② 用小于槽宽的铣刀精铣螺旋槽时，为提高槽宽精度，应注意调整铣刀的中心位置，如图 8-4 所示。铣刀应分别在偏移了 e_x、e_y 的尺寸后进行铣削，才能与用一把铣刀铣削螺旋槽时的 N_A、N_B 切削位置重合，否则会出现法向位置槽形上宽下窄的情况，影响槽宽尺寸精度。中心偏移距 e_x、e_y 值按下列公式计算

$$e_x=(R-\gamma_0)\cos\gamma_{cp}$$

$$e_y=(R-\gamma_0)\sin\gamma_{cp} \tag{8-1}$$

式中 R——滚子半径（mm）；

γ_0——铣刀半径（mm）；

γ_{cp}——螺旋槽平均直径处的螺旋角（°）。

操作时应注意偏移方向（见图 8-4）：e_x 需横向移动工作台确定，e_y 应拔出分度定位销，纵向移动工作台后确定。

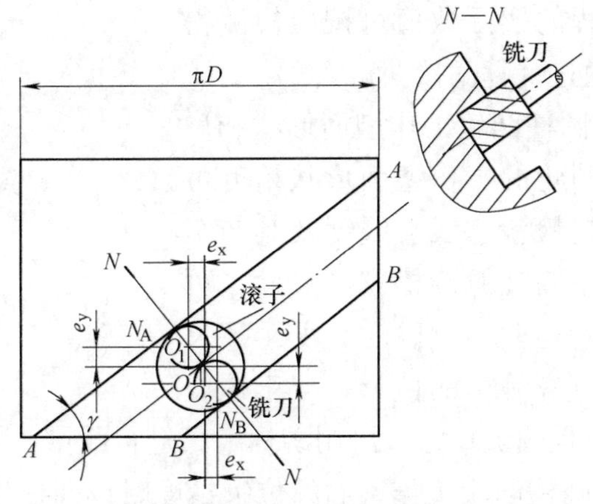

图 8-4 凸轮螺旋槽精铣时的偏移中心法

③ 注意调整立铣头主轴的跳动间隙、分度头主轴及纵向工作台间隙，以免在铣削过程中因铣刀的径向圆跳动和工件随分度头主轴和工作台纵向引起的轴向窜动影响槽宽尺寸精度。

④ 铣削圆柱凸轮时，经常有退刀和进刀操作要求，特别是精铣单侧螺旋面时，必须准确进刀，用于控制槽宽尺寸。根据螺旋面铣削时的传动关系，为保证螺旋槽的中心轨迹位置，在操作时一般是把分度头手柄定位销与分度盘脱开，只让分度头主轴转动而工作台不动，或只移动工作台而分度头主轴不动，从而达到进刀和退刀的目的。具体操作时，应注意传动系统的间隙，否则就不能根据原有的铣削位置到达预定的进刀和退刀位置。若用只转动分度头主轴的方法进刀，应估算转过的圈孔数与螺旋槽法向槽宽尺寸的关系，便于控制螺旋槽尺寸。

3）提高螺旋面铣削精度和表面质量。铣削圆柱凸轮时，由于直线和圆周运动复合进给，因此铣削时顺铣、逆铣较难辨别。此外，因铣削螺旋槽时有干涉现象，槽形和槽侧表面质量均会受到影响，因此操作时应注意提高槽形和螺旋面的表面质量。

8.1.3 圆柱螺旋槽与圆柱凸轮的检验方法

螺旋槽与圆柱凸轮的检验包括导程（升高量、螺旋槽中心角）、槽或工作型面的形状、尺寸和位置精度检验，检验应掌握以下要点：

1）检验螺旋槽和圆柱凸轮升高量的方法如图 8-5 所示，检测时可将圆柱凸轮放置在测量平板上，使基准端面与平板测量面贴合，然后测量螺旋槽起点和终点的高度差，即可测得圆柱凸轮螺旋槽的（轴向）升高量。螺旋槽所占中心角通过分度头进行测量。导程的实际数值可按照检测得到的升高量和中心角通过计算间接获得。

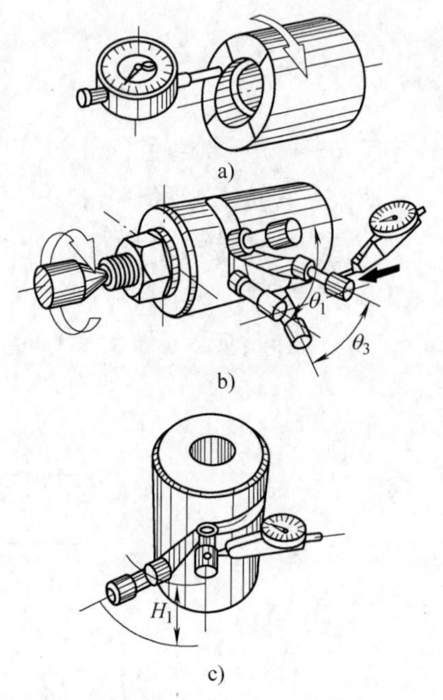

图 8-5 圆柱凸轮的导程检验

2）检验螺旋槽与圆柱凸轮工作型面形状和尺寸精度时，圆柱端面凸轮的工作型面形状精度可使用刀口形直尺沿径向检验素线直线度及其与工件轴线的垂直度。对于圆柱螺旋槽宽度尺寸，可用相应精度的塞规进行检验。检验时，可用塞尺检查两侧的间隙来确定螺旋槽的截形。至于螺旋槽深度尺寸、基圆和空程圆弧尺寸，可用游标卡尺进行测量。

3）检验螺旋槽与圆柱凸轮工作型面的位置精度时，圆柱端面凸轮的起始位置可用游标卡尺检验。测量圆柱凸轮螺旋面与基面的位置，可直接用游标卡尺测量，也可把基准面贴合在平板上用指示表测量。

8.2 平面螺旋面和圆盘凸轮的加工

8.2.1 平面螺旋面的加工方法

1. 等速平面螺旋面的加工方法

平面等速螺旋面是一种常见、典型的直线成形面，这种匀速曲线（见图 8-6a）的特征是：当曲线转过相同角度时，曲线沿径向移动相等的距离。与用圆弧和直线连接而成的简单成形面相比，其加工要复杂得多。圆盘凸轮的工作曲线常采用平面等速螺旋面，其加工要点如下：

1）计算平面螺旋面的三要素：升高量 H、升高率 h、导程 P_h。

2）按导程 P_h 计算分度头或机动回转台的交换齿轮。

3）安装和找正分度头或回转工作台。

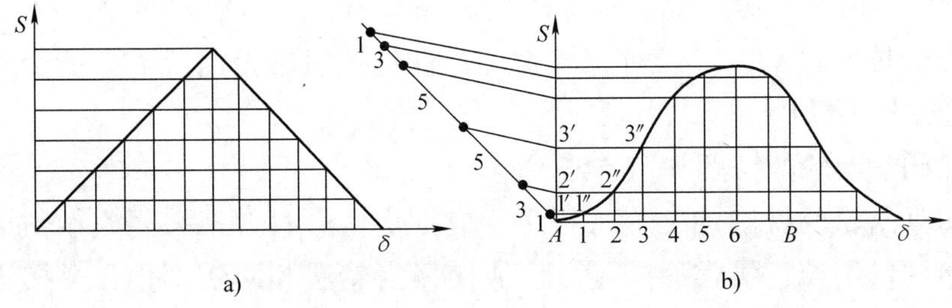

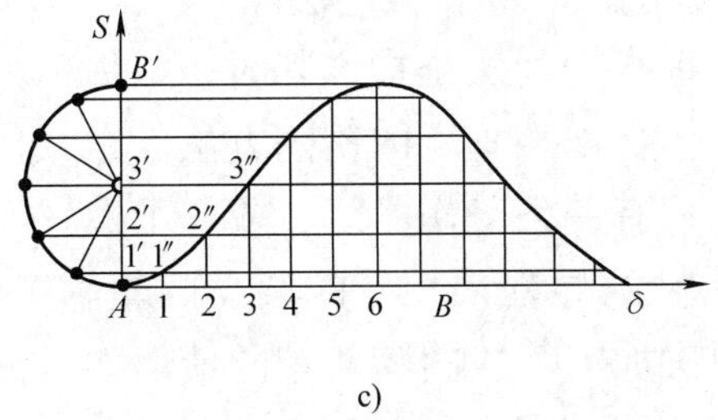

图 8-6　常见的凸轮运动曲线

a）等速运动曲线　b）等加速和等减速运动曲线　c）简谐运动曲线

4）在工件表面划线。

5）装夹和找正工件。

6）配置交换齿轮，并校核导程。

7）调整铣刀和工件的相对位置。

8）粗、精铣平面螺旋面。

2. 等加速和等减速平面螺旋面的加工方法

图 8-6b 所示为等加速和等减速曲线，当曲线转过相等的角度时，曲线沿径向或轴向按 1：3：5：7 ：…$2n-1$ 的比例增大，待转过一定角度时，又按 $2n-1$…：7：5：3：1 的比例减小。等加速和等减速平面螺旋面常用于圆盘凸轮的工作型面，采用这种工作型面的凸轮，工作稳定性较好，不会像等速运动曲线的凸轮在速度增大或减小时，会产生明显的冲击。与这种曲线类似的还有简谐运动曲线，如图 8-6c 所示。在铣床上加工这几种曲线轮廓的直线成形面，通常采用按划线法进行粗铣，按坐标法进行精铣的基本方法进行加工。对于精度要求比较高的、数量比较多的工件，可以在仿形铣床上或普通铣床上安装仿形装置进行铣削加工，其模型的加工通常可在数控铣床上进行。

8.2.2 圆盘凸轮的加工方法

1. 等速圆盘凸轮的三要素计算

等速圆盘凸轮的工作型面是由阿基米德螺旋线组成的平面螺旋面，阿基米德螺旋线是一种匀速升高曲线，这种曲线可用升高量 H、升高率 h 和导程 P_h 表示。按照图样上给出的技术数据，可以对三要素进行计算，然后得出所需要的交换齿轮，以便配置后进行加工操作。

2. 等速圆盘凸轮的铣削加工方法

等速圆盘凸轮的铣削加工方法很多，成批量生产时大多采用模型仿形加工。对于单件或小批量生产，最常用的是分度头交换齿轮法和回转工作台交换齿轮法。在分度头上安装工件铣削圆盘凸轮时，根据立铣头轴线（或工件轴线）与工作台面的位置关系，可分为垂直铣削法和倾斜铣削法。

（1）垂直铣削法　垂直铣削法是指铣削时，工件和立铣刀的轴线都与工作台面相垂直的铣削方法。这种铣削方法适用于加工只有一条工作曲线，或者虽然有几条工作曲线，但它们的导程都相等的圆盘凸轮。在分度头上用垂直铣削法加工等速圆盘凸轮的情形如图 8-7 所示。垂直铣削法的操作要点如下：

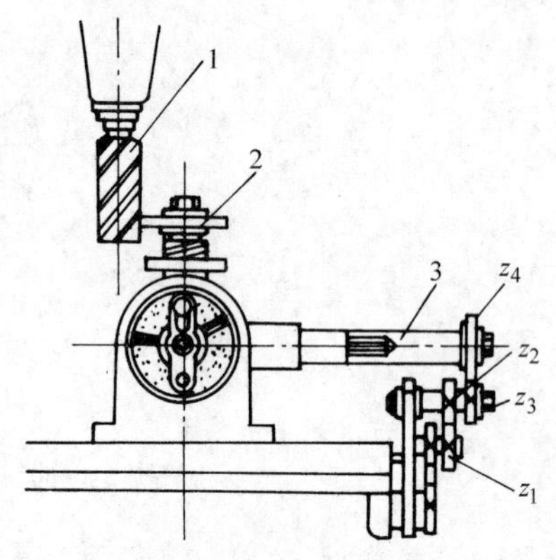

图 8-7　垂直铣削法加工圆盘凸轮

1—铣刀　2—工件　3—接长轴

1）分析图样、计算导程和选择交换齿轮，交换齿轮可沿用螺旋槽铣削所用的计算公式。

2）安装分度头，安装接长轴，配置交换齿轮，验证导程。

3）装夹找正工件，在工件表面划线，注意使铣削时保持逆铣。

4）按从动件的直径选择立铣刀，安装立铣刀。按从动件与凸轮的位置（见图 8-8），找正铣刀和分度头（工件）的相对位置。

5）粗铣凸轮，余量较多的坯件，粗铣也可以将工件装夹在机用虎钳上进行。

6）半精铣凸轮型面，并在分度头和工作台上做好各段曲线的加工位置标记。

7）精铣凸轮型面，并按技术要求在机床上进行预检。

（2）倾斜铣削法　倾斜铣削法是指铣削时，工件与立铣头主轴轴线平行，并都与工作台面成一倾斜角后进行铣削的方法。倾斜铣削法的原理如图 8-9 所示。当水平方向移动一个假定导程 $P_{交}$距离，工件的实际导程 P_h 与工件和铣刀轴线的倾斜角度有关。根据这个原理，当工件上有几个不同导程的工作曲线型面时，可选择一个适当的假定导程 $P_{交}$，通过调整、改变分度头和立铣头的倾斜角，便可获得不同导程凸轮工作型面。倾斜铣削法的计算、操作要点如下：

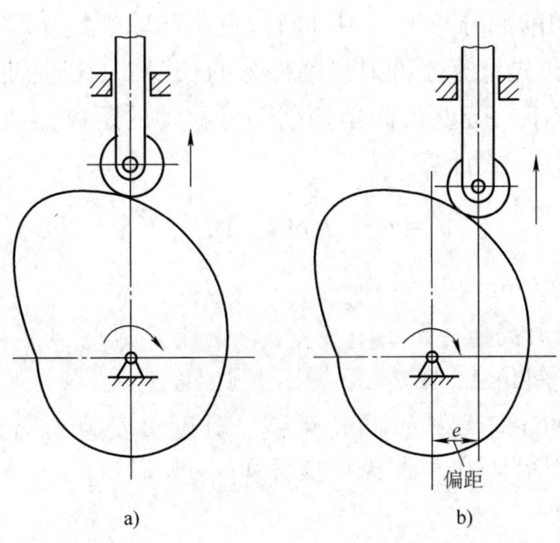

图 8-8　等速圆盘凸轮与直动杆件机构

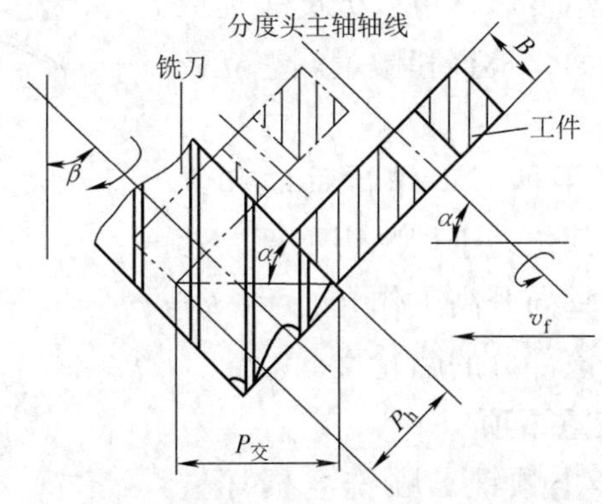

图 8-9　等速圆盘凸轮倾斜铣削法原理

1）根据图样找出工件型面各部分的要素，计算各自的导程及交换齿轮，按较大的、便于配置交换齿轮的导程 P_{hx} 确定交换齿轮。

2）计算分度头仰角 α 和立铣头扳转角 β 时，根据其几何关系，分度头仰角 α 按下式计算：

$$\sin\alpha_x = P_{hx} / P_{交} \quad (8\text{-}2)$$

式中　α_x——某一凸轮分度头仰角（°）；

P_{hx}——某一凸轮工作型面的导程（mm）；

$P_{交}$——计算交换齿轮的假定导程（mm）。

为了保证分度头主轴与立铣头轴线平行，α 与 β 应符合下式关系：

$$\alpha + \beta = 90^\circ \tag{8-3}$$

3）预算立铣刀切削部分长度。用倾斜法铣削凸轮螺旋面时，切削部分将沿铣刀切削刃移动，因此须预先计算立铣刀切削部分的长度 L（若主轴套筒可轴向移动，可不必计算 L）。由于较小的分度头仰角切削部分移动的距离比较长，因此计算长度 L 时应根据较小的 α 值按下式计算：

$$L = B + H\cot\alpha + 10 \tag{8-4}$$

式中　B——凸轮厚度（mm）；

H——凸轮曲线升高量（mm）；

α——分度头倾斜角（°）。

4）操作过程中的轮坯划线、凸轮粗铣、分度头安装、交换齿轮配置、导程检验、立铣刀安装、工件装夹找正等均与垂直铣削法相同。

5）按计算得到的 α 与 β 精确调整分度头仰角与立铣头转角，为保证型面素线与工件内孔轴线平行，分度头和立铣头扳转角度后，可以分度头为依据，用指示表测量凸轮端面，检查和微量调整立铣头转角，如图 8-10 所示。

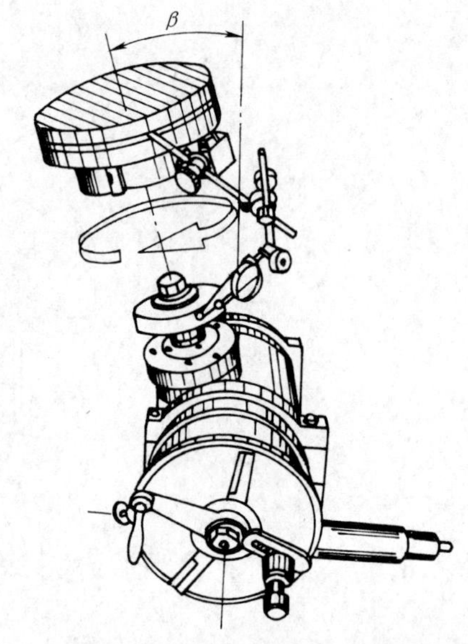

图 8-10　用指示表检查立铣头转角 β

6）分别调整分度头手柄、工作台垂向和纵向，使工件上型面相应的部位处于切削刃下部，然后插入分度定位销，逐步垂向升高工作台，手摇分度手柄，沿逆铣方向铣出该部分的凸轮型面。

3. 铣削圆盘凸轮的注意事项

1）铣削螺旋面时禁止顺铣，顺铣会损坏铣刀，造成废品。为保证逆铣，最好使用左、右刃铣刀，分别加工回程、升程曲线。

2）铣刀应选取较大的螺旋角，以使铣削平稳、顺利。采用倾斜法铣削时，立铣刀的螺旋角应选得更大一些。

3）用倾斜法铣削凸轮时，调整工件和铣刀的相对位置与工件在刀具的上、下方以及曲线是升程还是回程有关。若仅使用右刃铣刀加工回程曲线，应使铣刀轴线与工件轴线由远趋近；加工升程曲线，应使铣刀轴线与工件轴线由近趋远。当工件在刀具上方时，铣削回程曲线起始位置在刀具切削刃端部，铣削升程曲线起始位置在刀具切削刃的根部。而当工件在刀具下方时，两种曲线的起始位置恰好与上述情况相反。

4）凸轮铣削中因交换齿轮间隙等原因，退刀一般都在铣刀停止时进行，并应使切削刃避开加工面。采用倾斜法铣削时，可略垂向下降工作台，每次铣削均应注意消除传动系统的间隙。

5）圆盘凸轮的导程一般都比较小，因此用手摇分度手柄进行铣削比较省力，而纵向机动进给会使圆周进给量过大，一般不宜采用。用回转工作台加工时，因蜗轮的齿数比较多，可采用较小的机动进给量。

6）倾斜法铣削凸轮用于多个不同导程及无法通过直接配置交换齿轮解决的凸轮曲线铣削，由于操作调整比较复杂，因此有条件采用垂直法加工的凸轮不宜采用倾斜法。

8.2.3 平面螺旋面与圆盘凸轮的检验方法

1）平面螺旋面与圆盘凸轮升高量和导程的检验应根据凸轮的运动规律和从动件的位置。图 8-11a 所示为对心直动圆盘凸轮的升高量检验，图 8-11b 所示为偏心（偏心距为 e）直动圆盘凸轮的（径向）升高量检验，检验时借助分度头转过凸轮形面所占中心角 θ，指示表示值之差应等于凸轮形面的升高量 H。

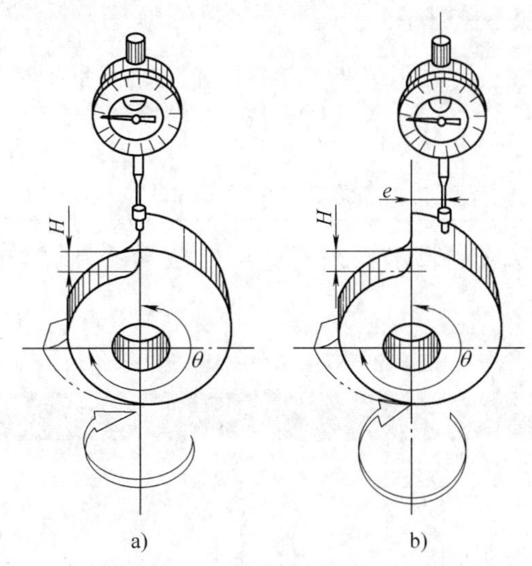

图 8-11 圆盘凸轮导程检验

a）检验对心直动圆盘凸轮 b）检验偏置直动圆盘凸轮

2）检验平面螺旋面与圆盘凸轮工作型面的形状和尺寸精度时，测量圆盘凸轮型面素线的直线度，可用直角尺进行检验。对于盘形平面螺旋槽凸轮，可使用标准塞规进行槽形和槽宽尺寸的检验。

3）检验平面螺旋面与圆盘凸轮工作型面的位置精度时，可测量圆盘凸轮的基圆尺寸，实际上是测量螺旋面的起始位置。测量时，可直接用游标卡尺量出曲线最低点与工件中心的尺寸，便可测出基圆半径的实际值。

8.3 曲线轮廓与二次曲面数控铣削加工

8.3.1 曲线轮廓加工变量

利用变量的方式来编写的数控加工程序，又称为宏程序。宏程序的编写过程为，利用数控系统提供的变量、数学运算、逻辑判断、程序循环等功能，来实现某些特殊型面程序的编写与加工，如椭圆、双曲线、抛物线等一些没有专用插补指令的程序编写。变量的修改和编写比较灵活方便，通过修改几个数据，便可编写出相似的零件程序，省略了大量重复程序段的编写工作。

（1）变量　在宏程序中可以使用变量，并对其进行赋值，具体形式为一个可赋值的变量号代替具体的数值，用“#”和变量号表示，在不同的数控系统中，表示的方式是不同的。现以 FANUC-0i 系统为例，介绍变量的种类（见表 8-1）。

表 8-1　变量的种类

	变量号	类型	功能
用户变量	#1 ~ #33	局部变量	只能在程序中存储数据，断电时局部变量初始化为空，可在程序中赋值
	#100 ~ #199 #500 ~ #999	公共变量	在不同的程序中，其意义相同。断电时，#100 ~ #199 初始化为空，#500 ~ #999 数据依然保存
系统变量	#1000 ~	系统变量	用于读写 CNC 运行时各种数据变化，如刀具位置、刀具补偿等。注意，若未理解变量的含义，不能随意赋值

（2）变量的运算　变量的算术、逻辑运算与数学的计算类似，FANUC-0i 系统常用的运算格式见表 8-2。

表 8-2　算术和逻辑运算格式

运算	格式	运算	格式
加	#i=#j+#k	减	#i=#j − #k
乘	#i=#j * #k	除	#i=#j/#k
正弦	#i=SIN[#j]	余弦	#i=COS[#j]
正切	#i=TAN[#j]	反正切	#i=ATAN[#j]
平方根	#i=SQRT[#j]	绝对值	#i=ABS[#j]
四舍五入圆整	#i=ROUND[#j]	或	#i=#j OR #k
异或	#i=#j XOR #k	与	#i=#j AND #k

（3）变量的条件转移语句

1）IF [　] GOTO N；IF 后面是条件式，当条件成立时，则程序转移到 N 程序段，当条件不成立时，执行下一程序段。

2）WHILE [　] DO m;　(m=1,2,3)

……;

END m;

……;

当条件成立时，执行 WHILE 之后的 DO 到 END 之间的程序，否则，执行 END 下面的程序，其功能方法与 IF 条件语句类似。m 是指定执行范围的识别号，非 1、2、3 时报警。

[条件式] 是两个变量之间的比较，或是一个变量和一个常量的比较，通过大小的关系运算来确定结果是“真”或“假”，从而系统产生相应的程序变化，常用的关系运算格式见表 8-3。

表 8-3 关系运算格式

功能	格式	举例
等于	EQ	#1 EQ #2
不等于	NE	#1 NE #2
大于等于	GE	#1 GE #2
大于	GT	#1 GT #2
小于等于	LE	#1 LE #2
小于	LT	#1 LT #2

（4）变量的说明

1）变量定义赋值默认为毫米（mm），可省略小数点。

2）将“-”放在“#”号之前，可改变变量值符号，如 Y#1,Y-#1。

3）一个变量循环中包含另一个循环，这种形式称为嵌套，一个程序中循环允许嵌套，最多为 3 层嵌套。

4）利用变量编写程序加工的工件，其表面质量一部分取决于变量的变化量。变化量越大，零件表面越粗糙，加工越快；变化量越小，零件表面越精细，系统程序运算更多，加工过程越慢。

8.3.2 凸轮、椭圆球轮廓的数控铣削

目前，CAM 软件的应用能够对非圆曲线进行详细的计算并产生程序，但程序往往非常长，因为此类程序采用 G01 移动很小的直线来拟合曲线的方法。因此，须采用手动编程来缩减程序量，同时便于进行形状规格相近的工件所需程序的修改。

一般非圆曲线的编程，常采用节点法和变量法编写。节点法是将非圆曲线分割成若干小段，采用细分的直线段或圆弧段去近似拟合非圆曲线，由于节点法运算比较复杂，因此手动编程中应用比较少。与节点法相比，变量法相对比较简单，因此应用比较广泛。采用变量法，首先要建立非圆曲线的标准方程，然后以其中的一个坐标值为变量，通过标准方程把另外一个坐标值用这个变量表示，然后当变量变化

一个数值时，相应的另一个坐标值也发生变化，即按变量的递增（递减）建立循环，最后用直线插补或圆弧插补替代（拟合）非圆曲线。

1. 移动凸轮曲面数控加工程序的编制

图 8-12 所示为凸轮机构中的移动凸轮，曲面加工前，工件底面和侧面已加工完毕，现以移动凸轮曲面加工为例，介绍编写曲面部分程序的方法。

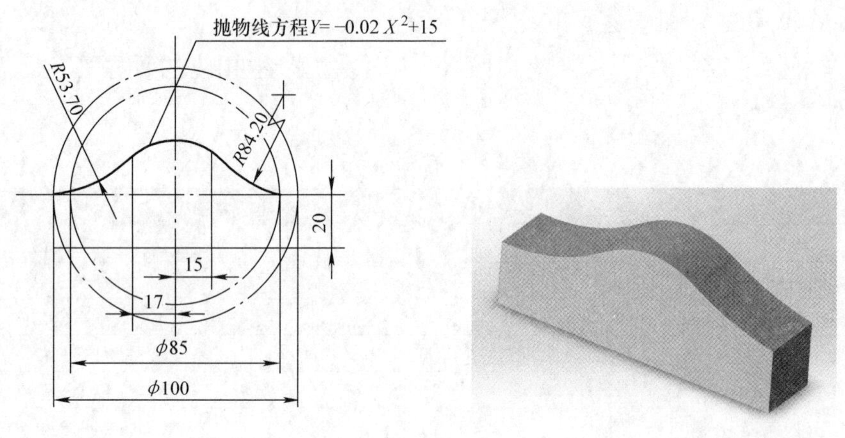

图 8-12　移动凸轮

（1）零件分析　图 8-12 所示为移动凸轮截面图，工作型面由三部分曲面组成，两边是圆弧曲面，中间是抛物曲面，抛物曲面的抛物线公式为 $Y=-0.02X^2+15$，抛物线左右端点在 X 轴方向分别为 $X_1=-17\text{mm}$、$X_2=15\text{mm}$。假设：零件厚度为 10mm，加工原点设在底部中间，零件加工部分为圆弧和抛物线曲面，设计编写曲面程序。

（2）程序编写　零件程序编写难点为抛物曲线没有专用指令，可使用变量编写程序，利用系统对变量值进行计算和重新赋值的特性，使变量随程序循环自动增加并计算，并自动计算出整个抛物曲线上的无数个密集坐标值，最后利用细分的直线或圆弧逼近理想的轮廓曲线，实现整个加工过程。移动凸轮数控加工程序编写见表 8-4。

表 8-4　移动凸轮数控加工程序

段号	程序	注释
	……	
N50	G41 G01 X-55. Y20. D01;	刀具左补偿，补偿号 D01，X、Y 向切进进给加工
N60	G01 X-50.	直线插补进给
N70	G03 X-17. Y29.22 R53.7	逆时针圆弧插补进给 (Y29.22 为方程式计算所得）
N80	#1=−17	设抛物线 X 向初始值

（续）

段号	程序	注释
N90	#2=-0.02 * #1*#1+15+20	计算抛物线 Y 向值
N100	G01 X#1 Y#2	直线插补计算值
N110	#1=#1+0.1	X 向变量 #1，每次变化 0.1mm
N120	IF [#1 LE 15] GOTO 90	当 X 向变量 #1 小于或等于 15 时，返回 N90 程序段再次加工，否则开始加工 N130 程序段
N130	G03 X42.5 Y20. R84.2	逆时针圆弧插补进给
N140	G01 X45.	直线插补进给
N150	G40 G01 X60.	取消补偿，X 向退出进给
N160	……	

2. 椭圆球面数控加工程序编制

图 8-13 所示为椭圆球面凸台工件，加工椭圆球面前，工件其余部分已加工完毕，现以椭圆球面加工为例，介绍设计编写椭圆球面程序的方法。

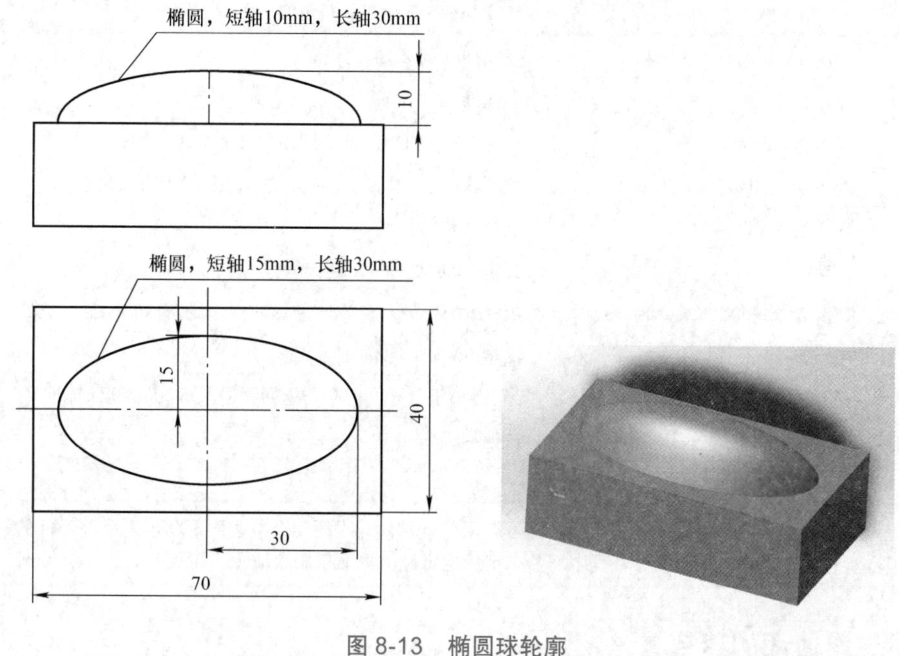

图 8-13　椭圆球轮廓

（1）零件分析　图 8-13 所示为凸椭圆球面，主视图椭圆长轴为 30mm、短轴为 10mm（高度），俯视图长轴为 30mm、短轴为 15mm，椭圆标准公式为 $\frac{x^2}{a^2}+\frac{y^2}{b^2}=1(a>b>0)$，参数公式为 $x = a\cos\beta$，$y = b\sin\beta$，a、b 分别为长轴、短轴长的 1/2，设计编写程序铣削椭圆球面。

（2）编写程序　零件程序编写难点，为椭圆球面曲线没有专用指令，可使用变

量编写程序。椭圆球包含 2 个椭圆公式曲线，分别为 XY 平面 $x = 30\cos\beta$、$y = 15\sin\beta$ 和 XZ 平面 $x = 30\cos\beta$、$z = 10\sin\beta$ 椭圆曲线（这里利用参数编程更简便），需要用到多个变量，加工过程利用椭圆球不同 Z 方向高度的横截面都为椭圆的特性，在不同的高度，椭圆长轴和短轴也发生相应变化，编写椭圆宏程序。加工刀具是直径为 ϕ10mm 的平底铣刀，程序编写见表 8-5。

表 8-5　椭圆球轮廓数控加工程序

段号	程序	注释
	……	
N50	G00 X35. Y0	快速定位到下刀点
N60	G01 Z-10. F150.	进给到深度
N70	#2=0	*XZ* 平面椭圆角度初始值
N80	#1=0	*XY* 平面椭圆角度初始值
N90	#3=[30+5]*COS[#2]	计算不同 *Z* 层面，*X* 向轴的值，5 为刀具半径
N100	#4=[15+5]*COS[#2]	计算不同 *Z* 层面，*Y* 向轴的值，注：COS 用于计算轴长使用
N110	#7=10*SIN[#2]	计算 *XZ* 平面椭圆不同角度，*Z* 向变化值
N120	G01 Z-[10-#7]	直线插补到 *Z* 轴计算值
N130	G01 X#3	直线插补到 *X* 轴计算值
N140	#5=#3*COS[#1]	计算 *XY* 平面椭圆，不同角度 *Z* 层，*X* 向轴长
N150	#6=#4*SIN[#1]	计算 *XY* 平面椭圆，不同角度 *Z* 层，*Y* 向轴长
N160	G01 X#5 Y#6	直线插补计算值
N170	#1=#1+1	变量 #1 加 1 计算
N180	IF [#1 LE 360] GOTO 140	当 #1 小于等于 360° 时，返回程序段 N140 继续计算加工
N190	#2=#2+1	变量 #2 加 1 计算
N200	IF [#2 LE 90] GOTO 80	当 #2 小于等于 90° 时，返回程序段 N80 继续计算加工
N210	G0 Z50.	快速提刀
	……	

注：程序中长轴、短轴、刀具半径、角度等都可以用变量赋值，以便于今后相同形状不同尺寸工件的程序修改，但变量越多越容易出错，编写宏程序需要一定的逻辑性，本文仅用来演示不再展开。

8.3.3　二次曲面的建模方法

由三维空间解析几何可知，解析表达式 $f(x,y,z) = 0$ 最高为二次的代数表达式所表示的曲面称为二次曲面，包括球面、圆柱面、圆锥面、圆环面、抛物面、双曲面、椭圆面等。

1. 绘制二次曲面的一般方法

1）已有二次曲面实物的情况下，可利用逆向工程，采用三坐标测量机或其他三维测量软件，测量实物的表面，产生散乱的点坐标，存储并计算这些空间上的点云数据，通过软件重建 3D 虚拟模型，这种方法对测量点数、测量设备的精度、测量环境、测量对象都有很高的要求，不然容易产生测量误差，进而影响构建模型的精度。也可以利用测量数据，通过数据点的坐标进行数值计算，采用拟合技术，计算出二次曲面方程，提取二次曲面的特征参数，再利用方程和参数进行曲面造型。

2）通过二次曲面的解析表达式，构建二次曲面。在三维建模中，一般不直接使用这样的表达式去构建曲面，二次曲面与平面解析几何中的二次曲线类似，通过赋值转换，将二次曲面表达式转换为“显性”和“参数性”方程式来创建相应曲线，对曲线使用曲面和实体功能进行建模。二次曲面多种多样，构建这些曲线的数学表达式有很多，表 8-6 列举了一部分曲线“显性”方程式和“参数性”表达式。

表 8-6　构建曲面方程

序号	曲线类型	函数解析式及文字表达	软件方程式（含 t）表达
1	圆、圆弧线	$(x-x_0)^2+(y-y_0)^2=r^2$。 若圆心坐标（20，10），半径 r 为 40。	参数性：xt=20+r*cos(t) yt=10+r*sin(t) zt=0 t=（当 t 为 360° 时，为整圆）
2	椭圆、椭圆弧线	$(x-x_0)^2/a^2+(y-y_0)^2/b^2=1$。 若椭圆中心坐标（20，10），长半轴 a 为 40（X 轴上），短半轴 b 为 20（Y 轴上）	参数性：xt=20+40*cos(t) yt=10+20*sin(t) zt=0 t=（当 t 为 360° 时，产生整个椭圆）
3	抛物线	$Y_x=ax^2+bx+c$。 a、b、c 不同，会产生不同形状的抛物线	显性：Yx=a*x^2+b*x+c X1= X2= (X1、X2 为抛物线边界点)
4	圆柱螺旋线	若圆柱螺旋线半径 r 为 30，螺距 p 为 5，圈数 n 为 10	参数性：xt=r*cos(t*n) yt=r*sin(t*n) zt=p*n*t 或 zt=cos(t*n)+p*n*t t=
5	圆锥螺旋线、圆台螺旋线	若圆锥螺旋线底圆半径 r 为 20，螺距 p 为 5，圈数 n 为 10，则 $r=20(1-t)$，若为圆锥台上端半径 r 为 5，则 $r=20(1-0.75t)$	参数性：xt=r*cos(t*n*2*pi) yt=r*sin(t*n*2*pi) zt=p*n*t t=
6	渐开线	$x=r(\cos\theta+\theta*\sin\theta);y=r(\sin\theta-\theta*\cos\theta)$ 若渐开线基圆半径 r 为 10，展开角度 θ 为 360°×2,2pi	参数性： xt=r*(cos(t)+t*sin(t)) yt=r*(sin(t)−t*cos(t)) zt=0 t=

注：1. pi 为圆周率 π。

2. t 为变量，当 t 为 3.14 时，相当于 180°。

3. 有些软件专门设计出了一些曲线的专用命令功能，也能作出类似的效果。

2. 圆柱螺旋曲面造型

以图 8-14 为例绘制圆柱螺旋曲面。圆柱螺旋线半径 r 为 40mm，螺距 P 为 8mm，圈数 n 为 5。通过换算或查表 8-6 得出参数性方程：x_t=r*cos(t*n)，y_t=r*sin(t*n)，z_t=p*n*t，t_1=0，t_2=6.28。打开 SolidWorks，新建零件，新建 3D 草图（3D 草图），选择样条曲线，选择方程式驱动曲线功能（方程式驱动的曲线），输入参数性方程，如图 8-14a 所示，退出 3D 草图。在螺旋线底部前视基准面上新建草图直线，连接螺旋线端点和旋转中心，如图 8-14b 所示，退出草图。利用曲面功能，扫描曲面（扫描曲面(S)...），画出螺旋曲面，如图 8-14c 所示。

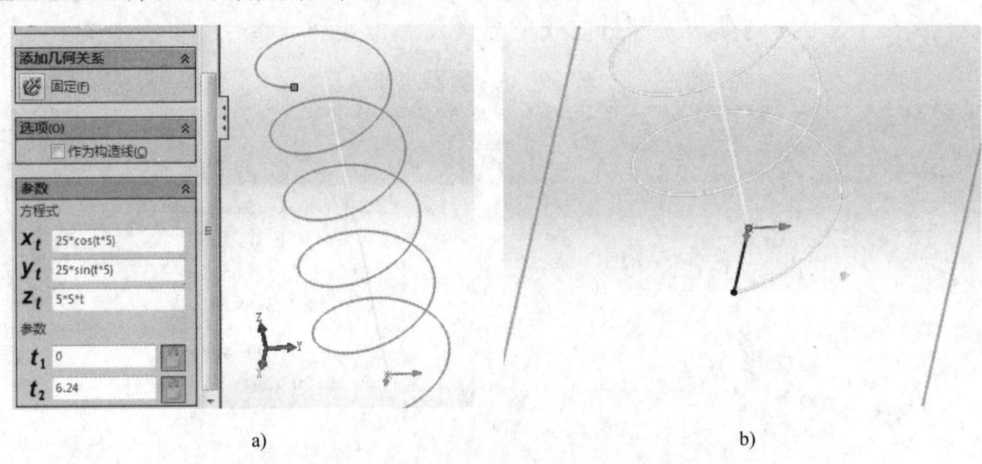

a) b)

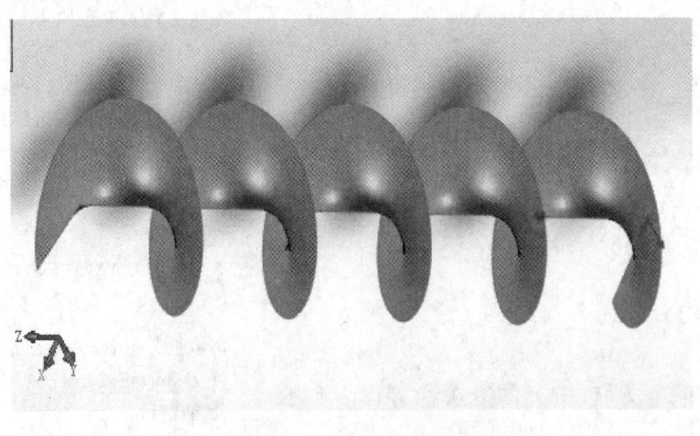

c)

图 8-14 螺旋面

a）“参数性”螺旋线 b）扫描截面直线 c）螺旋曲面

8.3.4 二次曲面刀具路径后置处理

二次曲面的加工和曲面区域的加工比较类似，方法也是多种多样，下面以图 8-15 所示抛物线曲面为例，使用 SolidCAM 软件进行加工。

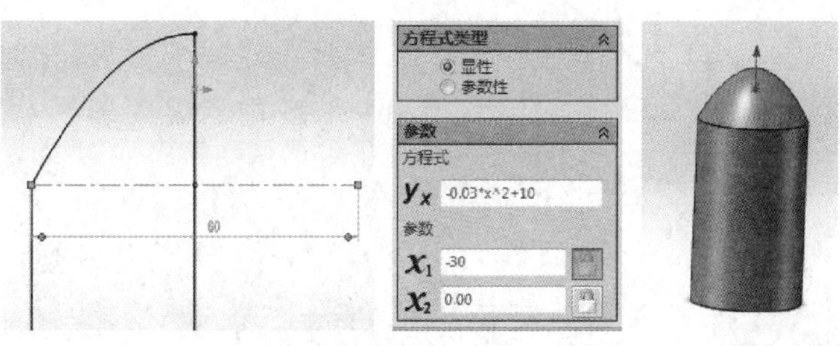

图 8-15 抛物线曲面

（1）图样分析　零件用于演示，顶部为抛物曲面，曲面总体高度比较高，加工容易产生刀柄和曲面顶部碰撞，注意干涉检查。抛物曲面抛物线方程为 $Y=-0.03X^2+10$。

（2）零件加工　图样加工准备工作（设置加工原点、毛坯、加工形状）与曲面区域加工类似。

进入加工工程，右键单击加工工程，选择粗加工 3D 立体加工（3D立体加工(M)）。图形设置，切削范围选择直径为 60mm 的圆，刀具位置选择外侧。刀具设置，新增直径为 ϕ20mm 的端铣刀，刀柄选择 BT40 ER 32×60。铣削高度，选择加工底面为抛物面曲面底部，产生深度 −27mm。技术设置，选择粗加工环绕式，其他设置暂且默认，保存并计算产生粗加工刀路，如图 8-16 所示。

图 8-16 粗加工刀路

对抛物曲面进行精加工，存档并复制之前粗加工工程（或重新新增 3D 立体加工工程）。图形设置：可以采取之前设置或切削对象取消切削范围，选择：只加工选择面，驱动面为抛物曲面。刀具选择直径为 ϕ6mm 的球头刀，刀柄选择 BT40 ER 32×60。铣削高度默认。技术设置：去掉粗加工，选择同一把刀具精加工，选择等高加工，勾选采用适当设置，保存并计算产生精加工刀路，如图 8-17 所示。

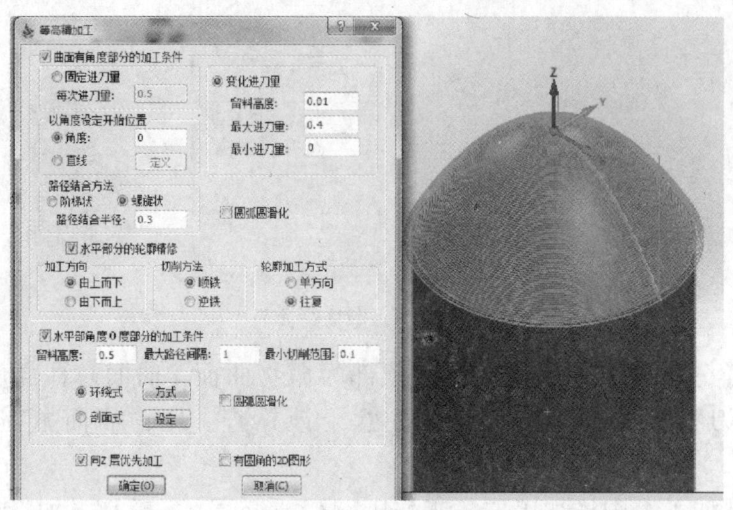

图 8-17　精加工刀路

（3）模拟刀具轨迹，产生加工程序　右键单击加工工程（可选择某一个工程），选择模拟（模拟(S)），根据具体情况可选择机床模拟、残料 / 过切模拟、SolidVerify 模拟等，模拟刀具轨迹，系统按设置会自动提示过切、刀柄碰撞等报警信息，如图 8-18a 所示。最后右键单击加工工程全部产生 G 码，生成所设置数控系统的加工程序，检查程序符合机床使用要求，如图 8-18b 所示。

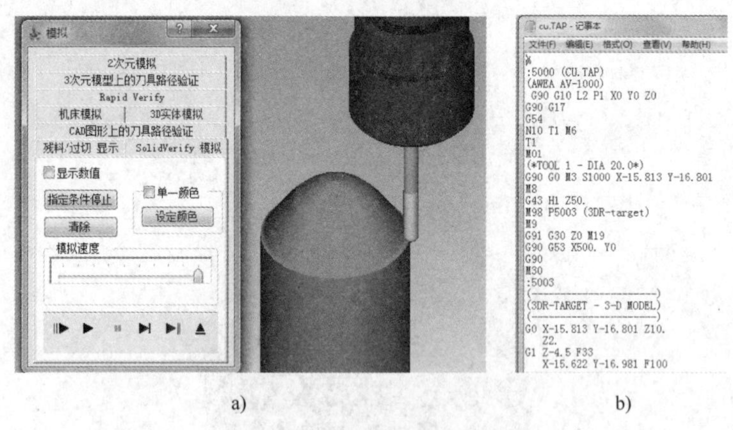


```
%
:5000 (CU.TAP)
(AWEA AV-1000)
 G90 G10 L2 P1 X0 Y0 Z0
G90 G17
G54
N10 T1 M6
T1
M01
(*TOOL 1 - DIA 20.0*)
G90 G0 M3 S1000 X-15.813 Y-16.801
M8
G43 H1 Z50.
M98 P5003 (3DR-target)
M9
G91 G30 Z0 M19
G90 G53 X500. Y0
G90
M30
:5003
(--------------------)
(3DR-TARGET - 3-D MODEL)
(--------------------)
G0 X-15.813 Y-16.801 Z10.
   Z2.
G1 Z-4.5 F33
   X-15.622 Y-16.981 F100
```

a)　　　　　　　　　　　　b)

图 8-18　刀轨模拟与加工程序

a）刀具轨迹模拟　b）加工程序

（4）曲面精度控制　二次曲面加工精度的控制和数控铣削精度控制相同，值得注意的是在 CAM 设置中，技术设置时，应选择合适的进给量来控制精度尺寸的需要。进给量越大，路径间隔越大，加工越粗糙；进给量越小，路径间隔越紧密，加工越精细，但计算量较大，产生的加工程序也较多。为了得到更好的加工效果，有时需要应用多种加工方式配合进行加工。

8.4 螺旋面、槽和曲面加工技能训练实例

技能训练 1 圆柱螺旋槽凸轮加工

重点与难点 重点为圆柱螺旋槽凸轮的构成分析及铣削参数的计算、铣削操作方法和步骤。难点为凸轮螺旋槽的起始位置调整操作方法和槽形精度控制等。

1. 工艺准备要点

（1）图样分析要点（见图 8-19）

图 8-49a 所示圆柱凸轮由 4 个部分组成，（见图 8-49b），0° ~ 45° 为右螺旋槽，升高量为 60mm；45° ~ 105° 为圆柱环形槽，与端面的距离为 80mm；105° ~ 315° 与 315° ~ 360° 均为左螺旋槽，升高量分别为 9.5mm 与 50.5mm。三条螺旋槽与环形槽首尾相接。螺旋槽法向截面为矩形，槽宽尺寸为 $14^{+0.07}_{0}$ mm，槽深为 10mm。0°（360°）位置槽的中心与基准端面的距离为 20mm。

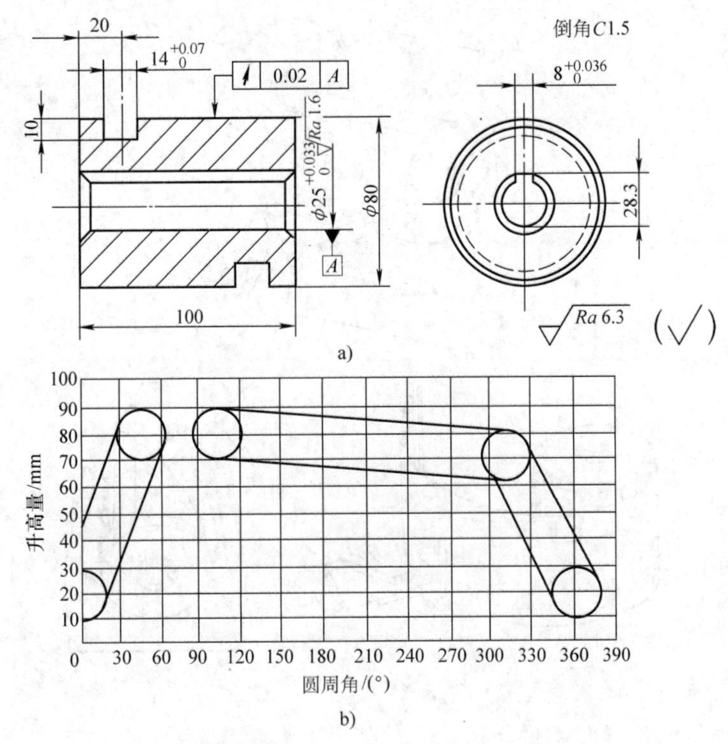

图 8-19 等速圆柱凸轮

a）零件图 b）表面坐标展开图

（2）工艺拟定要点 工件为具有基准孔的圆柱体，基准孔带有键槽，便于采用带键槽的心轴装夹工件。导程按三要素公式计算；交换齿轮沿用铣削螺旋槽时使用的计算公式进行计算，也可通过查表方法获得。注意左螺旋槽导程 P_h < 17mm 时，

应采用主轴交换齿轮法。本例：

$$P_{\mathrm{h2}} = 360°H_2 / \theta_2 = 360° \times 9.5 / (315° - 105°)\mathrm{mm} = 16.28\mathrm{mm}$$

$$i_2 = P_{丝} / P_{\mathrm{h2}} = 6 / 6.18 \approx 0.3686$$

查有关数据表得交换齿轮：$z_1 = 80, z_2 = 60, z_3 = 25, z_4 = 90$。

2. 铣削加工要点

（1）加工准备要点　圆柱凸轮表面划线步骤如图 8-20 所示，拐点联接圆采用划规绘制。按铣削螺旋槽方式安装、调整分度头和尾座，装夹凸轮工件，找正工件与分度头同轴度。选用直径 d_0= 12mm 的麻花钻和直径 d_0= 14mm 的键槽铣刀，并用千分尺检验铣刀直径尺寸精度。选用 66 孔圈，同时适应 45°、60°、210° 夹角的铣削操作。配置交换齿轮，并检查导程和螺旋方向。铣削 105° ~ 315° 小导程螺旋槽时，应按主轴交换齿轮法配置交换齿轮。

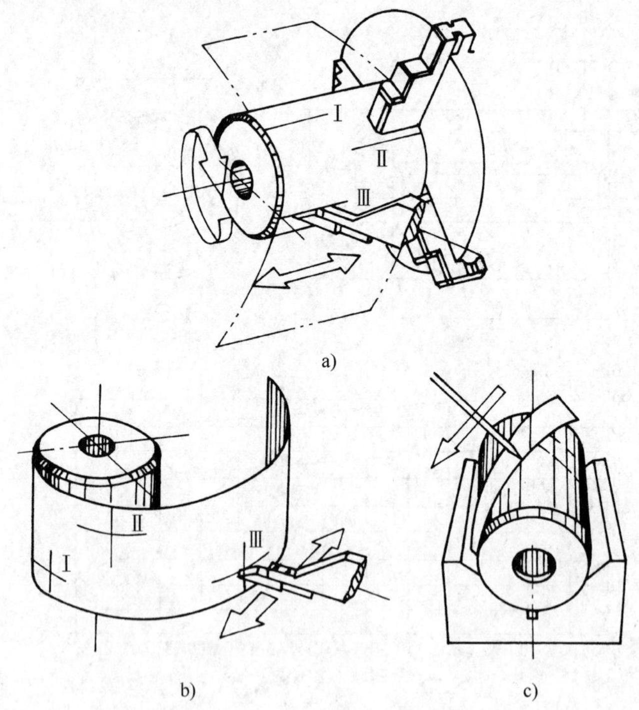

图 8-20　等速圆柱凸轮表面划线

a）划水平中心线　b）划拐点圆弧中心位置交线　c）划螺旋槽边线

（2）加工操作要点　加工前应检测工件的安装精度，用环表法使铣刀中心处于工件外圆对称位置，并用端面对刀法，调整铣刀与工件的轴向位置，各部分螺旋槽铣削加工前应仔细检查交换齿轮的配置，并检测螺旋槽的旋向和导程，可按划线目测检查，也可移动工作台，通过铣刀与工件在圆周和轴向的位移量进行检测。试铣螺旋槽时，应在工作台侧面和刻度盘上做好始点、终点位置标记，并在分度头主轴刻度盘上做好始点、终点位置标记，同时在始点、终点位置观察刀尖转动轨迹，应与各部分螺旋槽起始圆、终点圆划线吻合。铣削环形槽时应紧固工作台纵向，拔出分度手柄，手摇分度手柄进行铣削。铣削小导程主轴配置交换齿轮的螺旋槽时，应松开工作台纵向，拔出分度手柄，手摇分度手柄进行铣削。

3. 精度检验和质量分析要点

（1）精度检验　圆柱凸轮导程检测时，按图 8-5 所示的方法，在 4 个部分的始点、终点处分别插入塞规，借助分度头和百分表测量曲线所占的中心角 θ_1 等角度，然后，将凸轮放在测量平板上，用游标高度卡尺和百分表测出升高量 H_1 等尺寸，根据测出的 θ 和 H，即可计算出导程的实际值。圆柱凸轮螺旋槽宽度尺寸采用相应精度的塞规进行检验，同时，也可用塞尺检查两侧的间隙来检验螺旋槽的截形。螺旋槽的深度尺寸、基圆和空程圆弧尺寸用游标卡尺进行测量。测量圆柱凸轮螺旋槽与基准面的位置，可直接用游标卡尺测量，也可把基准面贴合在平板上用百分表测量。

（2）圆柱凸轮加工质量分析要点

1）表面粗糙度误差大的原因是：立铣刀刃磨质量差，铣刀较长，刚度差；传动系统间隙过大，铣削振动大；铣削用量选择不当；手摇进给不均匀或速度较快；铣床主轴间隙大或工件装夹不当引起铣削振动。

2）凸轮槽形和槽宽尺寸误差大的原因是：铣刀几何精度差，如有锥度、母线不直等；铣刀和工件的相对位置不准确；铣削时铣刀刚度差产生偏让；铣刀偏移中心铣削时，偏移量不准确或偏移量计算有错误。

3）凸轮槽形位置误差大的原因是：工件与分度头不同轴或铣削过程中沿周向微量移动；对刀和粗铣过程检测和调整失误；分度头控制各段的相对中心角操作失误；始点、终点的位置精度控制操作失误；导程计算错误、交换齿轮配置错误等。

4）螺旋槽导程（升高量）误差大的原因是：导程计算错误，交换齿轮配置错误等。

技能训练 2　圆盘凸轮加工

重点与难点　重点为多导程盘形凸轮的构成分析及铣削参数的计算，倾斜铣削法操作步骤。难点为盘形凸轮的铣削位置调整、操作方法和型面精度控制等。

1. 工艺准备要点

（1）图样分析要点

图 8-21 所示圆盘凸轮由等速螺旋面 *AB* 段和 *CD* 段组成，*AD* 和 *BC* 段由直线和圆弧构成，起工作曲线回程和连接的作用，工作型面 *AB* 段的中心角为 90°，升

高量为 45mm − 25mm = 20mm；*CD* 段的中心角为 260°，升高量为 75mm − 25mm = 50mm。由于两条动作曲线中，*AB* 段的导程便于配置交换齿轮，因此，加工 *AB* 段时用垂直铣削法；加工 *CD* 段时用倾斜铣削法，且须计算分度头仰角 α_{CD} 和立铣头倾斜角 β_{CD}。圆盘凸轮厚度尺寸为 16mm，基圆直径为 ϕ50mm，从动件的直径为 ϕ12mm。基准孔键槽与工作曲线 *AB* 段的起点 *A* 处于同一径向位置，也即直线段 *AD* 与键槽对称中心平面的夹角为 5° ± 20′。

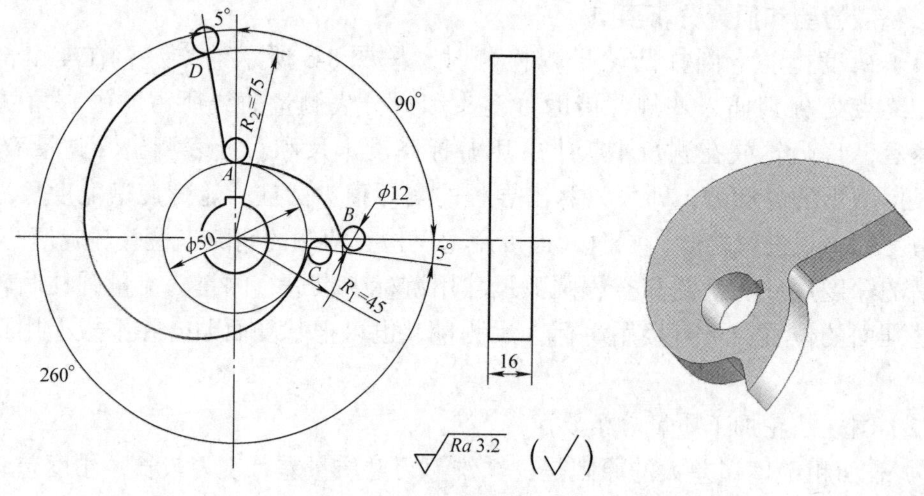

图 8-21　对心双动作等速圆盘凸轮

（2）拟定工艺要点　采用带键槽的心轴装夹工件。按有关公式计算导程、交换齿轮和倾斜角，本例计算结果：导程 $P_{h_{AB}}$ = 80mm，$P_{h_{CD}}$ = 69.23mm；交换齿轮 z_1 = 90，$z_2 = z_3$，z_4 = 30；倾斜角 α_{AB} = 90°，α_{CD} = 59°56′。

2. 铣削加工要点

（1）加工准备要点　用径向中心线划出各部分型面的起点、终点角度位置的径向中心线。用升高量的基本要素（如设定工件每转过 10° 径向升高 1mm），先划出相隔 10° 的所用径向中心线（见图 8-22a），然后按起点位置相应划出工作曲线的各坐标点（见图 8-22b），用划规和曲线板连接各坐标点，划出工作型面螺旋线和连接圆弧，在各坐标点和连接曲线上打样冲眼。按图样选用直径 d_0 = 12mm 的立铣刀。用倾斜铣削法加工时，应计算铣刀切削部分长度 L：$L \geqslant B + H\cot\alpha + 10$ =（16 + 50cot59°56′+10）mm = 55mm。按加工要求在立式铣床右侧安装找正分度头，找正分度头主轴、立铣头主轴和工作台面的垂直度，找正心轴与分度头主轴的同轴度。按铣削螺旋槽方式配置交换齿轮，并检查 *AB* 段导程。装夹工件后，其轴向圆跳动量应控制在 0.10mm 的范围内。用大头针或划针对准工件上 *AB* 段划线，使分度头和工作台做复合检查，通过观察针尖和凸轮划线的吻合情况，检验导程和螺旋方向。

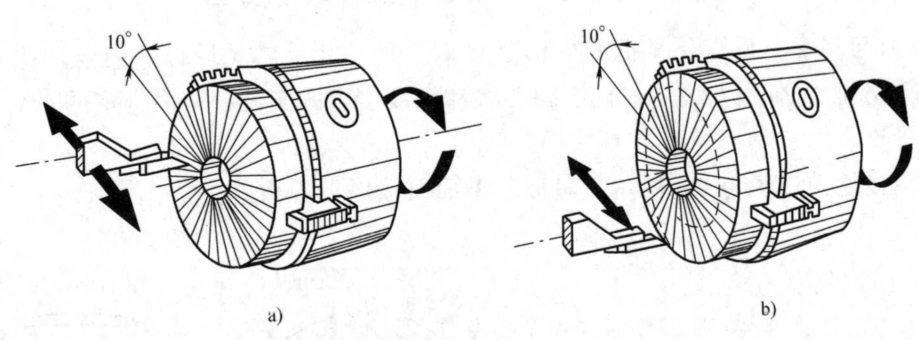

图 8-22　等速圆盘凸轮表面划线

（2）加工操作要点　调整铣刀中心与分度头主轴中心的连线与纵向进给方向平行，用垂直铣削法粗、精加工 *AB* 段。*AB* 段铣削完毕，应将分度定位销拔出，移动工作台纵向，使工件退离铣刀。调整分度头主轴与工作台面之间的夹角 $\alpha = 59°56'$，立铣头倾斜角 $\beta = 30°04'$，铣床主轴与分度头主轴处于平行位置。采用百分表检测立铣头和分度头主轴平行度的方法如图 8-10 所示。工作台横向位置不变，分别调整分度头手柄、工作台的纵向和垂向，使工件上 *C* 点位置处于切削刃下方，然后插入分度定位销，逐步垂向升高工作台，手摇分度手柄，沿逆铣方向铣出 *CD* 段工作曲线型面。

3. 精度检验和质量分析要点

（1）精度检验　导程检验如图 8-11a 所示；型面精度用刀口形直尺检验；对于圆盘凸轮型面与基准孔的相对位置精度检验，可用游标卡尺测量型面起点与孔壁的尺寸，然后计算得出基圆的直径尺寸；对于圆盘凸轮型面与基准孔内键槽的相对位置精度，可通过测量键槽对称中心平面和直线段 *AD* 之间的夹角进行检验。

（2）质量分析要点　表面粗糙度误差大的原因是：立铣刀刃磨质量差，铣刀直径小或铣刀较长刚度差，铣刀螺旋角小；传动系统间隙过大，铣削振动大；铣削用量选择不当；手摇进给不均匀或速度较快；采用伸长铣床主轴套筒补充铣刀切削刃长度不足时，未锁紧主轴套筒而引起铣削振动。凸轮型面误差大的原因是：铣刀几何精度差，如有锥度、素线不直等；铣刀和工件的轴线不平行；铣削时铣刀因细长刚度差而产生偏让；铣刀与工件的相对位置不符合从动件和圆盘凸轮的相对位置要求。凸轮型面位置误差大的原因是：心轴与分度头不同轴或铣削过程中沿周向微量转动；划线错误，划线对刀和粗铣过程基圆尺寸检测和调整失误；分度头控制各段的相对中心角操作失误；采用较大直径铣刀粗铣时，精铣余量过少，使得精铣时始点、终点的位置精度控制困难；心轴键槽与工件配合间隙过大。螺旋槽导程（升高量）误差大的原因是：导程计算错误，交换齿轮配置错误，分度头仰角和立铣头倾斜角计算和调整错误等。

技能训练 3　二次曲面工件数控加工

重点与难点　重点是掌握 CAD/CAM 软件的运用，熟悉软件的命令功能。难点是掌握二次曲面造型方法，根据不同形状和精度要求的工件，采取合理的 CAM 加工设置。

数控铣削加工图 8-23 所示“鼠标”型面可按以下步骤进行。

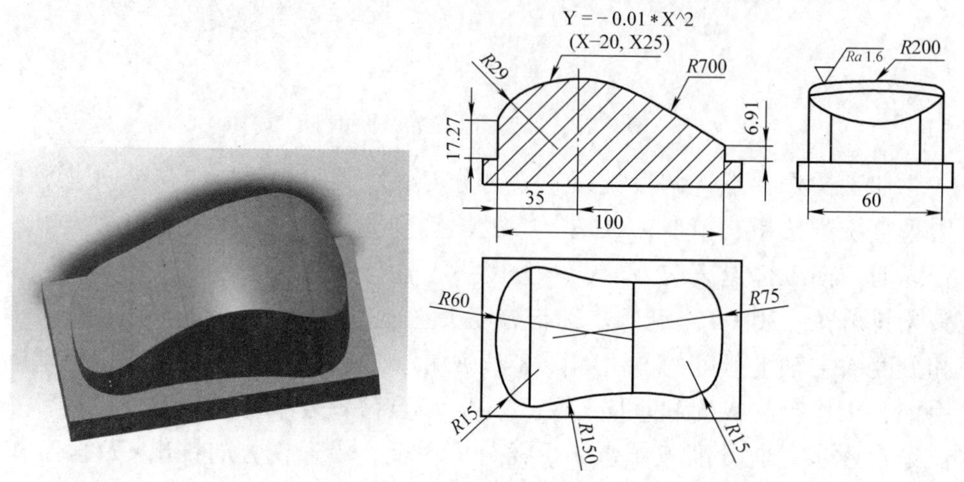

图 8-23 “鼠标”型面

（1）图样分析

1）工件的形状类似鼠标型面，上表面曲面为两端圆弧曲面，中间为抛物曲面，抛物曲面抛物线公式为 Y=−0.01*X^2(X-20;X25)。

2）零件上表面粗糙度值为 *Ra*1.6μm，较难达到。

3）工件材料为铝合金，切削加工性能较好。

（2）CAD 造型

1）绘制零件俯视图草图，拉伸产生“鼠标”主体。

2）绘制零件剖面截面草图，利用曲线功能画公式曲线，截面下方画横轴线作为旋转轴，离开上表面 200mm。

3）旋转切除 2）的草图，旋转轴线为 200mm 的横轴线。

（3）CAM 加工

1）CAM 的基本设置：包括零件的导入、数控系统的选择、加工原点的确定、毛坯的选择、加工对象（工件）的选择等。

2）设置刀具、刀柄的切削和几何参数。

3）工件整体粗加工，方法多种，可采用“3D 立体开粗”的加工方式进行粗加工铣削。

4）工件四周轮廓和底平面用“轮廓加工方式”精加工铣削，刀具使用平底铣刀。

5）零件曲面顶面精加工的方法有多种，可采用等高线等方式进行精加工铣削，刀具使用球头铣刀。

6）仿真模拟时，检查刀具、刀柄、工件是否发生干涉，检查设置参数能否满足尺寸精度要求，产生程序。

（4）机床加工　工件的测量工具常采用游标卡尺、千分尺、百分表等，“鼠标”顶面曲面可采用三坐标测量机测量检验。尺寸精度控制：熟练掌握 CAM 软件操作方法，利用软件实现工件的粗、精加工，选择合理的切削设置参数，控制零件的加工精度。

Chapter 9

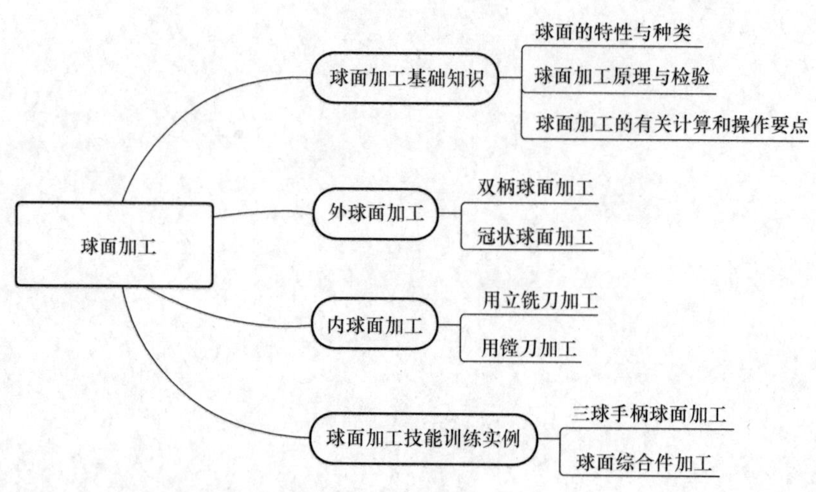

9.1 球面加工基础知识

9.1.1 球面的特性与种类

1. 球面的特性

球面是典型的回转面，是以圆弧线为母线绕一条固定轴线回转形成的立体曲面。球面的几何特点是表面上任意一点到球心的距离是不变的，这个距离是球面半径 SR。

2. 球面的种类

根据球面在工件上的位置和结构形式（见图 9-1），球面通常可分为以下几种类型：

1）内球面和外球面。内球面一般比较浅，球面的深度不超过球半径；外球面有各种形式，如带柄球面、球台、球冠、整球等。

2）带柄球面。带柄球面有单柄球面、双柄球面（直柄双柄、锥柄双柄）、三球手柄等。

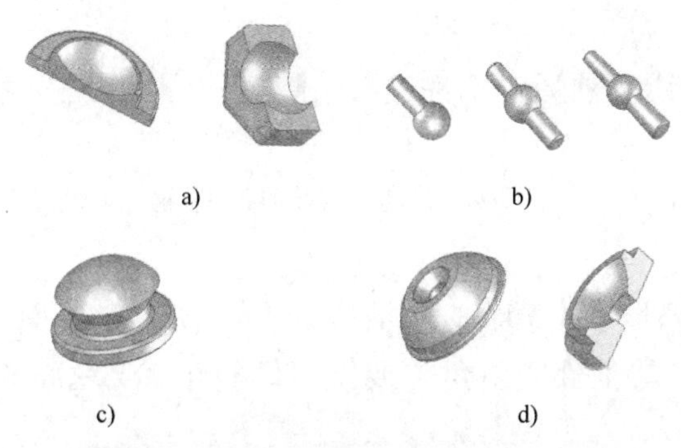

图 9-1 球面的种类

a）内球面 b）带柄球面 c）球冠 d）球台

3）球台和球冠。球台和球冠都是大直径的球面，可以是内球台或外球台，球台的一端直径比较大，另一端的直径比较小，侧围是球面，形似圆台。球冠是大直径的单侧球面，大多是外球冠，底部是截形圆，侧围和顶部是球面，形似冠状。

9.1.2 球面加工原理与检验

1. 球面的铣削加工原理与加工要点

（1）球面的铣削加工原理 球面是典型的回转立体曲面，当一个平面与球面相截时，所得的截形总是一个圆，如图 9-2a 所示。截形圆的圆心 O_c 是球心 O 在截面上的投影，而截形圆的直径 d_c 则和截平面离球心的距离 e 有关，如图 9-2b 所示。由此可知，只要使铣刀旋转时刀尖运动的轨迹与球面的截形圆重合，并由工件绕其自身轴线的旋转运动相配合，即可铣出球面。

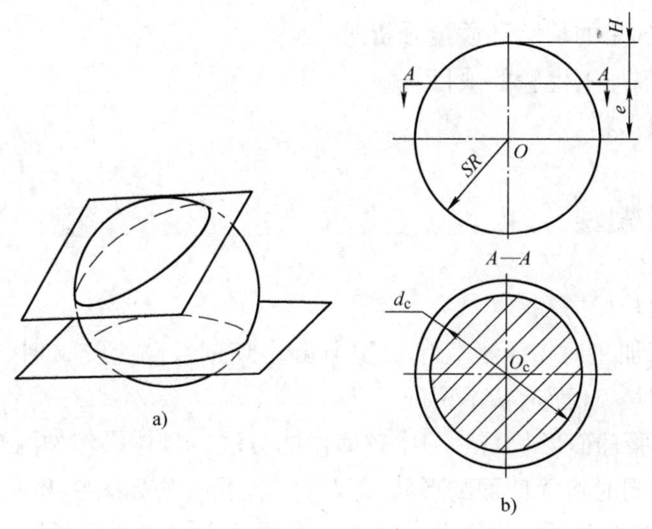

图 9-2 球面的几何特征

（2）球面铣削的基本要点　根据球面铣削加工的原理，铣削加工球面必须掌握以下要点：

1）铣刀的回转轴线必须通过工件球心，以使铣刀的刀尖运动轨迹与球面的某一截形圆重合。

2）通过铣刀刀尖的回转直径 d_c 以及截形圆所在平面与球心的距离 e，确定球面的尺寸和形状精度。

3）通过铣刀回转轴线与球面工件轴线的交角 β 确定球面的铣削加工位置，如图 9-3 所示。轴交角 β 与工件倾斜角（或铣刀倾斜角）α 之间的关系为 $\alpha+\beta=90°$。

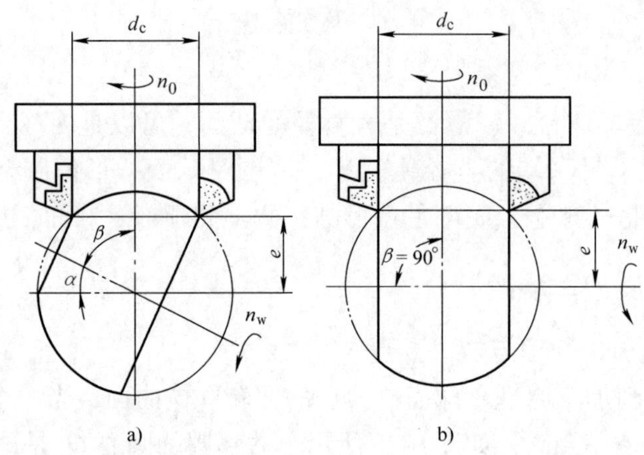

图 9-3　轴交角与外球面加工位置的关系
a）$\alpha+\beta=90°$　b）$\beta=90°(\alpha=0°)$

2. 球面铣削加工的检验和质量分析

（1）球面铣削加工检验的项目

1）球面几何形状。

2）球面半径。

3）球面位置精度。

（2）检验方法

1）球面形状检验方法：

① 根据球面加工时留下的切削纹路判断。切削纹路为交叉时，球面形状正确；切削纹路为单向时，球面形状不正确。

② 用圆环检验球面形状是一种比较简便的方法，具体操作如图 9-4a 所示。

③ 用样板可同时检验球面的形状和尺寸，检验方法如图 9-4b 所示。检验时，样板要放在通过球中心平面的位置上，而且应多取几个方位进行测量。

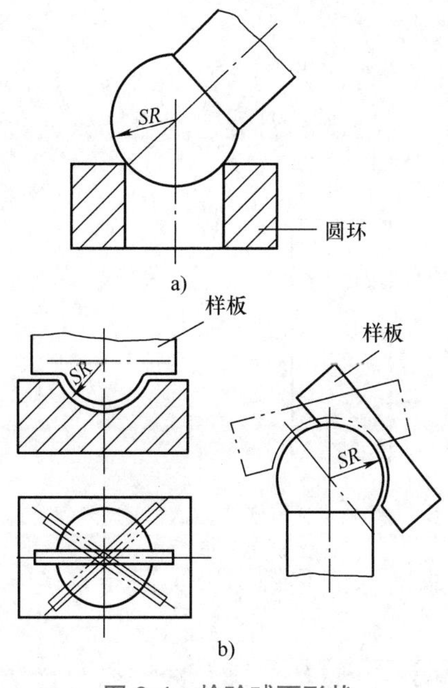

图 9-4　检验球面形状

a）用圆环检验　b）用样板检验

2）球面位置检验。检验内球面深度时，可把工件平放在平板上，在内球面内放一个钢球，用游标高度卡尺划线头底部测得端面尺寸 s_1，然后用游标高度卡尺划线头底部轻轻接触钢球顶部，测得 s_2，用钢球直径减去两次测量的差值 Δs，即可得到内球面深度 H 的实际值，测量方法如图 9-5a 所示。在千分尺的测微螺杆与球面之间放一个钢球，也可测量球面的深度，测量操作方法如图 9-5b 所示。

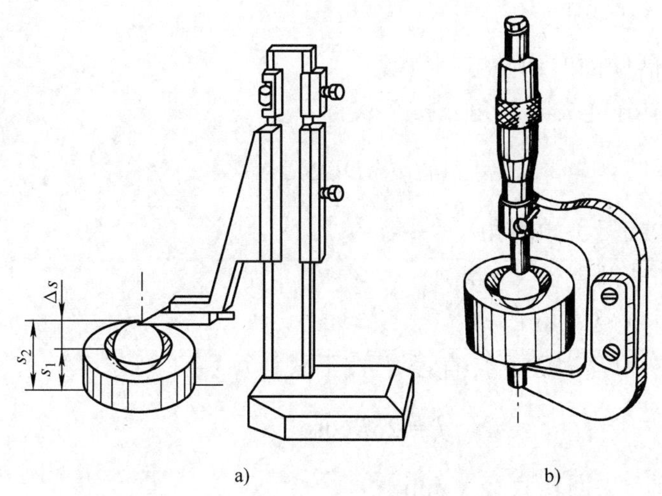

图 9-5　内球面深度检验

a）用游标高度卡尺检验　b）用千分尺检验

（3）球面质量的分析要点

1）球面呈橄榄状的原因是铣刀轴线与工件轴线不在同一平面内，如图 9-6 所示。

2）球面底部有凸尖的原因是铣刀刀尖运动轨迹未通过端面中心，如图 9-7 所示。

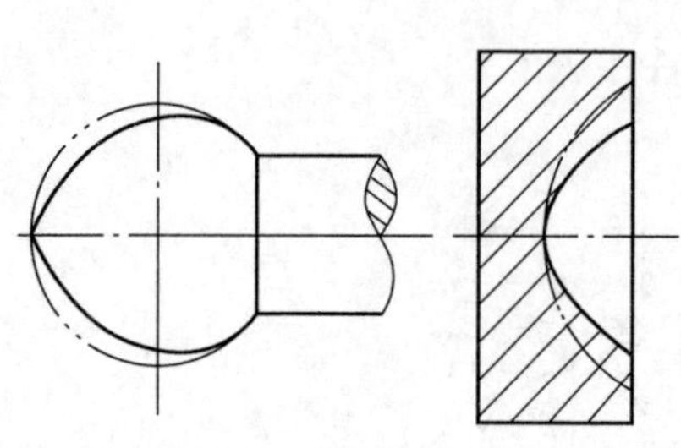

图 9-6　球面呈橄榄状

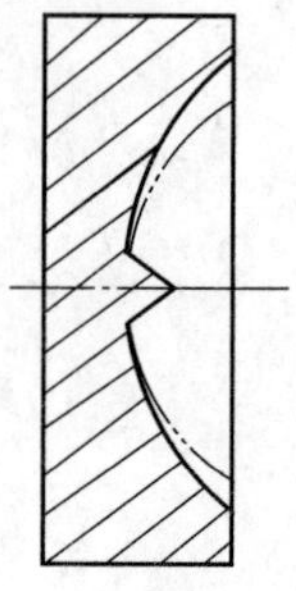

图 9-7　球面有凸尖

3）球面半径不符合要求的原因是铣刀刀尖回转直径 d_c 调整不当，或是铣削时至球心位置距离不准确。

4）球面表面粗糙度值偏大的具体原因，除了常见的刀具切削角度、切削用量和刀具磨损等原因外，还有分度头的传动间隙等原因。

5）球面位置不准确，通常是对刀操作失误引起的。

9.1.3　球面加工的有关计算和操作要点

1. 外球面铣削加工计算

铣削外球面，一般都在立式铣床上采用硬质合金铣刀铣削，工件装夹在分度头和回转工作台上。常见的外球面有带柄球面、整球和大半径外球面。带柄球面铣削位置示意图如图 9-8 所示。

（1）铣削单柄球面的调整数据计算

1）图 9-8a 中分度头倾斜角 α 按下式计算：

$$\sin 2\alpha = D/2SR \tag{9-1}$$

式中　α——工件或刀盘倾斜角（°）；

D——工件柄部直径（mm）；

SR——球面半径（mm）。

2）图 9-8a 中刀盘刀尖回转直径 d_c 按下式计算：

$$d_c = 2SR\cos\alpha \tag{9-2}$$

式中　d_c——刀盘刀尖回转直径（mm）；

SR——球面半径（mm）；

α——工件或刀盘倾斜角（°）。

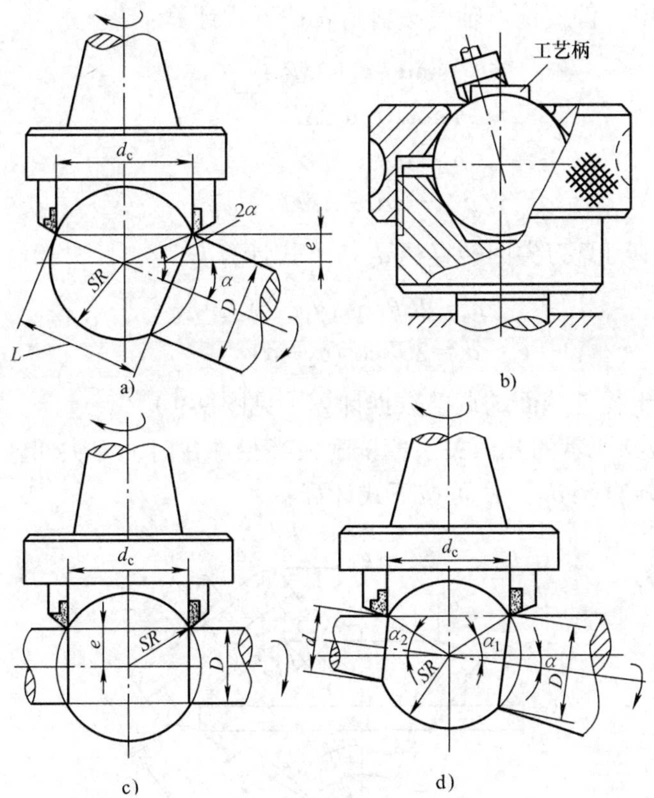

图 9-8　带柄球面铣削位置示意图

a）单柄球面铣削　b）带工艺柄整球面铣削　c）等直径双柄球面铣削　d）不等直径双柄球面铣削

3）图 9-8a 中坯件球头圆柱部分的长度 L 按下式计算：

$$L = 0.5D\cot\alpha \tag{9-3}$$

式中　L——球顶至柄部连接部的距离（mm）；

D——柄部直径（mm）；

α——工件倾斜角（°）。

（2）铣削等直径双柄球面的调整数据计算　如图 9-8c 所示，铣削时轴交角 $\beta = 90°$，即倾斜角 $\alpha = 0°$，刀盘刀尖回转直径 d_c 按下式计算：

$$d_c = \sqrt{4SR^2 - D^2} \tag{9-4}$$

式中　d_c——刀盘刀尖回转直径（mm）；

SR——球面半径（mm）；

D——柄部直径（mm）。

（3）铣削不等直径双柄球面的调整数据计算

1）图 9-8d 中工件或铣刀轴线倾斜角 α 按下式计算：

$$\sin\alpha_1 = D/2SR \tag{9-5}$$

$$\sin\alpha_2 = d/2SR \tag{9-6}$$

因为
$$\alpha_2 + \alpha = \alpha_1 - \alpha$$

所以
$$\alpha = (\alpha_1 - \alpha_2)/2 \tag{9-7}$$

2）图 9-8d 中刀盘刀尖回转直径 d_c 按下式计算：

$$d_c = 2SR\cos(\alpha_1 - \alpha) \tag{9-8}$$

或
$$d_c = 2SR\cos(\alpha_2 + \alpha) \tag{9-9}$$

（4）铣削大半径外球面的调整数据计算（见图 9-9）

1）根据图 9-9 所示的几何关系，铣削大半径球台时，刀尖回转直径 d_c 可大于或等于刀尖最小回转直径 d_{ci}，d_{ci} 可按下式计算：

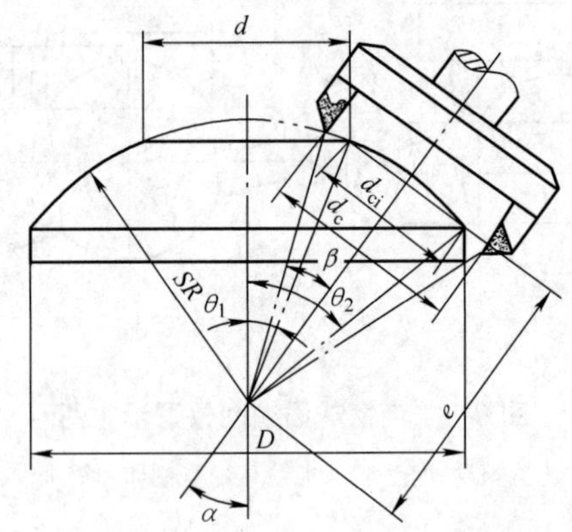

图 9-9　铣削大半径外球面（球台）示意图

因为
$$\sin\theta_2 = D/2SR \tag{9-10}$$

$$\sin\theta_1 = d/2SR \tag{9-11}$$

所以
$$d_{ci} = 2SR\sin[(\theta_2 - \theta_1)/2] \tag{9-12}$$

2）铣削大半径外球面时，主轴倾斜角 α 可在选定 d_c 后确定取值范围（$\alpha_m < \alpha < \alpha_i$）

$$\sin\beta = d_c / 2SR \tag{9-13}$$

$$\alpha_m = \theta_1 + \beta \tag{9-14}$$

$$\alpha_i = \theta_2 - \beta \tag{9-15}$$

2. 内球面铣削加工计算

铣削内球面，一般采用立铣刀和镗刀在立式铣床上进行加工，用立铣刀铣削加工内球面时，铣刀和工件的相对位置关系，如图 9-10 所示。用镗刀加工内球面时的位置关系，如图 9-11 所示。

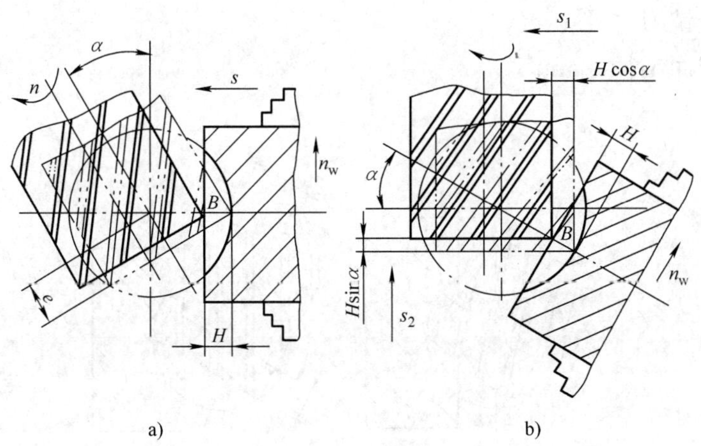

图 9-10　用立铣刀铣削内球面示意图

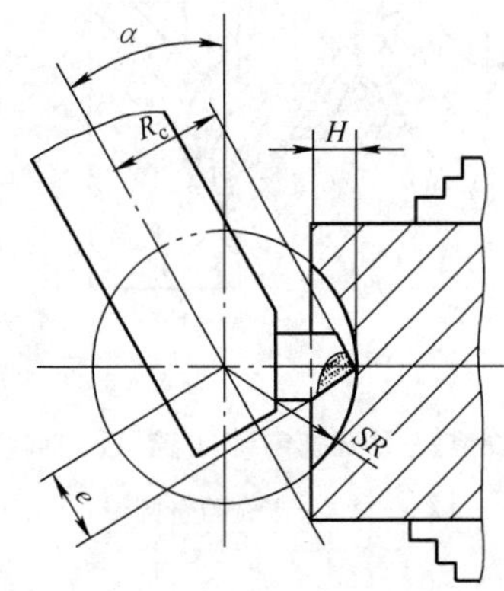

图 9-11　用镗刀加工内球面时的位置关系

（1）用立铣刀铣削内球面的调整计算

1）立铣刀直径选择范围（$d_{ci} < d_c < d_{cm}$）按下式计算（见图 9-12）：

$$d_{cm} = 2\sqrt{SR^2 - 0.5SRH} \tag{9-16}$$

$$d_{ci} = \sqrt{2SRH} \tag{9-17}$$

式中　d_{cm}——可选铣刀最大直径（mm）；

d_{ci}——可选铣刀最小直径（mm）；

SR——内球面半径（mm）；

H——内球面深度（mm）。

2）立铣头（立铣刀）倾斜角 α 按下式计算：

$$\cos\alpha = d_c / 2SR \tag{9-18}$$

式中　α——立铣头倾斜角（°）；

d_c——立铣刀直径（mm）；

SR——球面半径（mm）。

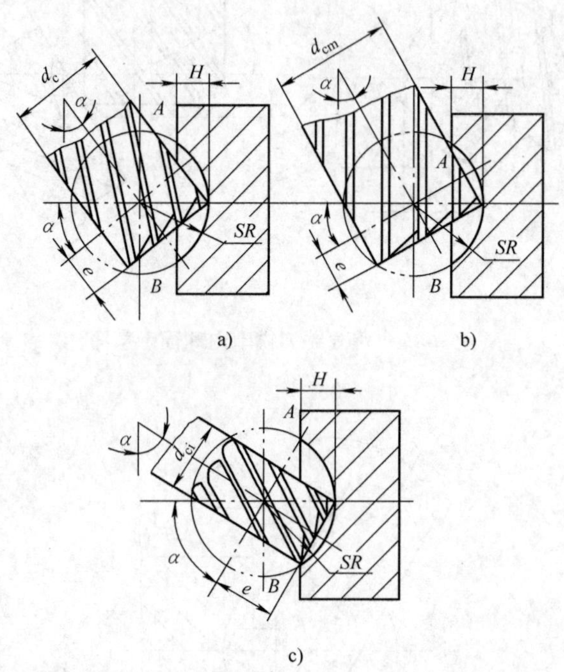

图 9-12　用立铣刀铣削内球面铣刀直径选择示意图

a）直径 d_c 立铣刀铣削位置　b）直径 d_{cm} 立铣刀铣削位置　c）直径 d_{ci} 立铣刀铣削位置

（2）用镗刀加工内球面的调整计算（见图 9-11）

1）计算立铣头倾斜角时，由于镗刀杆直径小于镗刀，因而当球面深度 H 不太大时，α_i 有可能取零度，α_m 可按下式计算：

$$\cos\alpha_m = \sqrt{H/2SR} \tag{9-19}$$

2）计算镗刀回转半径 R_c 时，先确定倾斜角 α 的具体数值，确定时，应尽可能取较小值。镗刀回转半径 R_c 可按下式计算：

$$R_c = SR\cos\alpha \tag{9-20}$$

3. 球面铣削的主要操作步骤

1）通过工作台横向对刀，找正立铣头与工件轴线在同一平面内。

2）按计算值调整铣刀盘回转直径（外球面），选择立铣刀直径或调整镗刀回转半径（内球面）。

3）按计算值调整工件仰角或立铣头倾斜角。

4）按规范装夹、找正工件。

5）通过垂向和纵向对刀，找正球面铣削位置。注意不同形式的球面，其对刀位置是不同的。

6）手摇分度头手柄，粗、精铣球面至图样规定的技术要求。

9.2 外球面加工

9.2.1 双柄球面加工

铣削加工图 9-13 所示的不等直径双柄球面应掌握以下要点。

（1）图样分析要点　球面工件特征如图 9-13 所示，工件属于不等直径的双柄球面。柄部直径 $d = 25\text{mm}$，$D = 30\text{mm}$，球面半径 $SR = 50\text{mm}$。

（2）工艺准备要点　本例采用铣刀盘加工。铣刀盘的结构与切刀安装示意图如图 9-14 所示，选用方孔刀盘，安装切刀的方孔与刀盘中心的距离应接近 $1/2d_c$。切刀的型式应根据选定的刀盘上方孔与回转中心的距离确定。若距离较大，可采用弯头切刀，以便调整刀尖回转直径。刀尖的硬质合金部分应能通过修磨主偏角、主后刀面或副偏角、副后刀面来调整刀尖位置，以便达到 d_c 的尺寸精度要求。加工数据计算如下：

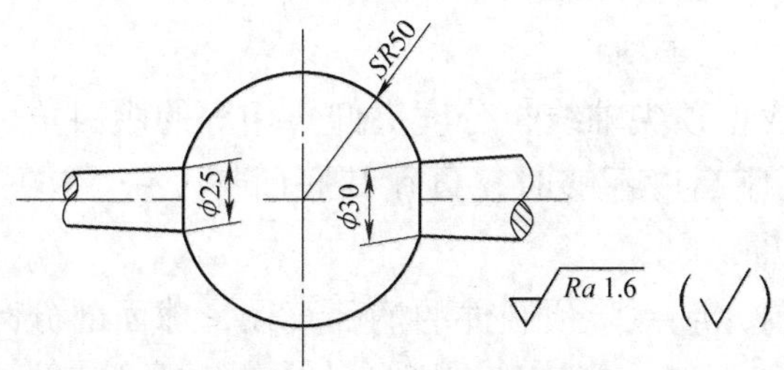

图 9-13　不等直径双柄球面

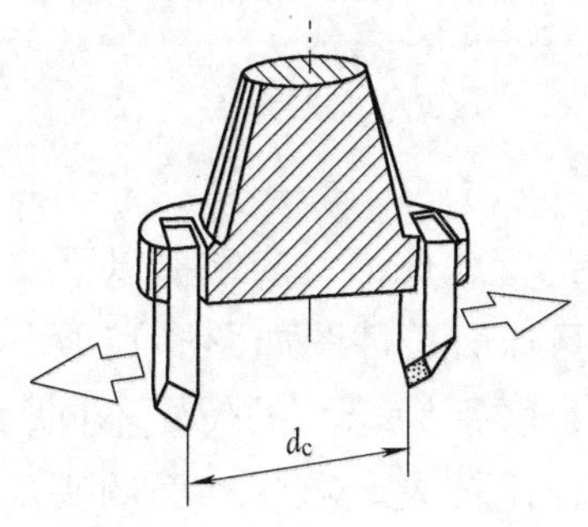

图 9-14　铣刀盘的结构与切刀安装示意图

1）按式（9-5）、式（9-6）、式（9-7）计算工件或铣刀轴线倾斜角 α：

$$\sin\alpha_1 = \frac{D}{2SR} = \frac{30\text{mm}}{2\times 50\text{mm}} = 0.30 \quad \alpha_1 = 17°27'$$

$$\sin\alpha_2 = \frac{d}{2SR} = \frac{25\text{mm}}{2\times 50\text{mm}} = 0.25 \quad \alpha_2 = 14°28'$$

$$\alpha = \frac{\alpha_1 - \alpha_2}{2} = \frac{17°27' - 14°28'}{2} = 1°30'$$

2）按式（9-8）计算刀盘刀尖回转直径 d_c：

$$\begin{aligned} d_c &= 2SR\cos(\alpha_1 - \alpha) \\ &= 2\times 50\text{mm}\times\cos(17°27' - 1°30') \\ &= 96.16\text{mm} \end{aligned}$$

3）根据几何关系计算球面预制圆柱部分长度 L：

$$L = \frac{D-d}{2}\cot\alpha = \frac{30\text{mm} - 25\text{mm}}{2}\times\cot 1°30' = 95.47\text{mm}$$

（3）双柄球面铣削注意事项

1）尾座安装后应找正顶尖轴线与分度头仰角相等的倾斜角，并与分度头主轴同轴。若倾斜角较大，尾座高度不够时，可在其底面垫平铁。尾座顶尖和工件中心孔之间可适当加一些润滑油。

2）铣削双柄球面前，应检验预制件的柄部直径，球面部分圆柱体的直径、长度和轴线位置，为保证连接质量，球面预制圆柱的长度应略小于计算值。

3）当铣削双柄球面所用的铣刀盘刀尖回转直径 d_c 值较小时，可特制直径较小的铣刀盘，也可使用弯头切刀。由于回转直径较小，切刀应选取较大的后角，以保证铣削顺利。

9.2.2 冠状球面加工

铣削加工如图 9-15 所示的冠状球面，应掌握以下要点。

（1）图样分析要点　冠状球面工件图如图 9-15 所示，工件实际上类同于单柄球面。与一般的单柄球面相比，区别为球心的位置不同，球冠的球面在半球之内，比较小。而单柄球面大于半球，比较大。冠状球面的底部直径相当于单柄球面的柄部直径 D = 100mm，球面半径 SR = 75mm。

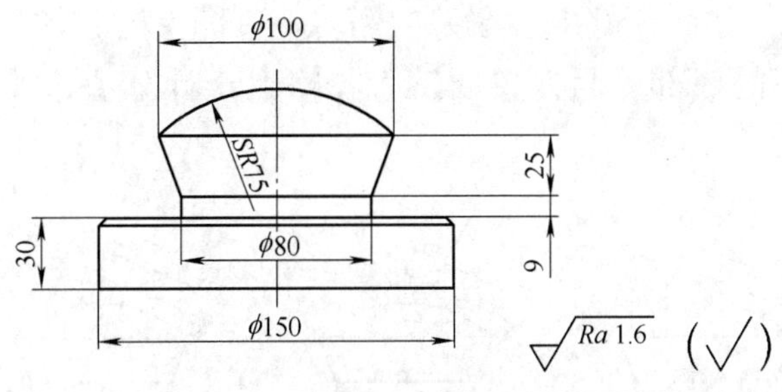

图 9-15　冠状球面工件图

（2）工艺准备要点　工件外形尺寸较大，宜选用回转工作台、自定心卡盘装夹工件进行铣削加工。采用立铣头扳转倾斜角铣削球面，加工数据计算如下：

1）按式（9-1）计算铣刀轴线倾斜角 α：

$$\sin 2\alpha = \frac{D}{2SR} = \frac{100\text{mm}}{2\times 75\text{mm}} = 0.6667$$
$$\alpha = 0.5\arcsin 0.6667 \approx 20°54'$$

2）按式（9-2）计算刀盘刀尖回转直径 d_c：

$$\begin{aligned} d_c &= 2SR\sin\alpha \\ &= 2\times 75\text{mm}\times \sin 20°54' \\ &= 53.51\text{mm} \end{aligned}$$

3）实际选择时，根据加工特点，可使 $d_{实} \geqslant d_c$，若选 $d_{实} = 55\text{mm}$，则 $\alpha_{实}$应重新计算：

$$\sin\alpha_{实} = \frac{d_{实}}{2SR} = \frac{55\text{mm}}{2\times 75\text{mm}} = 0.3667$$

$$\alpha_{实} = \arcsin 0.3667 = 21°29'$$

（3）铣削加工要点　安装切刀与调刀盘刀尖回转直径时注意根据 $d_{实}$尺寸进行调整，按规范安装回转工作台，用自定心卡盘装夹工件，找正工件与回转台主轴同轴。用指示表环表法找正立铣头主轴与回转台主轴同轴，按 $\alpha_{实}$调整立铣头倾斜角，按工件球面部分长度和直径对预制件进行检验。

（4）铣削加工主要步骤　在工件端面划十字中心线，在交点上打样冲眼→垂向和纵向对刀→粗铣球面→精铣球面。

（5）球冠球面位置控制　加工中球面的位置通过目测检验球顶部和球面底部的质量来确定。如图 9-16a 所示，球面顶部中心在刀尖回转轨迹圆内时，由切刀内刃形

成凸尖；如图 9-16b 所示，球面顶部中心在刀尖回转轨迹圆外时，由切刀外刃形成凸尖；如图 9-16c 所示，球面顶部中心在刀尖回转轨迹圆上时，切刀刀尖恰好汇交于顶端中心。而冠状球面的底部，因刀尖回转直径略大于计算值，故通常应是与锥面形成比较清晰的交线圆。

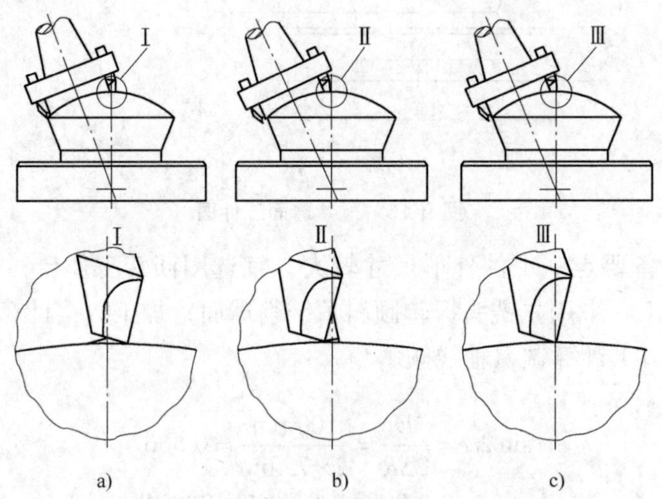

图 9-16　目测检验冠状球面的加工位置

a）顶端中心在刀尖轨迹圆内　b）顶端中心在刀尖轨迹圆外　c）顶端中心在刀尖轨迹圆上

9.3　内球面加工

9.3.1　用立铣刀加工

1. 基本加工方法

如图 9-10 所示，用立铣刀加工内球面有两种基本方法：

1）立铣刀倾斜角度铣削法如图 9-10a 所示。采用此法时，将立铣头扳转一定的角度 α，立铣刀的轴线与工件轴线相交，刀尖位置通过工作台横向和垂向调整，工件装夹在分度头或回转工作台上作进给运动进行加工。

2）工件倾斜角度铣削法如图 9-10b 所示。采用此法时，工件随分度头扳转一定的角度 α，立铣刀的轴线与工件轴线相交，刀尖位置通过工作台横向和垂向调整，工件装夹在分度头或回转工作台上作进给运动进行加工。

2. 铣削加工要点

1）注意计算刀具的直径取值范围。在用立铣刀加工内球面时，首先要根据工件的参数，如球面的直径、球面的深度等计算立铣刀的直径取值范围，立铣刀直径取值范围的示意如图 9-12 所示。

2）铣床主轴的倾斜角或工件的倾斜角应按所使用刀具的实际直径进行计算，否则会产生加工调整误差。

3）加工较大或较深的内球面可进行圆柱台阶孔粗加工，以减小球面加工的余量。

4）粗加工中应注意观察内球面底部是否有凸尖出现，若有凸尖，应判断凸尖由端齿铣成（见图 9-17a）还是由周齿铣成（见图 9-17b），以确定工作台微量调整的方向和距离，使得凸尖恰好被铣去。通常需要重复几次铣削过程，内球面才能逐渐铣成。

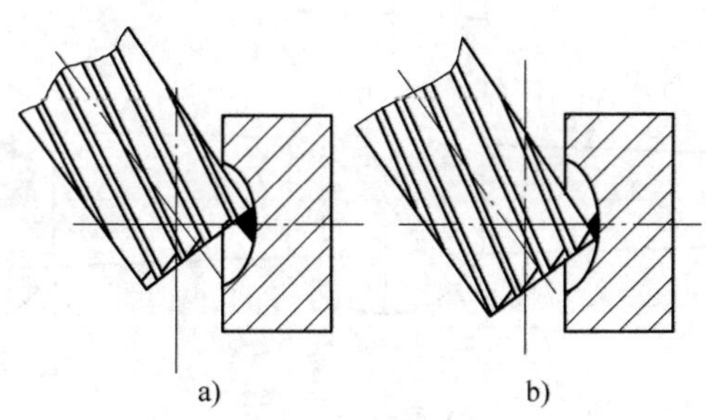

图 9-17　内球面底部凸尖形成示意图

a）端齿铣成的凸尖　b）周齿铣成的凸尖

9.3.2　用镗刀加工

1. 基本加工方法

与用立铣刀类似，用镗刀加工内球面也有工件或机床主轴倾斜角度两种加工方法，一般采用主轴倾斜方法加工，如图 9-11 所示。

2. 加工要点

1）因镗刀加工时采用单刀切削，加工中容易产生振动，应注意刀杆、刀具的刚度。

2）镗刀的切削刃长度有一定的限度，注意控制球面切削余量的分配。

3）在进行计算时，注意先确定立铣头倾斜角度的最大值，然后按选定的倾斜角度计算镗刀的回转半径。

4）加工中注意按硬质合金刀具和工件材料的特点，合理选用切削用量，充分发挥高速切削的特点，可加工出较高精度的球面。

5）注意刀尖的磨损，避免刀尖磨损对球面加工精度的影响。

9.4　球面加工技能训练实例

技能训练 1　三球手柄球面加工

重点和难点：重点为不同部位外球面的加工计算。难点为工件的装夹和铣削位置的调整。

1. 图样分析和工艺准备要点

（1）图样分析

1）三球手柄工件如图 9-18 所示，两端是单柄球面的形式，中间是不同直径双柄球面的形式，柄部为圆锥体。

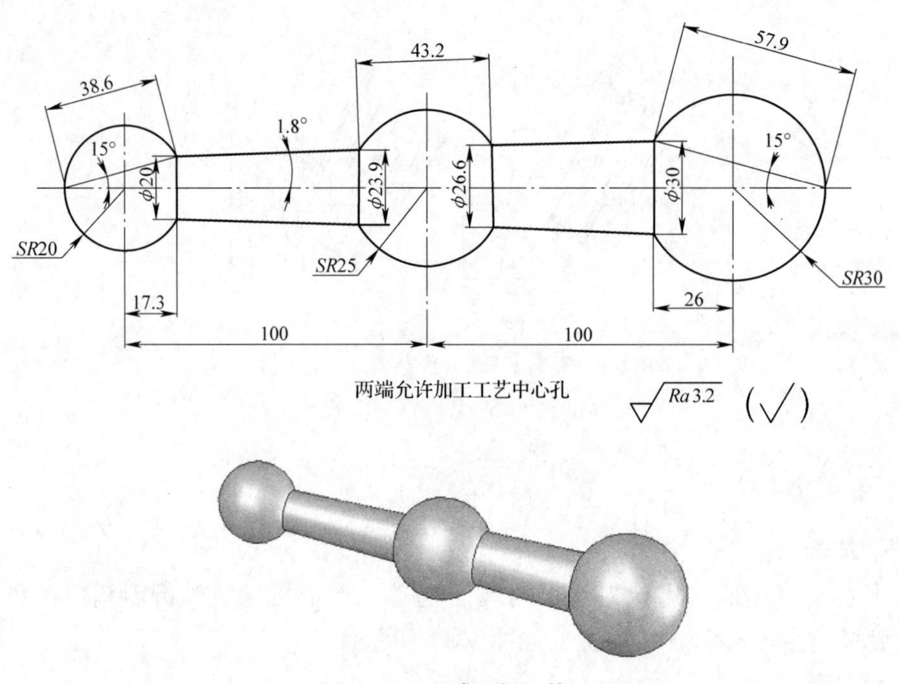

图 9-18 三球手柄工件

2）左端单柄球面半径为 *SR*20mm，柄部直径为 ϕ20mm；右端单柄球面半径为 *SR*30mm，柄部直径为 ϕ30mm；中间双柄球面半径为 *SR*25mm，柄部直径为 ϕ23.9mm 与 ϕ26.6mm。

（2）工艺准备要点

1）计算加工数据。本例图样通过计算机绘图软件（如 AutoCAD）绘制加工图，可直接通过尺寸标注得出加工的截形圆直径和工件或铣床主轴扳转的角度。也可按前述计算公式进行计算。本例左端单柄球面刀具的回转直径为 38.6mm，倾斜角度为 15°（机床主轴逆时针方向）；右端单柄球面刀具的回转直径为 57.9mm，倾斜角度为 15°（机床主轴顺时针方向）；中间双柄球面刀具的回转直径为 43.2mm，倾斜角度为 1.8°（机床主轴逆时针方向）。

2）采用分度头装夹工件，分度头主轴处于水平位置，加工两端单柄球面可用自定心卡盘夹持中间球面部位的坯件圆柱体；加工中间双柄球面可采用两顶尖定位，使用特殊的拨盘和夹头夹持右端球面或锥柄部位，带动工件转动。

3）选择适用的可卸切刀的刀盘，通过修磨刀具偏角，控制刀尖的位置来调整刀尖的回转直径。刀尖的实际回转直径可通过刀尖在试件平面上的圆形切痕进行测量。

4）球面的轴向位置可在加工坯件时由圆柱端面留有规定的余量予以保证。

2. 主要加工步骤

（1）安装找正分度头　找正分度头主轴处于水平位置；安装尾座，找正尾座顶尖与分度头主轴同轴。

（2）装夹找正工件　工件坯件两端加工工艺顶尖孔，坯件三个部位的圆柱体与顶尖轴线同轴，装夹工件后，应找正坯件圆柱面与分度头同轴。

（3）调整机床主轴的倾斜角　按加工部位的倾斜角调整机床主轴与工件轴线的夹角。若需要提高倾斜角度调整精度，可采用正弦规和量块进行调整。

（4）调整工作台横向　调整工作台横向，使主轴的轴线与工件轴线相交。

（5）调整工作台纵向　调整工作台纵向，使机床主轴的轴线与工件轴线的交点位于图样规定的轴向位置，调整的参照依据是坯件圆柱面的端面位置。具体操作时可将刀尖最低点位置与端面对齐，然后进行微量调整。铣削加工中间双柄球面时，也可通过观察刀尖处于最低或最高位置时是否与坯件圆柱体的两端面距离相等来调整球面的轴向位置。

（6）铣削球面　调整好球面加工时工作台的纵横位置后，应锁紧工作台横向和纵向以及分度头主轴，然后垂向对刀，逐步调整切削余量，手摇分度头手柄，铣削球面，直至球面与圆锥柄部相交位置达到柄部直径要求，此时球面的直径也应符合尺寸精度要求。

3. 精度检验和质量分析要点

（1）精度检验

1）用游标卡尺测量球面直径和柄部直径尺寸，检验球面的位置精度。

2）用垫圈的内孔测量球面的形状精度，也可通过观察球面的切削纹路进行目测检验。

（2）质量分析要点　球面形状精度和直径尺寸的常见质量问题及其原因参见前述有关内容，轴向位置精度有偏差的原因主要是由工作台纵向位置调整误差、工件切削过程中轴向位移、工件与分度头回转轴线不同轴等引起的。

技能训练 2　球面综合件加工

重点与难点　重点为等分内球面加工，立铣刀直径的计算，铣削位置的计算和调整。难点为综合件装夹、内球面铣削位置调整操作方法、尺寸控制和综合件加工质量分析等。

1. 图样分析

球面综合工件特征如图 9-19 所示，工件一端是大半径外球面（球台），工件的另一端有 4 个均布的内球面，工件预制件具有精度较高的基准孔。球台两端直径相当于双柄球面的两端柄部直径 $D=\phi 145_{-0.083}^{-0.043}$ mm，$d=(\phi 63\pm0.15)$ mm，球台球面半径 $SR_{外}=(100\pm0.11)$ mm。内球面半径 $SR_{内}=(SR18\pm0.09)$ mm，球面深度 $H=8_{0}^{+0.15}$ mm，内球面分布圆的直径 $d_{分}=(\phi 100\pm0.11)$ mm。

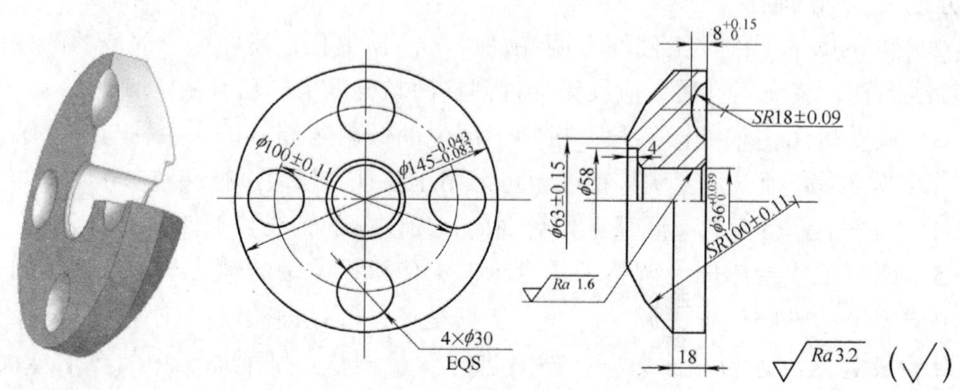

图 9-19 球面综合件零件图

2. 工艺准备要点

球台铣削用的铣刀盘结构形式和尺寸选择、切刀的形式和几何角度选择与双柄球面选择方法相同。工件外形尺寸较大，宜选用回转工作台、自定心卡盘装夹工件进行铣削加工。采用立铣头扳转倾斜角铣削球面，铣削内球面时选用立铣刀加工。为保证内球面的均布等分精度和分布圆尺寸精度，在加工内球面前，设置按内球面分布位置要求的 4 个不通孔的铣削加工工序，以供内球面加工时找正作为依据。根据不影响内球面加工的原则，拟定不通孔直径为 $\phi 20$mm，深度为 4mm。

3. 计算铣削加工数据

计算球台铣削加工数据按式（9-10）、式（9-11）和式（9-12）计算铣刀盘刀尖回转直径 $d_c=48.57$mm，现选定 $d_c=52$mm。按式（9-13）、式（9-14）和式（9-15）计算铣床主轴倾斜角 α 取值范围：$\alpha_m=33.43°$，$\alpha_i=31.40°$，取 $\alpha=32°$。计算内球面铣削加工数据按式（9-16）、式（9-17）计算立铣刀直径选择范围，$d_{cm}=31.75$mm，$d_{ci}=16.97$mm，取 $d_c=22$mm。按式（9-18）计算立铣头（立铣刀）倾斜角 $\alpha=52.33°$ 根据几何关系，由于本例采用回转台加工，立铣头的实际倾斜角 $\alpha_{实}=37°40'$。

4. 铣削加工的主要步骤

用百分表找正不通孔与回转工作台同轴→垂向和纵向对刀，保证立铣头主轴与回转台轴线在同一平面内，使刀尖恰好对准孔底面中心→粗铣削内球面→精铣削内球面→逐次铣削 4 个内球面。

安装切刀盘、调整切刀回转直径、扳转立铣头倾斜角→装夹、找正工件与回转工作台同轴→按铣削双柄球面的类似方法，粗精铣球台球面。

5. 测量检验要点

1）球面轮廓曲线可用专用样板或内孔（外圆）形状精度较高的圆环检验。内球面用圆环的端面外圆与球面贴合检验，球台球面用圆环端面内孔与球面贴合检验。内球面也可按切削纹路目测检验。

2）球台球面的位置通过测量球面顶部交线圆的尺寸和球面底部与工件外圆交接位置的尺寸进行检验。

3）内球面的位置基本由预制不通孔的精度和加工球面时的找正精度保证，加工完毕后，也可在内球面内放置同样规格的圆环，上面用平垫块压紧，然后测量对应外圆，检验球面的分布圆和等分位置精度。

4）因为内球面和球台球面都小于半球，所以球面的直径测量比较困难。可根据球面铣削几何特征，制作一个专用测量环进行间接测量，测量环外圆和内孔精度都比较高，测量环的一端面与内孔交线圆用于测量外球面，与外圆的交线圆用于测量内球面。另一端的中心有一个位置精度和尺寸形状精度较高的圆孔，圆孔的直径与深度千分尺测杆外圆属于精度较高的间隙配合，端面与深度千分尺的测量座面贴合，检验测量示意图如图 9-20 所示。球面半径的实际尺寸可通过几何关系计算获得。

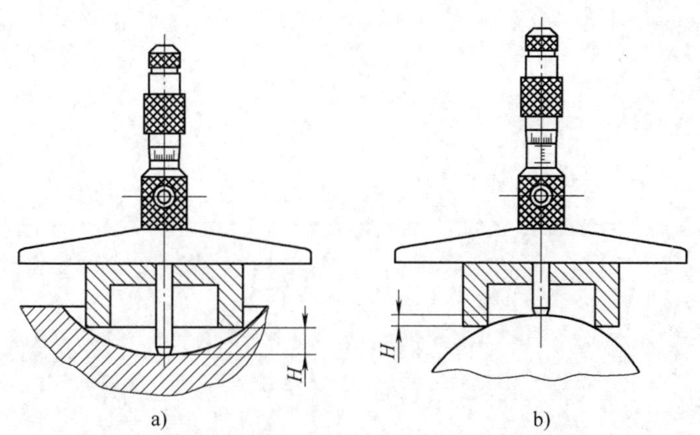

图 9-20　用测量环检验球面尺寸精度示意图

a）内球面检验测量　b）外球面检验测量

6. 质量分析要点

1）球面粗糙度误差大，除了与双柄球面类似的原因外，还可能的原因是：回转工作台主轴间隙大；立铣头套筒伸出较长；内球面铣削时立铣刀刀尖磨损；球台铣削时切刀后角选择不当。

2）球面轮廓形状误差大的原因是：铣刀回转轴线与工件轴线不在同一平面内。具体原因可能是：机床主轴与回转工作台的同轴度找正精度比较差；工作台横向微量移动；球台铣削时自定心卡盘微量移动；立铣头扳转倾斜角后轴线与工件轴线偏离。

3）球面位置误差大的原因是：立铣头倾斜角未按 α 扳转，或计算不正确；铣削内球面时工件端面划线不准确、预制孔位置精度差、预制孔与回转台同轴度找正精度差等；铣削球台时工件与回转台不同轴，引起对刀位置偏移预期位置。铣削时工件微量位移；刀尖回转直径计算或选取错误。

4）球面直径尺寸误差大，除了与双柄球面类似的原因外，还可能的原因是：用圆环测量时的相关参数计算错误；用圆环测量时，测量不准确、测量操作失误；过程测量用的圆环、交线圆直径与刀具刀尖回转直径不一致，造成尺寸控制失误；球面的形状误差大，引起尺寸间接测量误差大。

Chapter 10

项目 10 刀具螺旋齿槽、端面与锥面齿槽加工

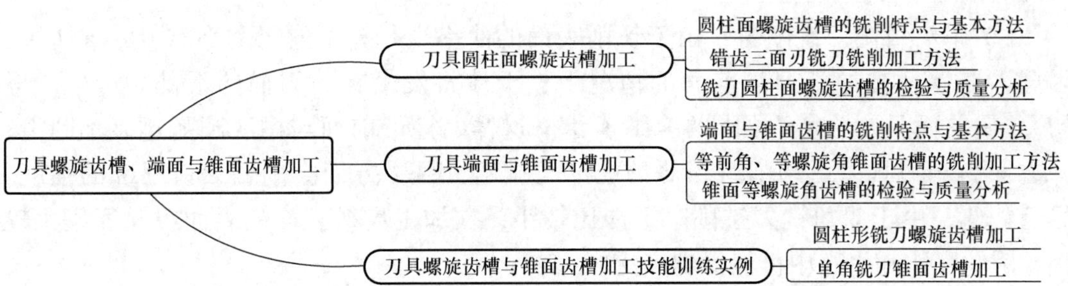

10.1 刀具圆柱面螺旋齿槽加工

10.1.1 圆柱面螺旋齿槽的铣削特点与基本方法

1. 螺旋齿槽的特点

具有螺旋齿槽的刀具有圆柱形铣刀、立铣刀、错齿三面刃铣刀、螺旋圆柱形铰刀等。螺旋齿槽除具有一般螺旋槽特征外，还具有以下特点：

1）螺旋槽的形状由刀具齿槽的容屑、排屑功能和刀具的切削性能相关参数和要求确定。

2）螺旋槽的旋向由刀具的螺旋角（刃倾角）确定，螺旋角的标注外圆是切削刃所在的外圆柱面（齿轮滚刀除外）。

3）螺旋齿槽通常是多线螺旋，螺旋的线数与铣刀设计的齿数有关。

4）套式刀具的螺旋齿槽通常沿轴向贯穿，指状刀具的螺旋槽仅在端面齿一侧贯通，另一侧则在圆柱面上收尾。

5）圆柱面螺旋齿槽一般由刀齿前刀面、槽底圆弧和齿背副后刀面构成。

6）齿槽在圆柱面上的位置，主要由刀具的前角、齿槽形状和齿数确定。

2. 螺旋齿槽加工的基本问题和要点

螺旋齿槽的铣削通常在卧式万能铣床上进行，与圆柱面直齿槽铣削加工相比，除了考虑齿槽角、前角等因素外，还必须考虑螺旋角对铣削加工的影响，这是圆柱面螺旋齿槽铣削加工中的基本问题。若要使加工后的槽形完全与设计要求一致，必须采用专门设计的成形铣刀，并且在铣削时，铣床工作台的转动角度及铣削位置的调整必须按照成形铣刀设计时的预定数据进行。在实际生产中，一般精度的刀具螺旋齿槽常采用角度铣刀铣削加工。采用角度铣刀加工刀具圆柱面螺旋齿槽应掌握以下铣削要点。

（1）注意角度铣刀廓形对螺旋齿槽槽形的影响　在实际生产中，用双角铣刀或单角铣刀都可以加工出槽形符合图样要求的刀具螺旋齿槽。但在铣削过程中，两种不同廓形的铣刀各具特点：

1）用双角铣刀铣削时，由于切削表面的曲率半径 ρ_d 比较小，如图 10-1a 所示，因此，在保证被加工刀具前角的情况下，干涉将发生在前刀面的下部，产生“根切”，使前面呈凸肚状，如图 10-1b 所示。这样的槽形前面与槽底圆弧过渡不圆滑，一方面影响刀具以后切削时切屑的成形与排出，另一方面会削弱刀齿根部的强度。尽管如此，由于双角铣刀铣削时干涉比较小，被加工齿槽表面的表面粗糙度值比较小，因此在实际生产中仍然得到广泛应用。

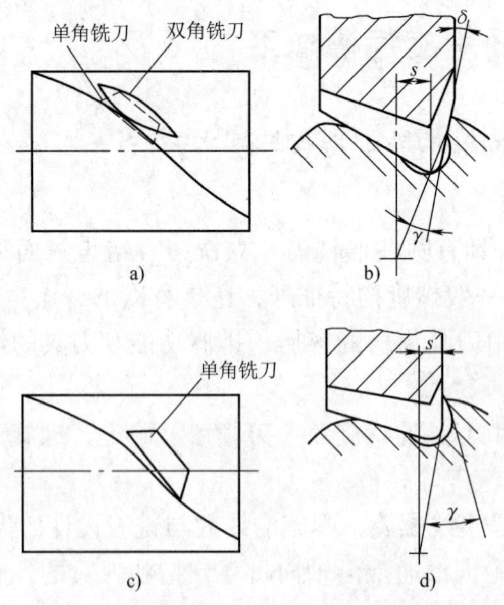

图 10-1　角度铣刀廓形对螺旋齿槽法向截形的影响

a）双角铣刀加工示意　b）双角铣刀加工后的工件槽形　c）单角铣刀加工示意

d）单角铣刀加工后的工件槽形

2）用单角铣刀铣削时，因其端面齿切削表面的曲率半径 ρ_d 比较大，干涉就相应增大，不仅会产生根部过切，而且会使齿槽产生刃口过切。但是，在实际生产中，若利用多扳转工作台转角的方法也可铣削出符合图样要求的螺旋齿槽，如图 10-1c 所示。铣削时，工作台的转角略大于螺旋齿槽的螺旋角，单角铣刀以一个椭圆与工件前刀面和槽底圆弧接触，齿槽的截形由铣刀刀尖“挑铣”而成，铣削后的前刀面呈凹圆弧状，如图 10-1d 所示。这样的槽形不但避免了用双角铣刀铣削时所产生的两个弊病，而且减少了以后的刃磨余量。但是，工作台转角的变化，给控制工件前角的数值带来了一定困难，而且前面的表面粗糙度值也有明显的增加。

（2）合理选择铣刀的结构尺寸和切向

1）角度铣刀的廓形角 θ 可近似等于工件的槽形角，当采用双角铣刀时，铣刀的小角度 δ 应尽可能小，一般取 $\delta = 15°$。

2）角度铣刀刀尖圆弧半径 r_ε 不能等于工件螺旋槽的槽底圆弧半径，一般可根据工件螺旋角的大小，取 $r_\varepsilon = (0.5 \sim 0.9)r$。当螺旋角较大时，$r_\varepsilon$ 应取较小值。

3）角度铣刀的直径 d_0 在不影响铣削的条件下，尽可能取小一些。

4）角度铣刀的切向（除对称角度铣刀外）有左切和右切之分，如图 10-2 所示。为了提高螺旋齿槽的表面质量，铣刀切削方向的选择原则是：应使螺旋槽在加工时，工件的旋转方向靠向双角铣刀的小角度锥面刃和单角铣刀的端面刃。工件运动方向和铣刀旋转方向的关系如图 10-3 所示，若采用逆铣方式，铣削右螺旋齿槽时，选择右切铣刀，铣削左螺旋齿槽时，选择左切铣刀。若采用顺铣，则与此相反。在实际生产中，当受到各种条件限制，无法满足以上原则时，也可对工作台的转角作适当的调整，以避免铣削中的拖刀现象。

（3）合理确定工作台转角

1）工作台转角的方向与一般螺旋槽相同，即铣削右螺旋齿槽时，铣床工作台应按逆时针方向转动；铣削左螺旋齿槽时，工作台按顺时针方向转动。

2）工作台的转角大小应根据角度铣刀的种类和工件螺旋角的大小来确定，通常选取工作台转角 β_1 略大于工件螺旋角 β。用双角铣刀时 β_1 比 β 大 $2° \sim 4°$；用单角铣刀时，β_1 比 β 大 $1° \sim 4°$。由于用单角铣刀铣削时，增大工作台的转角 β_1 会影响工件前角 γ_o，故 β_1 的具体数值可通过试切法，根据前角和前刀面的质量综合考虑予以确定。用双角铣刀铣削 $\beta > 20°$ 的螺旋齿槽时，为了减少齿槽底部的根切，工作台转角 β_1 应小于工件螺旋角 β。β_1 可按下式计算

$$\tan\beta_1 = \tan\beta\cos(\delta + \gamma_o) \tag{10-1}$$

式中　β_1——工作台转角（°）；

β——被加工刀具螺旋角（°）；

δ——双角铣刀小角度（°）；

γ_o——被加工刀具前角（°）。

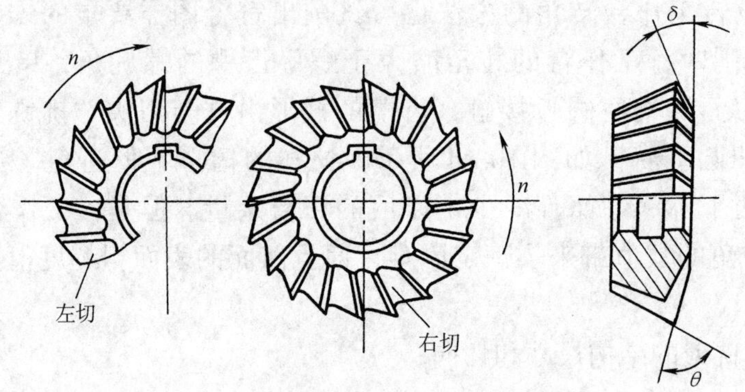

图 10-2　角度铣刀的切向辨别

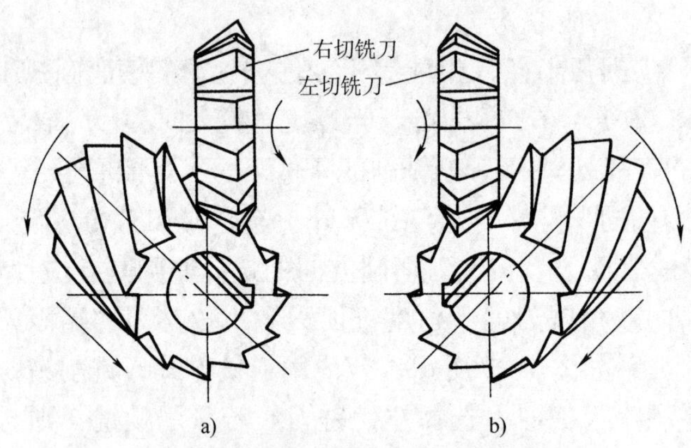

图 10-3　角度铣刀切削方向的选择

a）铣右旋齿槽　b）铣左旋齿槽

实际操作中，也可根据铣削过程中的干涉情况，通过试切对计算所得的工作台转角数值进行微量调整。

（4）计算和调整铣削位置要点

1）用不对称双角铣刀铣削圆柱面螺旋齿槽时（见图 10-4），由于在齿槽的法向截面上刀坯的截形是一个椭圆，因此在计算工作台偏移量和升高量时，可沿用圆柱面直齿槽的计算公式，但须以 $D/\cos\beta$ 代替公式中的 D。为了简化计算，也可从有关表中查出简化计算公式进行计算。

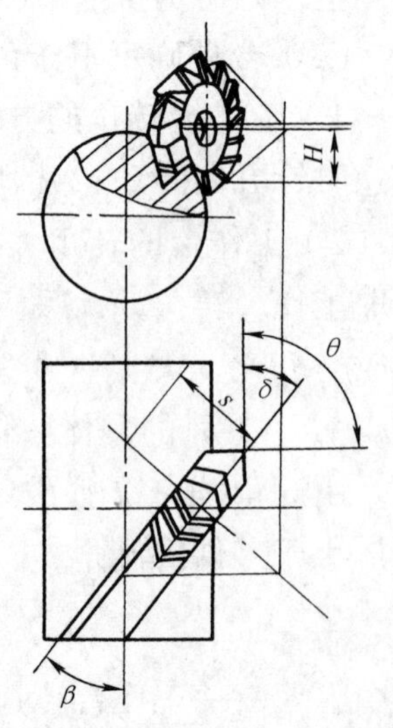

图 10-4　铣削螺旋齿槽时铣刀和工件的相对位置

2）用单角铣刀铣削圆柱面螺旋齿槽时，由于干涉现象较严重，加工后被加工刀具的前面的实际偏距一般会大于工作台的实际调整偏移量 s。因此，在实际加工中，偏移量 s 和升高量 H 可按铣削圆柱面直齿槽的公式计算，并通过试切预检进行适当的调整。

10.1.2 错齿三面刃铣刀铣削加工方法

1. 错齿三面刃铣刀圆周齿结构特点与技术要求

（1）圆周齿槽与刀齿结构特点　错齿三面刃铣刀的圆周齿槽分布结构特点如图 10-5 所示。其圆周上的齿槽是螺旋形的，而且具有两个旋向，间隔交错，即一半齿槽是右旋，另一半齿槽是左旋。由折线形齿背与容纳切屑的齿槽空间形成了具有一定角度的主切削刃、前刀面和后刀面的刀齿。其刀齿也有右旋和左旋之分，左旋刀齿和右旋刀齿间隔交错排列在圆周上。

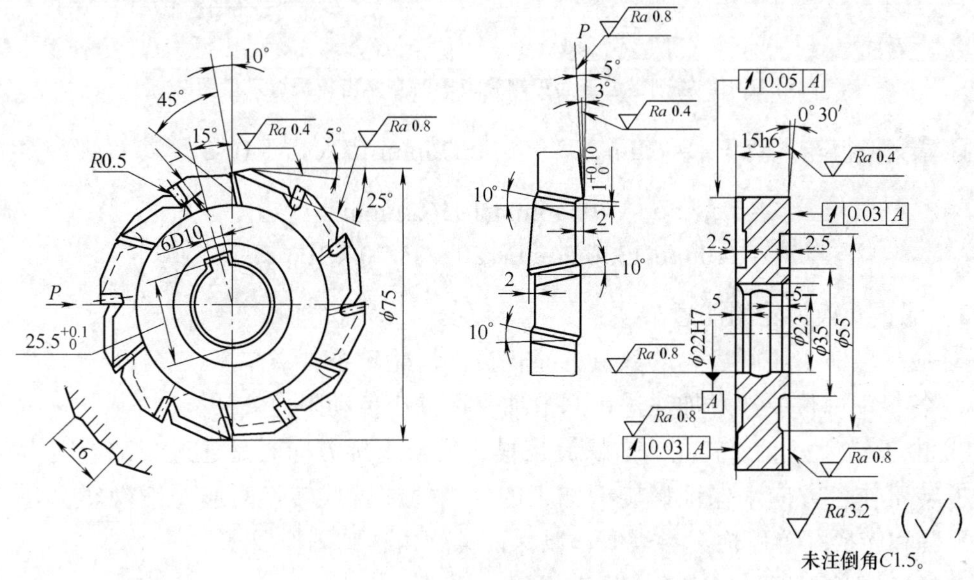

图 10-5　错齿三面刃铣刀的圆周齿槽分布结构特点

（2）圆周齿槽、刀齿铣削技术要求　刀齿前角为 10°，刀齿后角为 5°，刀齿齿背后角为 25°，刀齿刃倾角为 10°，刀齿齿槽角为 45°，棱边宽度为 1mm。

（3）导程计算和交换齿轮配置

1）导程计算：

$$P_z = \pi d \cot \beta$$
$$= \pi \times 75\text{mm} \times \cot 10° \approx 1336.26\text{mm}$$

2）交换齿轮计算，由图 10-6 传动关系得：

$$i = z_1 z_3 / z_2 z_4 = 40 P_{丝} / P_z \qquad (10\text{-}2)$$

式中　z_1、z_3——交换齿轮中主动齿轮齿数；

z_2、z_4——交换齿轮中从动齿轮齿数；

P_z——工件导程（mm）；

$P_丝$——铣床纵向丝杠螺距（mm）。

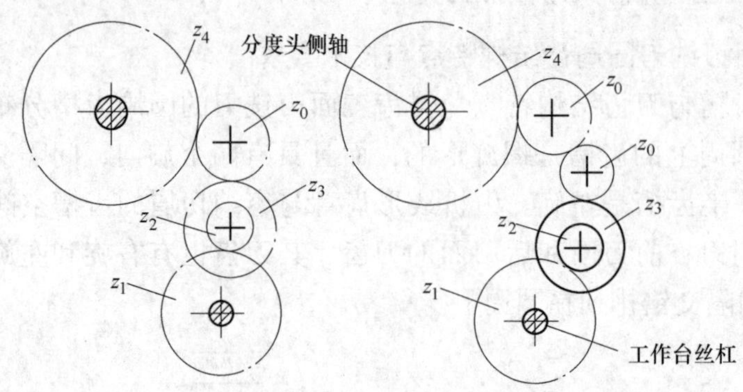

图 10-6　铣削错齿三面刃螺旋齿槽时交换齿轮配置示意图

计算交换齿轮，将 $P_丝$ = 6mm，P_z = 1336.26mm 代入式（10-2）：

$$i = z_1z_3 / z_2z_4 = 40 \times 6\text{mm}/1336.26\text{mm}$$
$$= 240\text{mm}/1336.26\text{mm} \approx 50 \times 25/70 \times 100$$

3）配置交换齿轮的注意事项：

① 应尽量减少中间齿轮的数量，简化交换齿轮轮系。

② 各传动部位要注意加注适量润滑油，以减小传动阻力。

③ 由于错齿三面刃有左、右螺旋齿槽，变换螺旋方向时是通过装卸中间齿轮和相应扳转工作台方向来保证螺旋槽加工的，因此配置或转换时应仔细操作，并应在初次配置和转换配置后检查导程值，以保证螺旋角达到图样要求。

2. 铣削圆柱面螺旋齿槽重点调整操作

（1）选择和安装工作铣刀　工作铣刀的选择和安装涉及齿槽的加工精度，因此应根据廓形角选择其结构尺寸，根据螺旋方向选择切削方向。

1）选择结构尺寸时，工作铣刀的廓形角 θ 值可近似地选取等于工件槽形角（见图 10-5），廓形角应选取 45°。若采用双角铣刀，其小角度应尽可能小，一般取 δ = 15°。工作铣刀刀尖圆弧半径（r_ε）不能等于工件槽底圆弧半径（r），一般应根据螺旋角的大小选取 $r_\varepsilon = (0.5 \sim 0.9)r$。当螺旋角 β 越大时，r_ε 应取较小值。本例应取 $0.75r = 0.375$mm。为了减少干涉，工作铣刀的外径应尽可能小一些。

2）选择铣刀切向时，应根据螺旋方向确定，一般应使螺旋齿槽的方向靠向双角铣刀的小角度锥面切削刃或单角铣刀的端面刃。对于错齿三面刃铣刀圆周齿槽，左右螺旋槽可分别选用左切和右切工作铣刀。

3）铣刀在刀杆上的安装位置应考虑到左右螺旋槽均能铣削加工。

（2）扳转工作台　工作台转角应根据螺旋槽方向确定，右旋时工作台沿逆时针方向转动；左旋时工作台应沿顺时针方向转动。转动的角度应根据螺旋角和所选的铣刀确定，由于选用双角铣刀计算调整比较复杂，因此一般可选用单角铣刀。工作台转角的实际角度比螺旋角 β 值大 1° ~ 4°，具体数值可通过试切法调整确定。

（3）计算和调整偏移量和升高量　错齿三面刃铣刀的偏移量和升高量可沿用铣削直齿槽的公式进行计算，即

$$s = 0.5D\sin\gamma_o = 0.5 \times 75\text{mm} \times \sin10° \approx 6.51\text{mm}$$

$$\begin{aligned} H &= 0.5D(1 - \cos\gamma_o) + h \\ &= 0.5 \times 75\text{mm} \times (1 - \cos10°) + 7\text{mm} \approx 7.57\text{mm} \end{aligned}$$

在实际调整操作过程中，考虑到干涉，可先按小于 s 值的偏移量进行调整，当升高量 H 调整到位后，对试切的齿槽前角进行测量，然后微量调整偏移量值，达到图样前角要求。

（4）铣削折线齿背　铣削时可在刀杆上同时安装铣削齿背的工作铣刀，也可以使用同一把工作铣刀。使用同一把单角铣刀锥面刃铣削齿背时，在铣削完工件齿槽后，要转过角度 φ，如图 10-7 所示。φ 角可按下式估算：

$$\varphi = 90° - \theta - \alpha_1 - \gamma_o \tag{10-3}$$

式中　φ——工件回转角度（°）；

θ——单角铣刀廓形角（°）；

α_1——刀具周齿齿背角（°）；

γ_o——刀具周齿法向前角（°）。

本例若使用一把单角铣刀兼铣齿槽齿背，工件的转角估算如下：

$$\begin{aligned} \varphi &= 90° - \theta - \alpha_1 - \gamma_o \\ &= 90° - 45° - 25° - 10° = 10° \end{aligned}$$

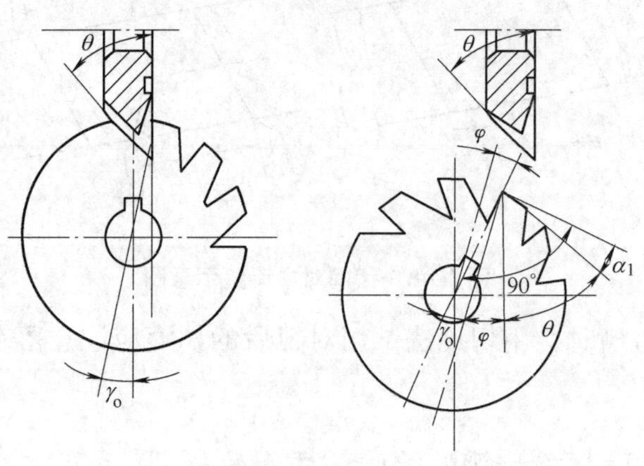

图 10-7　用同一把单角铣刀兼铣齿槽齿背

（5）铣削圆周螺旋齿槽调整操作的注意事项

1）铣削多头螺旋槽时，由于传动系统中存在间隙，应在返程前下降工作台，使铣刀脱离工件，以免铣刀擦伤螺旋槽已加工表面。

2）为了保证工件的等分精度，在铣削前应确定分度手柄的转动方向。一般可使分度手柄在分度时的转向与纵向工作台返程时分度手柄的转向一致，以防止传动系统间隙影响分度精度。由于是错齿三面刃，故分度值应为两个分齿角。

3）铣削完毕一个方向的齿槽后，应使工件转过 φ 角，兼铣齿背，或用另一把安装在同一刀轴上的单角铣刀铣削齿背，以免重复安装交换齿轮，φ 角度值应换算成孔圈数，以便调整操作。

4）左、右螺旋齿槽的前角值均由偏移量 s 保证，但因工作台转角有误差以及铣刀端面刃的刃磨质量等原因，所产生的干涉情况不一致。因此，转换螺旋方向后，实际偏移量应再做一次试切测量后确定。

5）铣削好一个方向的螺旋齿槽和齿背后，将分度头主轴回复原位，并转过一个分齿角，粗定另一个方向螺旋齿槽的对刀位置，然后进行微量调整。

6）转换螺旋齿槽方向时，应保持原有的交换齿轮，仅拆卸惰轮，同时相应地扳转工作台转角。

7）为了使左、右螺旋齿槽均匀分布，在左、右螺旋转换后，第一齿槽应做齿间对中的操作调整，具体操作如图 10-8 所示。对刀位置宜选在工件宽度中间，如图 10-8a 所示。转动分度手柄，先使前刀面一侧略大一些，然后根据试切较浅的螺旋槽在两端测量对中偏差，测量方法如图 10-8b 所示，再按偏差值 Δn 通过分度手柄转动工件做周向微量调整，直至 s_1 和 s_2 准确相等。调整时，升高量应逐步到位，否则会因齿槽深度未到、干涉量较小而影响齿间对中调整精度。

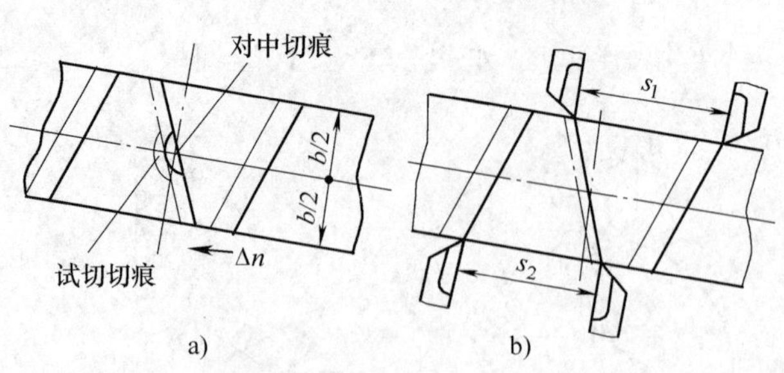

图 10-8　齿间对中调整示意图

8）铣削螺旋齿槽时，用切痕法试切对刀后的切痕应注意落在齿槽和齿背能铣去的圆周表面内。

10.1.3　铣刀圆柱面螺旋齿槽的检验与质量分析

（1）检验测量要点

1）铣刀圆柱面螺旋齿槽几何角度检验。用刀具量角器检验前角、后角，检验时尺身与端面平行，测得端面的前角和后角值，须进行换算得出法向前、后角的实际值。齿背后角也可采用类似方法测量。

2）齿槽角一般由工作刀具廓形保证，检验时，可用专用样板检测，专用样板可预先由钳工配合自行制作。

3）齿槽深度、后面宽度用游标卡尺检验，齿槽等分也可用卡尺测量齿槽圆周弦长进行检验。

4）表面粗糙度、外观用目测检验，应无微小碰伤、铣坏和残留对刀切痕。

（2）质量分析要点

1）螺旋齿槽槽形误差大的原因：

① 工作铣刀刃磨后实际廓形误差大或刀具数据选择错误。

② 铣削时铣刀切削方向选择不正确，干涉过切量大。

③ 工作台转角选择不当，过切量大。

④ 铣刀刀尖圆弧选择不当。

2）前角值误差大的原因：

① 横向偏移量 s 值计算错误。

② 划线对刀不准确。

③ 双角铣刀小角度刃面廓形角不准确。

3）齿背后角误差大的原因：

① 用一把双角铣刀铣削时，分度头附加转角 φ 值计算错误或操作失误。

② 铣刀大角度刃面廓形角误差大。

4）齿槽等分精度误差大的原因：

① 在退刀后进行等分操作时，未按同一方向消除传动系统间隙。

② 工件装夹时未采用平键联接，工件在铣削过程中产生角位移。

③ 分度头精度差，孔盘定位孔损坏后，铣削过程中分度定位销有孔间转位。

10.2 刀具端面与锥面齿槽加工

10.2.1 端面与锥面齿槽的铣削特点与基本方法

1. 齿槽及其铣削特点

1）端面齿槽与锥面齿槽两端所处圆周的直径不同，因此齿槽具有大端宽小端窄、大端深小端浅的特点。因此，铣削调整时，齿面素线与工作台面是不平行的，即需要有一个仰角。

2）对于端面齿和锥面齿刃的分布表面，实质上都是锥面。例如，立铣刀的端

面齿刃、三面刃铣刀的两端面齿刃都是分布在外圆高、内圆低的内锥面上的，以使端面铣削时，由多齿的刀尖构成切削圆，端面齿的切削刃是不与已加工表面接触的。又如双角铣刀的锥面齿刃则明显地分布在两侧的外圆锥面上，单角铣刀沿角度面是明显的外锥面齿刃，端面齿刃则与三面刃铣刀侧刃相同。因此，为保证齿刃的宽度一致，铣削加工时，往往需要对仰角作微量调整。

3）铣削端面齿槽和锥面齿槽常有连接的要求，这是因为刀齿的刀尖角、副偏角等几何参数通常是由端面齿与刀具的圆周齿槽或锥面齿槽连接后形成的。因此，铣削端面齿槽和锥面齿槽时，铣削位置的调整还须以已加工后的圆柱面齿槽和圆锥面齿槽为基准，这样才能保证前面和齿刃的连接技术要求。

4）端面齿槽和锥面齿槽因小端的直径尺寸比较小，而且通常还需在加工中设置定位或夹紧装置，如三面刃铣刀的端面刃铣削，需要定位心轴和夹紧螺钉等。因此，铣削时工作刀具的退刀位置受到限制，使工作刀具的结构选择和铣削操作都比较困难。

2. 端面齿槽铣削加工基本方法和要点

具有端面齿的刀具可分为两类：一类是被加工刀具的圆柱面齿和圆锥面齿是直齿，其端面齿前角等于零度；另一类是被加工刀具的圆柱面齿或圆锥面齿是螺旋齿，其端面齿的前角大于零度。

（1）直齿刀具端面齿槽铣削方法要点

1）选择工作铣刀。选择与齿槽槽形角相同廓形角的单角铣刀，由于铣削加工退刀的位置比较小，因此铣刀的直径应尽可能选小些。

2）装夹工件。带孔铣刀的装夹采用心轴，由于退刀位置的限制，夹紧工件的螺钉可制作成锥形，顶端带内六角。带柄刀具采用变径套直接安装在分度头的主轴孔内，用螺杆将刀具直接紧固在分度头主轴上。工件装夹后须找正工件端面和圆周或圆锥面的圆跳动量，还需找正工件已加工好的圆柱面或圆锥面齿槽前面与进给方向平行。

3）计算分度头仰角 α。要保证端面齿刃口棱边宽度一致，端面齿槽一定要铣成外宽内窄，外深内浅。因此，在铣削时，须将被加工刀具的端面倾斜一个角度 α（见图 10-9），α 值可按下式计算：

$$\alpha = \tan\frac{360°}{z}\cot\theta \qquad (10\text{-}4)$$

式中 z——工件齿数；

θ——工件端面齿槽槽形角（°）。

在实际生产中，为了避免烦琐的计算，α 值可在表 10-1 中直接查得。表中所选用的仰角数值因没有将被加工刀具的端面齿副偏角考虑在内，因而还须在操作中作适当的调整，才能保证端面齿棱边宽度内外一致。

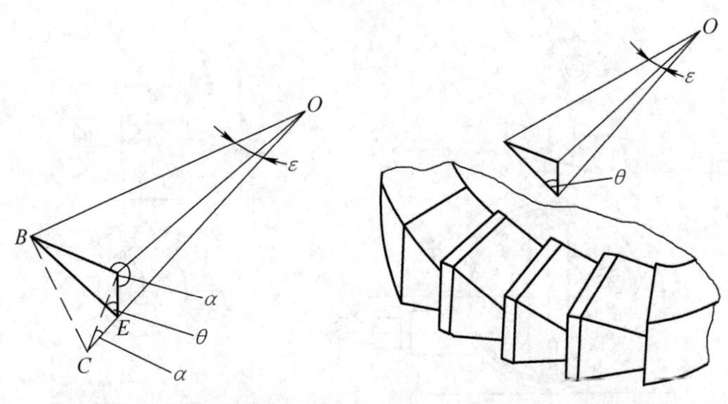

图 10-9　铣削端面齿槽时分度头仰角 α 计算

表 10-1　铣削端面齿槽时分度头主轴仰角 α 值

工件齿数	工作铣刀廓形角 θ_1							
	85°	80°	75°	70°	65°	60°	55°	50°
5	74°24′	57°08′	34°24′	—	—	—	—	—
6	81°17′	72°13′	62°02′	50°55′	36°08′	—	—	—
8	84°59′	79°51′	74°27′	68°39′	62°12′	54°44′	45°33′	32°57′
10	86°21′	82°38′	78°59′	74°40′	70°12′	65°12′	59°25′	52°26′
12	87°06′	84°09′	81°06′	77°52′	74°23′	70°32′	66°09′	61°01′
14	87°35′	85°08′	82°35′	79°54′	77°01′	73°51′	70°18′	66°10′
16	87°55′	85°49′	83°38′	81°20′	78°52′	76°10′	73°08′	69°40′
18	88°10′	86°19′	84°24′	82°27′	80°14′	77°52′	75°14′	72°13′
20	88°22′	86°43′	85°00′	83°12′	81°17′	79°11′	76°51′	74°11′
22	88°32′	87°02′	85°30′	83°52′	82°08′	80°14′	78°08′	75°44′
24	88°39′	87°18′	85°53′	84°24′	82°49′	81°06′	79°11′	77°01′
26	88°46′	87°30′	86°13′	84°51′	83°24′	81°49′	80°04′	78°04′
28	88°51′	87°42′	86°30′	85°14′	83°53′	82°26′	80°48′	78°58′
30	88°′56	87°51′	86°44′	85°34′	84°19′	82°57′	81°26′	79°44′
32	89°00′	87°59′	86°56′	85°51′	84°37′	83°24′	82°00′	80°24′
34	89°04′	88°07′	87°08′	86°06′	85°00′	83°48′	82°29′	80°59′
36	89°07′	88°13′	87°18′	86°19′	85°24′	84°10′	82°54′	81°29′
38	89°10′	88°19′	87°26′	86°31′	85°32′	84°28′	83°17′	81°57′
40	89°12′	88°24′	87°34′	86°42′	85°46′	84°45′	83°38′	82°22′

4）调整工作铣刀的切削位置。铣削端面齿槽的相对位置调整如图 10-10 所示，调整时须根据被加工刀具圆柱面直齿的前角确定工作铣刀的位置。当圆柱面直齿的前角 $\gamma_o = 0°$ 时，单角铣刀的端面刃切削平面应通过工件的轴线；当圆柱面直齿的前角 $\gamma_o > 0°$ 时，单角铣刀的端面刃切削平面应偏离工件中心一个距离 s，s 的值可沿用圆柱面直齿槽偏移量 s 的计算公式。

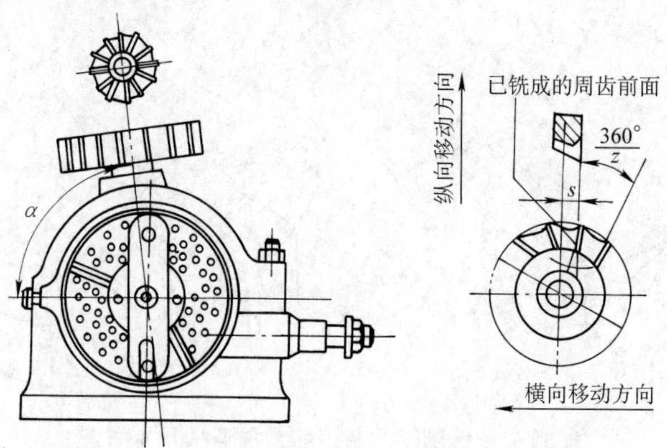

图 10-10　铣削端面齿槽时铣刀和工件的相对位置

（2）螺旋齿刀具端面齿槽铣削方法要点　由于螺旋齿刀具周齿的前刀面是螺旋面，与工件的轴线形成一定的夹角，因此，这类刀具的端面齿具有一定的前角。为了使端面齿前刀面与圆柱面齿的前刀面平滑连接，除了要进行工作台横向偏移量 s 和分度头仰角 α 调整外，还应使分度头主轴沿横向倾斜一个角度（$90° - \beta$）。

1）调整计算。铣削螺旋齿刀具端面齿槽时，参见图 10-11 有关参数，可用以下近似公式计算调整数据：

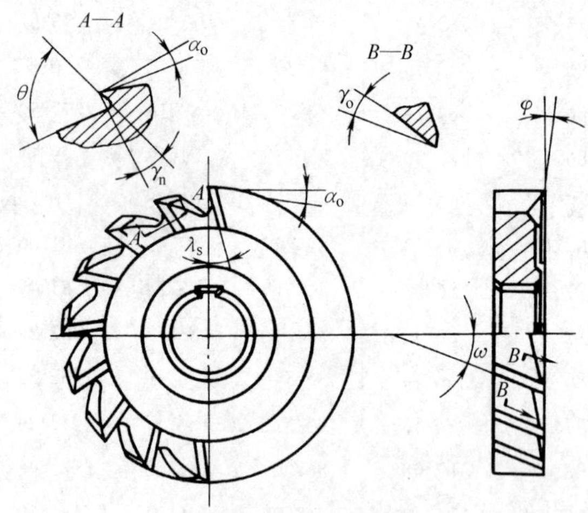

图 10-11　两面刃铣刀

$$\cos\alpha=\tan\frac{360°}{z}\cot(\gamma_n+\theta) \tag{10-5}$$

$$\tan\beta=\tan\gamma_n\sin\alpha \tag{10-6}$$

$$s=\frac{D}{2}\sin\lambda \tag{10-7}$$

式中　z——工件齿数；

θ——端面齿槽形角（°）；

λ——端面齿刃倾角（°）；

D——工件直径（mm）；

γ_n——端面齿法向前角（°）。

按上述公式计算所得的值是近似的，在实际操作中，还需要根据端面齿棱带宽度是内窄外宽还是内宽外窄的情况，对仰角进行微量调整，以使棱带宽度在全长内完全一致。

2）几种常用的调整和铣削方法。

① 在卧式铣床上用纵向进给铣削螺旋齿刀具端面齿时，可在分度头底面和工作台面之间增设一块斜度为 β 的垫块（见图 10-12a），使分度头主轴沿横向与工作台面倾斜（$90° - \beta$）角，分度头仰角按 α 调整，s 由移动横向工作台实现。采用这种方法所铣出的端面齿，其 γ_n 是比较准确的。但这种方法适用于批量生产，而且增设垫块

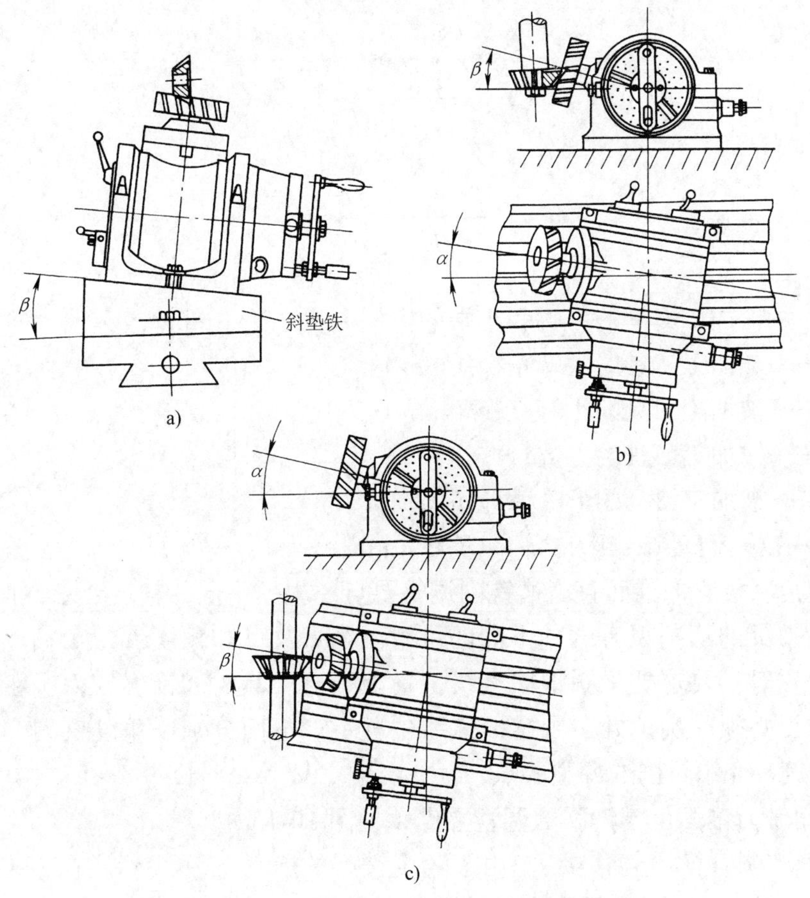

图 10-12　工件扳转 β 角的方法

a）采用斜垫块　b）改变分度头仰角　c）扳转工作台

后，还可能受到升降台行程的限制，使加工无法进行。

② 在立式铣床上用横向进给加工螺旋齿刀具端面齿槽时（见图 10-12b），分度头的仰角应改变为按 β 值调整，而在水平面内，分度头主轴与工作台纵向进给方向的夹角应按 α 值调整，s 的调整由移动工作台垂向实现。

③ 在卧式万能铣床上用垂向进给加工螺旋齿刀具端面齿槽时（见图 10-12c），可将工作台扳转 β 角，转动的方向由工件圆柱面的螺旋齿槽的螺旋方向确定。同时，分度头的仰角为（$90° - \alpha$），s 的调整由移动横向工作台实现。

3. 锥面直齿槽铣削加工基本方法和要点

具有锥面直齿槽的刀具有角度铣刀、直齿锥度铰刀及锥孔锪钻等，这类刀具的齿槽铣削与端面齿槽的铣削方法基本相似。

（1）前角 $\gamma_o = 0°$ 的锥面直齿槽铣削调整要点　铣削刀具锥面直齿槽时，若前角 $\gamma_o = 0°$，则工作台横向偏移量 $s = 0$。为了保证刀齿棱带宽度在全长内均匀一致，工件必须倾斜一个 α 角，若不计棱带宽度的影响，仰角 α 可按下式计算：

$$\Delta h = (D_1 - D_2)\frac{\sin\dfrac{180°}{z}\cos\left(\theta - \dfrac{180°}{z}\right)}{\sin\theta} \tag{10-8}$$

$$\tan\alpha = \frac{D_1 - D_2}{2l} - \frac{\Delta h}{l} \tag{10-9}$$

式中　Δh——被加工刀具的大端和小端的齿槽深度之差（mm）；

D_1——被加工刀具的大端直径（mm）；

D_2——被加工刀具的小端直径（mm）；

z——被加工刀具的齿数；

θ——被加工刀具的齿槽槽形角（°）；

l——锥面直齿刀具刃部轴向长度（mm）。

（2）前角 $\gamma_o > 0°$ 的锥面直齿槽铣削调整要点　根据不同的精度要求，前角 $\gamma_o > 0°$ 的锥面直齿刀具的切削刃有两种不同的位置。当刀具（如角度铣刀）精度要求不高时，切削刃一般不要求处于圆锥面素线位置上；当刀具（如锥度铰刀）精度要求较高时，切削刃必须准确地处于圆锥面素线位置上。下面分别以角度铣刀和锥度铰刀锥面齿槽为例，介绍铣削的调整要点：

1）单角铣刀锥面齿槽铣削的调整要点（见图 10-13）。

① 计算和调整横向偏移量 s。由于角度铣刀的前角 γ_o 一般标注在刀尖处，即 γ_o 是前刀面和通过刀尖的径向平面之间的夹角，因此，偏移量 s 的计算与调整和铣削圆柱面直齿刀具齿槽时相同。

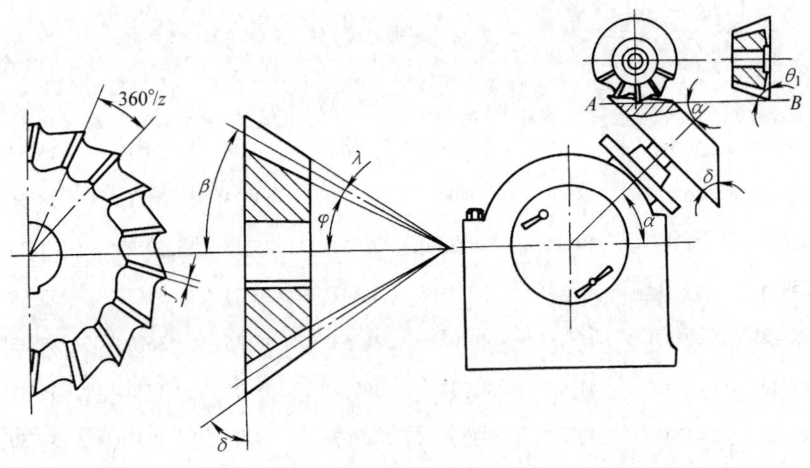

图 10-13　角度铣刀锥面齿调整计算示意

② 计算和调整分度头仰角 α。为了保证角度铣刀锥面刃宽度在全长内均匀一致，分度头必须仰起一个角度 α，仰角 α 可按下式计算：

$$\tan\beta = \cos\frac{360°}{z}\cot\delta \tag{10-10}$$

$$\sin\lambda = \tan\frac{360°}{z}\cot\theta\sin\beta \tag{10-11}$$

$$\alpha = \beta - \lambda \tag{10-12}$$

式中　z——被加工角度铣刀的齿数；

δ——被加工角度铣刀的外锥面锥底角（°）；

θ——被加工角度铣刀锥面齿槽角（°）；

β、λ——中间计算量（°）。

为了避免烦琐的计算，分度头主轴仰角 α 值见表 10-2。

③ 计算和调整齿槽铣削深度 h。铣削深度通常可通过试切法确定，也可用下式计算：

$$h=\frac{R\cos(\alpha+\delta)}{\cos\delta} \tag{10-13}$$

式中　R——角度铣刀齿坯大端半径（mm）。

表 10-2 铣削单角铣刀锥面齿槽时分度头主轴仰角 α 值

齿槽角为45°									
齿数 z	开齿用角度铣刀的角度								
	90°	85°	80°	75°	70°	65°	60°	55°	50°
12	40°54′	39°00′	37°04′	35°05′	33°00′	30°46′	28°18′	25°33′	20°24′
14	42°01′	40°24′	38°46′	37°04′	35°17′	33°23′	31°18′	28°58′	26°19′
16	42°44′	41°19′	39°54′	38°25′	36°52′	35°18′	33°24′	31°23′	29°05′
18	43°13′	41°58′	40°42′	39°23′	38°01′	36°33′	34°57′	33°10′	31°09′
20	43°34′	42°27′	41°18′	40°08′	38°53′	37°35′	36°09′	34°33′	32°44′
22	43°49′	42°48′	41°46′	40°42′	39°34′	38°23′	37°04′	35°38′	33°59′
24	44°00′	43°04′	42°07′	41°09′	40°07′	39°02′	37°50′	36°30′	35°01′
26	44°09′	43°17′	42°25′	41°31′	40°34′	39°34′	38°28′	37°14′	35°52′
28	44°16′	43°28′	42°40′	41°49′	40°57′	39°55′	39°00′	37°52′	36°36′
30	44°22′	43°37′	42°52′	42°05′	41°16′	40°24′	39°27′	38°24′	37°12′
32	44°27′	43°45′	43°03′	42°19′	41°29′	40°44′	39°51′	38°51′	37°44′
齿槽角为60°									
齿数 z	开齿用角度铣刀的角度								
	90°	85°	80°	75°	70°	65°	60°	55°	50°
12	26°34′	25°16′	23°57′	22°36′	21°11′	20°39′	18°00′	16°09′	14°03′
14	27°29′	26°22′	25°14′	24°04′	22°50′	21°32′	20°06′	18°22′	16°44′
16	28°04′	27°05′	26°06′	25°04′	24°00′	22°51′	21°36′	20°13′	18°39′
18	28°29′	27°37′	26°44′	25°49′	24°52′	23°50′	22°44′	21°30′	20°06′
20	28°46′	27°59′	27°11′	26°22′	25°30′	24°35′	23°35′	22°29′	21°14′
22	28°59′	28°16′	27°33′	26°48′	26°01′	25°11′	24°16′	23°16′	22°07′
24	29°09′	28°30′	27°50′	27°09′	26°26′	25°40′	24°50′	23°54′	22°52′
26	29°16′	28°40′	28°03′	27°25′	26°45′	26°03′	25°17′	24°26′	23°28′
28	29°22′	28°48′	28°14′	27°39′	27°02′	26°23′	25°42′	24°52′	23°59′
30	29°27′	28°56′	28°24′	27°51′	27°16′	26°39′	26°00′	25°15′	24°25′
32	29°31′	29°02′	28°32′	28°01′	27°28′	26°54′	26°16′	25°35′	24°48′

2）锥度铰刀锥面齿槽铣削调整要点（见图 10-14）。当锥度铰刀前角 $\gamma_o > 0°$ 时，为了保证铰出精确的锥孔，铰刀的刃口必须准确地处于圆锥面的素线上，同时，刃口上各点的前角数值还要求基本相等。为此，铣削这类刀具时，工作铣刀和工件的相对位置调整应按下列三项内容进行。

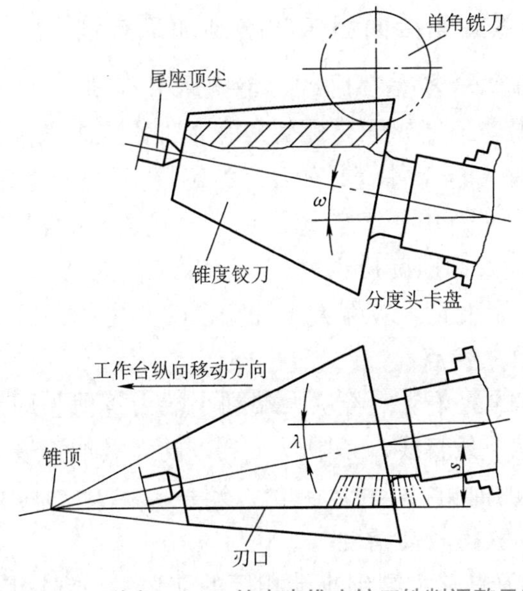

图 10-14　前角 $\gamma_o > 0°$ 的直齿锥度铰刀铣削调整示意

① 分度头主轴应与工作台面倾斜 ω 角。

② 分度头主轴应与工作台纵向进给方向倾斜 λ 角。

③ 工作铣刀端面刃形成的切削平面应相对铰刀大端中心横向偏移距离 s。

以上三项调整数据可按下式计算：

$$\Delta h = (D-d)\frac{\sin\dfrac{180°}{z}\cos\left(\gamma_o+\theta-\dfrac{180°}{z}\right)}{\sin\theta} \tag{10-14}$$

$$\tan\omega = \frac{(D-d)\cos\gamma_o - 2\Delta h}{2l} \tag{10-15}$$

$$\tan\lambda = \frac{(D-d)\sin\gamma_o - \cos\omega}{2l} \tag{10-16}$$

$$s = \frac{D}{2}\sin\gamma_o\cos\lambda \tag{10-17}$$

式中　D——锥度刀具大端直径（mm）；

d——锥度刀具小端直径（mm）；

z——锥度刀具齿数；

γ_o——前角（°）；

θ——齿槽角（°）；

l——锥度刀具切削刃轴向长度（mm）。

10.2.2　等前角、等螺旋角锥面齿槽的铣削加工方法

铣削螺旋刀具齿槽，一般是在卧式万能铣床上利用分度头和工作台丝杠之间配置交换齿轮进行的。根据工件导程与螺旋角和工件直径的关系（$P_h = \pi D\cot\beta$）可知，当导程（P_h）为常数时，若工件直径（D）为定值，则螺旋角（β）也是一个定值。当螺旋齿槽在圆锥面上时，由于工件直径是个变量，当导程是一个常数时，螺旋角也是一个变量，直径越大，螺旋角也就越大。反之，要使圆锥面上螺旋槽的螺旋角相等，则导程必须是一个变量，应随着工件直径的变化具有相应的导程值。

1. 等前角锥度刀具的特点

1）直齿锥度刀具的前角 γ_o，若从大端到小端为等值（即等前角），刃口是圆锥面上一条素线，并且是一条直线，其中以 $\gamma_o = 0°$ 的刀具加工最为方便。

2）螺旋锥度刀具的前角，不论 $\gamma_o = 0°$，还是 $\gamma_o \neq 0°$，其刃口都是一条曲线，所以这类刀具刃磨后不易获得较高精度。

3）为了获得锥度刀具从大端到小端相等的前角，根据用单角铣刀铣削刀具齿槽时偏移量的计算公式 $s = 0.5D\sin\gamma_o$ 可知，大端和小端的偏移量是不相等的，而且要使单角铣刀侧刃切削平面通过被加工工件的锥顶。

2. 等螺旋角锥度刀具特点

等螺旋角锥度刀具在沿轴线方向上各处的导程是不相等的，当分度头和工件作等速旋转时，工作台不是等速运动而是变速运动。因此，不能用铣削等速螺旋线的方法进行加工。

等螺旋角锥度刀具如图 10-15 所示，如果螺旋角为常量，导程将随直径的增大而增大，其导程（P_h）为：

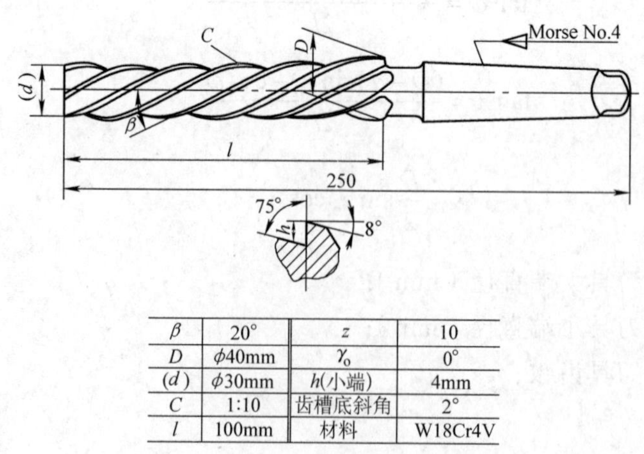

β	20°	z	10
D	ϕ40mm	γ_o	0°
(d)	ϕ30mm	h(小端)	4mm
C	1:10	齿槽底斜角	2°
l	100mm	材料	W18Cr4V

图 10-15　等螺旋角锥度刀具

$$P_{\mathrm{h}}=\pi d\cot\beta\Big/\left(1-\frac{\pi\theta C\cot\beta}{360°}\right) \tag{10-18}$$

式中 P_{h}——导程（mm）；

d——工件小端直径（mm）；

C——工件锥度；

β——工件螺旋角（°）。

由加工等速螺旋线的情况可知，当工件转过 θ 角时，工作台相应移动的距离 $s=P_{\mathrm{h}}\theta/360°$。即当工件转过 $\theta=360°$ 时，$s=P_{\mathrm{h}}$。而对于锥度刀具，s 与导程 P_{h} 的关系仍可沿用上式，但 P_{h} 应将式（10-18）代入

$$s=\left[\pi d\cot\beta\Big/\left(1-\frac{\pi\theta C\cot\beta}{360°}\right)\right]\theta/360° \tag{10-19}$$

由式（10-19）可知，工件旋转角度 θ 与工作台移动距离 s 之间的关系不是一次函数，即不是直线性的，因此不能通过在分度头和工作台丝杠之间配置一般的交换齿轮加工锥面螺旋齿槽。

3. 等前角锥度刀具齿槽的铣削方法

1）对前角 $\gamma_{\mathrm{o}}=0°$ 的锥度刀具齿槽，若采用单角铣刀铣削，不论直齿还是螺旋齿锥度刀具，均应使工作铣刀端面齿的铣削平面通过工件中心。

2）对前角 $\gamma_{\mathrm{o}}>0°$ 的直齿锥度刀具齿槽铣削（见图 10-14），铣刀和工件之间相对位置应按式（10-14）~ 式（10-17）计算所得的数据进行调整，即分度头主轴与工作台面倾斜 ω 角，分度头主轴与工作台进给方向倾斜 λ 角，工作铣刀端面齿切削平面应相对工件大端中心偏移距离 s。

3）对前角 $\gamma_{\mathrm{o}}>0°$ 的螺旋齿锥度刀具齿槽铣削，除像直齿刀具一样，按式（10-14）~式（10-17）计算所得的数据进行调整外，还需按工件螺旋角扳转工作台角度。此外，在计算 s 值时，由于螺旋角的影响，应以 $D/\cos\beta$ 代替式（10-17）中的 D，否则偏距 s 会有一定误差。

4. 等螺旋角锥度刀具齿槽的铣削方法

（1）坐标铣削法　单件生产时可采用坐标铣削法，即当工件转过一个小角度 θ 时，将工件和工作台纵向相应移动的位置（距离）应沿螺旋槽逐段计算出来，把所有的计算数值列成表格，然后将每段移动总量分解到逐点铣削，每一段分解成若干点，取点越多，铣削精度越高。

（2）凸轮移距铣削法　当铣削具有一定批量的等螺旋角锥度刀具时，可采用凸轮移距的专用夹具，如图 10-16 所示。这种专用夹具是利用定制的凸轮来控制工件的移动量的。铣削时，把工件装夹在尾座 1 和分度头 3 之间，分度头侧轴与上滑板

装有凸轮 5 的传动轴之间配置交换齿轮 z_1、z_2、z_3、z_4。当手摇传动轴端的手柄 4 时，凸轮 5 旋转，固定在底板 8 上的柱销 6，通过凸轮 5 螺旋槽的作用，推动上滑板 7，带动工件 2 按需要速度做直线移动。安装在凸轮传动轴上的齿轮 z_1，通过交换齿轮，使分度头 3 带动工件 2 旋转。由于凸轮曲线和交换齿轮比是按锥度刀具螺旋槽参数计算后确定的，因此，只要改变交换齿轮比和凸轮参数，便可获得不同规律的非等速螺旋运动，从而铣出锥度刀具的等螺旋角齿槽。值得注意的是，凸轮 5 的螺旋槽中心角可大于 360°，增大凸轮的直径可以减小螺旋槽的升角，以适应不同的刀具铣削。

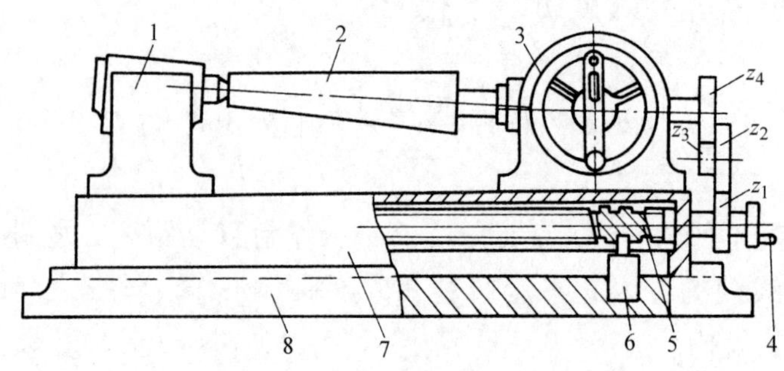

图 10-16　凸轮移距专用夹具

1—尾座　2—工件　3—分度头　4—手柄　5—凸轮　6—柱销　7—上滑板　8—底板

（3）非圆齿轮调速铣削法　上述采用凸轮移距的特点是分度头做匀速旋转，而工作台做变速进给运动。采用非圆齿轮调速是使分度头做变速运动，即铣削小端齿槽时转速快，铣削大端齿槽时转速慢，而工作台则做匀速进给运动的一种铣削方法。

非圆齿轮用来加工等螺旋角圆锥刀具的调速非圆齿轮，如图 10-17 所示。它具有开式节圆曲线，所以两个对数螺旋线齿形连续旋转不到一圈。对于非圆齿轮，无论节圆曲线是开式还是闭式的，其可能啮合的关键是要保证轴间距离一定。也就是说，非圆齿轮节圆曲线的每一点半径可以不等，但一对非圆齿轮啮合时，两齿轮节圆曲线半径之和要始终相等。常用的非圆齿轮有以下四对：

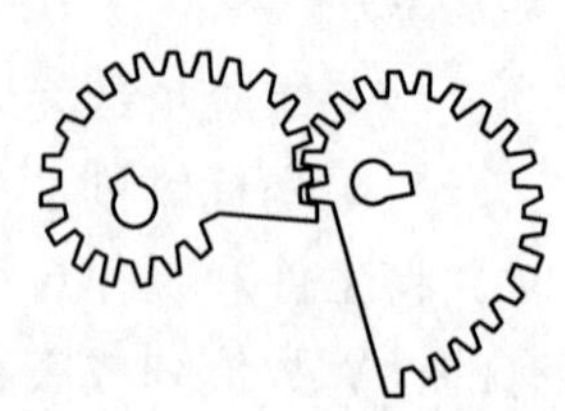

图 10-17　非圆齿轮传动

第一对：$i_{非\,max}=1.25$，$i_{非\,min}=1/1.25$

第二对：$i_{非\,max}=1.5$，$i_{非\,min}=1/1.5$

第三对：$i_{非\,max}=2$，$i_{非\,min}=1/2$

第四对：$i_{非\,max}=3$，$i_{非\,min}=1/3$

非圆齿轮的最大瞬时传动比为：$i_{非\,max}=r_{主\,max}/r_{从\,min}$

非圆齿轮的最小瞬时传动比为：$i_{非\,min}=r_{主\,min}/r_{从\,max}$

式中　$r_{主\,max}$、$r_{从\,max}$——主动、从动非圆齿轮节圆曲线最大半径（mm）；

$r_{主\,min}$、$r_{从\,min}$——主动、从动非圆齿轮节圆曲线最小半径（mm）。

在加工等螺旋角圆锥刀具时，通常由小端向大端铣削。因此，主动齿轮节圆曲线半径由大到小，从动轮由小到大，使分度头转速由快变慢。随着工件直径增大，导程也逐步增大，这就是用非圆齿轮调速传动加工等螺旋角圆锥刀具的基本原理。

铣削加工时，须在分度头主轴与工作台丝杠之间配置交换齿轮，如图 10-18 所示。由传动系统可以看出，从工作台丝杠到分度头主轴传动链总传动比（$i_{总}$）为：

$$i_{总} = P_{丝}/\pi d\cot\beta = (z_1z_3/z_2z_4)(z_{非}/z_{非})(z_5/z_6) \tag{10-20}$$

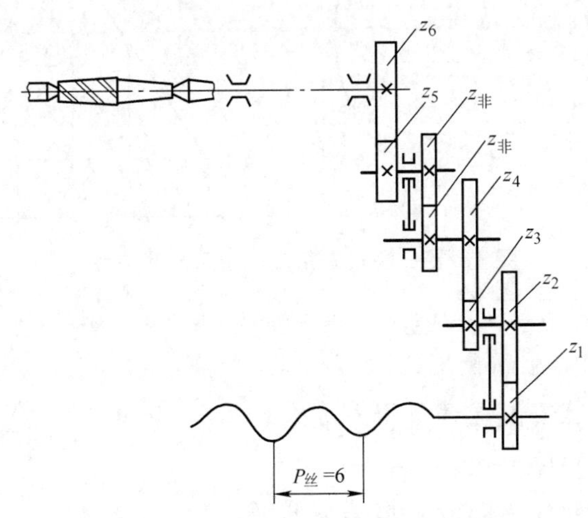

图 10-18　非圆齿轮调速传动系统图

其中非圆齿轮与工作台丝杠之间的一组交换齿轮称为第一套交换齿轮；非圆齿轮与分度头主轴之间的一组交换齿轮称为第二套交换齿轮。非圆齿轮在一个圆周上的工作转角 θ，决定其在一个圆周上可转过的圈数 $n'(n' = \theta/360°)$，而工件刃口长度 l 和工作台丝杠螺距 $P_{丝}$，决定了加工时丝杠的转动圈数 $n(n = l/P_{丝})$。由此，第一套交换齿轮的齿数比为：

$$z_1z_3/z_2z_4 = n'/n \tag{10-21}$$

而第二套交换齿轮则起着调节总传动比的作用。

10.2.3　锥面等螺旋角齿槽的检验与质量分析

（1）检验测量要点

1）用刀具量角器检验前角，测量时尺身与工件端面平行，其他操作与圆柱面直齿刀具相同，大端和小端的前角应基本相等。

2）齿槽角一般由工作刀具廓形保证，检验时可用专用样板检测。

3）表面粗糙度和外观用目测检验，应无微小碰伤、铣坏。

4）工件的螺旋角可以根据螺旋角相等的几何关系（见图 10-19），利用传动系统在小端和大端分别进行检测，检测的方法是：若分度头主轴回转 10°，工作台在工件小端和大端的移动距离分别为 $x_{小}$、$x_{大}$，若本例 $x_{大}/x_{小} = D/d = 2$，则表明两端螺旋角相等。

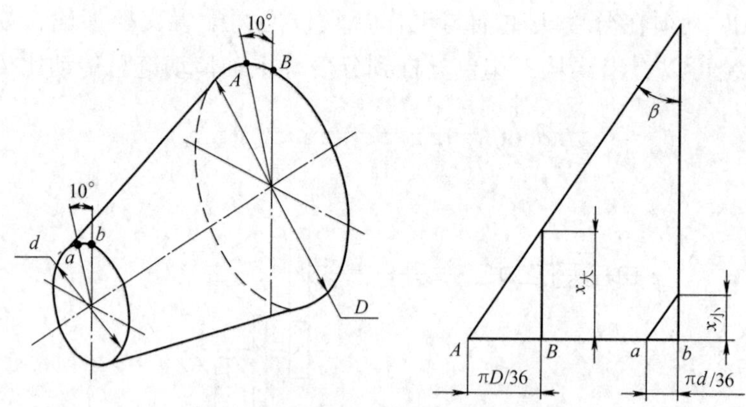

图 10-19　等螺旋角圆锥铣刀几何关系

（2）质量分析要点

1）前角误差大、两端前角不等的原因。

① 分度头仰角计算错误或调整得不准确。

② 坯件锥度和尺寸偏差大。

③ 分度头偏转角计算错误或调整得不准确。

④ 工件装夹、找正精度低，锥面跳动大。

⑤ 工作台转角较小，横向偏移量偏差大。

⑥ 工件表面划线误差、找正误差大。

2）齿距等分不均匀的原因是工件松动和工件与分度头同轴度找正精度低。

3）螺旋角误差大、两端螺旋角不等的原因。

① 交换齿轮计算错误或配置错位。

② 非圆齿轮工作转角范围与工件铣削行程位置不对应。

③ 分度头主轴后端万向联轴器锥柄与锥孔配合松动。

10.3　刀具螺旋齿槽与锥面齿槽加工技能训练实例

技能训练 1　圆柱形铣刀螺旋齿槽加工

难点与重点： 重点是螺旋齿槽交换齿轮、横向偏移量和齿背后角转角的计算，铣削位置的调整与铣削方法。难点是具体操作步骤，圆柱形铣刀几何角度控制和检验及质量分析方法。

1. 加工工艺准备要点

（1）图样分析要点（见图 10-20） 圆柱形铣刀坯件两端平行度误差为 0.02mm，经过磨削加工；基准端面和外圆对基准孔轴线的圆跳动误差为 0.02mm。基准内孔的尺寸精度高，表面经过磨削加工。内孔带有精度较高的键槽。如图 10-20 所示的 *B-B* 剖面，圆柱形铣刀齿槽角 $\theta = 55°$，齿背后角 $\alpha_1 = 30°$，后角 $\alpha = 12°$，后面宽度为（2 ± 0.20）mm，齿槽深度 $H =$（9 ± 0.18）mm，前角 $\gamma = 10°$。根据图样，圆柱面刃螺旋角 $\beta = 30°$，齿数 $z = 8$，齿槽为右螺旋方向。

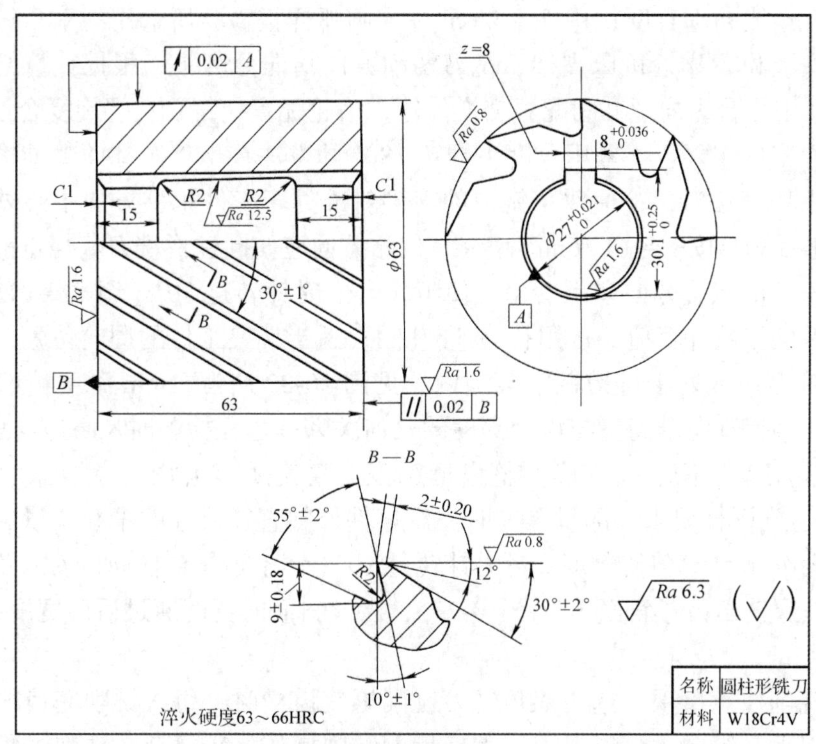

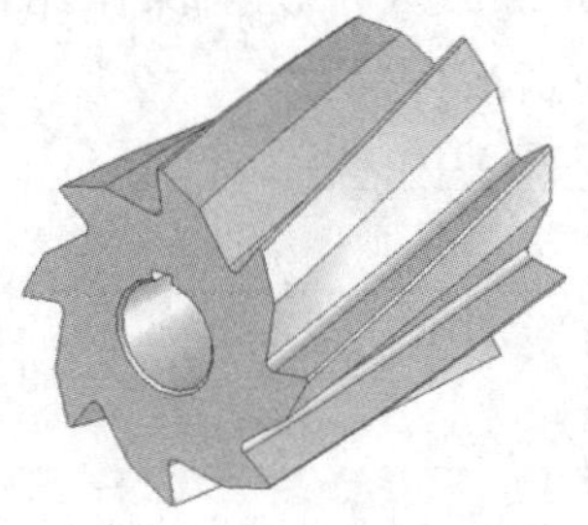

图 10-20　圆柱形铣刀

（2）工艺准备要点　根据图样要求的齿槽角，选用外径 $d_0 = 80$mm、基本角度 $\theta_0 = 55°$、$\delta_0 = 15°$ 的不对称双角铣刀。为了使小角度刃切削齿槽前面，选用右切不对称双角铣刀。根据齿槽底部圆弧 $R = 2$mm 的要求，所选用的铣刀刀尖应具有圆弧，由于铣削螺旋槽时存在干涉现象，故选用刀具刀尖圆弧 r_ε 值应小于 2mm。根据工件

定位要求，采用阶梯轴结构，环形台阶面和小直径圆柱用作工件定位，小端细牙螺纹、平行垫圈和螺母用作夹紧。定位轴上设置平键，用以防止加工螺旋槽时工件的角位移。心轴采用两顶尖装夹加工，保证两级外圆与顶尖的同轴度，以及环形面与小轴外圆的垂直度。按有关计算公式，计算分度头分齿手柄转数、导程，验算螺旋角，计算偏移量和升高量，计算铣削齿背时工件的转角及对应的分度手柄转数。

2. 铣削加工要点

（1）加工准备要点　用 V 形架检验内孔与外圆的同轴度；用 90° 角尺检验基准端面与外圆素线的垂直度；用 R = 2mm 标准圆弧样板检验所选用的双角铣刀刀尖圆弧；铣刀安装位置靠近机床支架，铣刀切削方向指向分度头；根据计算结果，在分度头侧轴和工作台纵向丝杠间配置交换齿轮，惰轮配置应符合右螺旋复合运动要求。

（2）加工操作要点　采用分度头翻转 180° 的方法在工件圆柱面上准确划出水平中心线；用切痕法对刀，使双角铣刀的刀尖对准处于工件正上方的中心划线（见图 10-21），随后横向按 s = 14.36mm 偏移，偏移方向应使圆柱形铣刀获得正前角。调整工作台转角，沿螺旋方向和螺旋角，使工作台逆时针转过 30°。调整齿槽铣削位置，按分度头手柄转数计算值，选用孔盘 54 孔圈；适当调整工件的周向位置，模拟铣削轨迹，使对刀切痕处于齿槽铣削范围内（见图 10-22）。留 1mm 深度精细余量粗铣齿槽，注意掌握垂向升高量与齿槽深度的几何关系，过程检测时尺身应与前面成 10° 夹角。逐齿粗铣齿槽后，准确调整齿槽深度，精铣所有齿槽，齿槽深度 H =（9 ± 0.18）mm 达到图样要求。测量深度时注意坯件外圆直径尺寸的精磨余量。精铣齿槽后，分度头按 n_1 计算值使分度头逆时针转过 10°；调整工作台横向，使双角铣刀大角度刃面能一次铣出齿背斜面（见图 10-23）；齿背斜面的宽度通过后面宽度 2mm 进行控制。

（3）铣削注意事项　选用双角铣刀铣削螺旋齿槽时，每次铣削完齿槽必须待垂向完全退刀后，纵向才可以退刀。螺旋齿槽铣削操作比较复杂，铣削过程中注意工件不能有微小的碰伤和铣坏，以免造成废品。

精度检验与质量分析参见前述有关内容。

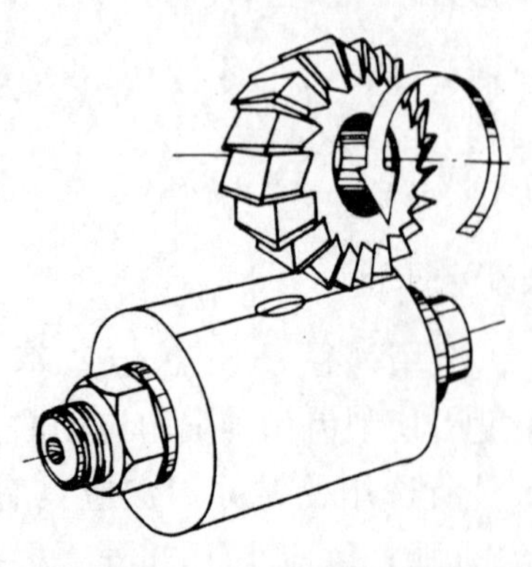

图 10-21　对刀操作示意

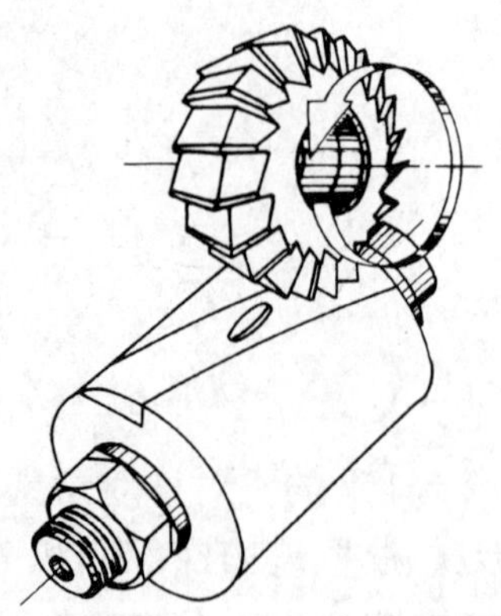

图 10-22　圆柱形铣刀齿槽铣削位置调整示意

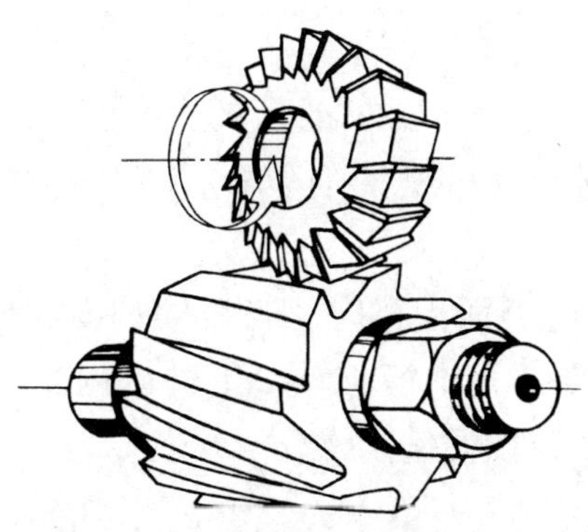

图 10-23　齿背斜面铣削位置示意

技能训练 2　单角铣刀锥面齿槽加工

重点与难点　重点为锥面齿槽分度头仰角计算，铣削位置的调整与铣削方法。难点为锥面齿槽对刀和铣削操作。

1. 单角铣刀锥面齿槽加工工艺准备

（1）图样分析

1）切削刃位置分析。如图 10-24 所示，单角铣刀锥面齿前角 $\gamma_o = 10° \pm 2°$，前角是前面与通过刀尖的径向平面之间的夹角。由于角度铣刀的精度要求不是很高，因此其切削刃一般不要求落在锥面素线上。

2）锥面齿槽几何参数分析。图 10-24 *A—A* 剖视图中，锥面齿槽角 $\theta = 65° \pm 1°$，锥面后角 $\alpha_o = 14° \pm 2°$（后面棱边宽度 0.5 ~ 1mm），齿数 $z = 24$，齿槽槽底圆弧半径 $r_\varepsilon = 1$mm，单角铣刀廓形角为 70°。

3）坯件形体分析。坯件为圆锥台结构，有基准孔和内键槽，两端有平行装夹面。

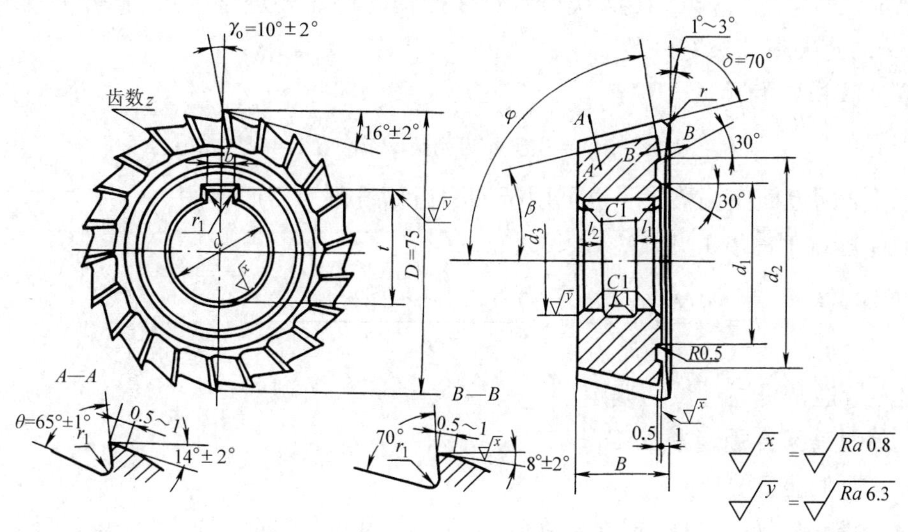

图 10-24　单角铣刀

（2）工艺准备要点

1）工作铣刀选择。根据图样要求的齿槽角，选用外径 $d_0 = 63\text{mm}$、基本角度 $\theta_0 = 65°$ 的单角铣刀。根据锥面齿槽铣削位置，选用左切单角铣刀，刀尖圆弧半径 $r_\varepsilon = 1\text{mm}$。

2）工件装夹方式。铣削锥面齿槽时，与铣削端面齿槽类似，采用直接安装紧固在分度头主轴孔内的端面带螺孔锥柄心轴，工件以内孔、端面内圈装夹面定位，并用内六角伞形螺钉夹紧工件，以便铣削操作。

3）齿槽铣削加工计算。

① 计算分度手柄转数：

$$n = \frac{40}{z} = \frac{40}{24} = 1\frac{36}{54}\text{r}$$

② 计算分度头仰角［见式（10-10）、式（10-11）、式（10-12）］。

$$\tan\beta = \cos\frac{360°}{z}\cot\delta = \cos\frac{360°}{24}\times\cot 70° = 0.3514 \quad \beta = 19°22'$$

$$\sin\lambda = \tan\frac{360°}{z}\cot\theta\sin\beta$$

$$= \tan\frac{360°}{24}\times\cot 65°\times\sin 19°22'$$

$$= 0.0414$$

$$\lambda = 2°22'$$

$$\alpha = \beta - \lambda = 19°22' - 2°22' = 17°$$

分度头仰角也可查表 10-2 获得，具体操作时还需要进行微量调整，一般实际 α_1 略小于 α，使大端棱边宽一些。

③ 计算横向偏移量。

$$s = 0.5D\sin\gamma = 0.5\times 75\text{mm}\times\sin 10° = 6.51\text{mm}$$

上述锥面齿横向偏移量 s 也可用于端面齿槽铣削对刀时使用。

④ 计算铣削深度［见式（10-13）］。

$$h = \frac{R\cos(\alpha+\delta)}{\cos\delta} = \frac{37.5\text{mm}\times\cos(17°+70°)}{\cos 70°} = 5.74\text{mm}$$

吃刀量通常可通过试切确定。

2. 单角铣刀锥面齿槽加工

（1）加工准备要点

1）检验预制件。检验圆锥台锥底角、基准内孔与锥面同轴度、装夹两端面的平行度及与基准孔的垂直度。

2）安装和找正心轴。采用与铣削三面刃铣刀类似的方法，安装和找正锥柄心轴。

3）装夹、找正工件和划线。清洁预制件的两端面，装夹工件后，检测工件锥面径向圆跳动应小于 0.05mm；在分度头主轴处于水平位置时，按图样位置和计算得到的偏移量 s，在工件端面和锥面划出中心线和前面位置线。

4）调整分度头仰角。按计算值或查表得到的仰角值调整分度头仰角，同时应考虑到铣刀切削力指向分度头方向，如图 10-25 所示。

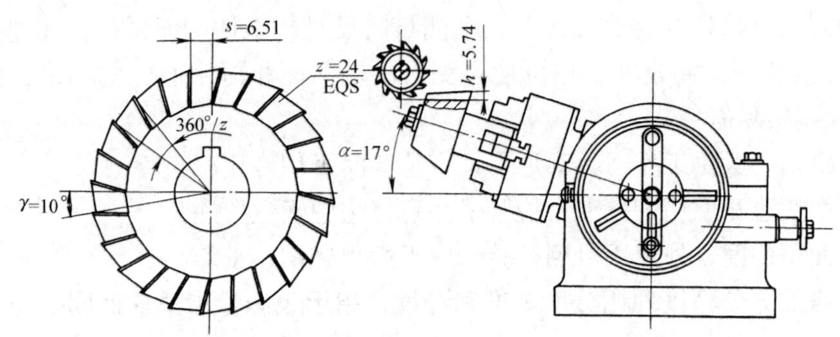

图 10-25　单角铣刀锥面齿槽铣削调整计算示意

5）安装铣刀。按所加工的锥面齿槽选用左切单角铣刀；安装时保证铣刀端面刃与工件齿槽前面相对，并由小端向大端逆铣。

（2）铣削加工主要步骤　锥面齿铣削调整操作步骤如下：

1）调整横向偏移量。

① 利用分度头，准确转过 90°，使工件表面的中心线和横向对刀划线处于工件正上方。

② 调整工作台横向，使单角铣刀的端面刃切削平面对准横向偏移对刀划线，试切一段，微量调整工作台横向，使切痕尖顶对准对刀线。

2）控制棱边宽度。齿槽的深度是按大端半径计算的，因此，垂向对刀以大端为准。试铣时，一般可以试铣相邻两个齿靠近大端的一部分，然后根据深度计算值配合试切控制棱边宽度，逐步调整到棱边大小端宽度一致，宽度尺寸符合图样要求。必要时，在横向偏移量、齿槽角和工件锥底角准确无误的条件下，也可以微量调整分度头仰角，以达到以上调整要求。

3）逐次粗铣、精铣锥面齿槽。操作时应根据升高量与棱边宽度的几何关系微量调整工作台垂向，逐步达到图样要求。

（3）铣削操作注意事项

1）单角铣刀具有左切和右切之分，铣削时应仔细辨别锥面齿槽的位置，调整横向偏移量时应注意偏移方向，否则会产生废品。

2）锥面齿大端和小端的前角是不同的，偏移量计算应以大端直径进行计算，过程检测也以大端为准。

3）锥面齿 14° 后角由磨削加工。

4）在铣削锥面齿槽控制棱边宽度时，应在大小端均有齿槽时才能检测棱边宽度，而且，由于切削刃不处于素线位置，棱边略有弯曲，放大分析，应为中间略宽，两端略窄。

3. 单角铣刀锥面齿槽检验与质量分析

（1）检验测量

1）用刀具量角器检验锥面齿前角，测量时尺身与工件端面平行，其他操作与圆柱面直齿刀具相同。测量时，也可通过测量大端前面相对中心的偏移量，然后通过计算得出大端实际前角。

2）齿槽角一般由工作刀具廓形保证，检验时可用专用样板检测。

3）后面棱边宽度用游标卡尺检验，注意棱边中间位置测量。

4）表面粗糙度、外观用目测检验，应无微小碰伤、铣坏。

5）齿槽的等分精度利用分度头准确分度，指示表测量齿槽前面同一位置进行检验。

（2）质量分析

1）锥面齿棱边宽度不一致的原因。

① 分度头仰角计算、查表错误或调整不准确。

② 坯件锥底角偏差大。

③ 工作铣刀廓形角偏差较大。

④ 工件装夹精度低，锥面圆跳动大。

2）齿距等分不均匀的原因与端面齿铣削相同。

3）前角误差大的原因。

① 横向偏移量未按大端直径计算或计算错误。

② 工件锥面对刀划线误差大。

③ 对刀操作失误。

④ 分度头主轴水平位置划线后，调整仰角时主轴略有偏转，影响横向偏移量调整精度。

模拟试卷样例

一、判断题（对的打“√”，错的打“×”；每题 1 分，共 20 分）

1. 卧式铣床主轴旋转轴线对工作台横向移动的平行度精度超差，其原因之一是机床的安装质量差，水平失准。（ ）

2. 在卧式铣床上用先对刀后转动工作台的方法铣削加工螺旋槽工件，影响槽位置精度的主要因素是工作台回转中心对主轴旋转中心及工作台中央 T 形槽偏差过大。（ ）

3. 铣床的工作精度检验须按规定的试件，由操作者自行确定加工方法，通过加工进行检验。（ ）

4. 在分度头上用两顶尖和鸡心卡头、拨盘装夹工件时，尾座顶尖应具有足够大的顶紧力，否则工件容易松动。（ ）

5. 在铣床夹紧机构中，绝大多数夹紧机构是用楔块上的斜面楔紧的原理来夹紧工件的。（ ）

6. 目前使用较广泛的铣刀刀片是正六边形刀片。（ ）

7. 光学分度头光路的两端是目镜和光源。（ ）

8. 光栅数显分度头的分度基准元件是蜗杆副。（ ）

9. 杠杆卡规与极限卡规相似，其自身的制造公差需占用被测工件制造公差的一部分。（ ）

10. 铣削加工箱体零件，使用的毛坯粗基准面一般只能使用一次，尽量避免重复使用。（ ）

11. 复合斜面实质上也是一个单斜面，只是由于坐标设置不同而已。（ ）

12. 为了解决铣削大质数锥齿轮时既要差动分度，又要使工件扳转铣削角的难点，一般采用盘形铣刀在卧式铣床上进行加工。（ ）

13. 立体曲面中的球面属于回转面，其母线是圆弧。（ ）

14. 圆盘凸轮垂直铣削法是指铣削时工件和立铣刀的轴线都与工作台面垂直的铣削方法，特别适用于加工几条不同导程的工作曲线的凸轮。（ ）

15. 采用倾斜铣削法铣削圆盘凸轮时，应根据较大的分度头仰角 α 值进行计算。（ ）

16. 在液压系统传动中，动力元件是液压缸，执行元件是液压泵，控制元件是油箱。（ ）

17. 用浮动镗刀精镗内孔时，其定位基准就是被加工孔的轴线。（ ）

18. 一个主程序调用另一个主程序称为主程序嵌套。（ ）

19. 在数控程序中绝对坐标与增量坐标可单独使用，也可在不同程序段上交叉设置使用。（ ）

20. 铰削加工时，铰出的孔径可能比铰刀实际直径小，也可能比铰刀实际直径大。（ ）

二、单项选择题（将正确答案的序号填入括号内；每题 1.5 分，共 30 分）

1. 铣床验收包括精度检验和（ ）两项基本内容。

A. 拆箱安装　B. 清洁润滑　C. 附件验收　D. 基础验收

2. 加工总误差 ΔL、夹具装配与安装误差 ΔP、定位误差 ΔD、加工方法误差 Δm 之间的关系为（ ）。

A. $\Delta D+\Delta P+\Delta m \leqslant \Delta L$　B. $\Delta D-\Delta P+\Delta m \leqslant \Delta L$

C. $\Delta D+\Delta P-\Delta m \leqslant \Delta L$　D. $\Delta D-\Delta P-\Delta m \leqslant \Delta L$

3. 工件采用两销一平面定位，沿两孔中心线的加工尺寸定位误差为（ ）。

A. 圆柱销直径误差　B. 用圆柱销定位的孔直径公差

C. 用菱形销定位的孔直径公差　D. 菱形销直径误差

4. 用杠杆千分尺测量时，弓架受 10N 力的变形为（ ）。

A. 10μm　B. 5μm　C. 2μm　D. 1μm

5. 在衡量切削性能难易程度时，应与（ ）相比较。

A. 20Cr　B. 40Cr　C. 45 钢　D. 12Cr18Ni9

6. 铣削高温合金钢时，硬质合金铣刀在（ ）时磨损较慢，因此应选择合适的铣削速度。

A. 425 ~ 650℃　B. 750 ~ 1000℃　C. 1500 ~ 1800℃　D. 200 ~ 300℃

7. 在龙门铣床上加工大型工件时，一般需要灵活使用（ ）以扩大机床的使用范围。

A. 垂直铣头　B. 机床附件　C. 刀具　D. 水平铣头

8. 铣削复合斜面的基本方法是（ ）。

A. 工件转角度

B. 立铣头转角度

C. 工件和夹具（或铣刀）各转动一个角度

D. 加工面沿坐标轴转动角度

9. 0 级精度的角度量块的工作面角度偏差为（　　）。

A. ±3″　　B. ±3′　　C. ±10″　　D. ±30″

10. 在圆锥面上刻线，若刻线偏离素线位置，一般在形成（　　）的截平面内刻线。

A. 圆　　B. 双曲线　　C. 抛物线　　D. 椭圆

11. 悬伸镗削法因不受（　　）的限制，可采用较高的镗削速度。

A. 支承轴承　　B. 主轴转速　　C. 孔径尺寸　　D. 进给速度

12. 精切指形齿轮铣刀一般采用（　　）结构。

A. 等导程螺旋槽铲齿　　B. 直槽铲齿

C. 直槽尖齿　　D. 等螺旋角螺旋槽尖齿

13. 在偏铣大质数锥齿轮大端齿侧时，若齿宽标准，小端应（　　）。

A. 保留分度圆以下部分　　B. 根据余量确定

C. 保留原有齿廓　　D. 全部铣削成大端齿形曲线

14. 牙嵌离合器的失效形式主要是（　　）。

A. 基准孔变形　　B. 硬度下降

C. 齿面压溃和齿根断裂　　D. 键槽扭曲变形

15. 根据球面加工的原理，铣刀回转轴线与球面工件轴线的交角确定球面的（　　）。

A. 半径尺寸　　B. 形状精度　　C. 加工位置　　D. 表面质量

16. 数控机床的进给传动一般使用（　　）。

A. 静压螺旋　　B. 滚动螺旋　　C. 没有要求　　D. 滑动螺旋

17. 液压与气压传动的共同优点是（　　）。

A. 无泄漏　　B. 工作平稳性好

C. 可过载保护　　D. 传动效率高

18. 高速加工中心与普通加工中心区别在于（　　）。

A. 有高速的主轴与进给部件　　B. 有高速的刀具系统

C. 有高速控制器　　D. 都是

19. 采用外滚式回转镗套时，大多情况下镗孔直径（　　）导套孔直径。

A. 大于　　B. 等于

C. 小于　　D. 大于或小于均可

20. 下列变量引用段中，正确的引用格式为（　　）。

A. G01 [#1+#2] F [#3]　　B. G01 X #1+#2F #3

C. G01 X= #1 + #2F = #3　　D. G01 Z #1F #3

三、多项选择题（将正确答案的序号填入括号内；每题 4 分，共 48 分）

1. 通常机床大修的基本内容包括（　　）。

A. 设备解体　　B. 测绘磨损件

C. 修理基准件　　D. 修理磨损件

E. 刮研或磨削导轨面　　F. 适当改装零部件

G. 调整机床内部结构

2. 铣床主轴精度检验包括（　　）等项目。

A. 主轴锥孔轴线的径向圆跳动

B. 主轴套筒的移动距离

C. 主轴的轴向窜动

D. 主轴轴肩支承面的轴向圆跳动

E. 主轴定心轴颈的径向圆跳动

F. 主轴旋转轴线对工作台纵向移动的垂直度

G. 悬梁导轨对主轴旋转轴线的平行度

H. 主轴旋转轴线对工作台面的平行度

3. 立式铣床加工工件表面产生周期性和非周期性波纹，引起该故障的因素有（　　）等。

A. 主轴径向圆跳动

B. 主轴轴向窜动

C. 纵向工作台移动精度

D. 垂向进给的直线度

E. 进给速度

F. 主轴转速

G. 垂向进给平稳性

4. 用力学计算法计算夹紧力时，工件会受到（　　）等。

A. 重力　　B. 切削力　　C. 夹紧力　　D. 惯性

E. 应力　　F. 弹力

5. 孔系组合夹具的主要结构要素是（　　）。

A. 定位销直径　　B. 刚度　　C. 互换性

D. 槽宽　　E. 强度　　F. 紧固螺栓直径

G. 定位孔中心距

6. 自准直仪主要由（　　）等组成。

A. 反射镜　　B. 物镜　　C. 目镜　　D. 中间透镜

E. 分光棱镜　　F. 刻度分划板　　G. 滤光片　　H. 光源

7. 影响金属材料加工性能差的主要因素有（　　）等。

A. 硬度　　B. 加工硬化现象　　C. 强度和热强度　　D. 塑性

E. 韧性　　F. 热导率　　G. 刀具　　H. 机床

8. 在立式铣床上用悬伸法加工平行孔系，与平行孔系镗削加工精度有关的机床精度项目有（　　）。

A. 主轴径向圆跳动

B. 主轴轴向窜动

C. 纵向工作台移动精度

D. 垂向进给的直线度

E. 进给速度

F. 主轴转速

G. 垂向进给平稳性

9. 采用指示表、量块组控制齿条移距精度时，影响移距精度的因素是（　　）。

A. 移距对定装置制造精度

B. 移距对定装置安装精度

C. 量块组组合尺寸与齿距偏差

D. 指示表固定装置可靠性

E. 指示表复位精度

F. 移距操作

G. 工作台移动精度

10. 液压与气压传动的控制调节装置有（　　）。

A. 液压泵　　B. 换向阀　　C. 节流阀

D. 溢流阀　　E. 液压缸

11. 主令电器包括（　　）。

A. 熔断器　　B. 电磁铁　　C. 接触器

D. 行程开关　　E. 按钮

12. 目前，在数控机床上直接编程时，通常使用的编程方法有（　　）。

A. 计算机自动编程

B. 三维实体图形编程

C. 人机对话方式编程

D. 二维轨迹图形编程

E. G 代码手工编程

四、计算、编程题（每题 6 分，共 12 分）

1. 在立式铣床上用立铣刀铣削某内球面，已知 $SR = 30$mm，内球面深度 $H = 15$mm，若选用 $d_c = 32$mm 的立铣刀，能否进行铣削？通过计算予以说明。

2. 如图 1 所示数控铣床零件，材料为 45 钢，毛坯尺寸为 100mm × 90mm × 30mm。要求：

（1）编写数控铣床加工工艺。

（2）编程，可以手工编程，也可以利用 CAD/CAM 软件进行建模和编程。

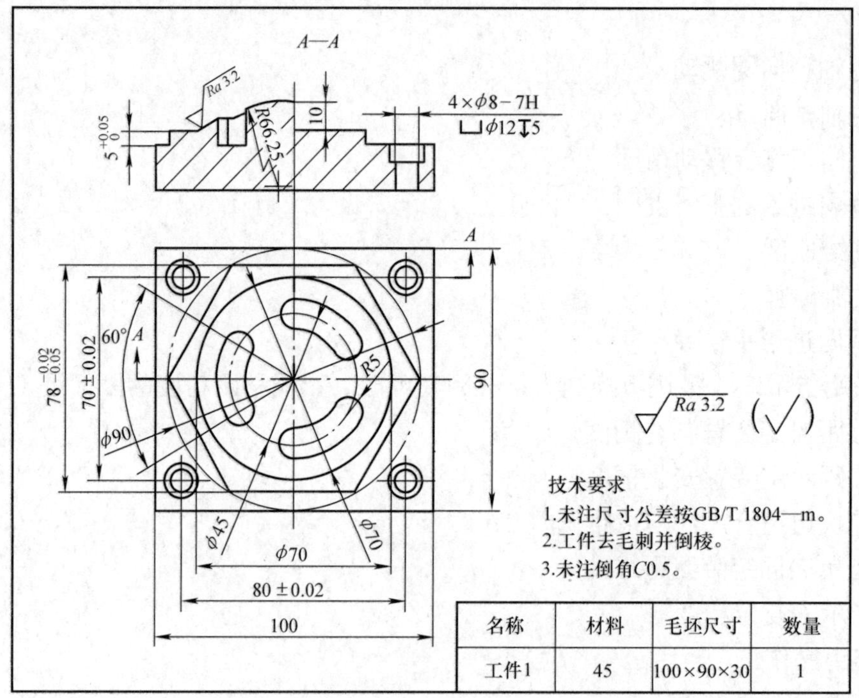

名称	材料	毛坯尺寸	数量
工件1	45	100×90×30	1

图1　编程零件图

模拟试卷样例答案

一、判断题

1. √　2. √　3. ×　4. ×　5. √　6. ×　7. √　8. ×　9. ×
10. √　11. √　12. ×　13. √　14. ×　15. ×　16. ×　17. √　18. ×
19. √　20. √

二、单项选择题

1.C　2.A　3.B　4.D　5.C　6.B　7.B　8.C

9.A　10.B　11.A　12.B　13.A　14.C　15.C　16.B
17.C　18.A　19.A　20.D

三、多项选择题

1.ACDEF　2.ACDEGH　3.ABCDE　4.ABCD
5.ADFG　6.ABCEFGH　7.ABCDEF　8.ABCDG
9.ABCDEF　10.BCD　11.DE　12.CDE

四、计算题

1. 解 $d_{ci}=\sqrt{2SRH}=\sqrt{2\times30\times15}$mm=30mm

$$d_{cm}=2\sqrt{SR^2-\frac{SRH}{2}}=2\sqrt{30^2-\frac{30\times15}{2}}\text{mm}=51.96\text{mm}$$

$d_{ci}<d_c<d_{cm}$　30mm < 32mm < 51.96mm

答　选用 d_{cm} = 32mm 的立铣刀可以加工。

2.

（1）加工工艺

1）加工工艺的确定：

① 确定装夹定位：直接采用机用虎钳进行装夹。

② 确定编程坐标系：以工件对称点为编程坐标系。

③ 确定工件坐标系：采用 G54 工作坐标系，即编程坐标系的原点。

④ 确定刀具加工起刀点位置：刀具起刀点位置为刀具端面与工件表面（0，0）点 Z 向距离 100mm 处。

⑤ 确定工艺路线：进 / 退点采用轮廓延长线或切线切入和切出。切削进给路线采用顺铣铣削方式，即外轮廓进给路线为顺时针，内轮廓为逆时针。

2）加工刀具的确定：选用 ϕ16mm、ϕ12mm、ϕ8mm 整体键槽铣刀，ϕ3mm 中心钻，ϕ7.7mm 麻花钻，ϕ8mm 铰刀，ϕ10mm/R1mm 圆角铣刀。

（2）编程（略） 程序编辑结束可利用仿真软件进行验证。